Springer-Lehrbuch

Karl-Heinz Goldhorn · Hans-Peter Heinz

Mathematik für Physiker 3

Partielle Differentialgleichungen –
Orthogonalreihen – Integraltransformationen

 Springer

Dr. Karl-Heinz Goldhorn
Professor Dr. Hans-Peter Heinz
Johannes-Gutenberg-Universität Mainz
Institut für Mathematik – Fachbereich 08:
Physik, Mathematik, Informatik
Staudinger Weg 9
55099 Mainz, Germany
E-Mail: heinz@mathematik.uni-mainz.de

ISBN 978-3-540-76333-8   e-ISBN 978-3-540-76334-5

DOI 10.1007/978-3-540-76334-5

Springer Lehrbuch ISSN 0937-7433

Bibliografische Information der Deutschen Nationalbibliothek
Die Deutsche Bibliothek verzeichnet diese Publikation in der Deutschen Nationalbibliografie;
detaillierte bibliografische Daten sind im Internet über http://dnb.d-nb.de abrufbar.

Satz und Herstellung: LE-TEX Jelonek, Schmidt & Vöckler GbR, Leipzig
Einbandgestaltung: WMXDesign GmbH, Heidelberg

Gedruckt auf säurefreiem Papier

9 8 7 6 5 4 3 2 1

springer.com

Vorwort

In diesem dritten und letzten Band unseres mathematischen Grundkurses für Studierende der Physik stehen partielle Differentialgleichungen im Vordergrund. Konkret gesprochen, behandeln wir in den ersten drei Kapiteln die drei Prototypen von partiellen Differentialgleichungen der mathematischen Physik, also die Potentialgleichung, die Wärmeleitungsgleichung und die Wellengleichung mit der Methode der Fundamentallösungen und der GREENschen Funktion. Nach einer Einführung in das LEBESGUE-Integral (Kap. 28) behandeln wir dann Orthogonalreihen und insbesondere klassische FOURIERreihen (Kap. 29) und verwenden solche Reihenentwicklungen dann in Kap. 30, um einige einfache Randwert- und Anfangswertprobleme exemplarisch zu lösen. Dies ergibt eine natürliche Hinführung auf die singulären STURM-LIOUVILLE-Probleme, die die gängigsten „speziellen Funktionen der mathematischen Physik" definieren (Kap. 31). In den beiden letzten Kapiteln werden LAPLACE- und FOURIER-Transformation vorgestellt, und ihre Anwendbarkeit auf Rand- und Anfangswertaufgaben wird demonstriert.

Die Kapitel 28 und 31, bei denen es sich vorwiegend um Ergebnisberichte handelt, verdienen einen etwas gesonderten Kommentar:

(i) Wir haben mit der im ersten Band entwickelten klassischen Integrationstheorie aus dem 19. Jahrhundert so lange gearbeitet, wie es ohne größere Reibungsverluste möglich war. Bei der Darstellung von Resultaten über Orthogonalreihen oder Integraltransformationen jedoch führt die Beschränkung auf diese Integrationstheorie notgedrungen zu holprigen und unbefriedigenden Formulierungen, die sich nur dadurch vermeiden lassen, dass man den Anspruch auf mathematische Präzision aufgibt. Es war aber von vornherein unser Ziel, die Studierenden bei der Präsentation mathematischer Sachverhalte niemals auf schwankenden Boden zu führen, und so erschien es angebracht, der Behandlung von Techniken aus dem Bereich der harmonischen Analyse eine kurze Einführung in die LEBESGUEsche Integrationstheorie voranzustellen. Auch dass weder die HILBERTräume der Quantenmechanik noch die Distributionstheorie ohne das LEBESGUE-Integral wirklich verstanden werden können, ist ein starkes Argument dafür, sich schon während des Grundstudiums an die Handhabung dieses kraftvollen Werkzeugs zu gewöhnen. Dabei sollte jedoch unter allen Umständen eine Überfrachtung mit theoretischem Ballast ohne physikalische Relevanz vermieden werden, und deshalb beschränken wir uns auf einen Ergebnisbericht, der den instrumentellen Aspekt der Integrationstheorie in den Vordergrund stellt und nur hier und da durch ein paar sehr einfache Beweisschritte belebt wird. In den Ergänzungen sind für die besonders interessierten Leserinnen und Leser einige Standardbeweise nachgetragen, doch der Basistext ist von theoretischen Hilfskonstrukten (wie Treppenfunktionen etc.) völlig frei gehalten.

(ii) Ein Kurs wie dieser kommt nicht ohne ein Kapitel über die „speziellen Funktionen der mathematischen Physik" aus. Doch ist ihre Bedeutung in den letzten Jahrzehnten sicherlich eher geschrumpft als gewachsen, und es erhebt sich die Frage, mit welcher Ausführlichkeit man sich dieser Thematik widmen sollte und was aus dem ungeheuren Vorrat an Detailinformationen dabei herausgegriffen werden sollte. Unsere Kompromisslösung besteht darin, dass wir in Kap. 31 eine relativ große Menge an Einzelinformationen in Form eines Ergebnisberichts zusammenstellen, der teilweise wie eine Formelsammlung wirkt, nur ab und zu von illustrierenden Beweisen unterbrochen, und der von zwei eher systematischen Abschnitten flankiert wird. Hierbei handelt es sich um den Versuch, mit Hilfe von STURM-LIOUVILLE-Problemen ein ordnendes Prinzip für die Eigenschaften der verschiedenen speziellen Funktionen zu finden, und um die Anwendung der beschriebenen Eigenschaften auf die Rand- und Anfangswertprobleme, mit denen die Beschäftigung mit speziellen Funktionen ursprünglich motiviert worden war. Additionstheoreme und die damit verbundene Interpretation gewisser spezieller Funktionen als Matrixelemente von Darstellungen von klassischen Gruppen wurden jedoch völlig ignoriert, und dieses Thema soll in unserem geplanten Aufbaukurs [22] aufgegriffen werden.

Das Gebiet der partiellen Differentialgleichungen bietet eine solche Fülle von Ausbaumöglichkeiten, sowohl in die Breite wie in die Tiefe, dass es gilt, unkontrolliertes Wuchern des Stoffumfangs einzudämmen und sich wirklich auf das zu beschränken, was jeder Studierende der Physik während des Grundstudiums bzw. im Rahmen eines Bachelor-Studiengangs erarbeiten sollte. Demgemäß bleiben z. B. distributionstheoretische oder operatortheoretische Aspekte völlig ausgespart, doch werden diese wiederum in dem geplanten Aufbaukurs [22] Platz finden.

Demselben Prinzip folgend, erscheinen auch die beiden anderen großen Themen dieses Bandes – Reihenentwicklungen nach orthogonalen Funktionensystemen einerseits und Integraltransformationen andererseits – in erster Linie unter dem Aspekt von Werkzeugen für die Behandlung von Randwert- oder Anfangswertaufgaben für partielle Differentialgleichungen, und nur in den Ergänzungen wird hier und da spürbar, dass sie ein mathematisches Eigenleben besitzen. Überhaupt schafft das schon aus den ersten beiden Bänden bekannte Verfahren, den Stoff in einen Basistext und optionale Ergänzungen einzuteilen, für mathematisch besonders interessierte und begabte Leserinnen und Leser die Möglichkeit, immer wieder über den Tellerrand des Grundstudiums hinauszublicken und sich zu weitergehender vertiefender Beschäftigung mit der Thematik anregen zu lassen. Doch haben wir auch hier darauf geachtet, dass wir uns nicht zu weit vom elementaren Niveau des Grundstudiums entfernen.

Mainz,   *Karl-Heinz Goldhorn*
Dezember 2007   *Hans-Peter Heinz*

Inhaltsverzeichnis

Teil VIII Harmonische Analyse und partielle Differentialgleichungen

Teil VII

Grundlegende partielle Differentialgleichungen

Die Potentialgleichung

Was wir uns über gewöhnliche Differentialgleichungen in den Kapiteln 4, 8, 19 und 20 erarbeitet haben, kann mehr oder weniger als eine geschlossene Theorie gelten, die für alle weiteren Entwicklungen als Ausgangspunkt dient. Etwas Derartiges gibt es bei partiellen Differentialgleichungen nicht. Zu groß ist die Vielfalt der möglichen Gleichungstypen, und zu verschieden sind die Methoden, ja sogar die Fragestellungen, die für die einzelnen Typen günstig und sinnvoll sind.

Es bietet sich daher an, von konkreten Beispielen auszugehen, und tatsächlich gibt es drei klassische Gleichungen, die für die Physik eine überragende Bedeutung haben und von denen jede einen verbreiteten Typus von partiellen Differentialgleichungen exemplarisch repräsentiert, so dass man das Meiste, was man an der speziellen Gleichung gelernt hat, auch auf die anderen Gleichungen des betreffenden Typs übertragen kann. Es handelt sich um

- die *Potential-* oder LAPLACE-Gleichung, die den *elliptischen* Typ repräsentiert,
- die *Wärmeleitungs-* oder *Diffusionsgleichung*, die den *parabolischen* Typ repräsentiert, und
- die *Wellengleichung*, die den *hyperbolischen* Typ repräsentiert.

In den drei Kapiteln dieses Teils stellen wir diese drei Gleichungen vor, und in den späteren Kapiteln dieses Bandes werden wir die Verwendung neuer mathematischer Methoden auch immer wieder an diesen Gleichungen oder ihren Varianten demonstrieren. Wir beginnen also mit der Potentialgleichung

$$\Delta u(x) = 0\,, \quad x \in \Omega$$

in einem Gebiet $\Omega \subseteq \mathbb{R}^n$. In den physikalischen Anwendungen ist meist $n = 3$, und man stellt sich $x = (x_1, x_2, x_3)$ als eine räumliche Variable vor. Aber diese Voraussetzung führt kaum zu mathematischen Vereinfachungen, und durch die Betrachtung beliebiger Dimension gewinnt man ohne spürbaren Mehraufwand größere Flexibilität in den Anwendungen sowie ein besseres Verständnis der wesentlichen Prinzipien.

A. Harmonische Funktionen

Die Lösungen der Potentialgleichung nennt man *harmonische Funktionen*, und wir wollen in diesem Abschnitt ihre Eigenschaften etwas näher kennenlernen. Zunächst präzisieren wir:

Definition 25.1. *Sei* $\Omega \subseteq \mathbb{R}^n$ *offen. Eine Funktion* $u \in C^2(\Omega)$ *heißt* harmonisch, *wenn sie für jedes* $x = (x_1, \ldots, x_n) \in \Omega$ *die Beziehung*

$$\Delta u(x) := \sum_{k=1}^{n} \frac{\partial^2 u}{\partial x_k^2}(x) = 0$$

erfüllt.

Wir beginnen damit, die harmonischen Funktionen zu bestimmen, die bezüglich eines festen Punktes $y \in \mathbb{R}^n$ *radialsymmetrisch* sind. Gesucht ist also eine C^2-Funktion $\varphi = \varphi(r) :]0, +\infty[\longrightarrow \mathbb{R}$, so dass

$$u(x) = \varphi(|x - y|) \equiv \varphi(r), \quad r = |x - y| \tag{25.1}$$

harmonisch in $\mathbb{R}^n$ oder in $\mathbb{R}^n \setminus \{y\}$ ist. (Hier und im folgenden bezeichnen wir mit $|\cdot|$ stets die *euklidische* Norm.)

Aus

$$r^2 = |x - y|^2 = \sum_{i=1}^{n} (x_i - y_i)^2$$

folgt

$$\frac{\partial r}{\partial x_i} = \frac{x_i - y_i}{r},$$

also

$$\frac{\partial^2 r}{\partial x_i^2} = -\frac{(x_i - y_i)^2}{r^3} + \frac{1}{r}$$

und damit ergibt (25.1) nach der Kettenregel:

$$\frac{\partial u}{\partial x_i} = \varphi'(r) \frac{x_i - y_i}{r},$$

$$\frac{\partial^2 u}{\partial x_i^2} = \varphi''(r) \left(\frac{x_i - y_i}{r}\right)^2 + \varphi'(r) \left(-\frac{(x_i - y_i)^2}{r^3} + \frac{1}{r}\right).$$

Summieren wir die zweiten Ableitungen auf und beachten die Definition von r, so haben wir zunächst:

Lemma 25.2. *Ist* $u(x) = \varphi(|x - y|)$ *eine bezüglich* y *radial-symmetrische* C^2-*Funktion, welche*

$$\Delta u = 0 \quad \text{in} \quad \mathbb{R}^n \setminus \{y\}$$

erfüllt, so erfüllt $\varphi :]0, \infty[\longrightarrow \mathbb{R}$ *die gewöhnliche Differentialgleichung*

$$\varphi''(r) + \frac{n-1}{r} \varphi'(r) = 0, \quad r > 0. \tag{25.2}$$

Die Differentialgleichung (25.2) kann direkt gelöst werden, denn sie ist äquivalent zu

$$\frac{1}{r^{n-1}} \frac{d}{dr}(r^{n-1}\varphi'(r)) = 0 \,,$$

woraus sofort

$$r^{n-1}\varphi'(r) = \text{const}$$

folgt. Nochmalige Integration liefert dann im Falle $n \neq 2$:

$$\varphi(r) = c_0 r^{2-n} + c_1$$

mit Konstanten $c_0, c_1 \in \mathbb{R}$. Im Fall $n = 2$ ergibt sich

$$\varphi(r) = c_0 \ln r + c_1 \,.$$

Für eine spezielle, von n abhängige, Wahl der Integrationskonstanten erhält man in jeder Dimension eine ganz besondere Lösung $\gamma(|x|)$ der Potentialgleichung, deren große theoretische und praktische Bedeutung im weiteren Verlauf klar werden wird:

Definition 25.3. *Die bezüglich $y \in \mathbb{R}^n$ radialsymmetrische, in $\mathbb{R}^n \setminus \{y\}$ harmonische Funktion*

$$\gamma(r) \equiv \gamma(|x - y|) \equiv \gamma(x, y)$$

$$= \begin{cases} \dfrac{1}{2\pi} \ln \dfrac{1}{r} = -\dfrac{1}{2\pi} \ln |x - y| \,, & n = 2 \\[3mm] \dfrac{1}{(n-2)\omega_n} \dfrac{1}{r^{n-2}} = \dfrac{1}{(n-2)\omega_n} \dfrac{1}{|x - y|^{n-2}} \,, & n > 2 \end{cases} \tag{25.3}$$

heißt die Fundamentallösung *(= Grundlösung) oder charakteristische Singularität der Potentialgleichung. Dabei bezeichnet ω_n die Oberfläche der n-dimensionalen Einheitskugel, also (vgl. (15.41))*

$$\omega_n = \frac{2\pi^{n/2}}{\Gamma(n/2)} \,.$$

Im Falle $n = 3$ ist also

$$\gamma(x, y) = \frac{1}{4\pi} \frac{1}{|x - y|} \,.$$

Der Physiker erkennt hierin sofort das COULOMB-Potential der Elektrostatik oder auch das NEWTONsche Gravitationspotential. Das ist kein Zufall.

Wir wollen nun mit Hilfe der charakteristischen Singularitäten eine Darstellungsformel herleiten, die es insbesondere für harmonische Funktionen gestattet, die Werte der Funktion in einem Gebiet Ω aus den Werten auf dem *Rand* von Ω zu rekonstruieren. Dazu benötigen wir die folgende, in der mathematischen Analysis allgemein übliche Bezeichnung:

Definition 25.4. *Für jedes Gebiet $\Omega \subseteq \mathbb{R}^n$ bezeichnet $C^1(\bar{\Omega})$ den Vektorraum derjenigen Funktionen $u \in C^1(\Omega)$, für die sich u selbst sowie alle ihre partiellen Ableitungen stetig auf ganz $\bar{\Omega} = \Omega \cup \partial\Omega$ fortsetzen lassen.*

Außerdem erinnern wir an die *zweite* GREEN*sche Formel*

$$\int_{\Omega} (u\Delta v - v\Delta u)\mathrm{d}^n x = \oint_{\partial\Omega} \left(u\frac{\partial v}{\partial n} - v\frac{\partial u}{\partial n} \right) \mathrm{d}\sigma , \tag{25.4}$$

die wir in Satz 12.11b. in einem Spezialfall bewiesen hatten. Bei Verwendung von Thm. 22.10 lässt sich dieser Beweis wörtlich auf den Fall beliebiger Dimension übertragen. Durch ein zusätzliches Approximationsargument (oder durch Verwendung des GAUSSschen Integralsatzes in der allgemeineren Form aus Ergänzung 22.14) erkennt man dann auch, dass (25.4) schon unter der Voraussetzung

$$u, v \in C^2(\Omega) \cap C^1(\bar{\Omega})$$

gültig ist, sofern Ω beschränkt und stückweise glatt berandet ist.

Nun sei $\Omega \subseteq \mathbb{R}^n$ ein beschränktes, stückweise glatt berandetes Gebiet, $x_0 \in \Omega$ ein fester Punkt, und

$$\Omega_\varepsilon := \Omega \setminus \mathcal{B}_\varepsilon(x_0) , \quad \varepsilon > 0 . \tag{25.5}$$

Sei zunächst $u \in C^2(\Omega) \cap C^1(\bar{\Omega})$ eine beliebige Funktion (also nicht unbedingt harmonisch!). Mit der harmonischen Funktion $v(x) = \gamma(x, x_0)$ liefert (25.4) dann

$$-\int_{\Omega_\varepsilon} \gamma(x, x_0)\Delta u(x)\mathrm{d}^n x = \oint_{\partial\Omega} \left\{ u\frac{\partial\gamma}{\partial \boldsymbol{n}} - \gamma\frac{\partial u}{\partial \boldsymbol{n}} \right\} \mathrm{d}\sigma$$

$$+ \oint_{S_\varepsilon(x_0)} \left\{ u\frac{\partial\gamma}{\partial \boldsymbol{n}} - \gamma\frac{\partial u}{\partial \boldsymbol{n}} \right\} \mathrm{d}\sigma , \tag{25.6}$$

wobei wir

$$\partial\Omega_\varepsilon = \partial\Omega \cup S_\varepsilon(x_0)$$

benutzt haben. Wir untersuchen das Flächenintegral über $S_\varepsilon(x_0)$ für $\varepsilon \longrightarrow 0$, wobei wir

$$\frac{\partial}{\partial \boldsymbol{n}} = -\frac{\partial}{\partial r} \quad \text{auf} \quad S_\varepsilon(x_0)$$

beachten, weil $\boldsymbol{n}$ nach x_0 gerichtet ist. Beachten wir, dass u und $\partial u/\partial \boldsymbol{n}$ auf $\bar{\Omega}$ beschränkt sind, weil $u \in C^1(\bar{\Omega})$ vorausgesetzt ist, so folgt aus (25.3) zunächst

$$\left| \oint_{S_\varepsilon(x_0)} \gamma(x, x_0)\frac{\partial u(x)}{\partial \boldsymbol{n}}\mathrm{d}\sigma_x \right|$$

$$\leq \text{const} \sup_{x \in S_\varepsilon(x_0)} |\gamma(x, x_0)| \cdot A_{n-1}(S_\varepsilon(x_0))$$

$$= \text{const} \frac{1}{\varepsilon^{n-2}} \cdot \varepsilon^{n-1} \longrightarrow 0 \quad \text{für} \quad \varepsilon \longrightarrow 0 , \tag{25.7}$$

und mit dem Mittelwertsatz der Integralrechnung folgt

$$\oint\limits_{S_\varepsilon(x_0)} u(x)\frac{\partial\gamma(x,x_0)}{\partial n}\mathrm{d}\sigma_x = - \oint\limits_{S_\varepsilon(x_0)} u(x)\frac{\mathrm{d}\gamma(r)}{\mathrm{d}r}\mathrm{d}\sigma_x$$

$$= \frac{\varepsilon^{1-n}}{\omega_n}\oint\limits_{S_\varepsilon(x_0)} u(x)\mathrm{d}\sigma_x = \frac{\varepsilon^{1-n}}{\omega_n}u(x_\varepsilon)\varepsilon^{n-1}\omega_n$$

mit Punkten $x_\varepsilon \in S_\varepsilon(x_0)$. Also haben wir

$$\lim_{\varepsilon\to 0}\oint\limits_{S_\varepsilon(x_0)} u(x)\frac{\partial\gamma(x,x_0)}{\partial n}\mathrm{d}\sigma_x = u(x_0)\ . \tag{25.8}$$

Für $\varepsilon \longrightarrow 0$ existiert also der Grenzwert auf der rechten Seite von (25.6) und damit auch auf der linken Seite. Mit (25.7) und (25.8) bekommen wir dann aus (25.6):

Satz 25.5. *Sei $\Omega \subseteq \mathbb{R}^n$ ein beschränktes, stückweise glatt berandetes Gebiet, n_x die äußere Normale auf $\partial\Omega$, $x_0 \in \Omega$ ein Punkt.*

a. Für jede Funktion $u \in C^2(\Omega) \cap C^1(\bar\Omega)$ gilt die Darstellungsformel

$$u(x_0) = \oint\limits_{\partial\Omega} \left\{\gamma(x,x_0)\frac{\partial u(x)}{\partial n_x} - u(x)\frac{\partial\gamma(x,x_0)}{\partial n_x}\right\}\mathrm{d}\sigma_x$$

$$- \int\limits_{\Omega} \gamma(x,x_0)\Delta u(x)\mathrm{d}^n x\ . \tag{25.9}$$

b. Für jede harmonische Funktion $u \in C^2(\Omega) \cap C^1(\bar\Omega)$ gilt

$$u(x_0) = \oint\limits_{\partial\Omega} \left\{\gamma(x,x_0)\frac{\partial u(x)}{\partial n_x} - u(x)\frac{\partial\gamma(x,x_0)}{\partial n_x}\right\}\mathrm{d}\sigma_x\ . \tag{25.10}$$

Bemerkungen: (i) Für $n = 2$ muss die obige Herleitung leicht modifiziert werden. Die entscheidende Rolle spielt dabei die bekannte Grenzwertrelation

$$\lim_{\varepsilon\to 0+} \varepsilon\ln\varepsilon = 0\ .$$

(ii) Die Herleitung von (25.8) macht es klar, was der Sinn der speziellen Wahl der Konstanten in der Definition der Fundamentallösung ist. Die Konstanten sind nämlich gerade so eingerichtet, dass

$$\oint\limits_{S_\varepsilon(x_0)} \frac{\partial\gamma}{\partial n}(x,x_0)\mathrm{d}\sigma = 1$$

ist, wenn n die äußere Normale an Ω_ε, also die *innere* Normale an $S_\varepsilon(x_0)$ ist.

Die Darstellungsformel (25.10) hat nun für harmonische Funktionen ähnliche Konsequenzen wie die CAUCHYsche Integralformel für holomorphe Funktionen. Eine erste derartige Konsequenz ist:

Satz 25.6 (Mittelwertsatz von GAUSS). *Sei $u(x)$ harmonisch in der offenen Kugel $\mathcal{U}_R(x_0)$ und stetig auf der abgeschlossenen Kugel $\mathcal{B}_R(x_0)$. Dann gilt*

$$u(x_0) = \frac{1}{\omega_n R^{n-1}} \oint_{S_R(x_0)} u(x)\mathrm{d}\sigma_x \qquad (25.11)$$

und

$$u(x_0) = \frac{n}{\omega_n R^n} \int_{\mathcal{B}_R(x_0)} u(x)\mathrm{d}^n x \ , \qquad (25.12)$$

d. h. der Wert einer harmonischen Funktion im Mittelpunkt einer Kugel ist gleich dem Mittelwert über die Sphäre und gleich dem Mittelwert über die Vollkugel.

Beweis.

a. Sei $0 < \rho < R$. Dann ist $u \in C^2(\mathcal{B}_\rho(x_0))$ und es gilt

$$\oint_{S_\rho(x_0)} \frac{\partial u}{\partial \boldsymbol{n}}(x)\mathrm{d}\sigma_x = 0 \ , \qquad (25.13)$$

wie man sofort mit der GREENschen Formel zeigt (man wähle $v \equiv 1$ in (25.4)).

Aus der Darstellungsformel (25.10) folgt damit

$$u(x_0) = - \oint_{S_\rho(x_0)} u(x)\frac{\partial \gamma(x,x_0)}{\partial \boldsymbol{n}_x}\mathrm{d}\sigma_x$$

$$= \oint_{S_\rho(x_0)} u(x)\frac{\mathrm{d}\gamma(\rho)}{\mathrm{d}\rho}\mathrm{d}\sigma_x = \frac{1}{\omega_n \rho^{n-1}} \oint_{S_\rho(x_0)} \mathrm{d}\sigma_x \qquad (25.14)$$

nach Definition 25.3 von $\gamma(r)$. Grenzübergang $\rho \longrightarrow R$ liefert dann (25.11).

b. Für $0 \leq \rho \leq R$ haben wir (25.11) auch mit ρ statt R, also

$$\omega_n \rho^{n-1} u(x_0) = \oint_{S_\rho(x_0)} u(x)\mathrm{d}\sigma_x \ .$$

Integrieren wir dies bezüglich ρ von 0 bis R, so folgt

$$\frac{\omega_n}{n}R^n u(x_0) = \int_0^R \oint_{S_\rho(x_0)} u(x)\mathrm{d}\sigma_x\mathrm{d}\rho = \int_{\mathcal{B}_R(x_0)} u(x)\mathrm{d}^n x \ ,$$

d. h. wir haben (25.12). □

Bemerkung: Die letzte Umformung im Beweis von Satz 25.6 ist nicht ganz so selbstverständlich wie sie aussieht. Zur näheren Begründung bemerken wir zunächst

$$\oint_{S_\rho(x_0)} u(x)\mathrm{d}\sigma_x = \rho^{n-1} \oint_{S_1(0)} u(x_0 + \rho\xi)\mathrm{d}\sigma_\xi \ . \tag{25.15}$$

Das folgt sofort aus den Definitionen und Lemma 22.4a. (wie im Fall von Satz 22.8). Damit lautet die Behauptung von Satz 22.11 aber

$$\int_{\mathcal{B}_R(x_0)} u(x)\mathrm{d}^n x = \int_0^R \left(\oint_{S_\rho(x_0)} u(x)\mathrm{d}\sigma_x \right) \mathrm{d}\rho \ , \tag{25.16}$$

gültig für jede stetige Funktion u auf $\mathcal{B}_R(x_0)$. Wir vermerken das hier, weil wir es noch öfters brauchen werden.

Satz 25.7 (*Maximum-Minimum-Prinzip*). *Sei $\Omega \subseteq \mathbb{R}^n$ ein beschränktes Gebiet und sei $u \neq$ const in Ω harmonisch und auf $\bar{\Omega}$ stetig. Dann hat u in Ω weder ein Maximum noch ein Minimum, d. h.*

$$\min_{y \in \partial\Omega} u(y) < u(x) < \max_{z \in \partial\Omega} u(z) \, , \quad x \in \Omega \, . \tag{25.17}$$

Insbesondere gilt

$$\max_{x \in \bar{\Omega}} |u(x)| = \max_{y \in \partial\Omega} |u(y)| \tag{25.18}$$

für jede in $\bar{\Omega}$ stetige Funktion u, die in Ω harmonisch ist.

Beweis. Sei

$$M = \max_{x \in \bar{\Omega}} u(x)$$

und sei $x_0 \in \Omega$ ein innerer Punkt mit $u(x_0) = M$. Sei $\mathcal{B}_R(x_0) \subseteq \Omega$ eine Kugel. Angenommen, es gibt einen Randpunkt $x_1 \in S_R(x_0)$ mit $u(x_1) < M$. Dann gibt es eine Umgebung $\mathcal{U}_1$ von x_1 mit

$$u(x) < M \, , \quad x \in \mathcal{U}_1 \quad \text{da } u \text{ stetig.}$$

Aus (25.12) folgt dann aber

$$u(x_0) = \frac{1}{v_n(\mathcal{B}_R(x_0))} \int_{\mathcal{B}_R(x_0)} u(x)\mathrm{d}^n x < M$$

im Widerspruch zu $u(x_0) = M$. Also gilt

$$u(x) = M \quad \text{für alle} \quad x \in \mathcal{B}_R(x_0) \, .$$

Wir sehen also: Wenn x_0 ein Punkt von $\Omega_{\max} := \{x \in \Omega \mid u(x) = M\}$ ist, so gehört auch schon jede Kugel $\mathcal{B}_R(x_0) \subseteq \Omega$ zu $\Omega_{\max}$. Die Menge $\Omega_{\max}$ kann also keinen Randpunkt besitzen, und da Ω zusammenhängend ist, ist dies nur für $\Omega_{\max} = \Omega$ möglich. Daher ist

$$u(x) = M \quad \text{für alle} \quad x \in \bar{\Omega}$$

im Widerspruch zur Annahme $u \neq$ const. Für das Minimum verläuft der Beweis analog. $\square$

B. DIRICHLET-Problem und GREENsche Funktion

Auf einem Gebiet $\Omega \subseteq \mathbb{R}^n$ gibt es stets sehr viele harmonische Funktionen (vgl. Aufgaben 25.2–25.6 sowie 16.2a.). Um eine Lösung der Potentialgleichung eindeutig festzulegen, braucht man also Zusatzbedingungen, und es hat sich gezeigt, dass die richtigen Zusatzbedingungen bei elliptischen Gleichungen *Randbedingungen* sind. Bei der Potentialgleichung (und allgemeiner bei elliptischen Gleichungen zweiter Ordnung) genügt es dabei, die Werte der gesuchten Lösung auf $\partial\Omega$ vorzuschreiben, während bei Gleichungen höherer Ordnung auch noch vorgeschriebene Ableitungen dazu kämen. Wir definieren:

Definition 25.8. *Sei $\Omega \subseteq \mathbb{R}^n$ ein beschränktes Gebiet und $\varphi : \partial\Omega \longrightarrow \mathbb{R}$ eine gegebene stetige Funktion. Dann nennt man das Problem, eine Funktion $u \in C^2(\Omega) \cap C^0(\bar{\Omega})$ zu finden, welche die Randwertaufgabe*

$$\Delta u = 0 \quad in \quad \Omega \tag{25.19}$$

$$u = \varphi \quad auf \quad \partial\Omega \tag{25.20}$$

löst, das innere DIRICHLETproblem *für die Potentialgleichung.*

Ein anschauliches physikalisches Modell, bei dem solch ein Problem auftritt, ist eine elastische Membran, die am Rand fest eingespannt ist. Dabei ist $n = 2$, Ω ist die Grundfläche der Membran, $\varphi(y_1, y_2)$ ist die am Randpunkt (y_1, y_2) durch das Einspannen vorgegebene Auslenkung und $u(x_1, x_2)$ ist die Auslenkung am Punkt $(x_1, x_2) \in \Omega$, auf die sich die Membran im Gleichgewicht einstellt.

Als eine erste Anwendung des Maximumprinzips haben wir:

Satz 25.9. *Wenn das DIRICHLETproblem (25.19), (25.20) für ein beschränktes Gebiet $\Omega \subseteq \mathbb{R}^n$ und stetige Randwerte $\varphi \in C^0(\partial\Omega)$ eine Lösung $u \in C^2(\Omega) \cap C^0(\bar{\Omega})$ hat, dann ist die Lösung eindeutig.*

Beweis. Angenommen, v ist eine weitere Lösung. Dann ist $h := u - v$ harmonisch in Ω und $h \equiv 0$ auf $\partial\Omega$. Anwendung von Satz 25.7 auf h ergibt also $h \equiv 0$ auf ganz $\bar{\Omega}$ und somit $u = v$, wie behauptet. $\square$

Wir beschäftigen uns nun mit der Existenz einer Lösung des DIRICH-LETproblems (25.19), (25.20) für ein beschränktes Gebiet $\Omega \subseteq \mathbb{R}^n$ und stetige Randwerte $\varphi \in C^0(\partial\Omega)$. Ausgangspunkt ist die Darstellungsformel

$$u(x) = \oint_{\partial\Omega} \left\{ \gamma(x,y) \frac{\partial u(y)}{\partial \boldsymbol{n}_y} - u(y) \frac{\partial \gamma(x,y)}{\partial \boldsymbol{n}_y} \right\} \mathrm{d}\sigma_y \qquad (25.21)$$

aus Satz 25.5b., mit der man den Wert einer harmonischen Funktion u in einem Punkt $x \in \Omega$ berechnen kann, wenn die Randwerte

$$u(y) \quad \text{und} \quad \frac{\partial u(y)}{\partial \boldsymbol{n}_y} \quad \text{für} \quad y \in \partial\Omega$$

bekannt sind. (Gegenüber (25.10) sind hier die Bezeichnungen etwas verändert, und es wurde auch benutzt, dass $\gamma(x,y) = \gamma(y,x)$ ist!)

Im DIRICHLETproblem (25.19), (25.20) ist nur $u(y)$, aber nicht die Normalableitung auf $\partial\Omega$ vorgegeben, so dass (25.21) nicht angewandt werden kann. Man versucht nun die Fundamentallösung $\gamma(x,y)$ so durch eine Funktion $G(x,y)$ zu ersetzen, dass

- die Darstellungsformel (25.21) mit G anstelle von γ richtig bleibt, und
- $G(x,y) = 0$ für $y \in \partial\Omega$ ist, so dass der Term mit $\partial u/\partial \boldsymbol{n}$ in (25.21) verschwindet.

Ob dies möglich ist, werden wir sehen. Zunächst definieren wir:

Definition 25.10. *Sei $\Omega \subseteq \mathbb{R}^n$ ein beschränktes, stückweise glatt berandetes Gebiet. Eine Funktion*

$$G(x,y) = \gamma(x,y) + h(x,y) \qquad (25.22)$$

für $x,y \in \bar{\Omega}$, $x \neq y$ heißt GREENsche Funktion erster Art für Ω und den LAPLACE-Operator Δ, *wenn gilt*

$$h(x,\cdot) \in C^2(\Omega) \cap C^1(\bar{\Omega}), \quad x \in \Omega, \qquad (25.23)$$
$$\Delta_y h(x,y) = 0, \quad y \in \Omega, \quad x \in \bar{\Omega}, \qquad (25.24)$$
$$h(x,y) = -\gamma(x,y), \quad x \in \Omega, \quad y \in \partial\Omega. \qquad (25.25)$$

Die Gleichungen (25.24), (25.25) besagen, dass $h(x,y)$ für jedes $x \in \Omega$ als Lösung eines DIRICHLETproblems bestimmt werden muss, wobei die Randbedingung (25.25) so gewählt ist, dass

$$G(x,y) = 0 \quad \text{für} \quad x \in \Omega, y \in \partial\Omega, \qquad (25.26)$$

was ja das Ziel war. Die wichtigsten Eigenschaften dieser GREENschen Funktion stellen wir in folgendem Satz zusammen, den wir allerdings nur teilweise beweisen werden:

Satz 25.11. *Wenn für ein beschränktes, stückweise glatt berandetes Gebiet* $\Omega \subseteq \mathbb{R}^n$ *die* GREEN*sche Funktion* $G(x, y)$ *existiert, so hat sie folgende Eigenschaften:*

a. $G(x, y)$ ist eindeutig bestimmt.
b. $G(x, y) > 0$ für $x \neq y$ in Ω.
c. $G(x, y) = G(y, x)$ für $x, y \in \Omega$, $x \neq y$.
d. $\Delta_x G(x, y) = 0$ für $x \in \Omega$, $y \in \bar{\Omega}$, $x \neq y$.

Beweis. a. folgt natürlich aus der Eindeutigkeit der Lösung des DIRICH-LETproblems (25.24)–(25.25) gemäß Satz 25.9. Behauptung b. folgt aus dem Maximumprinzip wegen

$$G(x, y) = 0 \quad \text{für} \quad y_{\textstyle{,}} \in \partial\Omega\,,$$

$$G(x, y) \longrightarrow +\infty \quad \text{für} \quad y \longrightarrow x\,.$$

Teil c. ist etwas schwieriger und wird ähnlich wie die Darstellungsformel bewiesen (vgl. Ergänzung 25.21). Teil d. folgt jedoch sofort aus c. □

Dass man mit der GREENschen Funktion tatsächlich die Lösung des DI-RICHLETproblems (25.19), (25.20) – sofern sie existiert – beschreiben kann, sagt der folgende Satz:

Satz 25.12. *Wenn für ein beschränktes, stückweise glatt berandetes Gebiet* $\Omega \subseteq \mathbb{R}^n$ *die* GREEN*sche Funktion* $G(x, y)$ *existiert, dann gilt für jede harmonische Funktion* $u \in C^2(\Omega) \cap C^1(\bar{\Omega})$:

$$u(x) = - \oint_{\partial\Omega} u(y) \frac{\partial G(x, y)}{\partial n_y} \mathrm{d}\sigma_y \tag{25.27}$$

für alle $x \in \Omega$.

Beweis. Wenden wir die zweite GREENsche Formel (25.4) auf die in y harmonischen Funktionen $u(y)$, $h(x, y)$ an, so verschwindet das Gebietsintegral und es folgt

$$0 = \oint_{\partial\Omega} \left\{ h(x, y) \frac{\partial u(y)}{\partial n_y} - u(y) \frac{\partial h(x, y)}{\partial n_y} \right\} \mathrm{d}\sigma_y\,.$$

Addieren wir dazu die Darstellungsformel (25.21), so folgt (25.27) wegen (25.22) und (25.25). □

Bemerkung: Der letzte Satz suggeriert, dass man das DIRICHLET-Problem (25.19), (25.20) durch den Ansatz

$$u(x) = - \oint_{\partial\Omega} \varphi(y) \frac{\partial G(x, y)}{\partial n_y} \mathrm{d}\sigma_y \tag{25.28}$$

lösen kann. Unter günstigen Bedingungen stimmt das auch. In jedem Fall ist durch (25.28) eine harmonische Funktion u in Ω definiert, denn man darf unter dem Integralzeichen differenzieren und erhält dann $\Delta u(x) = 0$ aus Satz 25.11d. Ob aber für jeden Randpunkt $y \in \partial\Omega$

$$\varphi(y) = \lim_{\substack{x \to y \\ x \in \Omega}} u(x)$$

gilt, ist eine schwierige Frage, und die Antwort ist nicht immer positiv (vgl. Ergänzung 25.22).

C. Die POISSONsche Integralformel

Will man mit Satz 25.12 das DIRICHLETproblem

$$\Delta u = 0 \quad \text{in} \quad \Omega, \quad u = \varphi \quad \text{auf} \quad \partial\Omega \tag{25.29}$$

lösen, so muss man die GREENsche Funktion $G(x,y)$ für das Gebiet Ω kennen. Nach Definition 25.10 erhält man $G(x,y)$ in der Form

$$G(x,y) = \gamma(x,y) + h(x,y), \tag{25.30}$$

wobei sich $h(x,y)$ als Lösung des speziellen DIRICHLETproblems

$$\Delta_y h(x,y) = 0, \quad y \in \Omega, \quad h(x,y) = -\gamma(x,y), \quad y \in \partial\Omega \tag{25.31}$$

ergibt. Das bedeutet aber lediglich, dass man das DIRICHLETproblem (25.29) durch die Randwertaufgabe (25.31) ersetzt hat, die sich womöglich auch nicht einfacher lösen lässt.

In einigen Fällen gelingt es jedoch auf Grund der speziellen Gestalt der Randwerte in (25.31), das Problem (25.31) zu lösen. Zum Beispiel gelingt dies im Falle

$$\Omega = \mathcal{U}_R(a) = \{x \in \mathbb{R}^n \mid |x - a| < R\}, \tag{25.32}$$

d. h. für eine Kugel mit Radius R um $a \in \mathbb{R}^n$. Die dabei benutzte Methode zur Konstruktion von $G(x,y)$ nennt sich *Spiegelungsmethode*. Diese beruht auf den folgenden elementargeometrischen Tatsachen: Sind in $\mathbb{R}^n$ zwei verschiedene Punkte $x, x^\star$ sowie eine Konstante $\mu > 1$ gegeben, so bilden die Punkte y mit

$$|x^\star - y| = \mu |x - y|$$

eine Sphäre $S_R(a)$ um einen Punkt a, der auf der Geraden durch x und $x^\star$ liegt. Dabei ist $\mu = \frac{R}{|x-a|}$, und der Punkt $x^\star$ entsteht aus x durch *Spiegelung* an $S_R(a)$. Mit dieser Spiegelung ist folgendes gemeint (vgl. Abb. 25.1):

Jedem $x \in \mathcal{U}_R(a)$ wird ein *Spiegelpunkt* $x^\star \in \mathbb{R}^n \setminus \mathcal{B}_R(a)$ zugeordnet, der auf dem Strahl $\overrightarrow{ax}$ liegt und die Bedingung

$$|x - a| \cdot |x^\star - a| = R^2 \tag{25.33}$$

erfüllt. Dies leistet offenbar die folgende Definition:

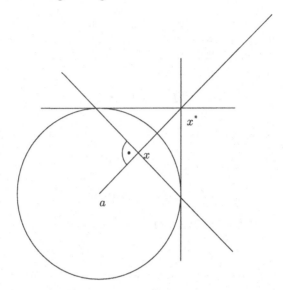

Abb. 25.1. Spiegelung am Kreis

Definition 25.13. *Für $x \in \mathbb{R}^n$, $x \neq a$, ist der an $S_R(a)$ gespiegelte Punkt gegeben durch*

$$x^\star = a + \frac{R^2}{|x - a|^2}(x - a) \,. \tag{25.34}$$

Von all diesen geometrischen Fakten wollen wir nur den Teil beweisen, den wir wirklich benötigen, nämlich

Lemma 25.14. *Sei $x \in \mathcal{U}_R(a)$ und $x^\star$ der an $S_R(a)$ gespiegelte Punkt. Für alle $y \in S_R$ ist dann*

$$|x^\star - y| = \frac{R}{|x - a|}|x - y| \,.$$

Beweis. Wir nehmen an, es ist $a = 0$. Das ist keine Beschränkung der Allgemeinheit, denn man kann es durch eine Translation erreichen, und Translationen lassen alle Abstände unverändert. Wir haben also $x^\star = \frac{R^2}{|x|^2}x$ und somit für $|y| = R$:

$$|x^\star - y|^2 = |x^\star|^2 - 2x^\star \cdot y + |y|^2 = \frac{R^4}{|x|^2} - \frac{2R^2}{|x|^2}x \cdot y + R^2$$

$$= \frac{R^2}{|x|^2}(R^2 - 2x \cdot y + |x|^2) = \left(\frac{R}{|x|}\right)^2 |y - x|^2 \,,$$

woraus die Behauptung folgt.   □

Damit können wir die Greensche Funktion für $\mathcal{U}_R(a)$ angeben:

Satz 25.15. *Die* Green*sche Funktion $G(x,y)$ für $\mathcal{U}_R(a)$ ist gegeben durch*

$$G(x,y) = \begin{cases} \gamma(r) - \gamma\left(\dfrac{|x-a|}{R}r^\star\right), & x \neq a, \\ \gamma(r) - \gamma(R), & x = a. \end{cases} \tag{25.35}$$

wobei $r = |x - y|$, $r^\star = |x^\star - y|$ und $x^\star$ der an $S_R(a)$ gespiegelte Punkt zu x ist.

Beweis. Schreiben wir

$$h(x,y) := \begin{cases} -\gamma\left(\dfrac{|x-a|}{R}|x^\star - y|\right), & x \neq a \\ -\gamma(R), & x = a, \end{cases} \tag{25.36}$$

so hat $G(x,y)$ aus (25.35) gerade die Form

$$G(x,y) = \gamma(x,y) + h(x,y),$$

und wir müssen daher die Bedingungen an $h(x,y)$ aus Definition 25.10 über-prüfen. Zunächst zeigt man leicht:

$$\lim_{x \to a} \frac{|x-a|}{R}|x^\star - y| = R. \tag{25.37}$$

Es ist nämlich

$$\frac{|x-a|}{R}|x^\star - a| = R$$

nach (25.33), und andererseits ergibt die Ungleichung $|\,|v| - |w|\,| \leq |v - w|$ für $v = x^\star - y$, $w = x^\star - a$ die Abschätzung

$$\frac{|x-a|}{R}\left|\,|x^\star - y| - |x^\star - a|\,\right| \leq \frac{|x-a|}{R}|a - y| \longrightarrow 0$$

für $x \to a$, und es folgt (25.37). Da $r^\star = |x^\star - y| > 0$ für $x,y \in \mathcal{U}_R(a)$ ist, folgt

$$h(x,\cdot) \in C^2(\mathcal{U}_R(a)) \quad \text{und} \quad \Delta_y h(x,y) = 0,$$

weil γ diese Eigenschaften hat. Es bleibt daher noch

$$h(x,y) = -\gamma(x,y) \quad \text{für} \quad y \in S_R(a)$$

zu zeigen, d. h. nach (25.36)

$$\frac{|x-a|}{R}|x^\star - y| = |x - y|.$$

Dies ist aber gerade die Aussage von Lemma 25.14. □

Da nun $G(x, y)$ für $\Omega = \mathcal{U}_R(a)$ bekannt ist, können wir versuchen, das DIRICHLETproblem mit Satz 25.12 zu lösen. Dazu müssen wir noch die Normalableitung

$$\frac{\partial}{\partial \boldsymbol{n}_y} G(x, y) = \boldsymbol{n}_y \cdot \nabla_y G(x, y) \qquad (25.38)$$

berechnen. Wir beschränken uns dabei auf den Fall $a = 0$, was wegen der Translationsinvarianz der Abstände wieder keine Beschränkung der Allgemeinheit darstellt. Nach (25.35) in Satz 25.15 ist dann im Fall $n \geq 3$:

$$G(x, y) = \frac{1}{(n-2)\omega_n} \left\{ \frac{1}{|x-y|^{n-2}} - \frac{R^{n-2}}{|x|^{n-2}} \frac{1}{|x^2 - y|^{n-2}} \right\} \qquad (25.39)$$

und

$$\boldsymbol{n}_y = \frac{y}{R} . \qquad (25.40)$$

Es ergibt sich nun zunächst:

$$\nabla_y |x-y|^{2-n} = (n-2) \frac{x-a}{|x-y|^n}$$

$$\nabla_y |x^\star - y|^{2-n} = (n-2) \frac{x^\star - y}{|x-y|^n}$$

und damit

$$\boldsymbol{n}_y \cdot \nabla_y G(x, y) = \frac{y}{\omega_n R} \cdot \left\{ \frac{x-y}{|x-y|^n} - \frac{R^{n-2}}{|x|^{n-2}} \frac{x^\star - y}{|x^\star - y|^n} \right\} .$$

Beachten wir dann noch (25.34), d. h.

$$x^\star - y = \frac{R^2}{|x|^2} x - y ,$$

so kommen wir nach leichter Rechnung zu folgendem Ergebnis:

$$\frac{\partial}{\partial \boldsymbol{n}_y} G(x, y) = \frac{|x|^2 - R^2}{R \omega_n |x-y|^n} \quad \text{für} \quad |y| = R . \qquad (25.41)$$

Eine leicht modifizierte Rechnung liefert dasselbe Ergebnis auch für $n = 2$ (Übung!). Setzen wir dies in die Darstellungsformel von Satz 25.12 ein, so haben wir:

Satz 25.16. *Für eine in $\mathcal{U}_R(0)$ harmonische Funktion*

$$u \in C^2(\mathcal{U}_R(0)) \cap C^1(\mathcal{B}_R(0))$$

gilt die POISSON*sche Integralformel*

$$u(x) = \frac{R^2 - |x|^2}{\omega_n R} \oint\limits_{S_R(0)} \frac{u(y)}{|x-y|^n} d\sigma_y \qquad (25.42)$$

für $0 \leq |x| < R$.

Für die Kugel $\mathcal{U}_R(a)$ ist der durch die Sätze 25.12, 25.16 gegebene Lösungsansatz für das DIRICHLETproblem nun tatsächlich erfolgreich, wie der folgende Satz zeigt:

Satz 25.17. *Sei $\varphi \in S_R(0)$ eine gegebene stetige Funktion.*

a. Die Funktion

$$\cdot \; u(x) = \frac{R^2 - |x|^2}{\omega_n R} \oint\limits_{S_R(0)} \frac{\varphi(y)}{|x - y|^n} d\sigma_y \tag{25.43}$$

ist aus $C^\infty(\mathcal{U}_R(0))$ und erfüllt

$$\Delta u(x) = 0 \quad in \quad \mathcal{U}_R(0) \; .$$

b. Es ist

$$\lim_{\substack{x \to y \\ x \in \mathcal{U}_R(0)}} u(x) = \varphi(y) \quad \text{für alle} \quad y \in S_R(0)$$

d. h. $u(x)$ ist die eindeutige Lösung des DIRICHLETproblems für die Kugel.

Beweis. Wir zeigen lediglich die Behauptung in a., weil die Annahme der Randwerte in b. eine relativ technische Angelegenheit ist.

Der sogenannte POISSON-*Kern*

$$
\begin{aligned}
P_R(x, y) &= \frac{R^2 - |x|^2}{\omega_n R} |x - y|^{-n} \\
&= \frac{1}{\omega_n R} \left(R^2 - \sum_{i=1}^{n} x_i^2 \right) \left(\sum_{i=1}^{n} (x_i - y_i)^2 \right)^{-n/2}
\end{aligned}
\tag{25.44}
$$

ist für $|x| < |y| = R$ beliebig oft nach den Variablen x_i differenzierbar, und es ist

$$D_x^\alpha P_R(x, y) \in C^0(\mathcal{U}_R(0)) \quad \text{für festes} \quad |y| = R$$

und jeden Multiindex α. Nach Satz 15.6b. über die Vertauschung von Integration und Differentiation gilt dann

$$D^\alpha u(x) = \oint\limits_{S_R(0)} \varphi(y) D_x^\alpha P_R(x, y) d\sigma_y \; , \tag{25.45}$$

woraus dann $u \in C^\infty(\mathcal{U}_R(0))$ folgt. Um zu zeigen, dass

$$\Delta u(x) = 0 \quad \text{für} \quad x \in \mathcal{U}_R(0)$$

gilt, beachten wir, dass nach Definition des POISSONkerns und den Eigenschaften der GREENschen Funktion folgt

$$
\begin{aligned}
\Delta_x P_R(x, y) &= \Delta_x(\boldsymbol{n}_y \cdot \nabla_y G(x, y)) \\
&= \boldsymbol{n}_y \cdot (\nabla_y \Delta_x G(x, y)) = 0
\end{aligned}
$$

gilt, und damit

$$\Delta_x u(x) = \oint\limits_{S_R(0)} \varphi(y)\Delta_x P_R(x,y)\mathrm{d}\sigma_y = 0 .$$

□

Bemerkung: Für die Randwerte $\varphi \equiv 1$ ist offenbar $u \equiv 1$ die Lösung des DI-RICHLETproblems. Nach den Sätzen 25.9 und 25.17 muss diese Lösung durch (25.43) gegeben sein, also gilt

$$\oint\limits_{S_R(0)} P_R(x,y)\mathrm{d}\sigma_y = 1 \quad \text{für alle} \quad x \in \mathcal{U}_R(0) . \tag{25.46}$$

Außerdem hat der POISSON-Kern für Punkte $y, z \in S_R(0)$ die folgende Eigenschaft, die sich leicht durch explizite Rechnung bestätigen lässt:

$$\lim_{t \to 1-} P_R(tz,y) = \begin{cases} +\infty, & \text{falls} \quad y = z , \\ 0, & \text{falls} \quad y \neq z , \end{cases} \tag{25.47}$$

und schließlich ist $P_R(x,y) > 0$ für $|x| < R$. Damit kann man die Annahme der Randwerte wenigstens plausibel machen: Formel (25.43) repräsentiert $u(x)$ als ein gewichtetes Mittel über die Randwerte $\varphi(y)$, wobei $P_R(x,y)$ die Rolle des Gewichtsfaktors spielt. Ist x nahe am Rand, so berücksichtigt dieser Gewichtsfaktor aber die Werte von φ in der unmittelbaren Nähe von y ausgesprochen stark, während er alle anderen unterdrückt. Da φ stetig ist, wird das gewichtete Mittel also $\approx \varphi(y)$ sein. Dieser Gedankengang wird uns noch oft begegnen.

D. Das DIRICHLET-Problem für die POISSONgleichung

Die POISSON*gleichung* ist die inhomogene Version der LAPLACEgleichung, also

$$\Delta u = f \tag{25.48}$$

mit gegebenem f und gesuchtem u. Das entsprechende DIRICHLETproblem entsteht durch Hinzufügen der Randbedingung

$$u \equiv \varphi \quad \text{auf} \quad \partial\Omega . \tag{25.49}$$

Die am Anfang von Abschn. B. besprochene elastische Membran wird sich auf die Lösung dieses Problems einstellen, wenn sie an jedem Punkt $(x_1, x_2) \in \Omega$ der äußeren Kraft $-f(x_1, x_2)$ (senkrecht zur (x_1, x_2)-Ebene) unterworfen ist.

Die Differenz $v = u_1 - u_2$ zweier Lösungen des Problems (25.48), (25.49) ist eine Lösung von

$$\Delta v = 0 \quad \text{in} \quad \Omega , \quad v = 0 \quad \text{auf} \quad \partial\Omega ,$$

verschwindet also nach Satz 25.9. Die Lösung ist also eindeutig bestimmt. Haben u_1, u_2 verschiedene Randwerte φ_1, φ_2, erfüllen aber beide Gl. (25.48), so können wir immer noch (25.18) auf $u_1 - u_2$ anwenden und erkennen, dass das DIRICHLET-Problem *stabil* ist in dem Sinn, dass

$$|u_1(x) - u_2(x)| \leq \max_{y \in \partial\Omega} |\varphi_1(y) - \varphi_2(y)| \,, \tag{25.50}$$

d. h. wenn zwei Randfunktionen sich wenig unterscheiden, so unterscheiden die entsprechenden Lösungen sich auf ganz $\bar{\Omega}$ ebenfalls nur wenig.

Will man die Lösung finden, so interessiert man sich hauptsächlich für den Fall $\varphi \equiv 0$, d. h. für das *homogene* DIRICHLET*problem*

$$\Delta v = f \quad \text{in} \quad \Omega, \quad v = 0 \quad \text{auf} \quad \partial\Omega \,. \tag{25.51}$$

Die Lösung von (25.48), (25.49) ergibt sich nämlich sofort in der Form

$$u = v + w \,,$$

wobei v die Lösung des homogenen Problems (25.51) und w die Lösung des schon behandelten Problems (25.19), (25.20) ist.

Die Darstellungsformel aus Satz 25.5 sagt uns wieder, wie die Lösung v von (25.51) – sofern sie existiert – aussehen muss. Gleichung (25.9) ergibt nämlich sofort

$$v(x) = \oint\limits_{\partial\Omega} \gamma(x,y) \frac{\partial v}{\partial \boldsymbol{n}_y}(y)\mathrm{d}\sigma_y - \int\limits_{\Omega} \gamma(x,y)f(y)\mathrm{d}^n y \,, \tag{25.52}$$

und durch Einführung der GREENschen Funktion $G(x,y) = \gamma(x,y) + h(x,y)$ kann man auch hier den Term mit $\partial v/\partial \boldsymbol{n}$ wieder loswerden. Insgesamt ergibt sich

Satz 25.18. *Sei Ω ein beschränktes, stückweise glatt berandetes Gebiet in $\mathbb{R}^n$, und seien $f \in C^0(\bar{\Omega})$, $\varphi \in C^0(\partial\Omega)$ gegebene stetige Funktionen.*

a. *Das DIRICHLETproblem (25.48), (25.49) hat höchstens eine Lösung.*

b. *Das DIRICHLET-Problem ist stabil, d. h. die Lösungen der POISSONgleichung hängen im Sinne von (25.50) stetig von ihren Randwerten ab.*

c. *Wenn die GREENsche Funktion G zu Ω existiert und das homogene Problem (25.51) eine Lösung $v \in C^2(\Omega) \cap C^1(\bar{\Omega})$ besitzt, so ist diese Lösung gegeben durch*

$$v(x) = -\int\limits_{\Omega} G(x,y)f(y)\mathrm{d}^n y \,, \quad x \in \Omega \,. \tag{25.53}$$

Beweis. Nur (25.53) ist noch zu zeigen. Dazu verwenden wir für festes $x \in \Omega$ die GREENsche Formel (25.4) für die Funktionen $h(x,y)$ und $v(y)$. Wegen

$v \equiv 0$ auf $\partial\Omega$ ergibt dies

$$0 = \oint_{\partial\Omega} h(x,y) \frac{\partial v}{\partial \boldsymbol{n}_y}(y)\mathrm{d}\sigma_y - \int_{\Omega} h(x,y)f(y)\mathrm{d}^n y \,.$$

Addiert man dies zu (25.52), so erhält man sofort (25.53).   □

Bemerkung: Was die Voraussetzungen von Satz 25.18b. betrifft, so liegen die Verhältnisse ähnlich wie bei Satz 25.12. In den meisten praktisch vorkommenden Fällen ist (25.53) als Ansatz für die Lösung brauchbar, aber es ist nicht immer so (vgl. Ergänzung 25.22).

Ergänzungen zu §25

Wir haben betont, dass die Potentialgleichung der Prototyp der elliptischen Gleichungen sei, aber nirgends erklärt, was eine elliptische Gleichung ist. Das wollen wir zumindest in gewissem Umfang nachholen, indem wir elliptische skalare lineare Gleichungen zweiter Ordnung und elliptische lineare Systeme erster Ordnung definieren. Weiterhin wird der Beweis von Satz 25.11c. nachgetragen, und was die im Anschluss an die Sätze 25.12 und 25.18 gemachten Bemerkungen über die Existenz der Lösungen -- und damit auch über die Verwendbarkeit der Ansatzformeln (25.28) und (25.53) – betrifft, so geben wir noch einige zusätzliche Informationen und Literaturhinweise. Schließlich wollen wir den Eindruck vermeiden, die DIRICHLETschen Randbedingungen seien die einzige vernünftige Möglichkeit für Randwertprobleme. Auf einige andere, in Mathematik und Physik wichtige Randwertprobleme für die LAPLACE- und die POISSON-Gleichung wird daher am Schluss noch hingewiesen.

25.19 Lineare elliptische Gleichungen zweiter Ordnung. Sei $\Omega \subseteq \mathbb{R}^n$ ein Gebiet. Eine *lineare partielle Differentialgleichung zweiter Ordnung* in Ω ist eine Gleichung der Form

$$\sum_{j,k=1}^{n} a_{jk}(x) \frac{\partial^2 u}{\partial x_j \partial x_k} + \sum_{j=1}^{n} b_j(x) \frac{\partial u}{\partial x_j} + c(x)u = f(x)\,, \quad x \in \Omega\,. \qquad (25.54)$$

Die rechte Seite f sowie die *Koeffizienten* sind dabei gegebene Funktionen auf Ω, und eine C^2-Funktion u ist gesucht (jedenfalls in der klassischen Theorie). Alle beteiligten Funktionen können reell- oder komplexwertig sein. Fast immer wird vorausgesetzt, dass

$$a_{jk}(x) = a_{kj}(x)\,, \quad j,k = 1,\dots,n\,, \qquad (25.55)$$

und wegen dem Satz von H. A. SCHWARZ ist dies keine Beschränkung der Allgemeinheit. Man schreibt die Gleichung kurz in der Form

$$Lu = f \qquad (25.56)$$

und bezeichnet L als einen *Differentialoperator*. Sind die Koeffizienten stetig, so kann man ja L tatsächlich als einen linearen Operator $C^2(\Omega) \to C^0(\Omega)$ auffassen, und zwar genau in dem Sinn, wie es in Ergänzung 7.25 beschrieben wurde. Will man Randwertprobleme behandeln, so wird man Stetigkeit der Koeffizienten sogar auf $\bar\Omega$ verlangen, und dann kann man L auch als linearen Operator $C^2(\bar\Omega) \to C^0(\bar\Omega)$ betrachten.

Die Eigenschaften der Lösungen hängen nun in entscheidender Weise davon ab, wie sich das folgende x-abhängige Polynom verhält:

$$\sigma_L(x; \xi_1, \ldots, \xi_n) := \sum_{j,k=1}^{n} a_{jk}(x)\xi_j\xi_k + \sum_{j=1}^{n} b_j(x)\xi_j + c(x) \ . \tag{25.57}$$

Es entsteht aus L, indem man jede Differentiation $\partial/\partial x_j$ durch eine Multiplikation mit der neuen Variablen ξ_j ersetzt. Man nennt es das *charakteristische Polynom* oder (in der modernen Literatur) das *Symbol* von L. Für viele Fragen spielen aber nur die Terme höchster Ordnung eine Rolle, und man kann die Terme niedrigerer Ordnung als „kleine Störungen" auffassen. Daher betrachtet man auch das sog. *Hauptsymbol*

$$\sigma_L^H(x; \xi_1, \ldots, \xi_n) := \sum_{j,k=1}^{n} a_{jk}(x)\xi_j\xi_k \ . \tag{25.58}$$

Definition. *Der Differentialoperator L bzw. die Differentialgleichung (25.54) heißen* elliptisch, *wenn stets*

$$\sigma_L^H(x; \xi_1, \ldots, \xi_n) \neq 0$$

ist für $(\xi_1, \ldots, \xi_n) \neq (0, \ldots, 0)$, $x \in \Omega$.

Wir haben diese Formulierung der Definition gewählt, weil sie sich ohne weiteres auf Gleichungen höherer Ordnung verallgemeinern lässt. Für Gleichungen 2. Ordnung mit *reellen* Koeffizienten sollte man sie jedoch noch etwas umformulieren: Zunächst einmal ist

$$q(x; \xi) := \sigma_L^H(x; \xi_1, \ldots, \xi_n)$$

nichts anderes als die *quadratische Form* zu der symmetrischen Matrix $A(x) := (a_{jk}(x))$, und da sie in den ξ-Variablen homogen vom Grad 2 ist, genügt es, Vektoren $\xi = (\xi_1, \ldots, \xi_n)$ mit der euklidischen Norm $|\xi| = 1$ zu betrachten. Die Gleichung ist also genau dann elliptisch, wenn $q(x; \xi)$ auf dem Raum $\Omega \times \mathbf{S}^{n-1}$ keine Nullstelle hat. Da dieser Raum zusammenhängend ist, bedeutet dies, dass $q(x; \xi)$ das Vorzeichen nicht wechseln kann. Dann können wir aber annehmen, dass das Vorzeichen immer positiv ist (notfalls multipliziert man die Gleichung mit -1). Dies wiederum bedeutet, dass für jedes $x \in \Omega$ die symmetrische Matrix $A(x)$ *positiv definit* ist. Auf dem kompakten Raum

$\mathbf{S}^{n-1}$ hat die stetige Funktion $q(x; \cdot)$ dann ein positives Minimum ε_x, und wegen der Homogenität folgt nun

$$\sigma_L^H(x; \xi) \geq \varepsilon_x |\xi|^2 \quad \forall \xi \in \mathbb{R}^n . \tag{25.59}$$

Ist umgekehrt diese Bedingung für jedes $x \in \Omega$ mit einem geeigneten $\varepsilon_x > 0$ erfüllt, so liegt offensichtlich Elliptizität im Sinne der obigen Definition vor. Daher haben wir die (bis auf die Festlegung des Vorzeichens äquivalente)

Definition. *Gleichung (25.54), die jetzt reelle Koeffizienten haben soll, ist elliptisch, wenn es zu jedem $x \in \Omega$ ein $\varepsilon_x > 0$ gibt, so dass (25.59) gilt. Sie heißt gleichmäßig elliptisch, wenn dabei ε_x unabhängig von x gewählt werden kann.*

Ist Ω beschränkt und sind die Koeffizienten sogar auf $\bar{\Omega}$ definiert und stetig, so ist Elliptizität zu gleichmäßiger Elliptizität äquivalent, wie ein einfaches Kompaktheitsargument zeigt. Bei der Behandlung solcher Situationen unterscheiden viele Autoren daher gar nicht zwischen den beiden Begriffen. Bei „singulären" Problemen aber (d. h. wenn Ω unbeschränkt ist oder die Koeffizienten gegen den Rand hin unbeschränkt anwachsen) ist diese Unterscheidung jedoch wesentlich.

25.20 Lineare elliptische Systeme erster Ordnung. Im Gebiet $\Omega \subseteq \mathbb{R}^n$ wollen wir ein System von N linearen Differentialgleichungen 1. Ordnung für N gesuchte Funktionen $u_1, \ldots, u_N$ betrachten. Wir gehen sofort zur komprimierten Vektorschreibweise über, betrachten also die vektorwertige Funktion $\boldsymbol{u} = (u_1, \ldots, u_N)$ auf Ω. Das System schreibt sich dann in der Form

$$\sum_{j=1}^n A_j(x) \cdot \frac{\partial \boldsymbol{u}}{\partial x_j} + B(x)\boldsymbol{u} = \boldsymbol{f}(x) . \tag{25.60}$$

Dabei sind $A_j(x) = (a_j^{\mu\nu}(x))$ und $B(x) = (b^{\mu\nu}(x))$ gegebene x-abhängige $N \times N$-Matrizen, und $\boldsymbol{f} = (f_1, \ldots, f_N)$ ist eine gegebene Vektorfunktion. Auch hier kann man ein Symbol und ein Hauptsymbol einführen, aber es sind diesmal *matrixwertige* Polynome. Das Hauptsymbol von System 25.60 etwa lautet

$$\sigma^H(x; \xi) := \sum_{j=1}^n A_j(x)\xi_j ,$$

und das System heißt *elliptisch*, wenn

$$\det \sigma^H(x; \xi) \neq 0 \quad \forall x \in \Omega , \quad \xi \in \mathbb{R}^n \setminus \{0\} . \tag{25.61}$$

Der Hauptgrund, warum wir dieses etwas fortgeschrittene Thema überhaupt anschneiden, ist das Beispiel der CAUCHY-RIEMANNschen *Differentialgleichungen*. Hier ist $n = N = 2$, und wir können sie in der Form

$$\begin{pmatrix} 1 & 0 \\ 0 & 1 \end{pmatrix} \begin{pmatrix} u_x \\ v_x \end{pmatrix} + \begin{pmatrix} 0 & -1 \\ 1 & 0 \end{pmatrix} \begin{pmatrix} u_y \\ v_y \end{pmatrix} = 0$$

anschreiben. Sie bilden also ein homogenes lineares System 1. Ordnung mit konstanten Koeffizienten, und das Symbol (= Hauptsymbol) ist

$$\sigma(x, y; \xi, \eta) = \begin{pmatrix} \xi & -\eta \\ \eta & \xi \end{pmatrix} .$$

Also ist $\det \sigma(x, y; \xi, \eta) = \xi^2 + \eta^2 > 0$ für $(\xi, \eta) \neq (0, 0)$, und das System ist elliptisch.

In vieler Hinsicht verhalten sich harmonische Funktionen ähnlich wie holomorphe. (Wir haben bisher nur die Mittelwerteigenschaft und das Maximumprinzip kennengelernt, aber die Ähnlichkeit geht noch viel weiter!) Der Grund ist darin zu suchen, dass es sich in beiden Fällen um die Lösungen eines homogenen elliptischen Systems handelt. Die komplexen Zahlen sind eigentlich nicht der entscheidende Faktor, sondern liefern lediglich eine besonders handliche Schreibweise.

25.21 Symmetrie der GREENschen Funktion. Hier beweisen wir Teil c. von Satz 25.11. Aus den Beziehungen (25.7) und (25.8), die wir bei der Herleitung von Satz 25.5 bewiesen haben, ergibt sich zunächst einmal

$$\lim_{\varepsilon \to 0} \oint_{S_\varepsilon(x_0)} \left(u(x) \frac{\partial \gamma(x, x_0)}{\partial \boldsymbol{n}} - \gamma(x, x_0) \frac{\partial u}{\partial \boldsymbol{n}}(x) \right) \mathrm{d}\sigma_x = u(x_0)$$

für $x_0 \in \Omega$, wobei $\boldsymbol{n}$ hier wieder der *innere* Normaleneinheitsvektor ist. Der entsprechende Ausdruck mit $h(x, x_0) := G(x, x_0) - \gamma(x, x_0)$ statt $\gamma(x, x_0)$ verschwindet, weil $h(x, x_0)$ und seine Ableitungen in einer Umgebung von x_0 beschränkt bleiben. Es folgt also

$$\lim_{\varepsilon \to 0} \oint_{S_\varepsilon(x_0)} \left(u(x) \frac{\partial G(x, x_0)}{\partial \boldsymbol{n}} - G(x, x_0) \frac{\partial u}{\partial \boldsymbol{n}}(x) \right) \mathrm{d}\sigma_x = u(x_0) . \qquad (25.62)$$

Nun betrachten wir zwei verschiedene Punkte $y, z \in \Omega$. Wir entfernen aus Ω zwei kleine disjunkte Kugeln um diese beiden Punkte, betrachten also

$$\Omega_\varepsilon := \Omega \setminus (\mathcal{U}_\varepsilon(y) \cup \mathcal{U}_\varepsilon(z)) ,$$

wobei $\varepsilon > 0$ so klein ist, dass die abgeschlossenen Kugeln $\mathcal{B}_\varepsilon(y)$, $\mathcal{B}_\varepsilon(z)$ disjunkt und in Ω enthalten sind. Die Funktionen

$$u(x) := G(x, y), \quad v(x) := G(x, z)$$

erfüllen dann

$$\Delta u = \Delta v = 0 \quad \text{in} \quad \Omega_\varepsilon$$

sowie

$$u = v = 0 \quad \text{auf} \quad \partial \Omega .$$

Die GREENsche Formel (25.4), angewandt auf das Gebiet Ω_ε, ergibt für sie also

$$0 = \left(\oint\limits_{S_\varepsilon(y)} + \oint\limits_{S_\varepsilon(z)} \right) \left(u \frac{\partial v}{\partial n} - v \frac{\partial u}{\partial n} \right) d\sigma$$

oder, ausführlicher geschrieben

$$0 = \oint\limits_{S_\varepsilon(z)} \left(G(x,y) \frac{\partial G(x,z)}{\partial n} - G(x,z) \frac{\partial G}{\partial n_x}(x,y) \right) d\sigma_x$$

$$+ \oint\limits_{S_\varepsilon(y)} \left(G(x,y) \frac{\partial G(x,z)}{\partial n_x} - G(x,z) \frac{\partial G}{\partial n_x}(x,y) \right) d\sigma_x$$

$$= \oint\limits_{S_\varepsilon(z)} \left(G(x,y) \frac{\partial G(x,z)}{\partial n} - G(x,z) \frac{\partial G}{\partial n_x}(x,y) \right) d\sigma_x$$

$$- \oint\limits_{S_\varepsilon(y)} \left(G(x,z) \frac{\partial G(x,y)}{\partial n_x} - G(x,y) \frac{\partial G}{\partial n_x}(x,z) \right) d\sigma_x \ .$$

Überall ist $n = n_x$ der äußere Normaleneinheitsvektor an Ω_ε, also der innere für die Kugeln. Nach Grenzübergang $\varepsilon \to 0$ folgt daher mit (25.62)

$$G(z,y) - G(y,z) = 0 \ ,$$

also die behauptete Symmetrieeigenschaft.

25.22 Existenzfragen.

(i)   Es gibt DIRICHLET-Probleme für die LAPLACE-Gleichung, die überhaupt keine Lösung besitzen. Dies kann geschehen, wenn der Rand von Ω nach innen weisende Spitzen besitzt. (Beispiel in [8], Bd. II, S. 303ff.) Wenn man aber an jeden Randpunkt y von Ω eine Kugel anheften kann, die mit $\bar{\Omega}$ nur den Punkt y gemeinsam hat, so hat das Problem für jede stetige Randfunktion φ eine Lösung, und dann existiert natürlich auch die GREENsche Funktion. Für Gebiete in der Ebene genügt es sogar schon, dass jeder Randpunkt y durch eine glatte Kurve erreichbar ist, die, abgesehen vom Endpunkt y, ganz in $\mathbb{R}^2 \setminus \bar{\Omega}$ verläuft (vgl. [21] und [8]).

(ii) Schon für die dreidimensionale Kugel gibt es stetige Funktionen f, für die (25.53) keine Lösung des Problems (25.51) definiert, für die das Problem also tatsächlich nicht lösbar ist (vgl. [23], S. 82ff.). Aber z. B. für $f \in C^1(\bar{\Omega})$ gibt (25.53) die Lösung von (25.51) an, wenn Ω eine GREENsche Funktion besitzt. Das wird in praktisch jedem Lehrbuch über partielle Differentialgleichungen bewiesen.

(iii) Auch wenn das Problem (25.19), (25.20) nicht für *jede* stetige Randfunktion φ lösbar ist, so kann die Lösung doch für viele „gutartige" Randfunktionen existieren. Nehmen wir z. B. an, Ω hat eine GREENsche Funktion und φ lässt sich zu einer Funktion $\Phi \in C^3(\bar{\Omega})$ fortsetzen. Dann ist $\Delta\Phi \in C^1(\bar{\Omega})$, also findet man v mit

$$\Delta v = \Delta\Phi \quad \text{in} \quad \Omega, \quad v \equiv 0 \quad \text{auf} \quad \partial\Omega\,.$$

Dann ist $u := v + \Phi$ die gesuchte Lösung von (25.19), (25.20).

Die moderne *Distributionstheorie* gestattet es jedoch, auch in Fällen, wo keine klassische Lösung existiert, zu einer Lösung zu gelangen, allerdings nur in einem abgeschwächten Sinn. Wie solch eine verallgemeinerte Lösung aussehen kann und wann es doch eine klassische Lösung gibt, ist eine äußerst diffizile Frage, die zu vielen tiefschürfenden mathematischen Untersuchungen Anlass gegeben hat.

25.23 Andere Randwertprobleme. Gleichberechtigt neben dem DIRICHLETproblem steht das NEUMANNproblem, bei dem die Normalableitung am Rand vorgeschrieben wird. Für die *Poisson*gleichung lautet es also

$$\Delta u = f \quad \text{in} \quad \Omega, \quad \partial u/\partial\boldsymbol{n} = \psi \quad \text{auf} \quad \partial\Omega\,. \tag{25.63}$$

Bei der klassischen Auffassung dieses Problems ist $f \in C^0(\bar{\Omega})$, $\psi \in C^0(\partial\Omega)$ vorausgesetzt, und von der gesuchten Funktion verlangt man $u \in C^2(\Omega) \cap C^1(\bar{\Omega})$. Hier hat man Eindeutigkeit nur bis auf eine additive Konstante (vgl. Aufg. 25.7). Aus der Darstellungsformel für die Lösung u von (25.63) kann man nun den Term $\oint_{\partial\Omega} u(y)\frac{\partial\gamma}{\partial n_y}(x,y)\mathrm{d}\sigma_y$ entfernen, indem man zu einer GREENschen Funktion $\tilde{G}$ übergeht, die die NEUMANNsche Randbedingung

$$\frac{\partial\tilde{G}}{\partial\boldsymbol{n}_y}(x,y) = -\frac{\partial\gamma}{\partial\boldsymbol{n}_y}(x,y)\,, \quad y \in \partial\Omega$$

erfüllt (GREEN*sche Funktion zweiter Art*).

Auch gemischte Randbedingungen kommen vor, bei denen für eine gewisse Linearkombination von u und $\partial u/\partial\boldsymbol{n}$ der Wert an jedem Randpunkt vorgeschrieben wird. Das bezeichnet man oft als „dritte Randwertaufgabe", obwohl es eigentlich eine ganze Klasse von verschiedenen Randwertaufgaben darstellt, je nach den Koeffizienten der Linearkombination (die i. A. auch von $y \in \partial\Omega$ abhängen dürfen). Und schließlich wird das alles natürlich nicht nur für den LAPLACE-Operator betrachtet, sondern für allgemeinere elliptische Differentialoperatoren. Die Normalableitung $\partial u/\partial\boldsymbol{n}$ muss dabei allerdings modifiziert werden, so dass sie dem Hauptsymbol des betreffenden Operators angepasst ist. Für all das müssen wir auf die Literatur verweisen.

Aufgaben zu §25

25.1. Real- und Imaginärteil einer holomorphen Funktion sind harmonische Funktionen (Aufg. 16.2). Nun sei $D \subseteq \mathbb{C}$ einfach zusammenhängend, und es sei $f : D \to \mathbb{R}$ harmonisch. Man zeige, dass es eine holomorphe Funktion $g : D \to \mathbb{C}$ gibt mit $f(x,y) = \mathrm{Re}\{g(x+iy)\}$ für alle $x, y \in D$. (*Hinweis:* Man betrachte die komplexe Funktion $F(x+iy) := \frac{\partial}{\partial x} f(x,y) - i\frac{\partial}{\partial y} f(x,y)$. Man zeige, dass F holomorph ist und benutze Satz 16.22.)

25.2. Welche von den folgenden Funktionen $f : \mathbb{R}^2 \to \mathbb{R}$ sind harmonisch und welche nicht? (*Hinweis:* Man beachte Aufg. 16.2 !)

  a. $f(x,y) = x^2 - y^2$,
  b. $f(x,y) = \mathrm{Im}\{\sin((x-iy)^{12}) + e^{\cos((x+iy)^4)}\}$,
  c. $f(x,y) = \sin(xy) + \cos(xy)$,
  d. $f(x,y) = \mathrm{Re}\{e^{(x+iy)(x-iy)} + \cos((x+iy)^7)\}$.

25.3. a. Sei $U \subset \mathbb{C}$ offen, $f : U \to \mathbb{C}$, holomorph, $f'(z) \neq 0$ für alle $z \in U$. Wir setzen $u(x,y) = \mathrm{Re} f(x+iy)$ und $v(x,y) := \mathrm{Im} f(x+iy)$. Man zeige, dass die Niveaumengen $v(x,y) = a$, $a \in \mathbb{R}$, Trajektorien des Vektorfeldes $F(x,y) := \nabla u(x,y)$ sind. (*Hinweis:* Aus den CAUCHY-RIEMANNschen Differentialgleichungen folgt $\nabla u \cdot \nabla v \equiv 0$.)

  b. Man bestimme die Trajektorien des Gradientenfeldes der folgenden harmonischen Funktionen $u : \mathbb{R}^2 \to \mathbb{R}$. Man skizziere diese Trajektorien.

    (i) $u(x,y) = x^2 - y^2$, $x^2 + y^2 > 0$,
    (ii) $u(x,y) = e^x \cos y$,
    (iii) $u(x,y) = \frac{x}{x^2+y^2}$, $x^2 + y^2 > 0$.

25.4. Man finde alle harmonischen Funktionen in der Ebene, die die Form

$$u(x,y) = f(x)g(y)$$

mit $f, g \in C^2(\mathbb{R})$ haben. (*Hinweis:* Wenn $f(x)g(y)$ harmonisch ist, so muss

$$\frac{f''(x)}{f(x)} = -\frac{g''(y)}{g(y)} \tag{25.64}$$

sein (wieso?). Die beiden Seiten von (25.64) können aber dann weder von y noch von x abhängen, sind also gleich einer Konstanten μ. Damit wird das Problem auf die Lösung von zwei gewöhnlichen Differentialgleichungen zurückgeführt.)

Bemerkungen: Diese Methode nennt man *Separation der Variablen* oder *Trennung der Variablen.* – Wer Skrupel wegen der Nullstellen der Nenner in (25.64) hat, dem sei verraten, dass harmonische Funktionen immer reell-analytisch sind, so dass die Nullstellen von f, g stets isoliert liegen.

25.5. Die HELMHOLTZ-*Gleichung* ist die Gleichung

$$\Delta u = \lambda u \tag{25.65}$$

mit einem Eigenwertparameter $\lambda \in \mathbb{R}$.

a. Mittels der Methode der Separation der Variablen (vgl. vorige Aufgabe) ermittle man alle Lösungen der zweidimensionalen HELMHOLTZ-Gleichung zu beliebig vorgegebenem λ, die die Form $u(x, y) = f(x)g(y)$ haben.

b. Ebenso für drei Variable und Lösungen der Form $u(x, y, z) = f(x)g(y)h(z)$.

c. Man finde nun alle harmonischen Funktionen auf $\mathbb{R}^n$, die die Form

$$u(x_1, \ldots, x_n) = f_1(x_1)f_2(x_2) \ldots f_n(x_n)$$

mit C^2-Funktionen $f_1, \ldots, f_n$ haben. (*Hinweis:* Man betrachte die HELM-HOLTZgleichung und verwende Induktion nach n.)

25.6. Man zeige:

a. Ist u harmonisch in $\mathcal{U}_R(0)$, so ist

$$v(x) := r^{2-n}u(x/r^2) \quad \text{mit} \quad r := |x|$$

harmonisch außerhalb von $\mathcal{U}_R(0)$.

b. u harmonisch in zwei Variablen $\implies$ $v(x, y, z) := u(z, \alpha x + \beta y)$ harmonisch in drei Variablen, wenn $\alpha^2 + \beta^2 = 1$.

c. Streckungen und euklidische Bewegungen führen harmonische Funktionen in harmonische Funktionen über. D. h. wenn u eine harmonische Funktion auf $\mathbb{R}^n$ ist, so sind auch $v(x) := u(\beta x)$, $\beta > 0$ und $w(x) := u(Rx + \boldsymbol{b})$ harmonisch, wobei $\boldsymbol{b}$ ein fester Vektor und R eine orthogonale Matrix ist (vgl. Aufg. 10.7).

25.7. Für ein beschränktes, stückweise glatt berandetes Gebiet $\Omega \subseteq \mathbb{R}^n$ sei bekannt, dass die *erste GREENsche Formel*

$$\int_\Omega (v\Delta u + \nabla v \cdot \nabla u)\mathrm{d}^n x = \oint_{\partial\Omega} v\frac{\partial u}{\partial \boldsymbol{n}}\mathrm{d}\sigma \tag{25.66}$$

für alle $u, v \in C^2(\Omega) \cap C^1(\bar{\Omega})$ gilt (vgl. (12.38)). Damit beweise man:

a. Das DIRICHLETproblem (25.48), (25.49) für die POISSONgleichung hat in $C^2(\Omega) \cap C^1(\bar{\Omega})$ höchstens eine Lösung.

b. Zwei Lösungen $w_1, w_2 \in C^2(\Omega) \cap C^1(\bar{\Omega})$ des NEUMANN-Problems

$$\Delta u = f \quad \text{in} \quad \Omega, \quad \frac{\partial u}{\partial \boldsymbol{n}} = \psi \quad \text{auf} \quad \partial\Omega$$

unterscheiden sich nur um eine Konstante.

(*Hinweis:* Man verwende die Differenz zweier Lösungen als u und als v in (25.66).)

25.8. Sei $\Omega \subseteq \mathbb{R}^n$ ein beschränktes, stückweise glatt berandetes Gebiet. Man beweise:

a. Für eine gegebene Funktion $\varphi \in C^0(\partial\Omega)$ hat das NEUMANNproblem

$$\Delta u = 0 \quad \text{in} \quad \Omega, \quad \frac{\partial u}{\partial \boldsymbol{n}} = \varphi \quad \text{auf} \quad \partial\Omega$$

höchstens dann eine Lösung $u \in C^2(\Omega) \cap C^1(\bar{\Omega})$, wenn

$$\oint_{\partial\Omega} \varphi \mathrm{d}\sigma = 0 \, .$$

Insbesondere gilt für jede harmonische Funktion $u \in C^2(\Omega) \cap C^1(\bar{\Omega})$

$$\oint_{\partial\Omega} \frac{\partial u}{\partial \boldsymbol{n}} \mathrm{d}\sigma = 0 \, .$$

b. Für gegebene Funktionen $f \in C^0(\bar{\Omega})$, $\varphi \in C^0(\partial\Omega)$ hat das NEU-MANNproblem

$$\Delta u = f \quad \text{in} \quad \Omega, \quad \frac{\partial u}{\partial \boldsymbol{n}} = \varphi \quad \text{auf} \quad \partial\Omega$$

höchstens dann eine Lösung, wenn

$$\oint_{\partial\Omega} \varphi \mathrm{d}\sigma = \int_{\Omega} f(x) \mathrm{d}^n x \, .$$

(*Hinweis:* Die Gültigkeit des GAUSSschen Integralsatzes darf vorausgesetzt werden.)

25.9. Man zeige, dass die 2-dimensionale Potentialgleichung $\Delta u(x,y) = 0$ im Streifen $\Omega := \{(x,y) \mid 0 < y < 1\}$ mit der Randbedingung $u(x,0) = u(x,1) = 0$, $x \in \mathbb{R}$ unendlich viele linear unabhängige Lösungen besitzt. Warum ist das kein Widerspruch zur Eindeutigkeit der Lösung des DIRICH-LETproblems (Satz 25.9)?

25.10. Sei $\Omega \subseteq \mathbb{R}^n$ ein beschränktes, stückweise glatt berandetes Gebiet. Man zeige:

a. Ist $u \in C^2(\Omega) \cap C^1(\bar{\Omega})$ eine Lösung der HELMHOLTZ-Gleichung (25.65) mit $\lambda > 0$ und ist $u \equiv 0$ oder $\partial u/\partial \boldsymbol{n} \equiv 0$ auf $\partial\Omega$, so ist $u \equiv 0$. (*Hinweis:* Man verwende (25.66).)

b. Für $\lambda < 0$ hat die HELMHOLTZ-Gleichung Lösungen $u \not\equiv 0$ mit den unter a. geforderten Eigenschaften, z. B. wenn Ω ein Würfel in $\mathbb{R}^n$ ist. (*Hinweis:* Man greife auf die Ergebnisse aus Aufg. 25.5 zurück.)

25.11. Man beweise die Darstellungsformel in Satz 25.5 für den 2-dimensionalen Fall mit der charakteristischen Singularität

$$\gamma(x,y) = \frac{1}{2\pi} \ln \frac{1}{|x-y|}, \quad x \neq y \in \mathbb{R}^2 \, .$$

25.12. Man zeige, dass der Mittelwertsatz in Satz 25.9 auch im 2-dimensionalen Fall gilt, d. h.: Ist $u(x,y)$ harmonisch in der offenen Kreisscheibe $\mathcal{U}_R(x_0,y_0)$ und stetig auf der abgeschlossenen Kreisscheibe $\mathcal{B}_R(x_0,y_0)$, so gilt

$$u(x_0,y_0) = \frac{1}{2\pi R} \oint\limits_{S_R(x_0,y_0)} u(x,y)\mathrm{d}\sigma \ .$$

25.13. In einem Gebiet $\Omega \subseteq \mathbb{R}^n$ heißt eine Funktion $u \in C^2(\Omega)$ *subharmonisch*, wenn

$$\Delta u(x) \geq 0 \quad \text{für} \quad x \in \Omega \ .$$

Man zeige:

a. Ist u subharmonisch in Ω und ist Ω_0 mit $\bar{\Omega}_0 \subseteq \Omega$ ein beschränkter GREENscher Bereich, so gilt

$$\oint\limits_{\partial\Omega_0} \frac{\partial u}{\partial \boldsymbol{n}}\mathrm{d}\sigma \geq 0 \ .$$

b. Ist $\mathcal{B}_R(x_0) \subseteq \Omega$ eine Kugel und ist u subharmonisch in Ω, so gilt die *Mittelwerteigenschaft*

$$u(x_0) \leq \frac{1}{A_{n-1}(S_R(x_0))} \oint\limits_{S_R(x_0)} u(x)\mathrm{d}\sigma \ .$$

25.14. Sei $f(x+\mathrm{i}y) = u(x,y)+\mathrm{i}v(x,y)$ eine holomorphe Funktion. Man zeige, dass die POISSONsche Integralformel für die harmonische Funktion u in der Form

$$u(r\cos\varphi, r\sin\varphi) = \frac{R^2 - r^2}{2\pi} \int\limits_0^{2\pi} \frac{u(R\cos\theta, R\sin\theta)}{R^2 - 2Rr\cos(\theta - \varphi) + r^2}\mathrm{d}\theta \qquad (25.67)$$

geschrieben werden kann, wobei $0 < r < R$ vorausgesetzt ist. Man zeige ferner, dass (im 2-dimensionalen Fall) die POISSONsche Integralformel aus der CAUCHY-Formel (16.31) folgt.

Hinweis: Man zeige, dass

$$\frac{R^2 - r^2}{R^2 - 2Rr\cos(\theta - \varphi) + r^2} = \frac{R\mathrm{e}^{\mathrm{i}\theta}}{R\mathrm{e}^{\mathrm{i}\theta} - r\mathrm{e}^{\mathrm{i}\varphi}} - \frac{r\mathrm{e}^{\mathrm{i}\theta}}{r\mathrm{e}^{\mathrm{i}\theta} - R\mathrm{e}^{\mathrm{i}\varphi}} \ . \qquad (25.68)$$

25.15. Man zeige, dass aus der POISSONschen Integralformel in Satz 25.17 die Mittelwerteigenschaft in 25.6 folgt.

25.16. Sei Ω ein beschränkter GREENscher Bereich in $\mathbb{R}^n$, und seien $f \in C^1(\bar{\Omega})$ und $\varphi \in C^0(\partial\Omega)$ gegeben. Man zeige: Die POISSONgleichung $\Delta u = f$

ist die EULER-LAGRANGE-Gleichung für das Variationsproblem

$$J(v) := \int\limits_{\Omega} \left[\frac{1}{2} |\nabla v(x)|^2 - f(x)v(x) \right] \mathrm{d}^n x \longrightarrow \min$$

in der Klasse Z_n der Funktionen $v \in C^1(\bar{\Omega})$, die auf $\partial\Omega$ mit φ übereinstimmen.
Bemerkung: Im Fall $f \not\equiv 0$ ist nicht klar, dass J auf Z_n überhaupt eine untere
Schranke hat, was aber für die Bestimmung der EULER-LAGRANGE-Gleichung
völlig unerheblich ist. In Wirklichkeit existiert solch eine untere Schranke allerdings.

26

Die Wärmeleitungsgleichung

Die *Wärmeleitungs-* oder *Diffusionsgleichung* lautet in ihrer einfachsten Form

$$\frac{\partial u}{\partial t} = \Delta u \ . \tag{26.1}$$

Dabei hängt die gesuchte Größe u von $n + 1$ reellen Variablen $x_1, \ldots, x_n, t$ ab, und t wird als die Zeit gedeutet, während die x_j räumliche Koordinaten darstellen. Der LAPLACE-Operator bezieht sich nur auf die räumlichen Variablen:

$$\Delta u(x_1, \ldots, x_n, t) := \sum_{j=1}^{n} \frac{\partial^2 u}{\partial x_j^2}(x_1, \ldots, x_n, t) \ .$$

Bei der Wärmeleitung ist $u(x, t)$ die Temperatur, die zur Zeit t an dem durch $x = (x_1, \ldots, x_n)$ beschriebenen Ort herrscht, und wenn $n = 3$ ist und die physikalischen Konstanten durch geeignete Wahl der Maßeinheiten auf Eins normiert sind, wird die Wärmeleitung in einem homogenen isotropen Material tatsächlich durch Gl. (26.1) beschrieben. Bei anderen Diffusionsprozessen könnte $u(x, t)$ z. B. eine Stoffkonzentration bedeuten.

Gleichung (26.1) hat – wie die Potentialgleichung – sehr viele Lösungen, und man benötigt Zusatzbedingungen, um eine Lösung eindeutig zu fixieren. Allgemein nennt man ein Problem *korrekt gestellt*, wenn es eine eindeutige Lösung besitzt, die in einem geeigneten Sinn stetig von den gegebenen Daten abhängt. Zum Beispiel zeigt Satz 25.18, dass das DIRICHLET-Problem für die POISSON-Gleichung korrekt gestellt ist (jedenfalls bei Gebieten mit GREENscher Funktion). Bei der Wärmeleitungsgleichung und anderen parabolischen Gleichungen arbeitet man jedoch mit folgenden Problemtypen:

– den *Anfangs-Randwert-Aufgaben.* Dabei ist ein Gebiet $\Omega \subseteq \mathbb{R}^n$ zu Grunde gelegt, und man betrachtet die Differentialgleichung in dem „Topf"

$$\bar{\Omega} \times [0, T[\ ,$$

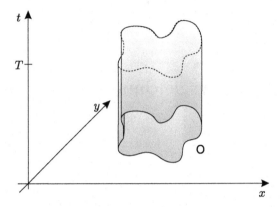

Abb. 26.1. Definitionsbereich der Lösung einer Anfangs-Randwert-Aufgabe

wobei $0 < T \leq \infty$. Das Bild eines Topfes entsteht, wenn man sich Ω als ein Gebiet in der (x, y)-Ebene vorstellt und die Zeitachse nach oben abträgt (vgl. Abb. 26.1). Randwerte dürfen nun nicht auf dem gesamten Rand des Topfes vorgegeben werden, sondern nur auf dem Boden und der Seitenfläche, d. h. auf der Menge

$$(\bar{\Omega} \times \{0\}) \cup (\partial\Omega \times [0, T[) \,.$$

Kehren wir zur Interpretation von t als zeitliche Variable zurück, so bedeutet dies, dass man auf $\bar{\Omega}$ eine *Anfangsbedingung*

$$u(x, 0) = \varphi_0(x)\,, \quad x \in \bar{\Omega}$$

stellt und auf $\partial\Omega$ eine (möglicherweise zeitabhängige) *Randbedingung*

$$u(y, t) = \psi(y, t)\,, \quad y \in \partial\Omega\,, \quad 0 \leq t < T\,.$$

Natürlich muss dabei $\varphi_0(y) = \psi(y, 0)$ für $y \in \partial\Omega$ sein, denn sonst wäre die Aufgabe widersprüchlich gestellt und damit von vornherein unlösbar.

– das reine *Anfangswertproblem*, das auch als CAUCHY-Problem bezeichnet wird. Dabei betrachtet man die Differentialgleichung auf $\mathbb{R}^n \times [0, T[$ und stellt lediglich die Anfangsbedingung

$$u(x, 0) = \varphi_0(x)\,, \quad x \in \mathbb{R}^n\,.$$

Unter passenden Voraussetzungen erweisen sich beide Aufgaben als korrekt gestellt. Das werden wir für das CAUCHY-Problem in diesem Kapitel nachweisen und auch eine explizite Lösungsformel angeben. Die Anfangs-Randwertaufgaben werden uns in späteren Kapiteln noch mehrfach beschäftigen. Wir beschränken uns allerdings auf den Fall $n = 1$, denn schon in diesem einfachen Fall ist alles Wesentliche klar erkennbar.

A. Eindeutigkeit und Stabilität des CAUCHYproblems für die Wärmeleitungsgleichung

Wir betrachten im Folgenden das CAUCHYproblem für die eindimensionale Wärmeleitungsgleichung

$$u_t = u_{xx}, \quad x \in \mathbb{R}, \quad t > 0, \tag{26.2}$$

$$u(x, 0) = \varphi_0(x), \quad x \in \mathbb{R}, \tag{26.3}$$

wobei $\varphi_0 : \mathbb{R} \longrightarrow \mathbb{R}$ eine gegebene Anfangsfunktion ist. Wie man aus der Physik weiß, beschreibt die Lösung dieses Problems die Temperaturverteilung $u(x, t)$ in einem unendlich langen Draht, wenn die Anfangstemperatur φ_0 vorgegeben ist. Wir wollen untersuchen, ob das CAUCHYproblem (26.2), (26.3) ein korrekt gestelltes Problem ist und beschäftigen uns zunächst mit der Eindeutigkeit und der Stabilität des Problems, während wir auf die Existenzfrage später eingehen. Zunächst müssen wir uns allerdings mit einer Anfangs-Randwert-Aufgabe beschäftigen, d. h. wir beweisen

Satz 26.1 (*Maximum-Prinzip für Lösungen der Wärmeleitungsgleichung*). *Sei*

$$R = \{(x, t) \mid 0 < x < L, \quad 0 < t < T\},$$

und sei $u \in C^2(\mathbb{R}) \cap C^0(\bar{R})$ *eine Lösung der Wärmeleitungsgleichung (26.2) in R. Dann nimmt u sein Maximum und sein Minimum entweder zur Zeit $t = 0$ oder in den Randpunkten $x = 0$ oder $x = L$ an.*

Beweis. Wir beginnen mit einer Vorbetrachtung, die den eigentlichen Beweis motivieren wird. Wir setzen

$$M = \max\{u(x, t) \mid t = 0 \quad \text{oder} \quad x = 0 \quad \text{oder} \quad x = L\}.$$

Dann nehmen wir an, die Lösung $u(x, t)$ habe in einem Punkt

$$(x_0, t_0) \quad \text{mit} \quad 0 < x_0 < L, \quad 0 < t_0 \leq T$$

ein Maximum, und es sei etwa

$$u(x_0, t_0) = M + \varepsilon \quad \text{mit einem } \varepsilon > 0.$$

Wir betrachten die Wärmeleitungsgleichung (26.2) in diesem Punkt. Weil u in (x_0, t_0) ein lokales Maximum hat, muss gelten

$$u_x(x_0, t_0) = 0 \quad \text{und} \quad u_{xx}(x_0, t_0) \leq 0$$

und

$$u_t(x_0, t_0) = 0, \quad \text{falls} \quad t_0 < T,$$

$$u_t(x_0, t_0) \geq 0, \quad \text{falls} \quad t_0 = T.$$

wegen

$$u_t(x_0, T) = \lim_{t \to T} \frac{u(x_0, t) - u(x_0, T)}{t - T} \geq 0 \ .$$

Außerdem gilt natürlich noch

$$u_t(x_0, t_0) = u_{xx}(x_0, t_0) \ ,$$

wobei die linke Seite ≥ 0 und die rechte Seite ≤ 0 ist. Dies reicht allerdings für einen Widerspruch noch nicht aus.

Wir suchen daher einen Punkt

$$(x_1, t_1) \in R \quad \text{mit} \quad u_t(x_1, t_1) > 0 \ , \quad u_{xx}(x_1, t_1) \leq 0 \ .$$

Dazu betrachten wir die Funktion

$$v(x, t) := u(x, t) - k(t - t_0) \quad \text{mit einer Konstanten } k.$$

Es ist dann

$$v(x_0, t_0) = u(x_0, t_0) = M + \varepsilon \quad \text{und}$$
$$k(t_0 - t) \leq kT \ .$$

Wir wählen nun $k > 0$ so, dass

$$kT < \frac{\varepsilon}{2} \ .$$

Dann ist

$$v(x, t) \leq M + \frac{\varepsilon}{2} \quad \text{für } t = 0 \text{ oder } x = 0 \text{ oder } x = L$$

nach Definition von M. Da v stetig ist, gibt es einen Punkt $(x_1, t_1) \in \bar{R}$, in dem v sein Maximum annimmt. Das heißt

$$v(x_1, t_1) \geq M + \varepsilon \quad \text{und} \quad 0 < x_1 < t \ , \quad 0 < t_1 < T \ .$$

In diesem Punkt gilt dann

$$v_{xx}(x_1, t_1) \equiv u_{xx}(x_1, t_1) \quad \leq 0$$
$$v_t(x_1, t_1) \quad = u_t(x_1, t_1) - k \geq 0 \ ,$$

woraus

$$u_{xx}(x_1, t_1) \leq 0 \ , \quad u_t(x_1, t_1) > 0$$

folgt, was ein Widerspruch zu

$$u_t(x_1, t_1) = u_{xx}(x_1, t_1)$$

ist.   □

Wie bei der Potentialgleichung folgt aus dem Maximumprinzip sofort die Eindeutigkeit und die Stabilität der Anfangs-Randwertaufgabe.

Satz 26.2. *Sei*
$$R = \{(x,t) \mid 0 < x < L, \quad 0 < t < T\}$$

und seien
$$\varphi_0 \in C^0([0,L]), \quad \psi_1, \psi_2 \in C^0([0,T])$$

gegebene Funktionen. Dann ist die Lösung
$$u \in C^2(R) \cap C^0(\bar{R})$$

der Anfangs-Randwertaufgabe

$$u_t = u_{xx} \quad in\ R\,,$$

$$u(x,0) = \varphi_0(x) \quad f\ddot{u}r \quad 0 \le x \le L\,,$$

$$u(0,t) = \psi_1(t)\,, \quad u(L,t) = \psi_2(t)\,, \quad 0 \le t \le T$$

eindeutig und stabil, d. h. es gibt höchstens eine Lösung und diese Lösung hängt stetig von ihren Rand- und Anfangswerten ab.

Damit können wir dann auch die Eindeutigkeit des Cauchyproblems für die Wärmeleitungsgleichung beweisen.

Satz 26.3. *Das Cauchyproblem für die Wärmeleitungsgleichung*

$$u_t = u_{xx}\,, \quad x \in \mathbb{R}\,, \quad t > 0 \tag{26.2}$$

$$u(x,0) = \varphi_0(x)\,, \quad x \in \mathbb{R} \tag{26.3}$$

ist in der Klasse der beschränkten Funktionen eindeutig lösbar, d. h. das Cauchyproblem besitzt bei beschränkter Anfangsfunktion φ_0 höchstens eine beschränkte Lösung im Bereich $x \in \mathbb{R}$, $t \ge 0$.

Beweis. Wir nehmen an, das Cauchyproblem (26.2)–(26.3) habe zwei beschränkte Lösungen u_1, u_2 mit

$$|u_1(x,t)| \le M\,, \quad |u_2(x,t)| \le M \quad f\ddot{u}r \quad x \in \mathbb{R}\,, \quad t \ge 0\,.$$

Die Differenz
$$v(x,t) = u_1(x,t) - u_2(x,t)$$

löst dann das Cauchyproblem

$$v_t = v_{xx}\,, \quad x \in \mathbb{R}\,, \quad t > 0\,,$$

$$v(x,0) = 0\,, \quad x \in \mathbb{R}$$

und genügt der Ungleichung

$$|v(x,t)| \le 2M\,, \quad f\ddot{u}r \quad x \in \mathbb{R}\,, \quad t \ge 0\,.$$

Das Maximumprinzip aus Satz 26.1 ist nicht direkt anwendbar, weil der Definitionsbereich unbeschränkt ist. Wir wählen daher eine beliebige Konstante $L > 0$, betrachten den Bereich

$$D : |x| \leq L , \quad t \geq 0$$

und definieren die Funktion

$$w(x,t) := \frac{4M}{L^2} \left\{ \frac{x^2}{2} + t \right\} .$$

Dann gilt

$$w(x,0) \geq 0 = |v(x,0)| ,$$

$$w(\pm L, t) \geq 2M \geq v(\pm L, t) \quad \text{für alle} \quad t \geq 0 .$$

Daher können wir Satz 26.1 in dem Bereich D anwenden, und bekommen

$$-\frac{4M}{L^2} \left\{ \frac{x^2}{2} + t \right\} \leq v(x,t) \leq \frac{4M}{L^2} \left\{ \frac{x^2}{2} + t \right\}$$

für alle $|x| \leq L$, $t \geq 0$. Lassen wir $L \longrightarrow \infty$ gehen, so folgt

$$v(x,t) = 0 \quad \text{für} \quad x \in \mathbb{R}, \quad t \geq 0 ,$$

womit alles gezeigt ist. □

B. Die POISSONsche Integralformel für die Wärmeleitungsgleichung

Wir wollen uns nun mit der Existenz einer Lösung des CAUCHYproblems

$$u_t = u_{xx} , \quad x \in \mathbb{R}, \quad t > 0 ,$$
$$u(x,0) = \varphi_0(x) , \quad x \in \mathbb{R} \tag{26.4}$$

beschäftigen. Setzen wir

$$\sigma(x,\xi;t) = \frac{1}{2\sqrt{\pi t}} e^{-(x-\xi)^2/4t} , \tag{26.5}$$

so können wir die Lösung der Aufgabe (26.4) in der Form

$$u(x,t) = \int_{-\infty}^{\infty} \varphi_0(\xi)\sigma(x,\xi;t)\mathrm{d}\xi \tag{26.6}$$

ansetzen. (POISSONsche Integralformel für die Wärmeleitungsgleichung) Wie man auf diesen Ansatz kommt, wird hier natürlich absolut nicht klar – man sollte ihn für den Moment einfach als einen guten Einfall hinnehmen, aber wir werden später (Abschn. 33D.) sehen, wie man ihn systematisch errechnen kann. Die Funktion $\sigma(x, \xi; t)$ nennt man jedenfalls die *Fundamentallösung* ($=$ *Grundlösung*) oder die *charakteristische Singularität* der Wärmeleitungsgleichung, und man rechnet sofort nach, dass sie die Wärmeleitungsgleichung löst. Es ergibt sich nämlich:

$$\frac{\partial}{\partial x}\sigma(x, \xi; t) = -\frac{x - \xi}{4t\sqrt{\pi t}}e^{-\frac{(x-\xi)^2}{4t}} \tag{26.7}$$

und weiter

$$\frac{\partial}{\partial t}\sigma(x, \xi; t) = \frac{\partial^2}{\partial x^2}\sigma(x, \xi; t) = \frac{1}{\sqrt{\pi t}}\left\{\frac{(x-\xi)^2}{8t^2} - \frac{1}{4t}\right\}e^{-\frac{(x-\xi)^2}{4t}}. \tag{26.8}$$

Damit ist klar, dass der Ansatz (26.6) tatsächlich zu einer Lösung der Wärmeleitungsgleichung führt, vorausgesetzt, das Differenzieren unter dem Integralzeichen ist gerechtfertigt. Wir stellen dies sicher für den Fall, dass φ_0 beschränkt bleibt:

Lemma 26.4. *Sei $\varphi_0 : \mathbb{R} \longrightarrow \mathbb{R}$ stetig und beschränkt, und sei $u(x, t)$ durch (26.6) gegeben. Dann sind die uneigentlichen Integrale*

$$\int_{-\infty}^{\infty} \varphi_0(\xi)\sigma(x, \xi; t)d\xi, \quad \int_{-\infty}^{\infty} \varphi_0(\xi)\sigma_t(x, \xi; t)d\xi,$$

$$\int_{-\infty}^{\infty} \varphi_0(\xi)\sigma_x(x, \xi; t)d\xi, \quad \int_{-\infty}^{\infty} \varphi_0(\xi)\sigma_{xx}(x, \xi; t)d\xi$$

für $t > 0$ stets absolut konvergent, und die Ableitungen u_t, u_x und u_{xx} dürfen unter dem Integralzeichen berechnet werden.

Beweis. Sei etwa $|\varphi_0(x)| \leq M$ für alle x. Wir verwenden Satz 15.8, müssen also für die Integranden $f_1 := \varphi_0\sigma$, $f_2 := \varphi_0\sigma_x$ und $f_3 := \varphi_0\sigma_t = \varphi_0\sigma_{xx}$ integrierbare Majoranten finden. Nach (26.8) haben wir

$$|f_3(x, \xi, t)| \leq Mt^{-1/2}\left(\frac{A_1(x-\xi)^2}{t^2} + \frac{A_2}{t}\right)e^{-(x-\xi)^2/4t}$$

mit positiven Konstanten A_1, A_2. Nun wählen wir beliebige Zahlen $0 < t_0 < t_1 < \infty$, $0 < x_1 < \infty$ und betrachten unsere Parameter x, t zunächst nur in den Bereichen $t_0 < t < t_1$ und $|x| < x_1$. Für solche Parameterwerte ist

$$|f_3(x, \xi, t)| \leq Mt_0^{-1/2}\left(\frac{A_1(x-\xi)^2}{t_0^2} + \frac{A_2}{t_0}\right)e^{-(x-\xi)^2/4t_1} =: P(x-\xi)e^{-c(x-\xi)^2}$$

mit $c := 1/4t_1 > 0$ und einem Polynom P mit nichtnegativen Koeffizienten. Wir wählen $0 < \delta < c$ und schreiben

$$P(y)e^{-cy^2} = \left[P(y)e^{-(c-\delta)y^2}\right]e^{-\delta y^2} \leq Be^{-\delta y^2}.$$

Nach der bekannten Asymptotik der Exponentialfunktion verschwindet $P(y)\mathrm{e}^{-(c-\delta)y^2}$ nämlich im Unendlichen, bleibt also für $y \in \mathbb{R}$ beschränkt, etwa durch $B < \infty$. Halten wir x fest und betrachten nur t als unseren Parameter, so haben wir in $B\exp(-\delta(x-\xi)^2)$ also schon eine integrierbare Majorante gefunden, die die Anwendung von Satz 15.8 auf die Differentiation nach t gestattet. Für die Differentiation nach x beachten wir noch folgendes: Für $|\xi| \geq x_1$ ist

$$|\xi| - x_1 \leq |\xi| - |x| \leq |\xi - x|$$

und daher

$$(x - \xi)^2 \geq (|\xi| - x_1)^2 \,,$$

also

$$|f_3(x,\xi,t)| \leq B\mathrm{e}^{-\delta(|\xi|-x_1)^2}$$

für $|\xi| \geq x_1$. Für $|\xi| < x_1$ begnügen wir uns mit der Abschätzung $(x-\xi)^2 \geq 0$. So ergibt sich die stückweise stetige integrierbare Majorante

$$g(\xi) := \begin{cases} B\mathrm{e}^{-\delta(|\xi|-x_1)^2}, & |\xi| \geq x_1 \,, \\ B\,, & |\xi| < x_1 \,. \end{cases}$$

Für f_1 und f_2 findet man im betrachteten Parameterbereich auf ganz ähnliche, aber einfachere, Weise integrierbare Majoranten (Übung!), und damit folgt die Behauptung für $t_0 < t < t_1$, $|x| < x_1$. Aber t_0 kann beliebig nahe bei Null und t_1, x_1 können beliebig groß gewählt werden. Also gilt die Behauptung für alle $t > 0$, $x \in \mathbb{R}$. $\square$

Da die POISSONsche Integralformel (26.6) die Lösung $u(x,t)$ nur für $t > 0$ definiert, ist die Anfangsbedingung $u(x,0) = \varphi_0(x)$ hier im Sinne einer stetigen Fortsetzung zu verstehen, d. h. wir haben zu zeigen:

$$\lim_{\substack{x \longrightarrow x_0 \\ t \longrightarrow 0+}} u(x,t) = \varphi_0(x_0) \quad \text{für jedes} \quad x_0 \in \mathbb{R} \,. \tag{26.9}$$

Die Situation ist ähnlich wie bei der Annahme der Randwerte in Satz 25.17 (vgl. die Erläuterung im Anschluss an Gl. (25.47)): Nach (26.6) ist $u(x,t)$ ein gewichtetes Mittel der Werte $\varphi_0(\xi)$, wobei $\sigma(x,\xi;t)$ (als Funktion von ξ) die Rolle des Gewichts spielt, und für $t \to 0+$ konzentriert sich dieses Gewicht mehr und mehr bei $\xi = 0$. Da diese Situation häufig vorkommt, wollen wir sie ein für allemal allgemein besprechen:

Definition 26.5. *Sei $(h_s)_{s>0}$ eine Schar von nichtnegativen stetigen Funktionen auf $\mathbb{R}^n$. (Dabei spielt es keine Rolle, ob der Parameter s ganzzahlig ist oder alle reellen Werte $s > 0$ annimmt.) Wir sagen, diese Schar approximiert die Deltafunktion und schreiben*

$$h_s \rightharpoonup \delta \quad (s \to \infty) \,,$$

wenn (mit einer beliebigen Norm auf $\mathbb{R}^n$) gilt:

$$\lim_{s \to \infty} \int\limits_{\|x\| \geq \delta} h_s(x) \mathrm{d}^n x = 0 \quad \text{für jedes} \quad \delta > 0 \tag{26.10}$$

und

$$\int\limits_{\mathbb{R}^n} h_s(x) \mathrm{d}^n x = 1 \quad \text{für alle} \quad s > 0 \,. \tag{26.11}$$

Solch eine Schar ist in Abb. 26.2 angedeutet. Die Wichtigkeit dieser Funktionenscharen rührt von dem folgenden Satz her, der nach unseren Bemerkungen über gewichtete Mittel mittlerweile plausibel sein sollte:

Satz 26.6. *Sei φ eine stetige beschränkte Funktion auf $\mathbb{R}^n$, und sei h_s eine Funktionenschar, die die Deltafunktion approximiert. Dann ist*

$$\varphi(x) = \lim_{s \to \infty} \int\limits_{\mathbb{R}^n} \varphi(\xi) h_s(x - \xi) \mathrm{d}^n \xi \tag{26.12}$$

gleichmäßig auf jeder kompakten Teilmenge von $\mathbb{R}^n$.

Einen detaillierten Beweis hierfür geben wir in Ergänzung 26.8.

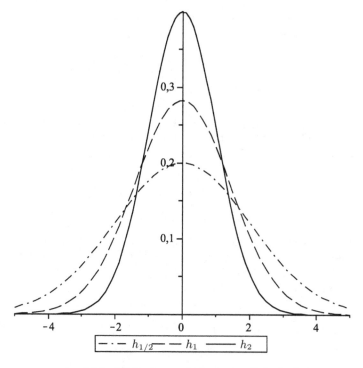

Abb. 26.2. Approximieren der Deltafunktion

Bemerkung: Wenn man in (26.12) rein formal die Limesbildung mit der Integration vertauscht, so erhält man die Beziehung

$$\varphi(x) = \int_{\mathbb{R}^n} \varphi(\xi)\delta(x - \xi)\mathrm{d}^n\xi \, , \qquad (26.13)$$

was die Sprechweise erklärt, dass die Schar $(h_s(x))$ „die Funktion $\delta(x)$ approximiert". In Wirklichkeit gibt es keine Funktion δ, bei der (26.13) für alle stetigen beschränkten φ richtig wäre. Man kann aber trotzdem mit formalen Integralen, in denen die Deltafunktion auftritt, sinnvoll rechnen und kommt dabei auch nicht zu inkorrekten Schlussfolgerungen, solange man bestimmte Rechenregeln beachtet. Die *Distributionstheorie* stellt diese Rechenmethoden auf rigorose mathematische Grundlagen und klärt damit auch, wie die Rechenregeln lauten, die man zur Vermeidung von Fehlern zu beachten hat (vgl. etwa [20, 22, 27] oder [63]).

Nun wenden wir Satz 26.6 an, um (26.9) zu beweisen. Offenbar ist

$$\sigma(x, \xi; t) = h_{1/t}(x - \xi)$$

mit

$$h_s(x) := \frac{\sqrt{s}}{2\sqrt{\pi}}e^{-sx^2/4} \, ,$$

und wir weisen jetzt nach, dass die h_s die Deltafunktion approximieren. Für $\delta > 0$ sehen wir mit der Substitution $y = x\sqrt{s}/2$, dass

$$\int_{|x| \geq \delta} h_s(x)\mathrm{d}x = \frac{1}{\sqrt{\pi}} \int_{|y| \geq \delta\sqrt{s}/2} e^{-y^2}\mathrm{d}y \longrightarrow 0 \quad \text{für} \quad s \to \infty \, ,$$

weil das uneigentliche Integral $\int_{-\infty}^{\infty} e^{-y^2}\mathrm{d}y$ konvergent ist. Gleichung (26.10) ist damit klar, und Gl. (26.11) ergibt sich durch dieselbe Substitution, denn nach Satz 15.14 ist

$$\frac{\sqrt{s}}{2} \int_{-\infty}^{\infty} e^{-sx^2/4}\mathrm{d}x = \int_{-\infty}^{\infty} e^{-y^2}\mathrm{d}y = \sqrt{\pi} \, ,$$

und damit ist der Normierungsfaktor $1/2\sqrt{\pi}$, der bei der Definition der Fundamentallösung gewählt wurde, genau richtig, um für das Integral den Wert 1 zu erhalten.

Nach Satz 26.6 ist also

$$\varphi_0(x) = \lim_{t \to 0+} \int_{-\infty}^{\infty} \varphi_0(\xi)\sigma(x, \xi; t)\mathrm{d}\xi$$

gleichmäßig auf jedem kompakten Intervall, und damit ist (26.9) klar.

Wir fassen zusammen:

Satz 26.7. *Für jede stetige beschränkte Funktion $\varphi_0 : \mathbb{R} \longrightarrow \mathbb{R}$ gehört die Funktion*

$$u(x,t) := \begin{cases} \dfrac{1}{2\sqrt{\pi t}} \displaystyle\int_{-\infty}^{\infty} \varphi_0(\xi) \exp\left(-\dfrac{(x-\xi)^2}{4t}\right) d\xi\,, & t > 0\,, \\[2ex] \varphi_0(x)\,, & t = 0 \end{cases}$$

zu $C^2(\mathbb{R}\times\,]0,\infty[) \cap C^0(\mathbb{R} \times [0,\infty[)$, und sie ist die eindeutige Lösung des CAUCHY-*Problems (26.4).*

Bemerkung: Die POISSONsche Integralformel zeigt, dass die Wärmeleitungsgleichung einen Effekt beschreibt, der sich mit *unendlicher* Geschwindigkeit ausbreitet. Ist nämlich $\varphi_0(x) > 0$ auf einer beschränkten Menge $B \neq \emptyset$, aber $\varphi_0 \equiv 0$ außerhalb von B, so wird $u(x,t) > 0$ für jedes $t > 0$, $x \in \mathbb{R}$. Selbst wenn x sehr weit von B entfernt ist, ist also der Einfluss der $\varphi_0(\xi)$, $\xi \in B$ auch nach kürzester Zeit $t > 0$ schon bei x spürbar. Dieses Phänomen ist typisch für parabolische Gleichungen und steht in schroffem Gegensatz zum Verhalten *hyperbolischer* Gleichungen, wie wir es im nächsten Kapitel kennen lernen werden. Die unendliche Ausbreitungsgeschwindigkeit ist natürlich mit gewissen physikalischen Grundprinzipien unvereinbar, doch liegt dies nur an der vorgenommenen Idealisierung: Die Gesamtheit der sich bei dem Diffusionsprozess bewegenden Moleküle wird in diesem mathematischen Modell durch ein Kontinuum ersetzt.

Ergänzungen zu §26

Neben dem schon angekündigten Beweisnachtrag für Satz 26.6 berichten wir kurz über das Verhalten des CAUCHYproblems bei unbeschränkten Anfangsfunktionen und leiten sodann in 26.10 eine wichtige Funktionalgleichung für die Grundlösung $\sigma(x,\xi;t)$ her. Eine ganz grundlegende Ergänzung ist 26.11, wo wir die Sichtweise der *dynamischen Systeme* für die Wärmeleitungsgleichung und verwandte Gleichungen, die sog. *parabolischen Evolutionsgleichungen*, einführen. Viele Eigenschaften der Lösungen von parabolischen Gleichungen lassen sich gerade durch diese Sichtweise besonders klar und durchsichtig formulieren. Auch die Funktionalgleichung aus 26.10 findet hierdurch eine ganz natürliche Interpretation. Schließlich ermöglicht sie eine einfache Motivation für die *Formel von* DUHAMEL, die den klassischen Ansatz für die Lösung eines inhomogenen Problems darstellt und die wir in der abschließenden Ergänzung 26.12 behandeln.

26.8 Beweis von Satz 26.6. Der Satz gilt, wie erwähnt, deswegen, weil bei der Bildung des gewichteten Mittels mit dem Gewicht $h_s(x - \xi)$ die Werte der stetigen Funktion φ in der Nähe von $\xi = x$ für große s stark bevorzugt werden. Der nun folgende Beweis ist nichts als eine präzise mathematische Ausformulierung dieses Grundgedankens:

Es genügt, die gleichmäßige Konvergenz auf abgeschlossenen Kugeln $\mathcal{B}_\rho(0)$ zu zeigen ($\rho > 0$ beliebig), wobei die benutzte Norm $\|\cdot\|$ ebenfalls beliebig ist. Nach Satz 14.9 ist die stetige Funktion φ auf der kompakten Menge $\mathcal{B}_{2\rho}(0)$ gleichmäßig stetig. Zu gegebenem $\varepsilon > 0$ gibt es also $0 < \delta < \rho$ so, dass

$$x \in \mathcal{B}_\rho(0), \quad \|\eta\| < \delta \quad \Longrightarrow \quad |\varphi(x - \eta) - \varphi(x)| < \varepsilon/2 .$$

Für ein beliebiges, aber festes $x \in \mathcal{B}_\rho(0)$ schreiben wir nun

$$\int \varphi(\xi) h_s(x - \xi) \mathrm{d}^n \xi = \int \varphi(x - \eta) h_s(\eta) \mathrm{d}^n \eta$$

sowie (wegen (26.11))

$$\varphi(x) = \int \varphi(x) h_s(\eta) \mathrm{d}^n \eta ,$$

also insgesamt

$$\varphi(x) - \int \varphi(\xi) h_s(x - \xi) \mathrm{d}^n \xi = \int \left[\varphi(x) - \varphi(x - \eta) \right] h_s(\eta) \mathrm{d}^n \eta = I_1(\delta) + I_2(\delta) ,$$

wobei $I_1(\delta)$ das Integral über den Bereich $\|\eta\| < \delta$ und $I_2(\delta)$ das Integral über den Bereich $\|\eta\| \geq \delta$ darstellt. Diese beiden Integrale schätzen wir getrennt ab.

Nach der Wahl von δ ist

$$|I_1(\delta)| \leq \int_{\|\eta\|<\delta} |\varphi(x) - \varphi(x - \eta)| h_s(\eta) \mathrm{d}^n \eta < \frac{\varepsilon}{2} \int_{\|\eta\|<\delta} h_s(\eta) \mathrm{d}^n \eta \leq \frac{\varepsilon}{2} .$$

(Hier wurden auch $h_s(\eta) \geq 0$ und erneut (26.11) benutzt.)

Nach Voraussetzung ist $\sup_{y \in \mathbb{R}^n} |\varphi(y)| =: M < \infty$, und nach (26.10) können wir s_0 so wählen, dass

$$\int_{\|\eta\|\geq\delta} h_s(\eta) \mathrm{d}^n \eta < \frac{\varepsilon}{4M} \quad \forall s \geq s_0 .$$

Für $s \geq s_0$ ist also

$$|I_2(\delta)| \leq \int_{\|\eta\|\geq\delta} \left[|\varphi(x)| + |\varphi(x - \eta)| \right] h_s(\eta) \mathrm{d}^n \eta \leq 2M \int_{\|\eta\|\geq\delta} h_s(\eta) \mathrm{d}^n \eta < \frac{\varepsilon}{2} .$$

Insgesamt folgt

$$\left| \varphi(x) - \int \varphi(\xi) h_s(x - \xi) \mathrm{d}^n \xi \right| \leq |I_1(\delta)| + |I_2(\delta)| < \varepsilon$$

für $s \geq s_0$ und beliebiges $x \in \mathcal{B}_\rho(0)$. $\qquad\square$

26.9 Verallgemeinerung auf unbeschränkte Anfangswerte. Wir notieren eine Verallgemeinerung der Sätze 26.3 und 26.7 auf unbeschränkte Anfangsfunktionen, die sich mit ähnlichen Methoden, allerdings mit größerem technischem Aufwand, beweisen lässt:

Satz. *Sei $\varphi_0 \in C^0(\mathbb{R})$ eine gegebene Funktion, die der Ungleichung*

$$|\varphi_0(x)| \leq M e^{\alpha x^2} \quad mit \quad \alpha \geq 0 \tag{26.14}$$

für alle $x \in \mathbb{R}$ genügt. Dann hat das Cauchy*problem (26.2), (26.3) die eindeutig bestimmte Lösung*

$$u(x,t) = \int_{-\infty}^{\infty} \varphi_0(\xi)\sigma(x,\xi;t)\mathrm{d}\xi \,, \tag{26.6}$$

wobei

$$\sigma(x,\xi;t) = \frac{1}{2\sqrt{\pi t}} e^{-\frac{(x-\xi)^2}{4t}} \tag{26.5}$$

die charakteristische Singularität der Wärmeleitungsgleichung ist. Die Lösung $u(x,t)$ existiert für $0 < t < T := 1/4\alpha$ und genügt ferner der Abschätzung

$$|u(x,t)| \leq M_1 e^{\alpha_1 x^2} \tag{26.15}$$

mit gewissen Konstanten $M_1 \geq 0$, $\alpha_1 \geq 0$.

Bemerkung: Ganz ohne eine Wachstumsbeschränkung wie (26.14) geht es aber nicht. In [20] ist ein Beispiel eines unlösbaren Cauchy-Problems für die Wärmeleitungsgleichung angedeutet.

26.10 Die Halbgruppeneigenschaft der Grundlösung. Da $\sigma(x,\xi;t)$ nur von der Differenz $x - \xi$ abhängt, können wir schreiben

$$\sigma(x,\xi;t) = \gamma(x - \xi, t)$$

mit

$$\gamma(x,t) := \sigma(x,0;t) = \frac{1}{2\sqrt{\pi t}} e^{-x^2/4t} \,. \tag{26.16}$$

Die Funktion γ hat die folgende bemerkenswerte Eigenschaft, deren tieferer Sinn in der nächsten Ergänzung deutlich wird:

Satz. *Für $s, t > 0$ und beliebiges $x \in \mathbb{R}$ gilt*

$$\int_{-\infty}^{\infty} \gamma(x - y, s)\gamma(y, t)\, \mathrm{d}y = \gamma(x, s + t) \,. \tag{26.17}$$

Beweis. Für den Moment bezeichnen wir die linke Seite von (26.17) mit $h(x)$. Dann ist

$$h(x) = \frac{1}{4\pi\sqrt{st}} \int_{-\infty}^{\infty} \exp\left[-\frac{1}{4}\left(\frac{(x - y)^2}{s} + \frac{y^2}{t}\right)\right] \mathrm{d}y \,.$$

Wir formen den Exponenten mittels quadratischer Ergänzung um und setzen dabei zur Abkürzung

$$b := \left(\frac{1}{s} + \frac{1}{t}\right)^{1/2} = \sqrt{\frac{s+t}{st}}$$

und

$$a := \frac{1}{bs} = \frac{1}{s}\sqrt{\frac{st}{s+t}} \,.$$

Dann ist $ab = 1/s$ und

$$\frac{1}{s} - a^2 = \frac{1}{s}\left(1 - \frac{t}{s+t}\right) = \frac{1}{s+t} \,.$$

Für den Exponenten ergibt sich damit

$$\frac{(x-y)^2}{s} + \frac{y^2}{t} = \frac{x^2}{s} - \frac{2xy}{s} + \left(\frac{1}{s} + \frac{1}{t}\right) y^2$$

$$= \frac{x^2}{s} - 2abxy + b^2 y^2 = \left(\frac{1}{s} - a^2\right) x^2 + (by - ax)^2$$

$$= \frac{x^2}{s+t} + (by - ax)^2 \,.$$

Wir tragen dies ins Integral ein und substituieren dann $z = (by - ax)/2$. Das ergibt

$$h(x) = \frac{1}{4\pi\sqrt{st}} e^{-x^2/4(s+t)} \int\limits_{-\infty}^{\infty} e^{-(by-ax)^2/4} dy$$

$$= \frac{1}{4\pi\sqrt{st}} e^{-x^2/4(s+t)} \cdot \frac{2}{b} \int\limits_{-\infty}^{\infty} e^{-z^2} dz \,.$$

Aber $b\sqrt{st} = \sqrt{s+t}$ und $\int_{-\infty}^{\infty} e^{-z^2} dz = \sqrt{\pi}$ (Satz 15.14). Also folgt in der Tat $h(x) = \gamma(x, s+t)$. $\qquad\square$

26.11 Ausblick: Parabolische Evolutionsgleichungen. Für räumlich verteilte Größen $u(x_1, \ldots, x_n, t)$, deren räumliche Verteilung sich im Laufe der Zeit ändert, hat man häufig Differentialgleichungen der Form

$$\frac{\partial u}{\partial t} = Lu \,, \tag{26.18}$$

wobei L ein linearer Differentialoperator ist, der nur auf die räumlichen Variablen $x_1, \ldots, x_n$ wirkt (vgl. Ergänzung 25.19). Z. B. wird die Wärmeleitung in einem *inhomogenen* Medium (in dem also die stoffliche Zusammensetzung von Ort zu Ort schwanken kann) beschrieben durch

$$u_t = \mathrm{div}_x\left(A(x)\mathrm{grad}_x u\right) = \sum_{j,k=1}^{n} \frac{\partial}{\partial x_j}\left(a_{jk}(x)\frac{\partial u}{\partial x_k}\right) \,,$$

wobei die Matrix $A(x) = (a_{jk}(x))$ die am Ort x herrschenden Wärmeleitungseigenschaften des Materials beschreibt.

Solche Gleichungen bezeichnet man als *lineare Evolutionsgleichungen erster Ordnung*, weil sie in der Zeitvariablen von erster Ordnung sind, und es ist geschickt, sie sich als eine Art verallgemeinerte gewöhnliche lineare Differentialgleichungen vorzustellen. Dabei spielt L die Rolle der Koeffizientenmatrix, und natürlich könnte L auch von der Zeit abhängen. Dann spricht man von *zeitabhängigen Evolutionsgleichungen*, aber mit diesen wollen wir uns nicht beschäftigen. Gleichung (26.18) ist also dem Fall der konstanten Koeffizienten aus Kap. 8 zu vergleichen oder auch dem Fall der *autonomen Systeme* aus Kap. 20. Konkret können wir jedenfalls den folgenden Gedankengang von früher übernehmen: Wir fügen zur Differentialgleichung (26.18) die CAUCHY-Bedingung

$$u(x, 0) = \varphi_0(x) \qquad (26.19)$$

hinzu und nehmen an (was meist der Fall ist), dass das entstehende CAUCHY-Problem korrekt gestellt ist. Seine Lösung schreiben wir dann in der Form

$$u(\cdot, t) = T_t \varphi_0 , \quad t \geq 0 , \qquad (26.20)$$

wobei die beiden Seiten dieser Gleichung eine Funktion von x darstellen. So entsteht eine Schar $(T_t)_{t \geq 0}$ von Operatoren, die man *Evolutionsoperatoren* nennt (in der Physik oft als *Propagator* bezeichnet), und die folgendes leistet: Hat unsere Größe u zur Zeit $t = 0$ die räumliche Verteilung $u(x, 0) = \varphi_0(x)$, so beschreibt $\varphi_1 := T_t \varphi_0$ ihre räumliche Verteilung zur Zeit t, wie sie sich nach dem Gesetz (26.18) entwickelt hat.

Die Propagatoren haben folgende grundlegende Eigenschaften:

$$T_0 \varphi \equiv \varphi , \qquad (26.21)$$

$$T_{s+t} \varphi = T_t(T_s \varphi) , \quad s, t \geq 0 . \qquad (26.22)$$

Das liegt an der Eindeutigkeit der Lösung des CAUCHYproblems. Setzen wir nämlich $\varphi_1 := T_s \varphi_0$ für ein festes $s \geq 0$, so sind die Funktionen

$$v(x, t) := u(x, s + t) = [T_{s+t} \varphi_0](x)$$

und

$$w(x, t) := [T_t \varphi_1](x)$$

beide Lösungen des CAUCHYproblems zur Anfangsfunktion φ_1 und stimmen folglich überein. Das zeigt (26.22), und (26.21) ist klar.

Die gerade durchgeführte Überlegung ist völlig analog zur Herleitung von (20.32) in Theorem 20.15, und sie bedeutet, dass (26.18) einen *Halbfluss* oder eine *Operatorhalbgruppe* erzeugt (vgl. Ergänzung 19.14 und die Beispiele von kontinuierlichen dynamischen Systemen in Ergänzung 20.32). Genau genommen, sollte man sich allerdings auf einen bestimmten Vektorraum $\mathcal{V}$ von Funktionen der Variablen x festlegen, in dem alle beteiligten Funktionen φ

bzw. $u(\cdot, t)$ liegen, so dass die Propagatoren als lineare Operatoren

$$T_t : \mathcal{V} \longrightarrow \mathcal{V}$$

aufgefasst werden können. In diesem Kapitel haben wir für die Wärmeleitungsgleichung den Raum der beschränkten stetigen Funktionen auf $\mathbb{R}$ benutzt. Was eine gute Wahl für $\mathcal{V}$ ist, hängt von der gegebenen Gleichung und der betrachteten Problemstellung ab, und häufig gibt es mehrere konkurrierende Möglichkeiten hierfür, was die mathematische Theorie der Evolutionsgleichungen etwas unübersichtlich macht.

Anfangs-Randwertprobleme auf einem Gebiet $\Omega \subseteq \mathbb{R}^n$ lassen sich ebenso behandeln, falls die Randbedingungen zeitlich konstant sind. Man betrachtet das Problem dann als Evolutionsgleichung in einem normierten linearen Raum $\mathcal{V}$ von Funktionen auf Ω, die die Randbedingungen erfüllen.

Eine *parabolische Evolutionsgleichung* ist eine Gleichung der Form (26.18), bei der L ein *elliptischer* Operator zweiter Ordnung ist, und zwar elliptisch in dem durch (25.59) beschriebenen etwas engeren Sinne. (Insbesondere ist die *Positivität* des Hauptsymbols von L hier unerlässlich, denn Gl. (26.18) ist ja unter der Zeitumkehr $t \longmapsto -t$ nicht invariant!) Für eine solche Gleichung ist das CAUCHYproblem in einem geeigneten Funktionenraum $\mathcal{V}$ i. A. korrekt gestellt, und der in $\mathcal{V}$ erzeugte lineare Halbfluss hat viele der Eigenschaften, die man bei der Wärmeleitungsgleichung beobachtet. Allerdings lassen sich diese Eigenschaften bei der Wärmeleitungsgleichung besonders einfach beweisen, da man sich die explizite Darstellung der Lösungen durch die POISSONsche Integralformel zunutze machen kann.

Wir diskutieren einige dieser Eigenschaften an der speziellen Gleichung (26.2), wobei wir den Raum $\mathcal{V}$ der beschränkten stetigen Funktionen auf $\mathbb{R}$ benutzen. Mit der Norm

$$\|\varphi\|_\infty := \sup_{x \in \mathbb{R}} |\varphi(x)|$$

ist er ein BANACHraum (Satz 14.15a.,d. und e.), und nach Satz 26.7 ist für jedes $\varphi \in \mathcal{V}$, $t > 0$ die Funktion $T_t\varphi$ gegeben durch

$$[T_t\varphi](x) = \int_{-\infty}^{\infty} \varphi(\xi)\gamma(x - \xi, t)\mathrm{d}\xi = \int_{-\infty}^{\infty} \varphi(x - \eta)\gamma(\eta, t)\mathrm{d}\eta \,, \qquad (26.23)$$

wobei $\gamma(x, t)$ durch (26.16) gegeben ist. Man erkennt nun:

(i) $T_t\varphi \in \mathcal{V}$, und es gilt sogar

$$\|T_t\varphi\|_\infty \leq \|\varphi\|_\infty \,, \qquad (26.24)$$

wie eine leichte Abschätzung des Integrals zeigt. Dabei ist wesentlich, dass

$$\int_{-\infty}^{\infty} \gamma(x, t) \, \mathrm{d}x = 1$$

ist, was wir schon beim Beweis der Annahme der Randwerte nachgerechnet haben.

(ii) Der Halbfluss ist *glättend*, was bedeutet, dass bei beliebigem $\varphi \in \mathcal{V}$ die Funktion $T_t\varphi$ für $t > 0$ von der Klasse C^∞ ist (sogar reell-analytisch). Das beweist man durch mehrfache Anwendung von Satz 15.8, wie es für die ersten beiden Ableitungen im Beweis von Lemma 26.4 vorgeführt wurde. Dies zeigt auch, dass sich der Halbfluss nicht zu einem Fluss erweitern lässt: Eine Funktion $\varphi_0 \in \mathcal{V}$, die nicht überall differenzierbar ist, kann nicht gleich $T_s\psi$ sein für ein $\psi \in \mathcal{V}$, $s > 0$. Selbst wenn wir die Operatorhalbgruppe (T_t) auf den Teilraum der beschränkten C^∞-Funktionen einschränken, wird kein linearer Fluss daraus, denn unter den C^∞-Funktionen befinden sich auch Funktionen der Form $\varphi_1 = T_s\varphi_0$, wo $s > 0$ ist und φ_0 nicht überall differenzierbar. Die Trajektorie durch φ_1 lässt sich dann zwar bis $t = -s$ zurückverfolgen, aber nicht weiter.

(iii) Die Propagatoren T_t erhalten Ordnungsbeziehungen zwischen den Anfangsfunktionen, d. h. es gilt:

$$\varphi_0 \leq \psi_0 \quad \Longrightarrow \quad T_t\varphi_0 \leq T_t\psi_0 \tag{26.25}$$

für alle $t \geq 0$. Dies folgt wegen $\gamma(x,t) > 0$ sofort aus (26.23).

Schließlich erkennt man die tiefere Bedeutung der Funktionalgleichung (26.17): Für die durch (26.23) gegebene Schar T_t von Operatoren folgt aus ihr die Halbgruppeneigenschaft (26.22), und in gewisser Beziehung spiegelt sie diese Halbgruppeneigenschaft wieder.

Bemerkung: Für ein lineares System $\dot{X} = AX$ von gewöhnlichen Differentialgleichungen ist der Propagator offenbar gegeben durch $T_t = \exp tA$. Daher ist auch für lineare Evolutionsgleichungen die Schreibweise $T_t = \exp tL = \mathrm{e}^{tL}$ verbreitet.

26.12 Inhomogenes Problem und Formel von DUHAMEL. Für ein lineares System

$$\dot{X} = AX + B(t)$$

von gewöhnlichen Differentialgleichungen mit konstanter Koeffizientenmatrix ergibt sich die Lösung mit dem Anfangswert $X(0) = X_0$ aus der Formel

$$X(t) = \mathrm{e}^{tA}X_0 + \int_0^t \mathrm{e}^{(t-s)A}B(s)\mathrm{d}s$$

(Sätze 8.3 und 19.3). Führt man die in der vorigen Ergänzung diskutierte Analogie weiter fort, so sollte man für die Lösung des CAUCHY-Problems für die *inhomogene* lineare Evolutionsgleichung

$$\frac{\partial u}{\partial t} = Lu + f(x,t) \tag{26.26}$$

mit dem Anfangswert φ_0 den folgenden Ansatz machen:

$$v(\cdot, t) = T_t \varphi_0 + \int_0^t T_{t-s} f(\cdot, s) \mathrm{d}s , \qquad (26.27)$$

wobei $T_t = \mathrm{e}^{tL}$ der Evolutionsoperator zu der entsprechenden homogenen Gleichung (26.18) ist. Dieser Ansatz wird als die *Formel von* DUHAMEL bezeichnet, und tatsächlich liefert er in vielen Fällen die richtige Lösung, und zwar immer dann, wenn das auftretende Integral und die auftretenden Ableitungen in einem vernünftigen Sinn existieren, der es gestattet, die Rechnungen durchzuführen, mit denen Satz 8.3 bewiesen wurde. Das kann zu mathematischen Komplikationen führen, geht aber häufig gut.

Für den Spezialfall der inhomogenen Wärmeleitungsgleichung

$$u_t = u_{xx} + f(x, t) \qquad (26.28)$$

und den Anfangswert $\varphi_0 \equiv 0$ ergibt (26.27) zusammen mit (26.23) den Lösungsansatz

$$v(x, t) = \int_0^t \int_{-\infty}^\infty \gamma(x - \xi, t - s) f(x, s) \, \mathrm{d}\xi \, \mathrm{d}s , \qquad (26.29)$$

und dieser Ansatz liefert die Lösung z. B. wenn f zweimal stetig differenzierbar ist und außerhalb einer Menge der Form $[-M, M] \times [0, \infty[$ verschwindet. Lösungen zu anderen Anfangswerten erhält man natürlich daraus durch Addition einer entsprechenden Lösung der homogenen Gleichung.

Aufgaben zu §26

26.1. Sei

$$erf(x) := \frac{2}{\sqrt{\pi}} \int_0^x \mathrm{e}^{-s^2} \mathrm{d}s$$

die sogenannte *Fehlerfunktion*. Man zeige, dass

$$u(x, t) = erf\left(\frac{x}{\sqrt{4kt}}\right)$$

die folgende Anfangs-Randwert-Aufgabe löst

$$u_{xx} = \frac{1}{k} u_t , \quad 0 < x < +\infty , \quad t > 0 ,$$
$$u(0, t) = 0 \quad \text{für} \quad t > 0 , \quad u(x, 0) = 1 \quad \text{für} \quad x > 0 .$$

26.2. Gegeben sei die Diffusionsgleichung

$$C_t + u(t)C_x - DC_{xx} = 0 \,, \tag{26.30}$$

für $C = C(x,t)$, wobei $u(t)$ eine gegebene stetige Funktion, D eine gegebene Konstante ist.

Man bestimme eine Funktion $v(t)$, so dass (26.30) unter der Transformation

$$y = x - v(t)\,, \quad w(y,t) = C(x,t) \tag{26.31}$$

in die Wärmeleitungsgleichung

$$W_t - Dw_{yy} = 0 \tag{26.32}$$

übergeht.

26.3. Sei $u(x,t) > 0$ eine positive Lösung der Wärmeleitungsgleichung (26.2).

a. Man zeige, dass die Funktion

$$w(x,t) = -2\frac{u_x(x,t)}{u(x,t)} \tag{26.33}$$

eine Lösung der nichtlinearen BURGER-Differentialgleichung

$$w_t + w \cdot w_x = w_{xx} \tag{26.34}$$

ist.

b. Mit Hilfe der Fundamentallösung

$$\gamma(x,t) = \frac{1}{\sqrt{4\pi t}}\mathrm{e}^{-x^2/4t} \tag{26.35}$$

der Wärmeleitungsgleichung (26.2) konstruiere man eine Lösung der BURGER-Differentialgleichung (26.34). Man überprüfe, dass die mit (26.33) konstruierte Funktion tatsächlich eine Lösung ist.

26.4. Sei $u(x,t)$, $x \geq 0$, $t \geq 0$ die eindeutige Lösung der Anfangs-Randwert-Aufgabe

$$u_t - u_{xx} = 0\,, \quad x > 0\,, \quad t > 0\,, \tag{26.36}$$
$$u(x,0) = 0\,, \quad x \geq 0\,, \quad u(0,t) = 1\,, \quad t > 0\,. \tag{26.37}$$

a. Man zeige, dass die Aufgabe (26.36), (26.37) für jedes $\alpha > 0$ invariant unter der Transformation

$$y = \alpha x\,, \quad s = \alpha^2 t \tag{26.38}$$

ist, d. h. es gilt

$$u(\alpha x, \alpha^2 t) = u(x,t) \quad \text{für} \quad x \geq 0, \quad t \geq 0 . \tag{26.39}$$

Daraus schließe man

$$u(x,t) = u\left(\frac{x}{2\sqrt{t}}, \frac{1}{4}\right) \tag{26.40}$$

d. h. in allen Punkten (x,t) mit

$$\frac{x}{2\sqrt{t}} = \beta = \text{const}$$

liegt dieselbe Temperatur vor, so dass

$$u(x,t) = h\left(\frac{x}{2\sqrt{t}}\right) \tag{26.41}$$

mit einer passenden C^2-Funktion $h(\xi)$, $0 \leq \xi < \infty$.

b. Für die Funktion $h(\xi)$ in (26.41) leite man unter Verwendung der Wärmeleitungsgleichung (26.2) eine gewöhnliche Differentialgleichung her, löse diese unter den Randbedingungen

$$h(0) = 1, \quad \dot{h}(+\infty) = 0 \tag{26.42}$$

und bestimme damit die Lösung von (26.36), (26.37) mit Hilfe von (26.41).

27

Die Wellengleichung

Der Prototyp der *hyperbolischen* Gleichungen ist die n-dimensionale *Wellengleichung*

$$\frac{\partial^2 u}{\partial t^2} = c^2 \Delta u \, , \tag{27.1}$$

wobei wiederum der LAPLACE-Operator nur auf die räumlichen Variablen $x = (x_1, \ldots, x_n)$ wirkt. Sie beschreibt die wellenförmige Ausbreitung einer Störung in einem Medium (oder das wellenförmige Schwanken eines Skalarfeldes), und der Wert $u(x,t)$ ist dabei als die Auslenkung (bzw. die Feldstärke) am Ort x zur Zeit t zu interpretieren. Die Konstante $c > 0$ spielt die Rolle der *Fortpflanzungsgeschwindigkeit* der Wellen.

Auch hier stehen wieder Anfangs-Randwertprobleme sowie das CAUCHY-Problem als korrekt gestellte Probleme im Vordergrund. Da die Gleichung aber in der Zeitvariablen von *zweiter* Ordnung ist, muss hier neben einer anfänglichen Auslenkung

$$u(x,0) = \varphi_0(x)$$

auch eine *Anfangsgeschwindigkeit*

$$u_t(x,0) = \varphi_1(x)$$

der Bewegung vorgegeben sein.

In diesem Kapitel behandeln wir das CAUCHY-Problem für die Dimensionen $n = 1, 2, 3$ mit klassischen Methoden. Im Gegensatz zur Wärmeleitungsgleichung hängt die explizite Gestalt der Lösung – und sogar ihr qualitatives Verhalten – hier von der Dimension ab, und daher müssen diese drei Fälle getrennt untersucht werden. Die Behandlung höherer Dimensionen ist zwar möglich, doch steht der dazu nötige Rechenaufwand in keinem Verhältnis zur physikalischen Bedeutung dieser Fälle. Lediglich einige grundsätzliche Bemerkungen, bei denen der Wert von n keine Rolle spielt, werden wir für allgemeines n machen.

A. Die eindimensionale Wellengleichung

Die eindimensionale Wellengleichung tritt zum Beispiel bei dem *Problem der schwingenden Saite* auf.

Spannt man eine Saite der Länge L in den Punkten $x = 0$ und $x = L$ der x-Achse fest ein, so genügt die Auslenkung $u(x,t)$ der Saite im Punkt $x \in [0,L]$ zur Zeit $t \geq 0$ der partiellen Differentialgleichung

$$\rho\, u_{tt} = \tau\, u_{xx}\,,$$

wobei $\rho > 0$ die konstante lineare Massendichte, $\tau > 0$ die konstante Spannung der Saite ist. Dabei ist zusätzlich vorausgesetzt, dass die Saite ideal elastisch ist und dass die Auslenkungen so klein sind, dass man Glieder höherer Ordnung in u_x vernachlässigen kann. Schreibt man die Differentialgleichung in der Form

$$u_{tt} - c^2 u_{xx} = 0 \quad \text{mit} \quad c := \sqrt{\tau/\rho} > 0\,,$$

so kann man sie mit der Substitution

$$c\,t \longmapsto t$$

auf die *Standardform* der eindimensionalen Wellengleichung

$$u_{tt} - u_{xx} = 0 \tag{27.2}$$

zurück führen. Das oben geschilderte Problem der schwingenden Saite führt auf eine Anfangs-Randwert-Aufgabe für die Differentialgleichung (27.2). Da die Saite an den Endpunkten $x = 0$ und $x = L$ fest eingespannt ist, liefern uns diese physikalischen Forderungen die *Randbedingungen*

$$u(0,t) = 0\,, \quad u(L,t) = 0 \quad \text{für alle} \quad t \geq 0\,. \tag{27.3}$$

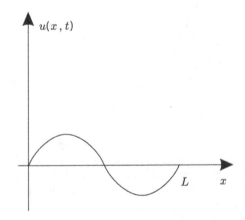

Abb. 27.1. Schwingende Saite

Ferner schreibt man zum Anfangszeitpunkt $t = 0$ die Auslenkung und die Auslenkungsgeschwindigkeit vor. Dies liefert die Anfangsbedingungen

$$u(x,0) = \varphi_0(x)\,, \quad u_t(x,0) = \varphi_1(x)\,, \quad 0 \le x \le L\,, \tag{27.4}$$

wobei φ_0, $\varphi_1 : [0, L] \longrightarrow \mathbb{R}$ gegebene stetige Funktionen sind. Wie wir noch sehen werden (vgl. Kap. 30), kann man das Problem (27.2)–(27.4) in geschlossener Form mit der *Separationsmethode* lösen, falls die Anfangsfunktionen φ_0 und φ_1 gewissen Differenzierbarkeitsforderungen genügen. Darauf wollen wir aber jetzt nicht eingehen. Wir sind nämlich an dem CAUCHYproblem für die Differentialgleichung (27.2) interessiert.

Problem 27.1 (CAUCHY*problem*). Gesucht ist eine Lösung

$$u \in C^1\left(\mathbb{R} \times [0, +\infty[\right) \cap C^2\left(\mathbb{R} \times \,]0, +\infty[\right) \tag{27.5}$$

der *eindimensionalen Wellengleichung*

$$u_{tt} - u_{xx} = 0 \quad \text{für} \quad -\infty < x < \infty\,, \quad t > 0\,, \tag{27.2}$$

welche den CAUCHY*schen Anfangsbedingungen*

$$u(x,0) = \varphi_0(x)\,, \quad u_t(x,0) = \varphi_1(x)\,, \quad -\infty < x < +\infty \tag{27.6}$$

genügt, wobei

$$\varphi_0 \in C^2(\mathbb{R})\,, \quad \varphi_1 \in C^1(\mathbb{R})$$

gegebene Funktionen sind.

Der klassische Weg, dieses CAUCHYproblem zu lösen, ist die *Methode von* D'ALEMBERT. In der Wellengleichung (27.2) machen wir die Variablensubstitution

$$\xi = x + t\,, \quad \eta = x - t\,, \quad v(\xi, \eta) = u(x, t)\,. \tag{27.7}$$

Dann ist $x = (\xi + \eta)/2$, $t = (\xi - \eta)/2$, also lautet die Definitionsgleichung für v ausführlich:

$$v(\xi, \eta) := u\left(\frac{\xi + \eta}{2}, \frac{\xi - \eta}{2}\right)\,,$$

und daher ergibt sich aus (27.2) sofort die folgende partielle Differentialgleichung

$$\frac{\partial^2}{\partial\xi\partial\eta} v(\xi, \eta) = 0\,, \tag{27.8}$$

deren allgemeine Lösung man direkt angeben kann:

$$v(\xi, \eta) = f(\xi) + g(\eta)\,,$$

wobei $f, g : \mathbb{R} \longrightarrow \mathbb{R}$ beliebige C^2-Funktionen sind. Mit der Transformation (27.7) bekommen wir daraus die sogenannte D'ALEMBERTsche Lösung der eindimensionalen Wellengleichung

$$u(x,t) = f(x+t) + g(x-t) \, . \tag{27.9}$$

Dies ist die allgemeine Lösung von (27.2), d. h. jede mögliche Lösung ist von dieser Form. Setzen wir die CAUCHYbedingungen (27.6) ein, so bekommen wir die Gleichungen

$$\begin{aligned} u(x,0) &\equiv f(x) + g(x) = \varphi_0(x) \, , \\ u_t(x,0) &\equiv f'(x) - g'(x) = \varphi_1(x) \, , \end{aligned} \qquad -\infty < x < \infty \, , \tag{27.10}$$

die Bedingungen für die zunächst noch beliebigen Funktionen f und g sind. Differenzieren wir die erste Gleichung, so bekommen wir das lineare Gleichungssystem

$$\begin{aligned} f'(x) + g'(x) &= \varphi_0'(x) \\ f'(x) - g'(x) &= \varphi_1(x) \, , \end{aligned} \tag{27.11}$$

welches die Lösung

$$\begin{aligned} f'(x) &= \frac{1}{2} \left[\varphi_0'(x) + \varphi_1(x) \right] \, , \\ g'(x) &= \frac{1}{2} \left[\varphi_0'(x) - \varphi_1(x) \right] \end{aligned}$$

liefert. Integration ergibt dann

$$f(x) = \frac{1}{2}\varphi_0(x) + \frac{1}{2} \int_0^x \varphi_1(\xi) \mathrm{d}\xi + c_1 \, ,$$

$$g(x) = \frac{1}{2}\varphi_0(x) - \frac{1}{2} \int_0^x \varphi_1(\xi) \mathrm{d}\xi + c_2 \, .$$

Beachten wir die erste der Gleichungen (27.10), so erkennen wir

$$c_1 + c_2 = 0 \, , \tag{27.12}$$

und durch Einsetzen in (27.9) bekommen wir damit:

Satz 27.2. *Die Lösung des* CAUCHY*problems 27.1 ist eindeutig bestimmt und gegeben durch*

$$\boxed{u(x,t) = \frac{1}{2} \left[\varphi_0(x+t) + \varphi_0(x-t) \right] + \frac{1}{2} \int_{x-t}^{x+t} \varphi_1(\xi) \mathrm{d}\xi} \tag{27.13}$$

Diese Lösung ist auf jedem beschränkten Bereich von $]-\infty, \infty[\times]0, \infty[$ *stabil, d. h. das* CAUCHY*problem 27.1 ist korrekt gestellt.*

Die präzise Formulierung und den Beweis der Stabilität stellen wir als Übung.

Wir wollen diese Lösung noch etwas diskutieren. Dazu wählen wir einen festen *Weltpunkt* (x_0, t_0) mit $t_0 > 0$. Führen wir wieder die Variable ct statt t ein, so lautet die Lösung des CAUCHYproblems 27.1 in Punkt (x_0, t_0)

$$u(x_0, t_0) = \frac{1}{2} \left[\varphi_0(x_0 + ct_0) + \varphi_0(x_0 - ct_0) \right]$$
$$+ \frac{1}{2} \int\limits_{x_0 - ct_0}^{x_0 + ct_0} \varphi_1(\xi) \mathrm{d}\xi . \tag{27.14}$$

Diese Formel zeigt, dass die Lösung $u(x_0, t_0)$ nur von den Anfangswerten φ_0, φ_1 innerhalb des Intervalls

$$\mathcal{A}(x_0, t_0) = \{ x \in \mathbb{R} \mid |x - x_0| \leq ct_0 \} \tag{27.15}$$

abhängt. Eine Abänderung der Anfangswerte außerhalb dieses Intervalls $\mathcal{A}(x_0, t_0)$ hat auf den Wert $u(x_0, t_0)$ keinen Einfluss. Deshalb heißt $\mathcal{A}(x_0, t_0)$ das *Abhängigkeitsgebiet* des Weltpunktes (x_0, t_0). Man sieht hieran auch, dass c tatsächlich die Ausbreitungsgeschwindigkeit ist. Werden nämlich die Anfangsdaten zur Zeit $t = 0$ in einem Punkt $x \in \mathbb{R}$ abgeändert, so macht sich diese Abänderung in einem Punkt x_0 frühestens zur Zeit $t_0 = |x - x_0|/c$ bemerkbar. Mit anderen Worten, ein zur Zeit $t = 0$ von x ausgesandtes Signal kommt zur Zeit $t_0 = |x - x_0|/c$ bei x_0 an.

B. Sphärische Mittelung

In diesem Abschnitt entwickeln wir ein technisches Hilfsmittel, das uns gestatten wird, das CAUCHY-Problem für die dreidimensionale Wellengleichung erfolgreich zu behandeln. Die Lösungsmethode für dieses Problem, um die es geht, nennt sich die *Methode der sphärischen Mittelwerte*, und diese besteht darin, das 3-dimensionale Problem auf das eindimensionale Problem zurück zu führen. Wir definieren allgemein:

Definitionen 27.3. *Im $\mathbb{R}^n$ benutzen wir die euklidische Norm $| \cdot |$. Es sei*

$$S_r(x_0) = \{ y \in \mathbb{R}^n \mid |x_0 - y| = r \}$$

die Sphäre vom Radius r um einen festen Punkt x_0, und ω_n sei wieder die Oberfläche von $S_1(0)$.

a. Für eine Funktion $\varphi \in C^0(\mathbb{R}^n)$ nennt man

$$M(r)\varphi := \frac{1}{r^{n-1}\omega_n} \int\limits_{S_r(x_0)} \varphi(y) \mathrm{d}\sigma_y \tag{27.16}$$

den sphärischen Mittelwert von φ über $S_r(x_0)$.

b. Für eine Funktion $u = u(x,t) \in C^0(\mathbb{R}^n_x \times \mathbb{R}_t)$ nennt man

$$M(r,t)u := \frac{1}{r^{n-1}\omega_n} \int\limits_{S_r(x_0)} u(y,t)\mathrm{d}\sigma_y \qquad (27.17)$$

den sphärischen Mittelwert von u über $S_r(x_0)$ zum Zeitpunkt t.

Nehmen wir nun an, wir haben das allgemeine n-dimensionale CAUCHY-Problem

$$\begin{aligned} \Delta_n u - u_{tt} &= 0, \quad x \in \mathbb{R}^n, \quad t > 0, \\ u(x,0) &= \varphi_0(x), \quad u_t(x,0) = \varphi_1(x), \quad x \in \mathbb{R}^n \end{aligned} \qquad (27.18)$$

gegeben.

Für ein beliebiges festes $x_0 \in \mathbb{R}^n$ und $r > 0$ betrachten wir dann die sphärischen Mittelwerte der Funktionen $u(x_1, \ldots, x_n, t)$, $\varphi_0(x_1, \ldots, x_n)$, $\varphi_1(x_1, \ldots, x_n)$:

$$\begin{aligned} \tilde{u}(r,t) &:= M(r,t)u, \\ \tilde{\varphi}_0(r) &:= M(r)\varphi_0, \\ \tilde{\varphi}_1(r) &:= M(r)\varphi_1, \end{aligned} \qquad (27.19)$$

wobei die Mittelwerte gemäß Definition 27.3 zu bilden sind. Wir wollen aus der n-dimensionalen Wellengleichung (27.18) eine Differentialgleichung für $\tilde{u}(r,t)$ herleiten, wobei der Vorteil darin besteht, dass $\tilde{u}(r,t)$ nur noch von 2 Variablen abhängt, während $u(x,t)$ von $n+1$ Variablen $x_1, \ldots, x_n, t$ abhängt. Dazu zunächst ein Lemma:

Lemma 27.4. *Sei $v \in C^2(\mathbb{R}^n)$, $x_0 \in \mathbb{R}^n$ ein fester Punkt und $\tilde{v}(r) := M(r)v$ das sphärische Mittel in Bezug auf diesen Punkt. Dann ist $\tilde{v} \in C^2([0,\infty[)$, und es gilt*

$$\frac{\mathrm{d}\tilde{v}}{\mathrm{d}r} = \frac{1}{\omega_n r^{n-1}} \int\limits_{B_r(x_0)} \Delta v(y)\mathrm{d}\sigma_y .$$

Beweis. Wir führen Polarkoordinaten um den Punkt x_0 ein:

$$r = |x_0 - y|, \quad y = x_0 + r\xi \quad \text{mit} \quad |\xi| = 1. \qquad (27.20)$$

Bezeichnen wir mit $\mathrm{d}\omega_n$ das skalare Flächenelement auf der $(n-1)$-dimensionalen Einheitssphäre $S_1(0)$, so können wir anstelle von (27.16) schreiben:

$$\tilde{v}(r) = \frac{1}{\omega_n} \int\limits_{|\xi|=1} v(x_0 + r\xi)\mathrm{d}\omega_n(\xi), \qquad (27.21)$$

denn es ist ja

$$\mathrm{d}\sigma_y = r^{n-1}\mathrm{d}\omega_n(\xi), \qquad (27.22)$$

wie wir schon in (25.15) festgehalten und dort auch genau begründet haben. Nun ist nach bekannten Sätzen über parameterabhängige Integrale (insbes. Satz 15.6b.) $\tilde{v}(r) \in C^2([0, +\infty[)$, und die Ableitung von $\tilde{v}$ kann durch Differentiation unter dem Integralzeichen berechnet werden. Aus (27.21) folgt dann mit der Kettenregel

$$\frac{\mathrm{d}}{\mathrm{d}r}\tilde{v}(r) = \frac{1}{\omega_n} \int\limits_{|\xi|=1} \frac{\partial}{\partial r} v(x_0 + r\xi)\mathrm{d}\omega_n(\xi)$$

$$= \frac{1}{\omega_n} \int\limits_{|\xi|=1} \mathrm{grad}_y v(x_0 + r\xi) \cdot \xi\mathrm{d}\omega_n(\xi)$$

oder, wenn wir wieder zu den ursprünglichen Koordinaten $y \in S_r(x_0)$ zurück kehren,

$$\frac{\mathrm{d}}{\mathrm{d}r}\tilde{v}(r) = \frac{1}{\omega_n r^{n-1}} \int\limits_{S_r(x_0)} \nabla_y v(y) \cdot \xi\mathrm{d}\sigma(y) \,. \tag{27.23}$$

Dabei ist $\xi \in \mathbb{R}^n$ der Normaleneinheitsvektor auf $S_r(x_0)$. Nun gilt nach dem GAUSSschen Satz

$$\int\limits_{S_r(x_0)} \nabla_y v(y) \cdot \xi\mathrm{d}\sigma(y) = \int\limits_{B_r(x_0)} \mathrm{div\,grad}\, v(y)\mathrm{d}^n y = \int\limits_{B_r(x_0)} \Delta_y v(y)\mathrm{d}^n y \,.$$

Setzen wir dies in (27.23) ein, so erhalten wir die Behauptung.   □

Nun sei u eine Lösung der n-dimensionalen Wellengleichung aus (27.18). Für jedes feste t können wir unser Lemma auf die Funktion $v(x) := u(x, t)$ anwenden. Das ergibt:

$$\frac{\partial}{\partial r}\tilde{u}(r, t) = \frac{1}{\omega_n r^{n-1}} \int\limits_{B_r(x_0)} \Delta_y u(y, t)\mathrm{d}^n y \,. \tag{27.24}$$

Nun beachten wir, dass u nach Voraussetzung eine Lösung der n-dimensionalen Wellengleichung ist, d. h.

$$\Delta_y u(y, t) = u_{tt}(y, t) \,.$$

Daher können wir für (27.24) schreiben

$$r^{n-1}\tilde{u}_r(r, t) = \frac{1}{\omega_n} \int\limits_{B_r(x_0)} u_{tt}(y, t)\mathrm{d}^n y$$

$$= \frac{1}{\omega_n} \int\limits_0^r \int\limits_{S_\rho(x_0)} u_{tt}(y, t)\mathrm{d}\sigma(y)\,\mathrm{d}\rho \,. \tag{27.25}$$

(Bei der letzten Umformung wurde noch (25.16) benutzt.) Diese Gleichung differenzieren wir noch einmal partiell nach r:

$$\frac{\partial}{\partial r}(r^{n-1}\tilde{u}_r(r,t)) = \frac{1}{\omega_n} \int\limits_{S_r(x_0)} u_{tt}(y,t)\mathrm{d}\sigma(y) \ .$$

Nach Definition 27.3 b. steht auf der rechten Seite gerade der sphärische Mittelwert der Funktion $u_{tt}(y,t)$, multipliziert mit r^{n-1}. Da aber wegen $u \in C^2$ Integral und Differentiation nach t vertauschbar sind, ist

$$M(r,t)u_{tt} = \frac{\partial^2}{\partial t^2}\left[M(r,t)u\right] \ ,$$

so dass wir die obige Gleichung schreiben können

$$\frac{\partial}{\partial r}\left[r^{n-1}\tilde{u}_r(r,t)\right] = r^{n-1}\tilde{u}_{tt}(r,t)$$

oder, wenn wir die linke Seite ausdifferenzieren und durch r^{n-1} dividieren,

$$\tilde{u}_{rr}(r,t) + \frac{n-1}{r}\tilde{u}_r(r,t) = \tilde{u}_{tt}(r,t) \ . \tag{27.26}$$

Dieses Ergebnis fassen wir in folgendem Satz zusammen:

Satz 27.5. *Wenn die Funktion $u(x,t) \in C^2(\mathbb{R}^{n+1})$ eine Lösung der n-dimensionalen Wellengleichung*

$$\Delta_n u - u_{tt} = 0 \tag{27.27}$$

ist, dann genügt der sphärische Mittelwert

$$\tilde{u}(r,t) = \frac{1}{\omega_n r^{n-1}} \oint\limits_{S_r(x_0)} u(y,t)\mathrm{d}\sigma(y)$$

der partiellen Differentialgleichung

$$\boxed{\tilde{u}_{rr} + \frac{n-1}{r}\tilde{u}_r - \tilde{u}_{tt} = 0 \ .} \tag{27.26}$$

Die partielle Differentialgleichung (27.26) ist einerseits einfacher als die Wellengleichung (27.27), weil $\tilde{u}$ nur von 2 Variablen abhängt, andererseits aber auch komplizierter, weil (27.26) keine konstanten Koeffizienten hat. Im Spezialfall $n = 3$, dem wir uns jetzt zuwenden wollen, wird (27.26) jedoch besonders einfach.

C. Die dreidimensionale Wellengleichung

In diesem Abschnitt diskutieren wir das CAUCHYproblem für die Wellengleichung im 3-dimensionalen Raum $\mathbb{R}^3$, dessen Punkte wir als $x = (x_1, x_2, x_3)$ schreiben. Bezeichnen wir mit

$$\Delta = \Delta_3 := \frac{\partial^2}{\partial x_1^2} + \frac{\partial^2}{\partial x_2^2} + \frac{\partial^2}{\partial x_3^2} \qquad (27.28)$$

den 3-dimensionalen LAPLACE-Operator, so können wir das CAUCHYproblem folgendermaßen formulieren:

Problem 27.6 (CAUCHYproblem). Gesucht ist eine Lösung

$$u = u(x, t) \in C^1(\mathbb{R}^3 \times [0, +\infty[) \cap C^2(\mathbb{R}^3 \times]0, +\infty[) \qquad (27.29)$$

der 3-*dimensionalen Wellengleichung*

$$\Delta_3 u - u_{tt} = 0, \quad x \in \mathbb{R}^3, \quad t > 0, \qquad (27.30)$$

welche den CAUCHY*schen Anfangsbedingungen*

$$u(x, 0) = \varphi_0(x), \quad u_t(x, 0) = \varphi_1(x), \quad x \in \mathbb{R}^3 \qquad (27.31)$$

genügt, wobei die *Anfangswerte*

$$\varphi_0 \in C^2(\mathbb{R}^3), \quad \varphi_1 \in C^1(\mathbb{R}^3)$$

gegeben sind.

Nun sei $u(x_1, x_2, x_3, t)$ eine Lösung von Problem 27.6. Wir fixieren einen Punkt $x_0 \in \mathbb{R}^3$ und bilden bezüglich dieses Punktes den sphärischen Mittelwert $\tilde{u}(r, t)$ gemäß (27.19) und den Definitionen 27.3. Nach Satz 27.5 genügt $\tilde{u}(r, t)$ dann der Differentialgleichung (27.26), und diese lautet im Spezialfall $n = 3$:

$$r\tilde{u}_{rr} + 2\tilde{u}_r - r\tilde{u}_{tt} = 0. \qquad (27.32)$$

Setzen wir nun

$$v(r, t) := r\tilde{u}(r, t), \qquad (27.33)$$

so wird

$$v_r = r\tilde{u}_r + \tilde{u},$$
$$v_{rr} = r\tilde{u}_{rr} + 2\tilde{u}_r,$$

d. h. wegen (27.32) sehen wir, dass v die Differentialgleichung

$$v_{rr} - v_{tt} = 0 \qquad (27.34)$$

erfüllt. Das ist aber gerade die eindimensionale Wellengleichung in den Variablen r und t, deren Lösung wir aus Satz 27.2 kennen.

Sind $\widetilde{\varphi}_0(r)$, $\widetilde{\varphi}_1(r)$ die sphärischen Mittelwerte der Anfangswerte $\varphi_0(x)$, $\varphi_1(x)$ im CAUCHYproblem 27.6, so erfüllt $\widetilde{u}(r,t)$ wegen (27.31) die Anfangsbedingungen

$$\widetilde{u}(r,0) = \widetilde{\varphi}_0(r)\,, \quad \widetilde{u}_t(r,0) = \widetilde{\varphi}_1(r)\,, \quad r > 0\,,$$

und daher genügt wegen (27.33) die Funktion $v(r,t)$ den CAUCHYbedingungen

$$v(r,0) = r\widetilde{\varphi}_0(r)\,, \quad v_t(r,0) = r\widetilde{\varphi}_1(r)\,, \quad r > 0\,. \tag{27.35}$$

Das CAUCHYproblem (27.34), (27.35) hat nach Satz 27.2 die Lösung

$$\begin{aligned}
v(r,t) &= \frac{1}{2}\left\{(r+t)\widetilde{\varphi}_0(r+t) + (r-t)\widetilde{\varphi}_0(r-t)\right\} \\
&\quad + \frac{1}{2}\int\limits_{r-t}^{r+t}\rho\widetilde{\varphi}_1(\rho)\mathrm{d}\rho\,,
\end{aligned} \tag{27.36}$$

wobei wir jetzt allerdings nur solche t zulassen können, für die

$$r + t \geq 0\,, \quad r - t \geq 0\,,$$

da die sphärischen Mittelwerte für negative Argumente bis jetzt nicht definiert sind. Mit (27.33) bekommen wir dann zunächst folgendes Ergebnis:

Lemma 27.7. *Ist $u(x,t)$ eine Lösung des CAUCHYproblems 27.6, so gilt für den sphärischen Mittelwert*

$$\widetilde{u}(r,t) = \frac{1}{4\pi r^2}\int\limits_{S_r(x_0)} u(y,t)\mathrm{d}\sigma(y)$$

die Darstellungsformel

$$\begin{aligned}
\widetilde{u}(r,t) &= \frac{1}{2r}\left\{(r+t)\widetilde{\varphi}_0(r+t) + (r-t)\widetilde{\varphi}_0(r-t)\right\} \\
&\quad + \frac{1}{2r}\int\limits_{r-t}^{r+t}\rho\widetilde{\varphi}_1(\rho)\mathrm{d}\rho
\end{aligned} \tag{27.37}$$

für alle $r > 0$ und $t > 0$ mit $r - t > 0$. Dabei sind $\widetilde{\varphi}_0(r)$, $\widetilde{\varphi}_1(r)$ die sphärischen Mittelwerte der Anfangswerte $\varphi_0(x)$, $\varphi_1(x)$.

Das Problem besteht nun darin, aus dem sphärischen Mittelwert die ursprüngliche Funktion $u(x,t)$ zurück zu gewinnen. Dazu beachten wir, dass aus dem Mittelwertsatz der Integralrechnung folgt:

$$\begin{aligned}
\lim_{r\to 0+}\widetilde{u}(r,t) &= \lim_{r\to 0+}\frac{1}{4\pi r^2}\int\limits_{S_r(x_0)} u(y,t)\mathrm{d}\sigma(y) \\
&= \lim_{r\to 0+}\frac{1}{4\pi}\int\limits_{|\xi|=1} u(x_0 + r\xi,t)\mathrm{d}\omega_2(\xi) \\
&= \lim_{r\to 0+}\frac{1}{4\pi}u(x_0 + r\xi_0(r),t)\cdot 4\pi = u(x_0,t)\,,
\end{aligned}$$

wobei $\xi_0(r)$ ein Punkt auf $S_1(0)$ ist. D. h. es gilt:

$$u(x_0, t) = \lim_{r \longrightarrow 0+} \widetilde{u}(r, t) \,. \tag{27.38}$$

Um diesen Grenzprozess in (27.37) durchführen zu können, muss man sich von der Bedingung

$$r - t > 0$$

befreien, da $r \longrightarrow 0$ notwendig $t \longrightarrow 0$ impliziert.

Dies erreichen wir, indem wir die sphärischen Mittelwerte formal auf negative r-Werte fortsetzen, und zwar als gerade Funktionen. Wir definieren also

$$\begin{aligned}
\widetilde{u}(r, t) &:= \widetilde{u}(-r, t) \,, \\
\widetilde{\varphi}_0(r) &:= \widetilde{\varphi}_0(-r) \,, \quad \text{für } r < 0 \\
\widetilde{\varphi}_1(r) &:= \widetilde{\varphi}_1(-r) \,.
\end{aligned} \tag{27.39}$$

Ersetzen wir andererseits in der Darstellungsformel (27.37) r durch $-r$, so bekommen wir

$$\begin{aligned}
\widetilde{u}(r, t) &= \widetilde{u}(-r, t) \\
&= \frac{(t+r)\widetilde{\varphi}_0(t+r) - (t-r)\widetilde{\varphi}_0(t-r)}{2r} \\
&\quad + \frac{1}{2r} \int\limits_{t-r}^{t+r} \rho \widetilde{\varphi}_1(\rho) \mathrm{d}\rho \,,
\end{aligned} \tag{27.40}$$

wobei bei dem zweiten Summanden kein Vorzeichenwechsel eintritt, weil sich die Integrationsgrenzen vertauschen. Nun beachten wir

$$\lim_{r \longrightarrow 0} \frac{(t+r)\widetilde{\varphi}_0(t+r) - (t-r)\widetilde{\varphi}_0(t-r)}{2r} = \frac{\mathrm{d}}{\mathrm{d}t}(t\widetilde{\varphi}_0(t)) \tag{27.41}$$

und

$$\lim_{r \longrightarrow 0} \frac{1}{2r} \int\limits_{t-r}^{t+r} \rho \widetilde{\varphi}_1(\rho) \mathrm{d}\rho = t\widetilde{\varphi}_1(t) \,. \tag{27.42}$$

Damit bekommen wir aus (27.38), (27.40) und (27.41) zunächst:

$$u(x_0, t) = \frac{\mathrm{d}}{\mathrm{d}t}(t\widetilde{\varphi}_0(t)) + t\widetilde{\varphi}_1(t) \,, \tag{27.43}$$

wobei wir beachten, dass die sphärischen Mittelwerte noch von x_0 abhängen.

Setzen wir die Definition der Mittelwerte $\widetilde{\varphi}_0$ und $\widetilde{\varphi}_1$ ein und beachten wir, dass jeder beliebige Punkt $x \in \mathbb{R}^3$ die Rolle von x_0 spielen kann, so bekommen wir folgende Darstellungsformel für die Lösung des CAUCHYproblems:

Satz 27.8. *Seien* $\varphi_0 \in C^3(\mathbb{R}^3)$, $\varphi_1 \in C^2(\mathbb{R}^3)$ *gegebene Anfangsfunktionen. Dann besitzt das* CAUCHY*problem 27.6 eine eindeutig bestimmte und stabile Lösung*

$$u = u(x,t) \in C^2(\mathbb{R}_x^3 \times \mathbb{R}_t) \,,$$

welche durch die Darstellungsformel

$$u(x,t) = \frac{1}{4\pi} \frac{\partial}{\partial t} \left(\frac{1}{t} \oint\limits_{|x-y|=t} \varphi_0(y) \mathrm{d}\sigma(y) \right)$$

$$+ \frac{1}{4\pi t} \oint\limits_{|x-y|=t} \varphi_1(y) \mathrm{d}\sigma_y \tag{27.44}$$

bzw., anders geschrieben

$$u(x,t) = \frac{1}{4\pi} \frac{\partial}{\partial t} \left(t \oint\limits_{|\xi|=1} \varphi_0(x+t\xi) \mathrm{d}\omega(\xi) \right)$$

$$+ \frac{t}{4\pi} \oint\limits_{|\xi|=1} \varphi_1(x+t\xi) \mathrm{d}\omega(\xi) \tag{27.45}$$

gegeben ist.

Genau genommen, muss man jetzt noch verifizieren, dass $u(x,t)$ in (27.44) tatsächlich eine Lösung der Wellengleichung ist. Dies ist jedoch reine Rechnung und sei als Übung gestellt.

Wir wollen nun die Lösung des CAUCHYproblems interpretieren. Dazu führen wir wieder die Zeittransformation

$$t \longmapsto ct$$

durch, was bedeutet, dass wir die Wellengleichung

$$u_{tt} - c^2 \Delta_3 u = 0 \tag{27.46}$$

betrachten, wobei c dann die Ausbreitungsgeschwindigkeit der Welle ist. In einem beliebigen Punkt (x_0, t_0) der Raumzeit $\mathbb{R}^4$ bekommen wir dann für die Lösung des CAUCHYproblems

$$u(x_0, t_0) = \frac{ct_0}{4\pi} \int\limits_{|\xi|=1} \varphi_1(x_0 + ct_0\xi) \mathrm{d}\omega(\xi)$$

$$+ \lim_{t \longrightarrow t_0} \frac{\partial}{\partial t} \left(\frac{ct}{4\pi} \int\limits_{|\xi|=1} \varphi_0(x_0 + ct\xi) \mathrm{d}\omega(\xi) \right) \,. \tag{27.47}$$

An dieser Formel erkennt man, dass die Lösung $u(x,t)$ im Weltpunkt (x_0, t_0) nur abhängt von den Anfangswerten auf der Sphäre um x_0 mit Radius ct_0, und wegen dem zweiten Term, von dem Verhalten in einer beliebig kleinen Umgebung dieser Sphäre. Aus diesem Grund ist es berechtigt, die Sphäre

$$\mathcal{A}(x_0, t_0) = \left\{ x \in \mathbb{R}^3 \mid |x - x_0| = ct_0 \right\} \tag{27.48}$$

als das *Abhängigkeitsgebiet* des Weltpunktes (x_0, t_0) zu bezeichnen. Man sieht, dass die Auslenkung (oder Feldstärke) $u(x_0, t_0)$ sich als Überlagerung aus den Signalen zusammensetzt, die zur Zeit $t = 0$ von den Punkten der Sphäre $\mathcal{A}(x_0, t_0)$ ausgegangen sind (*starkes* HUYGENS*sches Prinzip*). Man beachte, dass das Abhängigkeitsgebiet jetzt von anderer Struktur ist als im eindimensionalen Fall: Zu Zeiten $t > |x - x_0|/c$ ist ein vom Punkt x ausgegangenes Signal am Punkt x_0 nicht mehr spürbar. Das ist bei der eindimensionalen Wellengleichung anders, und deshalb spricht man dort nur vom *schwachen* HUYGENSschen Prinzip.

D. Die zweidimensionale Wellengleichung

Im Folgenden betrachten wir das CAUCHYproblem für die zweidimensionale Wellengleichung.

$$\Delta_2 u - u_{tt} = 0, \quad u = u(x_1, x_2, t) \tag{27.49}$$

mit den CAUCHYschen Anfangsbedingungen

$$u(x_1, x_2, 0) = \varphi_0(x_1, x_2), \quad u_t(x_1, x_2, 0) = \varphi_1(x_1, x_2) \tag{27.50}$$

für alle $(x_1, x_2) \in \mathbb{R}^2$, $t \in \mathbb{R}$, wobei wieder $\varphi_0 \in C^3(\mathbb{R}^2)$, $\varphi_1 \in C^2(\mathbb{R}^2)$ die gegebenen Anfangswerte sind.

Will man dieses Problem lösen, dann ist es zunächst naheliegend, wie im dreidimensionalen Fall vorzugehen, d. h. man definiert gemäß Definition 27.6 die sphärischen Mittelwerte

$$\widetilde{u}(r, t), \quad \widetilde{\varphi}_0(r), \quad \widetilde{\varphi}_1(r)$$

von $u(x_1, x_2, t)$, $\varphi_0(x_1, x_2)$, $\varphi_1(x_1, x_2)$. Wie wir in Satz 27.5 allgemein festgestellt haben, genügt dann $\widetilde{u}(r, t)$ der partiellen Differentialgleichung

$$\widetilde{u}_{rr} + \frac{1}{r}\widetilde{u}_r - \widetilde{u}_{tt} = 0 \quad \text{für} \quad r \geq 0, \quad t \in \mathbb{R}, \tag{27.51}$$

falls u die 2-dimensionale Wellengleichung (27.49) erfüllt. Die Differentialgleichung (27.51) ist nun allerdings wesentlich schwieriger zu behandeln als die entsprechende Differentialgleichung (27.32) im Falle $n = 3$. Deshalb geht man im Allgemeinen beim Fall $n = 2$ nicht über die sphärischen Mittelwerte, sondern man versucht, die Lösung des 2-dimensionalen Problems aus der

Lösung für das 3-dimensionale Problem zu gewinnen. Dieses Vorgehen ist als *Abstiegsmethode von* HADAMARD bekannt.

Wir führen folgende Bezeichnung ein:

$$x = (x_1, x_2, x_3) \in \mathbb{R}^3, \quad x' = (x_1, x_2) \equiv (x_1, x_2, 0) \in \mathbb{R}^2 . \qquad (27.52)$$

Sei nun $u(x', t)$ eine Lösung des 2-dimensionalen CAUCHYproblems (27.49), (27.50). Dann setzen wir

$$v(x, t) \equiv v(x_1, x_2, x_3, t) := u(x_1, x_2, t) \equiv u(x', t) , \qquad (27.53)$$

d. h. $v(x, t)$ ist bezüglich x_3 konstant. Daher ist

$$\Delta_3 v = \Delta_2 u , \quad v_{tt} = u_{tt} ,$$

und es ist klar, dass $v(x, t)$ eine Lösung des folgenden 3-dimensionalen CAUCHYproblems ist:

$$\Delta_3 v - v_{tt} = 0 ,$$
$$v(x, 0) = \varphi_0(x'), \quad v_t(x, 0) = \varphi_1(x') . \qquad (27.54)$$

Die Lösung dieses Problems kennen wir. Nach Satz 27.8 gilt nämlich

$$v(x, t) \equiv u(x', t) = \frac{1}{4\pi t} \oint_{|x-y|=t} \varphi_1(y') d\sigma(y)$$
$$+ \frac{1}{4\pi} \frac{\partial}{\partial t} \left(\frac{1}{t} \oint_{|x-y|=t} \varphi_0(y') d\sigma(y) \right) \qquad (27.55)$$

Diese Gleichung berücksichtigt nicht, dass $v(x, t)$ unabhängig von x_3 und dass φ_0 und φ_1 unabhängig von y_3 sind. Dies wollen wir daher genauer untersuchen.

Wegen (27.53) gilt

$$v(x_1, x_2, x_3, t) = v(x_1, x_2, 0, t) .$$

Daher können wir auch auf der rechten Seite von (27.55) $x_3 = 0$ setzen, d. h. wir integrieren über die Sphäre

$$S_t(x_1, x_2, 0) : (x_1 - y_1)^2 + (x_2 - y_2)^2 + y_3^2 - t^2 = 0 , \qquad (27.56)$$

deren Gleichung wir in impliziter Form angegeben haben. Nun beachten wir, dass die Integranden in den Oberflächenintegralen nicht von y_3 abhängen. Dies erlaubt es uns, das Oberflächenintegral auf ein 2-dimensionales Gebietsintegral über eine Kreisscheibe

$$S_t'(x_1, x_2) : (x_1 - y_1)^2 + (x_2 - y_2)^2 - t^2 \leq 0$$

zurück zu führen.

Bezeichnen wir mit $S_t^+(x_1, x_2, 0)$ die obere Halbsphäre, so haben wir für diese die explizite Darstellung

$$S_t^+(x_1, x_2, 0) : y_3 = f(y_1, y_2) = \sqrt{t^2 - (x_1 - y_1)^2 - (x_2 - y_2)^2} \, ,$$

und für eine beliebige stetige Funktion $\varphi(y_1, y_2)$ gilt daher (vgl. Gl. (12.25) oder (22.10)):

$$\oint_{S_t(x_1, x_2, 0)} \varphi(y_1, y_2) \mathrm{d}\sigma(y_1, y_2, y_3) = 2 \oint_{S_t^+(x_1, x_2, 0)} \varphi(y_1, y_2) \mathrm{d}\sigma(y_1, y_2, y_3)$$

$$= 2 \iint_{B_t'(x_1, x_2)} \varphi(y_1, y_2) \sqrt{1 + f_{y_1}^2 + f_{y_2}^2} \mathrm{d}(y_1, y_2)$$

$$= 2t \iint_{B_t'(x_1, x_2)} \frac{\varphi(y_1, y_2)}{\sqrt{t^2 - (x_1 - y_1)^2 - (x_2 - y_2)^2}} \mathrm{d}(y_1, y_2) \, .$$

Damit können wir nun die Gleichung (27.55) folgendermaßen schreiben:

$$u(x_1, x_2, t) = \frac{1}{2\pi} \iint_{B_t'(x_1, x_2)} \frac{\varphi_1(y_1, y_2)}{\sqrt{t^2 - (x_1 - y_1)^2 - (x_2 - y_2)^2}} \mathrm{d}(y_1, y_2) \quad (27.57)$$

$$+ \frac{1}{2\pi} \frac{\partial}{\partial t} \iint_{B_t'(x_1, x_2)} \frac{\varphi_0(y_1, y_2)}{\sqrt{t^2 - (x_1 - y_1)^2 - (x_2 - y_2)^2}} \mathrm{d}(y_1, y_2) \, .$$

Da jetzt eine dritte Raumvariable nirgends mehr vorkommt, führen wir die üblichen Bezeichnungen

$$x = (x_1, x_2), \quad y = (y_1, y_2) \in \mathbb{R}^2 \, ,$$
$$|x - y|^2 = (x_1 - y_1)^2 + (x_2 - y_2)^2$$

ein und kommen damit zu folgendem Ergebnis:

Satz 27.9. *Seien $\varphi_0 \in C^3(\mathbb{R}^2)$, $\varphi_1 \in C^2(\mathbb{R}^2)$ gegebene Anfangsfunktionen. Dann besitzt das CAUCHYproblem (27.49), (27.50) für die 2-dimensionale Wellengleichung eine eindeutig bestimmte und stabile Lösung der Form*

$$u(x, t) = \frac{1}{2\pi} \frac{\partial}{\partial t} \left(\int_{|x-y| \le t} \frac{\varphi_0(y)}{\sqrt{t^2 - |x - y|^2}} \mathrm{d}^2 y \right)$$
$$+ \frac{1}{2\pi} \int_{|x-y| \le t} \frac{\varphi_1(y)}{\sqrt{t^2 - |x - y|^2}} \mathrm{d}^2 y \, . \qquad (27.58)$$

Führen wir wieder die Zeittransformation

$$t \longmapsto ct \qquad (27.59)$$

durch, d. h. betrachten wir Lösungen der Wellengleichung

$$u_{tt} - c^2 \Delta_2 u = 0 \tag{27.60}$$

also zweidimensionale Wellen mit der Ausbreitungsgeschwindigkeit c, so bekommen wir für die Lösung des CAUCHYproblems in einem Weltpunkt $(x_0, t_0) \in \mathbb{R}_x^2 \times \mathbb{R}_t$:

$$u(x_0, t_0) = \frac{1}{2\pi c} \left\{ \frac{\partial}{\partial t} \int\limits_{|x_0 - y| \leq ct} \frac{\varphi_0(y)}{\sqrt{c^2 t^2 - |x_0 - y|^2}} \mathrm{d}^2 y \Big|_{t=t_0} \right.$$

$$\left. + \int\limits_{|x_0 - y| \leq ct_0} \frac{\varphi_1(y)}{\sqrt{c^2 t_0^2 - |x_0 - y|^2}} \mathrm{d}^2 y \right\} . \tag{27.61}$$

Aus dieser Gleichung sehen wir, dass der Wert $u(x_0, t_0)$ abhängt von den Anfangswerten in der vollen Kreisscheibe um x_0 mit dem Radius ct_0, d. h. im 2-dimensionalen Fall ist das Abhängigkeitsgebiet eines Punktes (x_0, t_0)

$$\mathcal{A}(x_0, t_0) = \left\{ x \in \mathbb{R}^2 \mid |x - x_0| \leq ct_0 \right\} . \tag{27.62}$$

Wie wir sehen, ist das Abhängigkeitsgebiet im 2-dimensionalen Fall dem eindimensionalen Fall analog. Auch hier gilt daher nur das *schwache* HUYGENSsche Prinzip.

Ergänzungen zu §27

Wir haben gesehen, dass die Lösungen der Wellengleichung sich in vieler Hinsicht ganz anders verhalten als die von Potential- oder Wärmeleitungsgleichung, und tatsächlich kann man die elliptischen und die parabolischen Gleichungen zu einer größeren Klasse zusammenfassen, die den hyperbolischen Gleichungen gegenübersteht. In einer Hinsicht jedoch gehören parabolische und hyperbolische Gleichungen zusammen, nämlich dass sie *zeitliche Entwicklungen* beschreiben, die durch ihre Anfangsdaten festgelegt sind. Mathematisch äußert sich dies darin, dass sie als *Evolutionsgleichungen* geschrieben werden können und zu *dynamischen Systemen* äquivalent sind. Diesen Aspekt heben wir in den ersten beiden Ergänzungen hervor und nutzen ihn wieder aus, um das DUHAMELsche Prinzip zu motivieren, welches die Lösung der inhomogenen Gleichung gestattet. Dann klären wir, wie der Begriff „hyperbolisch" präzise definiert werden kann und diskutieren als Beispiel eines hyperbolischen Systems die MAXWELL-Gleichungen der Elektrodynamik. Schließlich weisen wir auf den *variationellen* Charakter von hyperbolischen Evolutionsgleichungen hin und stellen fest, dass man, wenn man sich vom

Gedankengut der Variationsrechnung leiten lässt, leicht *Erhaltungsgrößen* finden kann. Die Nützlichkeit solcher Erhaltungsgrößen liegt u. A. darin, dass sie es gestatten, die Eigenschaften von Lösungen zu diskutieren, ohne diese Lösungen wirklich ermitteln zu müssen. Wir demonstrieren dies in der letzten Ergänzung am Beispiel des HUYGENSschen Prinzips für die *n*-dimensionale Wellengleichung.

27.10 Hyperbolische Evolutionsgleichungen. Bei hyperbolischen Gleichungen wird grundsätzlich zwischen den räumlichen Variablen $x_1, \ldots, x_n$ und der zeitlichen Variablen $t = x_0$ unterschieden. Viele hyperbolische Gleichungen lassen sich in der Form einer *linearen Evolutionsgleichung zweiter Ordnung*

$$\frac{\partial^2 u}{\partial t^2} = Lu \tag{27.63}$$

schreiben, wobei der Differentialoperator L nur auf die x-Variablen wirkt. Solch eine Evolutionsgleichung heißt *hyperbolisch*, wenn L die Elliptizitätsbedingung (25.59) erfüllt. (Prinzipiell könnte L auch von höherer als zweiter Ordnung sein, aber auch dann darf sein Hauptsymbol für $\xi \neq 0$ nur *positive* Werte annehmen.) Sowohl für das CAUCHYproblem als auch für Anfangs-Randwert-Probleme auf einem räumlichen Gebiet $\Omega \subseteq \mathbb{R}^n$ verhalten sich solche Gleichungen ähnlich wie die Wellengleichung, solange die Koeffizienten von L glatt genug sind und geeignete Wachstumsbedingungen erfüllen. Insbesondere ist dann das CAUCHYproblem korrekt gestellt, und die Lösungen zeigen ein Verhalten, das physikalisch als endliche Ausbreitungsgeschwindigkeit interpretiert werden kann. Im Gegensatz zu den parabolischen Gleichungen existieren hier die Lösungen auch für $t \leq 0$, denn wenn $u(x,t)$ eine Gleichung der Form (27.63) mit den Anfangsdaten $u(x,0) = \varphi_0(x)$, $u_t(x,0) = \varphi_1(x)$ löst, so löst offenbar

$$\tilde{u}(x,t) := u(x,-t)$$

dieselbe Aufgabe für die Anfangsdaten $\tilde{\varphi}_0 = \varphi_0$, $\tilde{\varphi}_1 = -\varphi_1$. In diesem Sinne sind Evolutionsgleichungen zweiter Ordnung *invariant gegen Zeitumkehr*.

Manchmal ist es praktisch, Gl. (27.63) auf die übliche Weise durch Einführung der neuen Variablen $v = u_t$ in ein System erster Ordnung umzuformen. Dieses äquivalente System lautet dann

$$\frac{\partial}{\partial t}\begin{pmatrix} u \\ v \end{pmatrix} = A\begin{pmatrix} u \\ v \end{pmatrix} \quad \text{mit} \quad A := \begin{pmatrix} 0 & I \\ L & 0 \end{pmatrix}, \tag{27.64}$$

wobei I den identischen Operator bezeichnet. Wann immer das CAUCHYproblem korrekt gestellt ist, kann man nun – wie in Ergänzung 26.11 erläutert – den *Evolutionsoperator* oder *Propagator* $T_t = e^{tA}$ einführen und erhält die Lösung des CAUCHYproblems dann in der Form

$$\begin{pmatrix} u \\ u_t \end{pmatrix} = T_t\begin{pmatrix} \varphi_0 \\ \varphi_1 \end{pmatrix}. \tag{27.65}$$

Nach der obigen Bemerkung über die Zeitumkehr ist T_t auch für $t \le 0$ definiert, und in geeigneten Funktionenräumen erzeugt eine hyperbolische Evolutionsgleichung daher einen *linearen Fluss*.

Setzt man nun

$$T_t \begin{pmatrix} \varphi_0 \\ 0 \end{pmatrix} = \begin{pmatrix} T_t^{00}\varphi_0 \\ T_t^{10}\varphi_0 \end{pmatrix} \quad \text{und} \quad T_t \begin{pmatrix} 0 \\ \varphi_1 \end{pmatrix} = \begin{pmatrix} T_t^{01}\varphi_1 \\ T_t^{11}\varphi_1 \end{pmatrix},$$

so wird T_t durch die 2×2-Matrix von Operatoren

$$T_t = \begin{pmatrix} T_t^{00} & T_t^{01} \\ T_t^{10} & T_t^{11} \end{pmatrix}$$

dargestellt, und insbesondere schreibt sich die Lösung des CAUCHYproblems zu den Anfangsdaten φ_0, φ_1 in der Form

$$u(\cdot, t) = T_t^{00}\varphi_0 + T_t^{01}\varphi_1 . \tag{27.66}$$

27.11 Inhomogene Gleichungen und Formel von DUHAMEL. Die inhomogene Wellengleichung

$$u_{tt} = c^2 \Delta u + f(x, t) \tag{27.67}$$

beschreibt die Wellenausbreitung in einem homogenen isotropen Medium unter dem Einfluss einer äußeren Kraft $f(x, t)$. Sie ist ein Spezialfall einer inhomogenen Evolutionsgleichung zweiter Ordnung

$$u_{tt} = LU + f(\cdot, t) , \tag{27.68}$$

wobei wir über den Operator L dieselben Annahmen machen wie in 27.10. Wenn das CAUCHYproblem für die entsprechende homogene Gleichung korrekt gestellt ist, so liefert die Formel von DUHAMEL aus Ergänzung 26.12 auch hier wieder die Lösung des CAUCHYproblems. Man braucht das nur für die Anfangswerte $\varphi_0 = \varphi_1 = 0$ zu zeigen, denn wenn u_p eine Lösung von (27.68) mit diesen Anfangswerten ist und u_h eine Lösung der homogenen Gleichung (27.63) mit den gegebenen Anfangswerten φ_0, φ_1, so löst $u = u_h + u_p$ offensichtlich das CAUCHYproblem für (27.68) mit den Anfangswerten φ_0, φ_1. Diese Lösung ist auch eindeutig bestimmt, weil die Differenz zweier Lösungen der inhomogenen Gleichung wieder eine Lösung der entsprechenden homogenen Gleichung ist. Um u_p zu finden, formen wir (27.68) in das System erster Ordnung

$$\frac{d}{dt} \begin{pmatrix} u \\ u_t \end{pmatrix} = \begin{pmatrix} 0 & I \\ L & 0 \end{pmatrix} \begin{pmatrix} u \\ u_t \end{pmatrix} + \begin{pmatrix} 0 \\ f(\cdot, t) \end{pmatrix}$$

um, dessen Lösung mit den Anfangsdaten Null nach (26.27) gegeben ist durch

$$\begin{pmatrix} u(\cdot, t) \\ u_t(\cdot, t) \end{pmatrix} = \int_0^t T_{t-s} \begin{pmatrix} 0 \\ f(\cdot, s) \end{pmatrix} ds .$$

Stellen wir T als 2×2-Matrix von Operatoren dar wie in der vorigen Ergänzung, so entspricht diese Gleichung zwei Zeilen, von denen eigentlich nur die obere benötigt wird. Diese lautet:

$$u(\cdot, t) = \int_0^t T_{t-s}^{01} f(\cdot, s) \, \mathrm{d}s \; . \tag{27.69}$$

Dies ist die DUHAMELsche Formel für Evolutionsgleichungen zweiter Ordnung, und sie stellt natürlich wieder nur einen formalen Ansatz dar, dessen Gültigkeit im Einzelfall verifiziert werden muss. Dies gelingt aber, wenn alle erwünschten Rechenoperationen gestattet sind, durch einfaches Nachrechnen (Übung!).

Um (27.69) richtig zu verstehen, muss man sich die Definition von T_t^{01} vor Augen halten: Der Integrand

$$w(x, t, s) := T_{t-s}^{01} f(x, s)$$

ist der Wert $v(x, t - s)$ der Lösung v des CAUCHYproblems

$$v_{tt} = Lv \, , \quad v(x, 0) \equiv 0 \, , \quad v_t(x, 0) = f(x, s) \; .$$

Für die inhomogene Wellengleichung wollen wir einen Satz von Voraussetzungen angeben, unter denen der DUHAMELsche Ansatz gültig ist:

Satz. *Es sei* $f \in C^2(\mathbb{R}_x^n \times \mathbb{R}_t)$, *wobei* $n = 1$, 2 *oder* 3 *ist. Die Lösung des* CAUCHY*problems*

$$u_{tt} = \Delta u + f(x, t) \, , \quad u(x, 0) = u_t(x, 0) \equiv 0$$

ist dann gegeben durch die DUHAMEL*sche Formel*

$$u(x, t) = \int_0^t w(x, t - s; s) \mathrm{d}s \; . \tag{27.70}$$

Dabei bezeichnet $w(\cdot, \cdot; s)$ *die Lösung des* CAUCHY*problems*

$$v_{tt} = \Delta v \, , \quad v(x, 0) \equiv 0 \, , \quad v_t(x, 0) = f(x, s) \; . \tag{27.71}$$

Hieraus kann man völlig explizite Lösungsformeln gewinnen, indem man – je nach Dimension – die Darstellungen (27.13), (27.44) oder (27.58) für die Lösung des Problems (27.71) in (27.70) einsetzt.

Bemerkung: Auch in beliebiger Dimension n ist das CAUCHYproblem für die Wellengleichung (bei genügend hoch differenzierbaren Anfangsfunktionen) korrekt gestellt, und man kann seine Lösung sogar explizit angeben. Sinngemäß gilt dann auch der obige Satz, wobei allerdings $f \in C^k$ vorausgesetzt werden muss, und zwar mit

$k = (n/2) + 1$, falls n gerade, und
$k = (n + 1)/2$, falls n ungerade.

Näheres findet man in einschlägigen mathematischen Lehrbüchern, z. B. in [20] oder [27].

27.12 Allgemeine hyperbolische Gleichungen und Systeme. Hyperbolischer Charakter der MAXWELL-Gleichungen. Der hyperbolische Charakter einer linearen partiellen Differentialgleichung oder auch eines Systems kann, ebenso wie im Fall der elliptischen Gleichungen (vgl. Ergänzungen 25.19 und 25.20) mit Hilfe des *Hauptsymbols* beschrieben werden. Wir ignorieren auch hier die – durchaus mögliche – Verallgemeinerung auf höhere Ordnung und beschränken uns auf skalare Gleichungen zweiter Ordnung sowie Systeme erster Ordnung.

Der allgemeinste skalare lineare Differentialoperator 2. Ordnung in den $n + 1$ Variablen $x_1, \ldots, x_n, t$ lautet offenbar

$$Lu = a_{00}(x,t)\frac{\partial^2 u}{\partial t^2} + \sum_{j,k=1}^{n} a_{jk}(x,t)\frac{\partial^2 u}{\partial x_j \partial x_k} + \sum_{k=1}^{n} a_{0k}(x,t)\frac{\partial^2 u}{\partial t \partial x_k}$$

$$+ \sum_{k=1}^{n} b_k(x,t)\frac{\partial u}{\partial x_k} + b_0(x,t)\frac{\partial u}{\partial t} + c(x,t)u \qquad (27.72)$$

mit einer symmetrischen Matrix (a_{jk}). Um die CAUCHYschen Anfangsdaten in gewohnter Weise vorschreiben zu können, müssen wir verlangen, dass $a_{00}(x,t)$ nirgends verschwindet. Dies wollen wir nicht allgemein begründen (hier steht die sog. *Theorie der charakteristischen Mannigfaltigkeiten* im Hintergrund), sondern es nur an einem einfachen Beispiel demonstrieren: Die Gleichung

$$u_{tx} = 0$$

ist von zweiter Ordnung, und wir wissen aus Abschn. A. sogar, dass sie durch eine lineare Koordinatentransformation in die Wellengleichung überführt werden kann. Das CAUCHY-Problem

$$u_{tx} = 0, \quad u(x,0) = \varphi_0(x), \quad u_t(x,0) = \varphi_1(x)$$

ist aber nicht korrekt gestellt, denn wenn es eine Lösung $u \in C^2$ hat, so ergibt sich

$$\varphi_1'(x) = u_{tx}(x,0) \equiv 0,$$

also muss φ_1 konstant sein. Für nicht konstantes φ_1 hat das Problem daher keine Lösung. Die Differentialgleichung selbst macht hier schon eine Aussage über den Verlauf ihrer Lösungen auf der Hyperebene $t = 0$, auf der die Anfangsdaten vorgeschrieben werden sollen, und genau das wird durch die Forderung $a_{00}(x,t) \neq 0$ verhindert. Ist diese Forderung erfüllt, so kann man natürlich die ganze Differentialgleichung durch $a_{00}(x,t)$ dividieren und o. B. d. A. annehmen, dass

$$a_{00}(x,t) \equiv 1 \qquad (27.73)$$

ist. Das Hauptsymbol von L lautet dann

$$\sigma_L^H(x,t;\xi,\tau) = \tau^2 + \sum_{j,k=1}^{n} a_{jk}(x,t)\xi_j\xi_k + \sum_{k=1}^{n} a_{0k}(x,t)\xi_k\tau \ . \qquad (27.74)$$

Dabei ist τ die neue Variable, die dem Ableitungsoperator $\partial/\partial t$ entspricht. Für die n-dimensionale Wellengleichung etwa lautet das Hauptsymbol offenbar $\tau^2 - |\xi|^2$.

Ein System erster Ordnung von N Gleichungen für N unbekannte Funktionen $u_1, \ldots, u_N$ stellen wir in der Vektorschreibweise

$$A_0(x,t)\boldsymbol{u}_t + \sum_{k=1}^{n} A_k(x,t)\boldsymbol{u}_{x_k} + B(x,t)\boldsymbol{u} = \boldsymbol{f}(x,t) \qquad (27.75)$$

dar, wobei $A_0, A_1, \ldots, A_n$ sowie B allesamt $N \times N$-Matrizen sind, die von den Variablen $x_1, \ldots, x_n, t$ abhängen, und wobei $\boldsymbol{u} = (u_1, \ldots, u_N)^T$ gesetzt wurde. Schließlich ist $\boldsymbol{f} = (f_1, \ldots, f_N)^T$ eine gegebene Vektorfunktion. Hier verlangen wir, dass die Matrix $A_0(x,t)$ stets regulär ist, so dass wir Gl. (27.75) mit der inversen Matrix durchmultiplizieren können und folglich o. B. d. A. $A_0 \equiv E_N$ annehmen können. Wir schreiben (27.75) kurz in der Form

$$\boldsymbol{L}\boldsymbol{u} = \boldsymbol{f} \ ,$$

wobei der auf N-komponentige Vektorfunktionen wirkende Operator $\boldsymbol{L}$ gegeben ist durch

$$\boldsymbol{L}\boldsymbol{u} := \boldsymbol{u}_t + \sum_{k=1}^{n} A_k(x,t)\boldsymbol{u}_{x_k} + B(x,t)\boldsymbol{u} \ . \qquad (27.76)$$

Definitionen. (i) *Es sei L ein Differentialoperator der Form (27.72), wobei (27.73) gilt. Der Operator L sowie Differentialgleichungen der Form $Lu = f$ heißen hyperbolisch, wenn für jeden Punkt (x,t) und jeden Vektor $\xi = (\xi_1, \ldots, \xi_n) \neq (0, \ldots, 0)$ beide Lösungen τ_1, τ_2 der quadratischen Gleichung $\sigma_L^H(x,t;\xi,\tau) = 0$ reell sind.*

(ii) *Sei $\boldsymbol{L}$ ein Differentialoperator der Form (27.76). Dieser Operator sowie jedes System von Differentialgleichungen der Form $\boldsymbol{L}\boldsymbol{u} = \boldsymbol{f}$ heißt hyperbolisch, wenn für jeden Punkt (x,t) und jeden Vektor $\xi \neq 0$ das Polynom*

$$\det\left(\tau E_N + \sum_{k=1}^{n} A_k(x,t)\xi_k\right) \qquad (27.77)$$

lauter reelle Nullstellen $\tau_1, \ldots, \tau_N$ hat.

Wenn die Koeffizienten glatt genug sind, so kann man beweisen, dass das CAUCHYproblem für hyperbolische Gleichungen oder Systeme korrekt gestellt ist und dass ihre Lösungen sich so verhalten, wie es einem wellenartigen Phänomen mit endlicher Ausbreitungsgeschwindigkeit entspricht. Solche Resultate genau zu formulieren oder gar zu beweisen, geht allerdings weit über den Rahmen einer Einführung hinaus.

Beispiele

a. Die Evolutionsgleichung (27.63) ist hyperbolisch im hier definierten Sinn, wenn L Bedingung (25.59) erfüllt. Denn das Hauptsymbol des Operators $u_{tt} - Lu$ ist offenbar $\tau^2 - \sigma_L^H(x;\xi)$, also haben wir für $\xi \neq 0$ die beiden reellen Nullstellen $\tau_{1,2} = \pm\sqrt{\sigma_L^H(x;\xi)}$.

b. Wenn $A_1(x,t), \ldots, A_n(x,t)$ in (27.76) alle HERMITEsche Matrizen sind, so ist $\boldsymbol{L}$ hyperbolisch. Denn die Nullstellen von (27.77) sind genau die Eigenwerte der HERMITEschen Matrix $-\sum_{k=1}^{n} \xi_k A_k(x,t)$ und somit reell.

c. Die MAXWELL-Gleichungen der Elektrodynamik sind ein Spezialfall von b. Wir betrachten nur den einfachsten Fall, nämlich die MAXWELL-Gleichungen im Vakuum in Abwesenheit äußerer Ladungen und Ströme, und wir verwenden Maßeinheiten, in denen die Lichtgeschwindigkeit gleich eins und dimensionslos ist. Dann lauten die MAXWELL-Gleichungen

$$\boldsymbol{E}_t = \operatorname{rot}\boldsymbol{H}\,, \quad \boldsymbol{H}_t = -\operatorname{rot}\boldsymbol{E} \tag{27.78}$$

und

$$\operatorname{div}\boldsymbol{E} = 0\,, \quad \operatorname{div}\boldsymbol{H} = 0\,, \tag{27.79}$$

wobei $\boldsymbol{E}(x,t)$ den elektrischen und $\boldsymbol{H}(x,t)$ den magnetischen Vektor bezeichnet. Nun kann man (27.79) als eine Art Nebenbedingung auffassen, während die zeitliche Evolution des elektromagnetischen Feldes selbst durch das Gleichungssystem (27.78) beschrieben wird. Führt man den komplexen Vektor $\boldsymbol{V} := \boldsymbol{E} + \mathrm{i}\boldsymbol{H}$ ein, so lässt sich dieses Gleichungssystem in der Form

$$\frac{\partial V}{\partial t} = J_1 \frac{\partial V}{\partial x_1} + J_2 \frac{\partial V}{\partial x_2} + J_3 \frac{\partial V}{\partial x_3} \tag{27.80}$$

schreiben. Dabei ist $J_k := \mathrm{i}L_k$, wobei L_1, L_2, L_3 die Generatoren der infinitesimalen Drehungen um die x_1- bzw. x_2- bzw. x_3-Achse bezeichnen (genau definiert in Beispiel (ii) aus Ergänzung 19.17). Da diese Generatoren antisymmetrisch sind, sind J_1, J_2 und J_3 HERMITEsch, und somit ist (27.80) ein hyperbolisches System erster Ordnung.

27.13 Variationsprinzip und Energieerhaltung. Die n-dimensionale Wellengleichung ist, wie man ohne weiteres nachrechnet, die EULER-LAGRANGE-Gleichung (23.43) zu dem Funktional

$$\begin{aligned}
J(u) &:= \frac{1}{2} \int \mathrm{d}t \int \mathrm{d}^n x \left[\left(\frac{\partial u}{\partial t}(x,t)\right)^2 - \sum_{j=1}^{n} \left(\frac{\partial u}{\partial x_j}(x,t)\right)^2 \right] \\
&= \frac{1}{2} \int \mathrm{d}t \int \mathrm{d}^n x \left[u_t(x,t)^2 - |\nabla u(x,t)|^2 \right]\,.
\end{aligned} \tag{27.81}$$

Dies ist eine rein formale Feststellung, denn eine Anwendung etwa von Satz 23.20 ist aus verschiedenen Gründen ausgeschlossen:

- Das Grundgebiet ist hier ganz $\mathbb{R}^{n+1}$ und nicht ein beschränktes Teilgebiet. Damit wird es schon zum Problem, geeignete Räume Z_{n+1} von zulässigen Vergleichsfunktionen und V_{n+1} von zulässigen Variationen anzugeben. Ein Vorschlag wäre $Z_{n+1} = V_{n+1} = C_c^1(\mathbb{R}^{n+1})$, den Raum der C^1-Funktionen, die außerhalb einer kompakten Menge verschwinden. Für solche Funktionen u ist $J(u)$ immerhin wohldefiniert, doch die Lösungen der Wellengleichung sind nicht von diesem Typ.
- Auf $C_c^1(\mathbb{R}^{n+1})$ ist $J(u)$ weder nach oben noch nach unten beschränkt, so dass man keine Chance hat, zu einem Minimum oder Maximum zu gelangen.

Die Beobachtung, dass es sich formal um eine EULER-LAGRANGE-Gleichung handelt, ist trotzdem nützlich, denn sie gestattet es, Ideen und Methoden aus der Variationsrechnung ins Feld zu führen. In der Kontinuumsmechanik z. B. schränkt man die Zeit auf ein Intervall $(0, T)$ ein, betrachtet also das Grundgebiet $\Omega := \mathbb{R}^n \times]0, T[$ und das modifizierte Funktional

$$J_T(u) := \int\limits_0^T \left[\int \left(\frac{1}{2} u_t^2 - \frac{1}{2} |\nabla u|^2 \right) \mathrm{d}^n x \right] \mathrm{d}t \ .$$

Dies kann als ein *Wirkungsfunktional* aufgefasst werden, wobei der Ausdruck in eckigen Klammern die Rolle der LAGRANGEfunktion spielt. Dementsprechend ist $u_t^2/2$ als die räumliche Dichte der kinetischen Energie und $|\nabla u|^2/2$ als die Dichte der potentiellen Energie zu interpretieren. Die Gesamtenergie des Systems wäre zur Zeit t dann

$$E(t) := \int \left(\frac{1}{2} u_t^2 + \frac{1}{2} |\nabla u|^2 \right) \mathrm{d}^n x \ , \tag{27.82}$$

und da die LAGRANGEfunktion nicht explizit von der Zeit abhängt, erwartet man, dass dies eine Erhaltungsgröße ist (vgl. die Erörterungen am Schluss von Abschn. 24G.), dass also, anders ausgedrückt, E längs jeder Trajektorie des von der Wellengleichung erzeugten Flusses konstant ist. Diese Vermutung lässt sich durch direktes Nachrechnen bestätigen, und wir formulieren das nun präzise:

Satz. *Sei $u \in C^1(\mathbb{R}^n \times [0, T]) \cap C^2(\mathbb{R}^n \times]0, T[)$ eine Lösung der Wellengleichung, die außerhalb einer kompakten Menge $K \subseteq \mathbb{R}^n \times [0, T]$ verschwindet, und sei $E(t)$ dann durch (27.82) definiert. Dann ist $E(t)$ konstant auf $[0, T]$.*

Beweis. Es genügt, nachzuweisen, dass $E'(t) \equiv 0$ auf $]0, T[$ ist. Dazu wählen wir einen Würfel $Q \subseteq \mathbb{R}^n$, der so groß ist, dass stets $(x, t) \in K \implies x \in Q$. Dann verschwinden $\eta := u_t$ und $\boldsymbol{w} := \nabla u$ für jedes feste t auf ∂Q. Nun differenzieren wir unter dem Integralzeichen und wenden danach auf den zweiten

Term das Lemma 23.14 an (Produktintegration!). Man bekommt:

$$E'(t) = \int\limits_Q \frac{\mathrm{d}}{\mathrm{d}t}\left(\frac{1}{2}u_t^2 + \frac{1}{2}|\nabla u|^2\right)\mathrm{d}^n x$$

$$= \int\limits_Q \left(u_t u_{tt} + \nabla u \cdot \nabla u_t\right)\mathrm{d}^n x$$

$$= \int\limits_Q \left(u_t u_{tt} - u_t \Delta u\right)\mathrm{d}^n x$$

$$= \int\limits_Q u_t \underbrace{\left(u_{tt} - \Delta u\right)}_{=0} \mathrm{d}^n x = 0 \, . \qquad \square$$

Bemerkungen: (i) Die Voraussetzungen in diesem Satz sind nicht unrealistisch, denn wenn die CAUCHYschen Anfangsdaten für $|x| > R$ verschwinden, so verschwindet die Lösung des entsprechenden CAUCHYproblems für $0 \le t \le T$ und $|x| > R + T$. Das geht aus dem HUYGENSschen Prinzip hervor, das wir in den Dimensionen 1, 2 und 3 bereits kennen gelernt haben und das wir in der nächsten Ergänzung für beliebige Dimensionen beweisen werden.

(ii) Die hier angestellten Überlegungen lassen sich problemlos auf allgemeinere Gleichungen, z. B. hyperbolische Evolutionsgleichungen der Form

$$u_{tt} = \mathrm{div}(A(x\nabla u))$$

übertragen, wenn die Matrix $A(x)$ für jedes $x \in \mathbb{R}^n$ symmetrisch und positiv definit ist. Man muss lediglich die Dichte der potentiellen Energie durch den Ausdruck

$$\frac{1}{2}(\nabla u)^T A(x)\nabla u$$

wiedergeben.

27.14 Energieintegrale und HUYGENSsches Prinzip. Die in der vorigen Ergänzung eingeführte Gesamtenergie $E(t)$ ist nicht für jede Lösung der Wellengleichung wohldefiniert, aber man kann immer die in einem beschränkten, stückweise glatt berandeten Teilgebiet $\Omega \subseteq \mathbb{R}^n$ enthaltene Energie

$$E_\Omega(t) := \int\limits_\Omega \left(\frac{1}{2}u_t^2 + \frac{1}{2}|\nabla u|^2\right)\mathrm{d}^n x \qquad (27.83)$$

betrachten. Ihre zeitliche Änderungsrate – also ihre *orbitale Ableitung* in der Sprache der dynamischen Systeme – kann genauso berechnet werden wie $E'(t)$ im Beweis des Satzes aus der letzten Ergänzung. Allerdings entstehen diesmal Randterme, die den Energiefluss durch die Oberfläche von Ω beschreiben.

Nach der ersten GREENschen Formel haben wir nämlich

$$\int_\Omega u_t \Delta u \mathrm{d}^n x + \int_\Omega \nabla u_t \cdot \nabla u \mathrm{d}^n x = \oint_{\partial\Omega} u_t \nabla u \cdot \mathrm{d}\Sigma \,,$$

und damit ergibt sich

$$E'_\Omega(t) = \oint_{\partial\Omega} u_t \nabla u \cdot \mathrm{d}\Sigma \,. \tag{27.84}$$

Eine der interessantesten Anwendungen dieser Größe ist der Beweis, dass das HUYGENSsche Prinzip in beliebiger Dimension gültig ist:

Satz. *Sei $T > 0$, und es sei $u \in C^1(\mathbb{R}^n \times [0,T]) \cap C^2(\mathbb{R}^n \times]0,T[)$ eine Lösung der Wellengleichung. Ferner betrachten wir $x_0 \in \mathbb{R}^n$ und $0 < R \leq T$. Angenommen, in der Kugel $B_R(x_0)$ verschwinden die Anfangsdaten $\varphi_0(x) = u(x,0)$ und $\varphi_1(x) = u_t(x,0)$. Dann ist $u(x,t) = 0$ für alle (x,t) mit $0 \leq t \leq R$ und $|x - x_0| \leq R - t$.*

Beweis. Wir betrachten die Energie in den Gebieten $\mathcal{U}_s(x_0) = \{x \mid |x-x_0| < s\}$, setzen also

$$e(s,t) := \int\limits_{|x-x_0|<s} \left(\frac{1}{2}u_t^2 + \frac{1}{2}|\nabla u|^2 \right) \mathrm{d}^n x \,.$$

Nach (25.16) kann man das umformen in

$$e(s,t) = \int\limits_0^s \oint\limits_{|x-x_0|=\rho} \frac{1}{2} \left(u_t^2 + |\nabla u|^2 \right) \mathrm{d}\sigma \mathrm{d}\rho \,,$$

wobei $\mathrm{d}\sigma$ das Oberflächenelement auf der Sphäre $S_\rho(x_0)$ bezeichnet. Das ergibt

$$\frac{\partial e}{\partial s}(s,t) = \oint\limits_{|x-x_0|=s} \frac{1}{2} \left(u_t^2 + |\nabla u|^2 \right) \mathrm{d}\sigma \,.$$

Nach (27.84) ist außerdem

$$\frac{\partial e}{\partial t}(s,t) = \oint\limits_{|x-x_0|=s} u_t \nabla u \cdot \boldsymbol{n} \mathrm{d}\sigma \,,$$

wobei $\boldsymbol{n}(x) = (x - x_0)/|x - x_0|$ den äußeren Normaleneinheitsvektor an die Sphäre bezeichnet. Für die Hilfsfunktion

$$E_0(t) := e(R - t, t)$$

ergibt sich also

$$E'_0(t) = \frac{\partial e}{\partial t}(R - t, t) - \frac{\partial e}{\partial s}(R - t, t)$$

$$= \oint\limits_{S_{R-t}(x_0)} \left[u_t \nabla u \cdot \boldsymbol{n} - \frac{1}{2} \left(u_t^2 + |\nabla u|^2 \right) \right] \mathrm{d}\sigma \,.$$

Nun ist allgemein $ab \leq (a^2 + b^2)/2$ und daher

$$|u_t \nabla u \cdot \boldsymbol{n}| \leq |u_t| \cdot |\nabla u| \leq \frac{1}{2} \left(u_t^2 + |\nabla u|^2 \right) \; ,$$

d. h. der Integrand in dem Ausdruck für $E_0'(t)$ ist überall ≤ 0. Die Funktion $E_0(t)$ ist für $0 \leq t \leq R$ also monoton fallend. Aber nach Definition ist

$$E_0(t) = \frac{1}{2} \int\limits_{B_{R-t}(x_0)} \left(u_t^2 + |\nabla u|^2 \right) \mathrm{d}^n x \geq 0 \; ,$$

und nach unserer Voraussetzung über die Anfangsdaten ist $E_0(0) = 0$. Daher ist $E_0(t) \equiv 0$ auf $[0, R]$, und folglich müssen in dem Kegel

$$K := \{ (x, t) \mid 0 \leq t \leq R, |x - x_0| \leq R - t \}$$

alle partiellen Ableitungen von u identisch verschwinden. Also ist u in K konstant, und wegen der Voraussetzung über $u(x, 0)$ muss diese Konstante den Wert 0 haben. Das aber ist gerade unsere Behauptung.   □

Korollar. *Die Lösung des* Cauchy-*Problems für die n-dimensionale Wellengleichung ist eindeutig bestimmt. Genauer: Zu gegebenen Anfangsfunktionen* $\varphi_0 \in C^1(\mathbb{R}^n)$, $\varphi_1 \in C^0(\mathbb{R}^n)$ *gibt es höchstens eine Lösung des entsprechenden* Cauchy-*Problems.*

Beweis. Seien u_1, u_2 zwei Lösungen. Dann löst $u := u_1 - u_2$ das Cauchyproblem für die Anfangsdaten Null. Wir können den letzten Satz für beliebiges $x_0 \in \mathbb{R}^n$ und beliebig große R, T anwenden, und das ergibt $u(x, t) = 0$ für alle $t \geq 0$. Da die Funktion $(x, t) \mapsto u(x, -t)$ ebenfalls das Problem löst, ergibt sich auch $u(x, t) = 0$ für $t \leq 0$.   □

Bemerkung: Die expliziten Lösungsformeln für das Cauchyproblem in beliebiger Dimension (vgl. die am Schluss von 27.11 angegebene Literatur) zeigen, dass für *ungerade* Dimensionen $n \geq 3$ sogar das *starke* Huygenssche Prinzip gilt, dass also der Wert $u(x_0, t_0)$ nur von den Anfangsdaten in einer beliebig kleinen Umgebung der Sphäre $|x - x_0| = ct_0$ abhängt. Ebenso zeigen sie, dass in *gerader* Dimension nur das schwache Huygenssche Prinzip gilt, das hier ganz ohne Lösungsformel bewiesen wurde.

Aufgaben zu §27

27.1. In der (x, t)-Ebene seien die Punkte

$$A = (2a, 0) \, , \quad B = (2b, 0) \, , \quad C = (a + b, b - a) \quad a > b$$

gegeben und es sei D das Dreieck mit den Ecken A, B, C. Sei $u \in C^2(D) \cap C^1(\overline{D})$ eine Funktion mit

$$u_{xx} - u_{tt} = 0 \quad \text{in} \quad D,$$
$$u_t(x, 0) \leq 0 \quad \text{für} \quad 2a \leq x \leq 2b.$$

Man zeige:

$$u(C) \leq \frac{1}{2}(u(A) + u(B)).$$

27.2. Mit der Methode von D'ALEMBERT bestimme man die allgemeine Lösung der inhomogenen Wellengleichung

$$u_{tt} - u_{xx} = f(x, t), \quad x \in \mathbb{R}, \quad t > 0,$$

wobei $f(x, t)$ eine gegebene stetige Funktion ist.

27.3. Man bestimme die Lösung der Randwertaufgabe

$$u_{xy} = 0 \quad \text{für} \quad x > 0, \quad y > 0,$$
$$u(x, 0) = \alpha(x), \quad x > 0, \quad u(0, y) = \beta(y), \quad y > 0,$$
$$u(0, 0) = \gamma = \alpha(0) = \beta(0),$$

wobei α und β gegebene C^2-Funktionen sind.

27.4. Für $x \in \mathbb{R}$, $t \in \mathbb{R}$ nennt man die partielle Differentialgleichung

$$u_{xx} = u_{tt} - k^2 u \tag{27.85}$$

die *Differentialgleichung der gedämpften Wellen*.

a. Mit dem Ansatz

$$v(x, t) = u(x, t) \cdot f(t) \tag{27.86}$$

führe man die Lösung der sogenannten *Telegraphengleichung*

$$u_{xx} = u_{tt} + 2k u_t \tag{27.87}$$

auf die Lösung der Differentialgleichung (27.85) zurück.

b. Man zeige: Ist $u(x, t)$ eine Lösung der Differentialgleichung (27.85), welche die CAUCHYbedingungen

$$u(x, 0) = \varphi_0(x), \quad u_t(x, 0) = 0 \tag{27.88}$$

erfüllt, so ist die Funktion

$$w(x, y, t) = u(x, t) e^{ky} \tag{27.89}$$

eine Lösung des CAUCHYproblems

$$w_{xx} + w_{yy} = w_{tt},$$
$$w(x, y, 0) = \varphi_0(x) e^{ky}, \quad w_t(x, y, 0) = 0. \tag{27.90}$$

27.5. Mit dem Ansatz

$$u(x,t) = v(x,t) + w(x) \qquad (27.91)$$

führe man die Anfangs-Randwert-Aufgabe für die inhomogene Wellengleichung

$$u_{tt} = c^2 u_{xx} + f(x), \quad 0 < x < l, \quad t > 0, \qquad (27.92)$$

$$u(x,0) = \varphi_0(x), \quad u_t(x,0) = \varphi_1(x), \quad 0 \le x \le l, \qquad (27.93)$$

$$u(0,t) = a, \quad u(l,t) = b, \quad t > 0 \qquad (27.94)$$

auf eine Anfangs-Randwert-Aufgabe für die homogene Wellengleichung zurück.

27.6. Sei φ_0 eine gegebene stetige Funktion auf $\mathbb{R}$, die außerhalb einer kompakten Menge verschwindet. Ferner sei $v(x,t)$ die Lösung des CAUCHY-Problems für die eindimensionale Wellengleichung mit den Anfangsbedingungen $v(x,0) = \varphi_0(x)$, $v_t(x,0) \equiv 0$. Man zeige, dass dann durch

$$u(x,t) := \int\limits_{-\infty}^{\infty} \frac{e^{-s^2/4t}}{2\sqrt{\pi t}} v(x,s)\mathrm{d}s$$

die Lösung der Wärmeleitungsgleichung gegeben ist, die die Anfangsbedingung

$$\lim_{t\to 0+} u(x,t) = \varphi_0(x)$$

erfüllt.

27.7. Man zeige:

a. Die Funktion

$$u(x,t) := \frac{\alpha(|x| + ct) + \beta(|x| - ct)}{|x|} \qquad (27.95)$$

mit $\alpha, \beta \in C^2$ löst die dreidimensionale Wellengleichung

$$u_{tt} = c^2 \Delta u .$$

b. Sei $\varphi \in C^3(\mathbb{R})$ eine gerade Funktion. Das CAUCHY-Problem

$$u_{tt} = c^2 \Delta u, \quad u(x,0) = \varphi(|x|), \quad u_t(x,0) = 0$$

hat dann die Lösung

$$u(x,t) = \begin{cases} \dfrac{\varphi(ct + |x|) + \varphi(ct - |x|)}{2} \\ \quad + ct\dfrac{\varphi(ct + |x|) - \varphi(ct - |x|)}{2|x|}, & x \ne 0, \\ \varphi(ct) + ct\varphi'(ct), & x = 0. \end{cases}$$

(*Hinweis:* Setze $\alpha(r) = \beta(r) = \frac{1}{2}r\varphi(r)$ in a.)

c. Nun durchlaufe φ eine gleichmäßig beschränkte Folge (φ_k), für die

$$\lim_{k \to \infty} \varphi_k(1) = 0, \quad \lim_{k \to \infty} \varphi_k'(1) = \infty$$

gilt (z. B. könnte sich φ_k für große k ungefähr wie $\max(0, \sqrt{1 - r^2})$ verhalten). Die entsprechenden Lösungen aus b. konvergieren dann bei $x = 0, t = 1/c$ gegen Unendlich (Brennpunkt!). Insbesondere gilt für die Wellengleichung kein Maximumprinzip.

27.8. Man zeige, dass für die dreidimensionale Wellengleichung im Gebiet

$$\Omega := \{x \in \mathbb{R}^3 \mid |x| > 1\}$$

nur das schwache HUYGENSsche Prinzip gilt, d. h. es gibt Lösungen $u(x,t)$ in Ω, bei denen der Wert $u(x_0, t)$ auch für $ct > |x - x_0|$ vom Wert $u(x, 0)$ beeinflusst wird. *Hinweis:* Man verwende Lösungen der Form (27.95) mit

$$\beta(s) = \alpha(2 - s) + 2 \int\limits_{2-s}^{1} e^{s-2+\xi} \alpha(\xi) d\xi \ .$$

Teil VIII

Harmonische Analyse
und partielle Differentialgleichungen

28

Bericht über das LEBESGUE-Integral

Schon mehrfach ist es angeklungen, dass die in den Kapiteln 3, 11, 14 und 15 entwickelte klassische Integrationstheorie in vieler Hinsicht unbefriedigend ist. Mathematiker und Physiker sind sich heute einig, dass die Theorie von LEBESGUE praktisch überall in Analysis und mathematischer Physik die angemessene Grundlage für den Umgang mit Integralen bildet. Ihre große Kraft verdankt sie aber nicht zuletzt einem gewissen theoretischen Tiefgang, und daher wird es in den meisten Vorlesungen und Lehrbüchern vorgezogen, mit der einfacheren klassischen Theorie von RIEMANN zu beginnen.

Bei dem Stoff, der den Rest dieses Buches ausmacht, und erst recht bei den mathematischen Grundlagen der Quantenmechanik machen sich jedoch die besagten Mängel der klassischen Theorie sehr empfindlich bemerkbar. Überdies darf vermutet werden, dass diejenigen, die es in einem Kurs über Mathematik für Physiker bis zu dieser Stelle geschafft haben, in der Lage sein werden, vom LEBESGUE-Integral zumindest die Gebrauchsanleitung zu verkraften. Und viel mehr als eine Gebrauchsanleitung will dieses Kapitel nicht sein – wir verzichten so weit wie irgend möglich auf theoretischen Ballast und präsentieren den LEBESGUEschen Integrationskalkül als ein Werkzeug oder Hilfsgerät, bei dem es in erster Linie darauf ankommt, die kompetente Handhabung einzuüben.

Für diejenigen, die sich trotzdem auf die theoretischen Grundlagen einlassen wollen, steht eine reichhaltige mathematische Lehrbuchliteratur zur Verfügung. Allerdings gibt es mehrere, deutlich unterschiedene Zugänge zum LEBESGUE-Integral, und die logische Äquivalenz aller dieser Zugänge ist zwar gesichert, doch alles andere als trivial. Die meisten Lehrbücher bringen dieses Äquivalenzproblem gar nicht zur Sprache, sondern jedes konzentriert sich auf seinen eigenen, vom Autor bevorzugten Zugang und blendet alle anderen aus. Wir empfehlen das Buch [49] – nicht nur, weil es knapp und klar ist, sondern auch, weil der darin gewählte Zugang mit dem hier präsentierten im wesentlichen übereinstimmt. Wir haben jedoch auch einige Beweisnachträge in die Ergänzungen zu diesem Kapitel aufgenommen (ab 28.27), um diesen Schwierigkeiten völlig aus dem Weg zu gehen.

A. Definition des Integrals

Bevor wir die relevanten Definitionen präzis formulieren, wollen wir ein paar Worte zur Grundidee sagen:

Es geht nicht darum, Funktionen irgendwie „anders" zu integrieren – wann immer das RIEMANN-Integral existiert, stimmt es mit dem LEBESGUE-Integral überein. Es geht vielmehr darum, die Klasse der integrierbaren Funktionen so zu erweitern, dass sie für alle praktischen Zwecke groß genug ist und gleichzeitig überschaubar bleibt in dem Sinn, dass von einer gegebenen Funktion prinzipiell leicht festgestellt werden kann, ob sie integrierbar ist oder nicht. Das RIEMANN-Integral leistet dies nicht in befriedigender Weise, weil die Integrierbarkeit zu eng an Stetigkeits- und Beschränktheitsforderungen gekoppelt ist.

In jedem Fall sollte das Integral einer Funktion f von n reellen Variablen sich als Grenzwert von Summen der Form

$$S = \sum_k y_k v_n(Q_k) \qquad (28.1)$$

schreiben lassen, wobei y_k ein Wert ist, der nur wenig von den Funktionswerten $f(x)$, $x \in Q_k$ abweicht. Das setzt natürlich voraus, dass f auf der Menge Q_k nur wenig schwankt, denn nur dann kann ein solcher Näherungswert y_k gefunden werden. Die RIEMANNsche Theorie realisiert dies, indem sie als Q_k kleine Quader (= n-dimensionale Intervalle) wählt und durch eine Stetigkeitsforderung an f sicherstellt, dass f auf Q_k nur wenig schwankt. Um auch unstetige Funktionen behandeln zu können, lässt sie schließlich noch zu, dass es einige Ausnahmequader geben kann, die aber insgesamt beim Grenzübergang nur einen verschwindenden Beitrag liefern dürfen.

Bei LEBESGUE wird nicht der Definitionsbereich in kleine Teilmengen eingeteilt, sondern der Wertebereich. Man zerlegt also die y-Achse in disjunkte Teilintervalle J_k, deren Länge eine vorgegebene Größe δ nicht übersteigen soll, und setzt

$$Q_k := f^{-1}(J_k) \,.$$

Durch diese Definition von Q_k ist also dafür gesorgt, dass f auf Q_k um nicht mehr als δ schwankt, und mit beliebigen $y_k \in J_k$ können wir daher die Näherungssumme (28.1) bilden.

Aber man kann in der Mathematik – wie auch sonst – ein Problem nicht einfach wegdefinieren. Der Preis, den man zahlen muss, ist hier der folgende: Die Mengen $Q_k = f^{-1}(J_k)$ können äußerst unregelmäßig und ausgefranst geformt sein, und was ist dann ihr Volumen $v_n(Q_k)$? Diese Frage war allerdings kurz vor der bahnbrechenden Dissertation von H. LEBESGUE durch die sog. *Maßtheorie* geklärt worden, die tatsächlich für einen äußerst großen Bereich von Mengen Q ein „Volumen" $v_n(Q) \in [0, \infty]$ definiert.

Der Wert $v_n(Q) = \infty$ ist hier zugelassen, und auch die Funktionswerte $f(x)$ dürfen unbeschränkt anwachsen. Man muss also in der Summe (28.1) mit Termen rechnen, die den Wert ∞ oder $-\infty$ haben. Dabei muss unter allen Umständen das Auftreten von Ausdrücken der Form $\infty - \infty$ vermieden werden, denn diesen ist beim besten Willen kein konkreter Wert zuzuschreiben. Die Definition der *Integrierbarkeit* in der LEBESGUEschen Theorie ist gerade so eingerichtet, dass diese Terme nicht vorkommen können. Man geht dabei ebenso vor wie in Ergänzung 13.29, wo wir für unendliche Reihen gesehen haben, dass die *absolute Konvergenz* das Auftreten von $\infty - \infty$ verhindert.

Messbarkeit und Maß

Die Mengen $A \subseteq \mathbb{R}^n$, denen ein n-dimensionales Volumen ($= n$-dimensionales LEBESGUE-Maß) $\mu_n(A) \in [0, \infty]$ zugeordnet werden kann, bezeichnet man als *messbar*. Eine exakte Definition dieses Begriffs würde hier zu weit führen, und wir können getrost auf sie verzichten, indem wir folgendes festhalten: Alle *offenen* und alle *abgeschlossenen* Teilmengen von $\mathbb{R}^n$ sind messbar, die Differenzmenge $A \setminus B$ von zwei messbaren Mengen ist wieder messbar, und Vereinigung und Durchschnitt einer endlichen oder unendlichen Folge $A_1, A_2, \ldots$ von messbaren Mengen sind ebenfalls messbar. So kann man aus den offenen und den abgeschlossenen Mengen eine schier unübersehbare Fülle von messbaren Mengen produzieren. Und mehr noch: Jede Menge, deren Definition in einem Text von endlicher Länge unzweideutig angegeben werden kann, erweist sich als messbar.[1] Sie dürfen also davon ausgehen, dass jede Menge messbar sein wird, der Sie konkret begegnen, und wir werden daher hier auch alle auftretenden Mengen als messbar voraussetzen.

Die wichtigsten Eigenschaften des LEBESGUEschen Maßes sind in folgendem Satz zusammengestellt:

Theorem 28.1.

a. *Ist* $(A_1, A_2, \ldots)$ *eine endliche oder unendliche Folge von* disjunkten *messbaren Teilmengen von* $\mathbb{R}^n$ *(d. h.* $A_j \cap A_k = \emptyset$ *für* $j \neq k$*), so gilt*

$$\mu_n \left(\bigcup_{k \geq 1} A_k \right) = \sum_{k \geq 1} \mu_n(A_k) \,. \tag{28.2}$$

Dabei hat die Summe den Wert $+\infty$*, wenn die Reihe divergent ist oder wenn mindestens einer der Terme den Wert* $+\infty$ *hat.*

b. *Ist* A JORDAN-*messbar (vgl. Def. 11.5b.), so stimmt das* LEBESGUE-*Maß* $\mu_n(A)$ *mit dem* JORDANschen *Inhalt* $v_n(A)$ *überein.*

---

[1] Diese Faustregel hat einen konkreten mathematischen Hintergrund: Es ist bisher nicht gelungen, eine nicht LEBESGUE-messbare Menge zu konstruieren, ohne dass man das *Auswahlaxiom* zu Hilfe nimmt, und es gibt Versionen der Mengenlehre, in denen nicht messbare Teilmengen von $\mathbb{R}^n$ gar nicht vorkommen. Vgl. [34], S. 57 und die Literaturangaben dort.

c. Für messbares $A \subseteq \mathbb{R}^n$ und einen Vektor $v \in \mathbb{R}^n$, $A+v := \{x+v \mid x \in A\}$ ist stets $\mu_n(A+v) = \mu_n(A)$.

Hieraus kann man schon viele der Eigenschaften leicht folgern, die man von einem Volumenbegriff erwartet. Zum Beispiel gilt:

$$A \subseteq B \implies \mu_n(A) \leq \mu_n(B) . \tag{28.3}$$

Denn $A \subseteq B \implies B = A \cup (B \setminus A)$ und $A \cap (B \setminus A) = \emptyset$, also $\mu_n(B) = \mu_n(A) + \mu_n(B \setminus A) \geq \mu_n(A)$. Nicht viel schwieriger ist die Herleitung von

$$\mu_n\left(\bigcup_{k \geq 1} A_k\right) \leq \sum_{k \geq 1} \mu_n(A_k) \tag{28.4}$$

für jede beliebige (endliche oder unendliche) Folge von messbaren Mengen.

Messbare Funktionen

Nun betrachten wir reelle Funktionen, die auch die Werte $\pm\infty$ annehmen dürfen. Solch eine Funktion wird als *messbar* bezeichnet, wenn für jedes Intervall $J \subseteq [-\infty, \infty]$ die Menge $f^{-1}(J)$ messbar ist. Das bedeutet aber wieder, dass jede Funktion messbar ist, die mittels eines endlichen Textes exakt definiert werden kann, denn wenn f solchermaßen konkret gegeben ist, so sind ja die Mengen $f^{-1}(J)$ durch die Formel

$$f^{-1}(J) = \{x \in \mathbb{R}^n \mid f(x) \in J\}$$

ebenfalls mittels eines endlichen Textes exakt festgelegt worden. Wir dürfen also auch davon ausgehen, dass alle vorkommenden Funktionen messbar sind.

Das Integral nichtnegativer Funktionen

Die Definition des Lebesgue-Integrals erfolgt nun in zwei Schritten. Zunächst definieren wir das Integral für eine *nichtnegative* Funktion h, die jedoch den Wert $+\infty$ annehmen darf. Dabei – wie überhaupt immer in der Lebesgue-Theorie – gilt für den Umgang mit den Symbolen $\pm\infty$ die folgende Regel:

$$0 \cdot (\pm\infty) = \pm\infty \cdot 0 = 0 . \tag{28.5}$$

Alle übrigen diese Symbole betreffenden Rechenregeln verstehen sich von selbst.

Definitionen 28.2. *Sei $h : \mathbb{R}^n \longrightarrow [0, \infty]$ eine messbare Funktion.*

a. Zu einer Zerlegung $Z : 0 < c_1 < c_2 < \ldots < c_m < \infty$ definiere

$$S(h; Z) := \sum_{k=1}^{m} c_k \mu_n(h^{-1}([c_k, c_{k+1}[))$$

mit den Konventionen (28.5) und $c_{m+1} := \infty$.

b. Das Integral von h wird definiert durch

$$\int h \equiv \int h(x)\mathrm{d}^n x := \sup_Z S(h; Z) \, .$$

Dabei durchläuft Z alle endlichen Zerlegungen. Das Supremum ist als $+\infty$ aufzufassen, wenn $+\infty$ unter den $S(h; Z)$ vorkommt oder die Menge aller $S(h; Z)$ nicht nach oben beschränkt ist.

Wir halten fest:

Satz 28.3.

a. Für messbare Funktionen $h, h_1, h_2 : \mathbb{R}^n \longrightarrow [0, \infty]$ gilt

$$h_1 \leq h_2 \quad \Longrightarrow \quad \int h_1 \leq \int h_2$$

und

$$\int ch = c \int h \quad \text{für} \quad c \geq 0 \, .$$

b. Für die charakteristische Funktion χ_A *einer messbaren Teilmenge $A \subseteq \mathbb{R}^n$ (vgl. (11.19)) gilt:*

$$\int \chi_A = \mu_n(A) \, .$$

c. (**Satz von BEPPO LEVI**)

$$\int \sum_{k=1}^{\infty} h_k = \sum_{k=1}^{\infty} \int h_k \tag{28.6}$$

für jede Folge (h_k) von messbaren Funktionen mit Werten in $[0, \infty]$. Dabei werden divergente Reihen zu ∞ aufsummiert.

Die Aussagen unter a. und b. ergeben sich sofort aus der Definition, während Teil c. nicht trivial ist. Er ist jedoch von fundamentaler Bedeutung. Natürlich gilt (28.6) auch für endliche Summen $h_1 + \ldots + h_N$, denn man kann ja $h_k \equiv 0$ setzen für $k > N$. Wir werden in Ergänzung 28.27 einen Beweis von (28.6) für endliche Summen geben, in 28.28 einen für unendliche.

Das Integral für reell- und komplexwertige Funktionen

Für reellwertiges u schreibt man

$$u^+(x) := \max(u(x), 0) \, , \quad u^-(x) := -\min(u(x), 0) \tag{28.7}$$

und hat dann

$$u = u^+ - u^- \, , \quad |u| = u^+ + u^- \tag{28.8}$$

(Zerlegung in positiven und negativen Teil – vgl. Abschn. 15C.). Eine komplexwertige Funktion f wird in Real- und Imaginärteil zerlegt, also in der üblichen Weise als $f = u + iv$ geschrieben.

Definitionen 28.4.

a. *Eine Funktion* $f : \mathbb{R}^n \to \mathbb{C}$ *heißt* messbar, *wenn* $u := \mathrm{Re} f$ *und* $v := \mathrm{Im} f$ *messbar sind. Sie heißt* integrierbar, *wenn sie messbar ist und*

$$\int |f| < \infty \,.$$

Die Menge aller integrierbaren Funktionen auf $\mathbb{R}^n$ *bezeichnen wir mit* $\mathcal{L}^1(\mathbb{R}^n)$ *oder auch mit* $\mathcal{L}^1_{\mathbb{R}}(\mathbb{R}^n)$ *bzw.* $\mathcal{L}^1_{\mathbb{C}}(\mathbb{R}^n)$, *wenn festgehalten werden soll, dass die Funktionen reell- bzw. komplexwertig sind.*

b. *Für integrierbares* f *definieren wir das* Integral *durch*

$$\int u := \int u^+ - \int u^- \,, \quad \int v := \int v^+ - \int v^- \,, \qquad (28.9)$$

$$\int f := \int u + \mathrm{i} \int v \,. \qquad (28.10)$$

Man beachte hier, dass $0 \le u^\pm \le |u| \le |f|$ und ebenso mit v. Ist also $\int |f| < \infty$, so haben die Integrale der Funktionen $u^\pm, v^\pm$ endliche Werte, und wir können durch (28.9), (28.10) sinnvoll Integrale definieren. Auf diese Weise ist vermieden, dass $\infty - \infty$ auftritt!

Integrale über messbare Teilmengen werden nun in völlig nahe liegender Weise eingeführt:

Definitionen 28.5. *Sei* $A \subseteq \mathbb{R}^n$ *messbar.*

a. *Für* $f \in \mathcal{L}^1(\mathbb{R}^n)$ *definieren wir*

$$\int_A f := \int \chi_A f \,. \qquad (28.11)$$

b. *Ist* f *nur auf* A *definiert, so setzt man es außerhalb von* A *durch Null fort. Sei* g *diese Fortsetzung. Dann sagen wir,* f *sei* integrierbar über A *und schreiben* $f \in \mathcal{L}^1(A)$, *wenn* $g \in \mathcal{L}^1(\mathbb{R}^n)$, *und wir setzen*

$$\int_A f := \int g \,.$$

B. LEBESGUEsche Nullmengen

Wichtig ist, dass man alles, was sich auf gewissen kleinen Mengen abspielt, vernachlässigen kann, weil die Integrale es sozusagen nicht bemerken. Diese kleinen Mengen nennt man *Nullmengen*.

Satz 28.6. *Für $A \subseteq \mathbb{R}^n$ sind die folgenden Eigenschaften äquivalent:*

a. $\mu_n(A) = 0$,

b. $\int_A f = 0$ *für alle auf A definierten Funktionen,*

c. *Zu jedem $\varepsilon > 0$ gibt es eine Folge (I_k) von n-dimensionalen Intervallen, für die gilt:*

$$\bigcup_{k=1}^{\infty} I_k \supseteq A \quad und \quad \sum_{k=1}^{\infty} v_n(I_k) < \varepsilon \,.$$

In diesem Fall bezeichnet man A als eine (n-dimensionale LEBESGUEsche) Nullmenge.

Die Äquivalenz a. $\Longleftrightarrow$ b. ist übrigens fast trivial und kann leicht mit Hilfe von Satz 28.3b. und der Definition des Integrals bewiesen werden (Übung!). Ebenso folgt c. $\Longrightarrow$ a. sofort aus (28.4). Lediglich c. $\Longrightarrow$ a. ist schwieriger und hat etwas mit den Einzelheiten der Konstruktion von $\mu_n(A)$ für „komplizierte" Mengen A zu tun, die wir hier bewusst übergangen haben.

Die folgenden beiden Eigenschaften der Nullmengen sind ebenfalls unmittelbare Konsequenzen von (28.3) bzw. (28.4) und werden nur wegen ihrer großen Wichtigkeit noch einmal gesondert aufgeführt:

Satz 28.7.

a. *Jede Teilmenge einer Nullmenge ist eine Nullmenge.*

b. *Die Vereinigung einer (endlichen oder unendlichen) Folge von Nullmengen ist eine Nullmenge.*

Beispiele:

a. Geometrische Gebilde niedrigerer Dimension $k < n$ sind i. A. n-dimensionale Nullmengen, auf jeden Fall k-dimensionale Teilmannigfaltigkeiten und insbesondere k-dimensionale affine Teilräume. (Für JORDANsche Nullmengen haben wir dies sogar in Aufg. 11.16 genau bewiesen.)

b. JORDANsche Nullmengen sind auch LEBESGUEsche Nullmengen.

c. Mit Satz 28.7 ergibt sich aus den genannten Beispielen eine Fülle weiterer Beispiele, sogar schon in Dimension 1. Z. B. ist die Menge der rationalen Zahlen eine 1-dimensionale LEBESGUEsche Nullmenge, denn man kann die rationalen Zahlen als Folge anschreiben (vgl. Ergänzung 28.22), erhält die Menge $\mathbb{Q}$ also als Vereinigung einer Folge von einpunktigen Mengen, und jede einpunktige Menge ist natürlich eine Nullmenge. Schon auf der Geraden gibt es aber auch Nullmengen, die sich nicht abzählen, d. h. als Wertebereich einer Folge schreiben lassen.

Wir führen nun noch eine sehr praktische Sprechweise ein:

Definition 28.8. *Eine Eigenschaft gilt* fast überall *(abgekürzt: f. ü.), wenn die Menge der Punkte, wo sie nicht gilt, eine Nullmenge ist.*

C. Grundlegende Eigenschaften des Integrals

Eine exakte Definition, wie sie in Abschn. A. gegeben wurde, ist natürlich als Ausgangspunkt einer Theorie unumgänglich, aber beim Umgang mit Integralen – und insbesondere bei ihrer expliziten Berechnung, falls diese einmal nötig werden sollte – greift man so gut wie nie auf die ursprüngliche Definition zurück. Vielmehr verwendet man dabei die fundamentalen Rechenregeln, die in diesem und dem nächsten Abschnitt behandelt werden. So gesehen, sind die Abschnitte C. und D. als das Kernstück dieses Berichts anzusprechen.

Alle Behauptungen, die für das RIEMANN-Integral in Thm. 11.10 zusammengestellt wurden, gelten sinngemäß auch für das LEBESGUE-Integral. Wir geben hier eine etwas erweiterte Fassung dieser Liste:

Theorem 28.9. *Für messbare Mengen S, A, B mit $A \subseteq S$, $B \subseteq S$ und integrierbare Funktionen $f, g : S \longrightarrow \mathbb{K}$ gilt*

a.

$$\int_S (\alpha f + \beta g) = \alpha \int_S f + \beta \int_S g\,, \quad \alpha, \beta \in \mathbb{K}\,,$$

d. h. $\int_S$ ist ein lineares Funktional auf dem $\mathbb{K}$-Vektorraum $\mathcal{L}^1_{\mathbb{K}}(S)$ der integrierbaren $\mathbb{K}$-wertigen Funktionen auf S.

b. *Sind f, g reellwertig und ist $f(x) \leq g(x)$ f. ü. auf S, so ist*

$$\int_S f \leq \int_S g\,.$$

c. *Ist $g(x) \geq 0$ f. ü., so gilt:*

$$\int_S g = 0 \quad \Longleftrightarrow \quad g(x) = 0 \quad f. \ddot{u}.$$

d. *Es gilt*

$$\left| \int_S f \right| \leq \int_S |f|\,. \tag{28.12}$$

e. *Ist $S = A \cup B$, so gilt:*

$$\int_S f = \int_A f + \int_B f - \int_{A \cap B} f\,.$$

Die folgenden Zusatzinformationen bringen das LEBESGUE-Integral mit vertrauteren Situationen in Verbindung:

Satz 28.10.

a. *Jede RIEMANNintegrierbare Funktion ist auch LEBESGUEintegrierbar, und die Werte der beiden Integrale stimmen überein.*

b. *Jede stetige Funktion f auf einer kompakten Teilmenge $K \subseteq \mathbb{R}^n$ ist über K integrierbar, und es gilt*

$$\left| \int_K f \right| \le \mu_n(K) \cdot \max_{x \in K} |f(x)| . \qquad (28.13)$$

c. (Mittelwertsatz der Integralrechnung): *Ist S kompakt und zusammenhängend und f stetig und reellwertig, so gibt es ein $x_0 \in S$ mit*

$$\int_S f = f(x_0)\mu_n(S) .$$

Teil a. dieses Satzes zeigt, dass das LEBESGUE-Integral in der Tat nur eine Erweiterung des RIEMANN-Integrals auf einen größeren Bereich von Funktionen und Integrationsgebieten ist, wie am Beginn von Abschn. A. versprochen wurde. In Teil b. sieht man aber auch, wie vorteilhaft diese Erweiterung ist, denn die analoge Aussage aus der klassischen Theorie würde voraussetzen, dass K kompakt *und* JORDAN-*messbar* ist. Zwar dürften die meisten Integrationsbereiche, denen man in der Praxis begegnet, JORDAN-messbar sein, doch erübrigt sich jetzt der Nachweis hiervon, denn *jedes* kompakte K ist abgeschlossen und damit auch LEBESGUE-messbar.

Als Beispiel für den Umgang mit diesen Begriffen beweisen wir Teil b. des Satzes: Nach Thm. 14.7 ist $M := \max_K |f(x)| < \infty$. Denken wir uns also f durch Null auf ganz $\mathbb{R}^n$ fortgesetzt, so haben wir

$$|f(x)| \le M\chi_K(x) \quad \forall x \in \mathbb{R}^n .$$

Mit Satz 28.3a., b. folgt hieraus $\int |f| \le \int M\chi_K = M \int \chi_K = M\mu_n(K) < \infty$, also ist $f \in \mathcal{L}^1(K)$. Die Abschätzung (28.13) folgt dann aus (28.12).

Den Mittelwertsatz kann man nun genauso herleiten wie in Kap. 11.

Die Transformationsformel

Die Transformationsformel (11.33) aus Thm. 11.22 kann man praktisch wörtlich in die LEBESGUE-Theorie übernehmen, und man kann dabei sogar die Betrachtung kompakter Teilmengen einsparen. Es gilt:

Theorem 28.11 (Transformationsformel). *Seien G, Ω offene Teilmengen von $\mathbb{R}^n$ und $Q : G \longrightarrow \Omega$ ein C^1-Diffeomorphismus, $JQ(u)$ seine JACO-BImatrix bei $u \in G$. Für jede Funktion $f \in \mathcal{L}^1(\Omega)$ gilt dann*

$$\int_\Omega f(x)\mathrm{d}^n x = \int_G f(Q(u))|\det JQ(u)|\mathrm{d}^n u . \qquad (28.14)$$

Insbesondere gehört der Integrand auf der rechten Seite von (28.14) zu $\mathcal{L}^1(G)$.

Die Konvergenzsätze

Ihre eigentliche Stärke gewinnt die LEBESGUE-Theorie erst mit den folgenden Sätzen, die oft als die *Konvergenzsätze* bezeichnet werden. Bevor wir sie aber formulieren, müssen wir uns kurz mit Funktionen befassen, die nicht überall definiert sind, sondern nur fast überall.

Anmerkung 28.12. Sei $S \subseteq \mathbb{R}^n$ messbar. Eine *fast überall auf S* definierte Funktion ist eine Funktion f, für deren Definitionsbereich D gilt:

$$\mu_n(S \setminus D) = 0 \,.$$

Solche Funktionen kann man über S integrieren, indem man sie *irgendwie* auf ganz S fortsetzt. Sind nämlich g_1, g_2 zwei derartige Fortsetzungen, so ist $g_1(x) - g_2(x) = 0$ auf $S \cap D$, also $g_1 - g_2 = 0$ f. ü. auf S und daher $\int_S (g_1 - g_2) = 0$ (Satz 28.6). Es folgt $\int_S g_1 = \int_S g_2$, und somit können wir definieren:

$$\int_S f := \int_S g$$

für beliebiges messbares $g : S \to \mathbb{K}$ mit $g|_D = f$.

Bei Funktionen, die nur fast überall definiert sind, ist das Integral immer auf diese Weise zu verstehen.

Nun erinnern wir noch daran, dass monoton wachsende (bzw. fallende) Folgen reeller Zahlen immer gegen ihr Supremum (bzw. ihr Infimum) konvergieren. In Satz 2.4 wurde das für beschränkte Folgen formuliert, aber es stimmt offenbar ganz allgemein, wenn man das Supremum einer nach oben unbeschränkten Folge (bzw. das Infimum einer nach unten unbeschränkten Folge) gleich $+\infty$ (bzw. gleich $-\infty$) setzt.

Damit können wir nun den ersten fundamentalen Konvergenzsatz formulieren:

Theorem 28.13 (*Satz von der monotonen Konvergenz*). *Sei $S \subseteq \mathbb{R}^n$ messbar, und sei (g_k) eine Folge reellwertiger integrierbarer Funktionen auf S.*

a. Angenommen, für alle k gilt $g_k(x) \leq g_{k+1}(x)$ f. ü., so dass die Funktion

$$g(x) := \lim_{k \to \infty} g_k(x) = \sup_{k \geq 1} g_k(x)$$

fast überall auf S definiert ist. Wenn nun die Folge der Integrale

$$\left(\int_S g_k \right)$$

nach oben beschränkt ist, so ist g integrierbar, und es gilt

$$\int_S g = \lim_{k \to \infty} \int_S g_k = \sup_{k \geq 1} \int_S g_k \ .$$

Insbesondere sind dann Limesbildung und Integration vertauschbar.
b. *Angenommen, für alle k gilt $g_k(x) \geq g_{k+1}(x)$ f. ü., so dass die Funktion*

$$g(x) := \lim_{k \to \infty} g_k(x) = \inf_{k \geq 1} g_k(x)$$

fast überall auf S definiert ist. Wenn nun die Folge der Integrale

$$\left(\int_S g_k \right)$$

nach unten beschränkt ist, so ist g integrierbar, und es gilt

$$\int_S g = \lim_{k \to \infty} \int_S g_k = \inf_{k \geq 1} \int_S g_k \ .$$

Insbesondere sind dann Limesbildung und Integration vertauschbar.

Beweis.

a. Wir setzen $h_1 := g_1^+$ und $h_k := g_k - g_{k-1}$ für $k \geq 2$. Dann ist $h_k \geq 0$ f. ü. sowie

$$\sum_{k=1}^{m} h_k = g_m + g_1^- \tag{$*$}$$

für alle m. Nach Abänderung auf einer Nullmenge können wir auch annehmen, dass $h_k \geq 0$ überall auf S ist. Dann können wir auf die h_k den Satz von BEPPO LEVI anwenden. Gleichung (28.6) nimmt hier wegen $(*)$ die Form

$$\int_S (g + g_1^-) = \lim_{m \to \infty} \int_S (g_m + g_1^-) \,, \tag{$**$}$$

und nach Voraussetzung ist der letzte Limes endlich. Also ist $g + g_1^- \in \mathcal{L}^1(S)$ und damit auch $g \in \mathcal{L}^1(S)$. Subtrahieren wir in $(**)$ noch das Integral über g_1^-, so folgt auch die Behauptung über die Vertauschbarkeit von Integral und Limes.
b. folgt aus a. durch Übergang zu $-g_k$. □

Aus diesem Satz leitet man das sog. *Lemma von* FATOU her, das wir wegen seines eher theoretischen Charakters übergehen (s. jedoch Ergänzung 28.28). Daraus wiederum folgert man den zweiten fundamentalen Konvergenzsatz:

Theorem 28.14 (*Satz von der dominierten Konvergenz*). *Sei $S \subseteq \mathbb{R}^n$ messbar, und (f_k) sei eine Folge von integrierbaren (reell- oder komplexwertigen) Funktionen auf S, für die fast überall der Limes*

$$f(x) := \lim_{k \to \infty} f_k(x)$$

existiert. Wenn es eine integrierbare Funktion $g : S \to [0, \infty]$ gibt, so dass

$$|f_k(x)| \le g(x) \quad f.\,\ddot{u}.$$

für alle $k \in \mathbb{N}$, so ist $f \in \mathcal{L}^1(S)$, und das Integral kann mit dem Limes vertauscht werden, d. h. es ist

$$\int_S f = \lim_{k \to \infty} \int_S f_k \, .$$

Beispiel: Auf einem n-dimensionalen Intervall I betrachten wir eine Folge (f_k) von beschränkten LEBESGUE-integrierbaren Funktionen, die punktweise gegen eine Funktion f konvergieren. Angenommen, die Supremumsnormen

$$\|f_k\|_\infty = \sup_{x \in I} |f_k(x)|$$

bleiben beschränkt, etwa $\|f_k\|_\infty \le M < \infty$ für alle k. Wir setzen die f_k wie üblich durch Null auf ganz $\mathbb{R}^n$ fort und haben dann punktweise

$$|f_k| \le g := M\chi_I$$

sowie $\int g = M\mu_n(I) = M v_n(I) < \infty$. Der Satz über die dominierte Konvergenz sagt uns also, dass f ebenfalls LEBESGUE-integrierbar ist und dass Limes und Integral vertauscht werden dürfen. Insbesondere erhält man das in Anmerkung 14.20 berichtete Ergebnis.

Der Satz über dominierte Konvergenz liefert auch ein sehr gutes hinreichendes Kriterium dafür, dass man *unendliche Reihen* gliedweise integrieren darf:

Korollar 28.15. *Auf der messbaren Teilmenge $S \subseteq \mathbb{R}^n$ sei eine Folge (f_k) von integrierbaren Funktionen gegeben, für die gilt*

$$\sum_{k=1}^{\infty} \int_S |f_k| < \infty \, .$$

Dann ist f. ü. $\sum_k f_k(x)$ absolut konvergent, die fast überall definierte Funktion

$$s(x) := \sum_{k=1}^{\infty} f_k(x)$$

ist integrierbar, und es gilt

$$\int_S s = \sum_{k=1}^{\infty} \int_S f_k \, .$$

Beweis. Wir setzen $h(x) := \sum_{k=1}^{\infty} |f_k(x)|$. Dann ist $\int_S h < \infty$ nach Voraussetzung und dem Satz von BEPPO LEVI. Das Maß der Menge $\{x \mid h(x) = \infty\}$ muss dann aber Null sein, wie man sich mittels Def. 28.2 leicht überlegen kann (Übung!). Daher ist $\sum_k f_k(x)$ f. ü. absolut konvergent. Für die Partialsummen

$$s_m(x) := \sum_{k=1}^{m} f_k(x)$$

haben wir außerdem

$$|s_m(x)| \leq \sum_{k=1}^{m} |f_k(x)| \leq h(x) \, ,$$

und damit folgt die Behauptung aus dem Satz über die dominierte Konvergenz, angewandt auf die Funktionenfolge (s_m).

□

Zusammenhang mit uneigentlichen Integralen

Eine stetige Funktion auf einer JORDAN-messbaren Teilmenge $G \subseteq \mathbb{R}^n$ ist genau dann LEBESGUE-integrierbar, wenn sie absolut integrierbar ist in dem in Def. 15.9 eingeführten Sinn, und in diesem Fall stimmt ihr LEBESGUE-Integral auch mit dem dort definierten „uneigentlichen" Integral überein. Wir brauchen dies nur für *nichtnegative* stetige Funktionen g nachzuweisen, denn die Ausdehnung auf reellwertige Funktionen erfolgt ja in beiden Fällen durch Zerlegung in positiven und negativen Teil. Betrachten wir also ein stetiges $g : G \to [0, \infty[$ und nehmen wir zunächst an, dass $g \in \mathcal{L}^1(G)$. Für jedes kompakte und JORDAN-messbare $K \subseteq \mathbb{R}^n$ ist dann $\chi_K g \leq g$, also $\int_K g(x) \mathrm{d}^n x \leq \int_G g < \infty$, wobei es wegen Satz 28.10a. keine Rolle spielt, ob auf der linken Seite das RIEMANN- oder das LEBESGUE-Integral gemeint ist. Also folgt die absolute Integrierbarkeit von g. Nun gehen wir umgekehrt von der Annahme aus, g sei absolut integrierbar, etwa mit dem Integral $J := \int_G g(x) \mathrm{d}^n x$. Für eine beliebige Ausschöpfung (K_m) von G haben wir dann

$$J = \lim_{m \to \infty} \int_{K_m} g(x) \mathrm{d}^n x$$

nach Satz 15.10b. Andererseits sind für die Funktionenfolge $g_m := \chi_{K_m} g$ offensichtlich alle Voraussetzungen von Thm. 28.13a. erfüllt, und dieses Theorem ergibt daher die LEBESGUE-Integrierbarkeit von g sowie die Beziehung

$$\int\limits_G g = \lim\limits_{m\to\infty} \int\limits_{K_m} g(x)\mathrm{d}^n x = J\,,$$

wie behauptet.

Für stetige Funktionen auf einem offenen Intervall $I \subseteq \mathbb{R}$ sind die LEBES-GUE-Integrale also genau die *absolut konvergenten* uneigentlichen Integrale. Hingegen sind die bedingt konvergenten uneigentlichen Integrale keine LE-BESGUE-Integrale. Zum Beispiel für $f(x) := \chi_{[0,\infty[}(x)x^{-1}\sin x$ ist, wie wir wissen,

$$\int\limits_{\mathbb{R}} |f(x)|\mathrm{d}x = \infty\,,$$

also $f \notin \mathcal{L}^1(\mathbb{R})$. Damit ist

$$\int\limits_0^\infty x^{-1}\sin x\,\mathrm{d}x$$

wirklich nur eine Abkürzung für den Grenzwert

$$\lim\limits_{b\to\infty} \int\limits_0^b x^{-1}\sin x\,\mathrm{d}x$$

und sonst nichts.

D. Mehrfache Integrale und Integrale mit Parametern

Wir betrachten nun Funktionen $f(x,y)$ auf $\mathbb{R}^{n+m}$, wobei $x = (x_1,\ldots,x_n)$, $y = (y_1,\ldots,y_m)$. Dann können wir „partielle Integrale"

$$\varphi(x) := \int f(x,y)\mathrm{d}^m y\,, \quad x \in D(\varphi) \tag{28.15}$$

und

$$\psi(y) := \int f(x,y)\mathrm{d}^n x\,, \quad y \in D(\psi) \tag{28.16}$$

anschreiben, wobei $D(\varphi)$ (bzw. $D(\psi)$) die Menge der $x \in \mathbb{R}^n$ (bzw. der $y \in \mathbb{R}^m$) ist, für die das Integral auf der rechten Seite von (28.15) (bzw. von (28.16)) als LEBESGUE-Integral existiert. Parallel dazu betrachten wir

$$\Phi(x) := \int |f(x,y)|\mathrm{d}^m y\,, \quad \Psi(y) := \int |f(x,y)|\mathrm{d}^n x \tag{28.17}$$

mit ganz $\mathbb{R}^n$ bzw. $\mathbb{R}^m$ als Definitionsbereich, denn hier ist wieder der Wert $+\infty$ zugelassen. Nach Definition des Integrals gilt also

$$D(\varphi) = \{x \mid \Phi(x) < \infty\}\,, \tag{28.18}$$

$$D(\psi) = \{y \mid \Psi(y) < \infty\}\,. \tag{28.19}$$

Iterierte Integrale

Nun bildet man *iterierte Integrale*, indem man versucht, die Funktionen φ bzw. ψ noch einmal zu integrieren. Das wird nicht immer möglich sein, und man verwendet in diesem Zusammenhang die folgende Ausdrucksweise:

Definition 28.16. *Wenn $\mathbb{R}^n \setminus D(\varphi)$ eine n-dimensionale Nullmenge ist und die fast überall definierte Funktion φ integrierbar ist (vgl. Anmerkung 28.12), so sagt man, dass das* iterierte Integral *oder* mehrfache Integral $\int d^n x \int d^m y f(x,y)$ *existiert, und man setzt*

$$\int d^n x \int d^m y f(x,y) \equiv \int \left(\int f(x,y) d^m y \right) d^n x := \int \varphi(x) d^n x \, .$$

Ebenso sagt man, das iterierte (oder mehrfache) Integral $\int d^m y \int d^n x f(x,y)$ existiert, wenn $\mathbb{R}^m \setminus D(\psi)$ eine m-dimensionale Nullmenge ist und die fast überall definierte Funktion ψ integrierbar ist, und dann setzt man

$$\int d^m y \int d^n x f(x,y) \equiv \int \left(\int f(x,y) d^n x \right) d^m y := \int \psi(y) d^m y \, .$$

Für diese mehrfachen Integrale gelten die aus Abschn. 11C. vertrauten Rechenregeln, aber sie gelten unter schwächeren Voraussetzungen als dort angegeben. Die entscheidende Information steckt in den folgenden beiden Sätzen (vgl. auch Aufg. 15.9):

Theorem 28.17 (*Satz von* Fubini). *Wenn $f \in \mathcal{L}^1(\mathbb{R}^n \times \mathbb{R}^m)$ ist, so existieren beide iterierten Integrale, und sie stimmen beide mit dem* Lebesgue-*Integral von f überein. Insbesondere ist dann die Vertauschung der Integrationsreihenfolge gestattet. In Formeln:*

$$\int d^n x \int d^m y f(x,y) = \int f(x,y) d^{n+m}(x,y) = \int d^m y \int d^n x f(x,y) \, .$$

Theorem 28.18 (*Satz von* Tonelli). *Sei $f : \mathbb{R}^n \times \mathbb{R}^m \longrightarrow \mathbb{K}$ eine messbare Funktion. Wenn eines der iterierten Integrale $\int d^n x \int d^m y |f(x,y)|$ oder $\int d^m y \int d^n x |f(x,y)|$ existiert, so ist $f \in \mathcal{L}^1(\mathbb{R}^n \times \mathbb{R}^m)$, und damit ist der Satz von* Fubini *sowohl auf $|f|$ als auch auf f selbst anwendbar.*

Um die Integrierbarkeit einer Funktion $f(x,y)$ über $\mathbb{R}^n \times \mathbb{R}^m$ – und damit die Anwendbarkeit des Satzes von Fubini – nachzuweisen, wird man also versuchen, das Integral über $|f(x,y)|$ abzuschätzen. Wird eine endliche Schranke für dieses Integral gefunden, so ist die Integrierbarkeit von f erwiesen. Die Abschätzung von $\int |f|$ kann nach dem Satz von Tonelli auf dem Weg über iterierte Integrale erfolgen.

Beispiel: Es sei $|f(x,y)| \le g(x)h(y)$, und die uneigentlichen Integrale

$$\int\limits_{-\infty}^{\infty} |g(x)|\mathrm{d}x \;, \qquad \int\limits_{-\infty}^{\infty} |h(y)|\mathrm{d}y$$

seien konvergent. Dann sind $g, h \in \mathcal{L}^1(\mathbb{R})$, und für das iterierte Integral der Funktion $F(x,y) := g(x)h(y)$ ergibt sich

$$\varphi(x) = \int g(x)h(y)\mathrm{d}y = f(x) \underbrace{\int h(y)\mathrm{d}y}_{=:J} \;,$$

also

$$\int \mathrm{d}x \int \mathrm{d}y F(x,y) = \int \varphi(x)\mathrm{d}x = J \int f(x)\mathrm{d}x < \infty \;.$$

Nach dem Satz von TONELLI ist also $\int |f| \le \int F < \infty$ und somit $f \in \mathcal{L}^1(\mathbb{R}^2)$, und nach Theorem 28.9b., d. erhalten wir außerdem die Abschätzung

$$\left| \int f(x,y)\mathrm{d}(x,y) \right| \le \left(\int\limits_{-\infty}^{\infty} g(x)\mathrm{d}x \right) \left(\int\limits_{-\infty}^{\infty} h(y)\mathrm{d}y \right) \;.$$

Allerdings ist dies nicht die einzige Möglichkeit, die Integrierbarkeit nachzuprüfen. Zum Beispiel bewährt es sich auch oft, mit einer Ausschöpfung zu arbeiten und die Integrale über die ausschöpfenden Mengen durch Koordinatentransformation auf eine Form zu bringen, in der sie sich leichter abschätzen lassen. Diese Technik wurde im Kontext absolut konvergenter uneigentlicher Integrale schon in den Sätzen 15.12 und 15.13 demonstriert.

Bemerkungen: (i) Dass wir hier immer über ganz $\mathbb{R}^n \times \mathbb{R}^m$ integrieren, ist keine Beschränkung der Allgemeinheit. Soll der Integrationsbereich für x (bzw. für y) auf eine messbare Teilmenge $S \subseteq \mathbb{R}^n$ (bzw. $T \subseteq \mathbb{R}^m$) eingeschränkt werden, so schreibt man im Integranden den Faktor $\chi_S(x)\chi_T(y)$ hinzu und verwendet die Sätze von FUBINI und TONELLI für diesen neuen Integranden. Damit erhält man analoge Aussagen für das Integral über $S \times T$.

(ii) Wir haben der einfacheren Schreibweise wegen hier nur Doppelintegrale betrachtet. Aber die Sätze von FUBINI und TONELLI gelten in völlig analoger Weise auch für dreifache oder vierfache Integrale usw., eben für mehrfache Integrale. Dies kann man leicht durch Induktion aus den hier aufgeführten Versionen herleiten. Insbesondere kann man $\int f(x_1, \ldots, x_n)\mathrm{d}(x_1, \ldots, x_n)$ im Falle der Integrierbarkeit auf n eindimensionale Integrale zurückführen, so wie es in Korollar 11.13 ausführlich formuliert wurde.

Parameterabhängige Integrale

Man kann (28.15), (28.16) auch als *Integrale mit Parametern* auffassen Damit werden auch Stetigkeit und Differenzierbarkeit von φ, ψ interessant, und wieder stellt es sich heraus, dass die LEBESGUE-Theorie es gestattet, die einschlägigen Sätze über diese Situation (Satz 15.6 und Satz 15.8) zu vereinheitlichen und unter wesentlich schwächeren Voraussetzungen zu beweisen, so dass sie auch für die Praxis leichter zu handhaben sind.

Wir betrachten das Integral (28.16), in dem $y_1, \ldots, y_m$ die Rolle der Parameter spielen. Dann haben wir

Satz 28.19. *Wir betrachten eine Funktion* $f : \mathbb{R}^n \times J \longrightarrow \mathbb{K}$, *wobei* $J \subseteq \mathbb{R}^m$ *nicht leer sein soll. Für jedes* $y \in J$ *soll die Funktion* $f(\cdot, y)$ *messbar sein.*

a. Angenommen, es gilt:

(i) *Fast überall auf* $\mathbb{R}^n$ *ist die Funktion* $f(x, \cdot)$ *auf* J *stetig, d. h. die Menge der* x, *für die sie nicht stetig ist, bildet eine* n-*dimensionale Nullmenge.*

(ii) *Zu jedem* $y^0 \in J$ *gibt es eine Umgebung* $\mathcal{U}(y^0)$ *und eine integrierbare Majorante, d. h. eine nichtnegative Funktion* $g \in \mathcal{L}^1(\mathbb{R}^n)$ *so, dass für alle* $y \in \mathcal{U}(y^0)$ *gilt:*

$$|f(x, y)| \leq g(x) \quad f. \ \ddot{u}.$$

Dann definiert (28.16) eine stetige *Funktion* ψ *auf* J.

b. Sei speziell $m = 1$ *und* $J \subseteq \mathbb{R}$ *ein offenes Intervall. Angenommen, es gilt:*

(i) *Für fast alle* x *(d. h. für alle* x *außerhalb einer gewissen* n-*dimensionalen Nullmenge) ist die Funktion* $y \mapsto f(x, y)$ *auf* J *stetig differenzierbar.*

(ii) *Jeder Punkt* $y^0 \in J$ *hat eine Umgebung* $\mathcal{U}(y^0)$, *auf der es für* f *und für* $\partial f / \partial y$ *integrierbare Majoranten gibt, d. h. nichtnegative Funktionen* $g, h \in \mathcal{L}^1(\mathbb{R}^n)$ *mit*

$$|f(x, y)| \leq g(x), \quad \left| \frac{\partial f}{\partial y}(x, y) \right| \leq h(x) \quad f. \ \ddot{u}.$$

für alle $y \in \mathcal{U}(y^0)$.

Dann ist durch (28.16) eine stetig differenzierbare *Funktion* ψ *auf* J *definiert, und ihre Ableitung kann unter dem Integralzeichen berechnet werden, d. h. wir haben*

$$\psi'(y) \equiv \frac{\mathrm{d}}{\mathrm{d}y} \int f(x, y) \mathrm{d}^n x = \int \frac{\partial f}{\partial y}(x, y) \mathrm{d}^n x \qquad (28.20)$$

für alle $y \in J$.

Beweis.

a. Die Voraussetzung (ii) ergibt $\int |f(x, y)| \mathrm{d}^n x < \infty$ für alle y und damit die Existenz der LEBESGUE-Integrale, die $\psi(y)$ definieren. Die Stetigkeit von ψ weisen wir mit Hilfe des Folgenkriteriums (Satz 14.2) nach. Sei also $y^0 = \lim_{k \to \infty} y^k$ für eine Folge $(y^k) \subseteq J$. Dann betrachten wir die Funktionenfolge $f_k(x) := f(x, y^k)$. Wegen Voraussetzung (i) haben wir $f_k(x) \to f_0(x) = f(x, y^0)$ f. ü., und alle bis auf endlich viele y^k liegen in einer Umgebung $\mathcal{U}(y^0)$, für die nach Voraussetzung (ii) eine gemeinsame integrierbare Majorante g existiert. Damit erfüllt die Folge (f_k) die Voraussetzungen des Satzes über die dominierte Konvergenz (Thm. 28.14), und dieser liefert $\psi(y^0) = \lim_{k \to \infty} \psi(y^k)$, also die Stetigkeit in dem beliebigen Punkt y^0.

b. Nach Teil a. ist gesichert, dass die Funktionen $\psi(y)$ und

$$\beta(y) := \int \frac{\partial f}{\partial y}(x,y)\mathrm{d}^n x$$

wohldefiniert und stetig sind. Zu beliebigem $y^0 \in J$ wählen wir $\delta > 0$ so klein, dass es für $K := [y^0 - \delta, y^0 + \delta] \subseteq J$ eine integrierbare Majorante h von $\partial f/\partial y$ gibt. Dann ist

$$\int\limits_K \mathrm{d}y \int \mathrm{d}^n x \left| \frac{\partial f}{\partial y} \right| \leq 2\delta \int h(x)\mathrm{d}^n x \;,$$

also sagt uns der Satz von Tonelli, dass $\partial f/\partial y$ über $\mathbb{R}^n \times K$ integrierbar ist. Für $|y - y^0| \leq \delta$ ergibt nun Fubini

$$\int\limits_{y^0}^{y} \beta(x,\eta)\mathrm{d}\eta = \int\limits_{\mathbb{R}^n} \left(\int\limits_{y^0}^{y} \frac{\partial f}{\partial y}(x,\eta)\mathrm{d}\eta \right) \mathrm{d}^n x$$

$$= \int\limits_{\mathbb{R}^n} \left(f(x,y) - f(x,y^0) \right) \mathrm{d}^n x = \psi(y) - \psi(y^0) \;.$$

Dies zeigt, dass $\psi \in C^1(K)$ ist und dass $\psi'(y) = \beta(y)$ ist für $y \in K$. Da aber $y^0 \in J$ beliebig gewählt war, gelten damit alle Behauptungen überall in J. $\square$

Bemerkungen: (i) Mittels Satz 28.19b. können auch partielle Ableitungen berechnet werden. Ist z. B. $y = (y_1, \ldots, y_m)$ und will man $\partial \psi/\partial y_1$ berechnen, so betrachtet man die Funktionen für feste Werte der Parameter $y_2, \ldots, y_m$ und befindet sich dann in der Situation, von der Satz 28.19b. handelt.

(ii) Auf Integrale der Form $\int_S f(x,y)\mathrm{d}^n x$ lässt sich der Satz ebenfalls anwenden, indem man den Integranden $f(x,y)$ durch $\chi_S(x)f(x,y)$ ersetzt.

E. Die Räume $L^1(S)$ und $L^2(S)$

Da die Integrale eine Abänderung ihrer Integranden auf einer Nullmenge gar nicht bemerken, sollte man zwei Funktionen, die sich nur auf einer Nullmenge unterscheiden, für die Zwecke der Integrationstheorie auch gar nicht als wirklich verschiedene Objekte betrachten. In der Mathematik werden solche „Identifikationen" durch die Bildung von *Äquivalenzklassen* arrangiert, doch mit dieser formalen Prozedur wollen wir uns hier nicht näher beschäftigen.

Stattdessen bilden wir zu jeder messbaren Teilmenge $S \subseteq \mathbb{R}^n$ einen Vektorraum $L^1(S)$ wie folgt: Wir denken uns Vektoren $v = [f]$, die durch Funktionen $f \in \mathcal{L}^1(S)$ repräsentiert werden, wobei zwei Funktionen genau dann
ein und denselben Vektor repräsentieren, wenn sie f. ü. übereinstimmen. Für
$f, g \in \mathcal{L}^1(S)$ gilt also:

$$[f] = [g] \iff f(x) = g(x) \quad \text{f. ü.} \tag{28.21}$$

Für $v = [f]$ und $w = [g]$ bildet man nun die Summe $v + w$ und das skalare
Vielfache cv durch

$$v + w = [f + g], \quad cv = [cf]. \tag{28.22}$$

(Dabei lassen wir Skalare $c \in \mathbb{C}$ zu, wenn wir komplexwertige Funktionen betrachten, aber nur $c \in \mathbb{R}$, wenn reellwertige Funktionen betrachtet werden.)
Damit diese Definitionen sinnvoll sind, muss man nachprüfen, dass die rechten Seiten der Gleichungen (28.22) sich nicht ändern, wenn man zu anderen
Repräsentanten für v, w übergeht. Ferner muss die Gültigkeit der Vektorraum-
axiome bestätigt werden. All das sind aber völlig triviale Rechnungen, die wir
gefahrlos übergehen können.

Auf dem so entstandenen Vektorraum $L^1(S)$ (genauer $L^1_{\mathbb{R}}(S)$ oder $L^1_{\mathbb{C}}(S)$,
je nach Skalarbereich) definieren wir eine *Norm* durch

$$\|v\|_1 := \int\limits_S |f(x)| \mathrm{d}^n x \quad \text{für} \quad v = [f]. \tag{28.23}$$

Beim Übergang zu einem anderen Repräsentanten desselben Vektors ändert
sich der Integrand nur auf einer Nullmenge, also bleibt das Integral unverän-
dert. Daher ist die Definition sinnvoll, und die Normaxiome lassen sich mit
Hilfe von Thm. 28.9a.,b. und c. ebenfalls leicht nachrechnen. Mit dem Symbol
$L^1(S)$ ist immer der normierte lineare Raum gemeint, der durch Hinzunehmen
dieser Norm entsteht.

Da das Integral selbst ebenfalls nicht vom gewählten Repräsentanten abhängt, können wir aus ihm eine Abbildung

$$J : L^1_{\mathbb{K}}(S) \longrightarrow \mathbb{K}$$

machen, indem wir setzen:

$$J(v) := \int\limits_S f(x) \mathrm{d}^n x \quad \text{für} \quad v = [f]. \tag{28.24}$$

Mit (28.22) und Thm. 28.9a. rechnet man sofort nach, dass diese Abbildung
linear ist. Ferner können wir (28.12) nun kurz in der Form

$$|J(v)| \leq \|v\|_1 \quad \forall v \in L^1(S) \tag{28.25}$$

anschreiben. Haben wir nun eine Folge (v_m), die im normierten linearen Raum
$L^1(S)$ gegen $v \in L^1(S)$ konvergiert, so folgt

$$|J(v) - J(v_m)| = |J(v - v_m)| \leq \|v - v_m\|_1 \longrightarrow 0,$$

d. h. $J(v) = \lim_{m \to \infty} J(v_m)$. Nach dem Folgenkriterium besagt dies, dass J auch eine *stetige* Abbildung ist – eine sog. *stetige Linearform* auf $L^1(S)$.

Die Räume $\mathcal{L}^2(S)$ und $L^2(S)$

Die obige Konstruktion hat viele Varianten, von denen die folgende mit Abstand die wichtigste ist: Man bezeichnet mit $\mathcal{L}^2(S) = \mathcal{L}^2_{\mathbb{K}}(S)$ die Menge der *quadratintegrablen* Funktionen $f : S \longrightarrow \mathbb{K}$, d. h. die Menge der messbaren $\mathbb{K}$-wertigen Funktionen auf S, für die

$$\int_S |f(x)|^2 \mathrm{d}^n x < \infty \tag{28.26}$$

ist. Auch diese Menge bildet einen $\mathbb{K}$-Vektorraum, wie das folgende einfache Lemma zeigt:

Lemma 28.20. *Sind $f, g \in \mathcal{L}^2(S)$, so ist $f + g \in \mathcal{L}^2(S)$ und $fg \in \mathcal{L}^1(S)$.*

Beweis. Für reelle Zahlen r, s ist stets $rs \leq (r^2 + s^2)/2$, denn $r^2 + s^2 - 2rs = (r - s)^2 \geq 0$. Für $f, g \in \mathcal{L}^2(S)$ ergibt das

$$|f(x)g(x)| = |f(x)| \cdot |g(x)| \leq \frac{1}{2} \left(|f(x)|^2 + |g(x)|^2 \right) ,$$

also $\int_S |fg| < \infty$ und damit $fg \in \mathcal{L}^1(S)$. Außerdem folgt

$$|f(x) + g(x)|^2 \leq (|f(x)| + |g(x)|)^2 = |f(x)|^2 + 2|f(x)| \cdot |g(x)| + |g(x)|^2$$
$$\leq 2 \left(|f(x)|^2 + |g(x)|^2 \right) ,$$

also $f + g \in \mathcal{L}^2(S)$. □

So wie wir aus $\mathcal{L}^1(S)$ den normierten linearen Raum $L^1(S)$ gebildet haben, können wir auch aus dem Vektorraum $\mathcal{L}^2(S)$ einen normierten Raum $L^2(S)$ gewinnen, und dieser wird sich sogar als HILBERTraum erweisen. Wir betrachten also den linearen Raum $L^2(S)$ der Vektoren $v = [f]$, die durch Funktionen $f \in \mathcal{L}^2(S)$ repräsentiert werden, wobei (28.21) und (28.22) gelten mögen. Für zwei Vektoren $v = [f]$, $w = [g]$ aus $L^2(S)$ ist nun der Ausdruck

$$\langle v \mid w \rangle := \int_S \overline{f(x)} g(x) \mathrm{d}^n x \tag{28.27}$$

wohldefiniert, wie aus dem letzten Lemma hervorgeht, und man rechnet ohne weiteres nach, dass er die definierenden Eigenschaften (6.8)–(6.10) eines *Skalarprodukts* hat. Damit ist $L^2(S)$ ein *Prähilbertraum*, und die entsprechende Norm ist

$$\|v\|_2 := \left(\int_S |f(x)|^2 \mathrm{d}^n x \right)^{1/2} \quad \text{für} \quad v = [f] . \tag{28.28}$$

Bemerkung: Die Elemente von $L^1(S)$ bzw. $L^2(S)$ werden normalerweise nicht mit $[f]$, sondern nur mit f bezeichnet. Das Symbol f mit $f \in L^p(S)$, $p = 1, 2$ bezeichnet also wahlweise den Vektor $[f]$ oder auch eine bestimmte integrierbare (bzw. quadratintegrable) Funktion, die diesen Vektor repräsentiert. Was gerade gemeint ist, hängt vom Kontext ab und kann durch Mitdenken eigentlich immer erraten werden. Man verbindet mit f die Vorstellung einer Funktion, der es nichts ausmacht, auf einer Nullmenge abgeändert zu werden. Konsequenterweise schreibt man die Gleichungen (28.23), (28.28) und (28.27) auch kurz in der Form

$$\|f\|_1 = \int\limits_S |f(x)| \mathrm{d}^n x\,, \quad \|f\|_2 = \left(\int\limits_S |f(x)|^2 \mathrm{d}^n x \right)^{1/2}\,,$$

$$\langle f \mid g \rangle = \int\limits_S \overline{f(x)} g(x) \mathrm{d}^n x\,.$$

Vollständigkeit von $L^1(S)$ und $L^2(S)$

Aus den Konvergenzsätzen kann man nun eine Konsequenz folgern (vgl. Ergänzung 28.29), die für die höhere Analysis von entscheidender Bedeutung ist, nämlich:

Theorem 28.21 (*Satz von* Riesz-Fischer). *Sei* (v_m) *eine* Cauchy*folge in* $L^p(S)$, $p = 1, 2$, *etwa* $v_m = [f_m]$. *Dann gibt es eine Teilfolge* (f_{m_k}), *für die der Grenzwert*

$$f(x) = \lim_{k \to \infty} f_{m_k}(x)$$

fast überall existiert. Die hierdurch fast überall definierte Funktion f *gehört wieder zu* $\mathcal{L}^p(S)$ *und repräsentiert daher einen Vektor* $v \in L^p(S)$. *Für diesen gilt*

$$\lim_{m \to +\infty} \|v - v_m\|_p = 0\,.$$

Es ist also $v = \lim_{m \to \infty} v_m$. *Insbesondere ist* $L^1(S)$ *ein* Banach*raum und* $L^2(S)$ *sogar ein* Hilbert*raum.*

Warum dies so bedeutsam ist, lässt sich an dieser Stelle nur schwer erklären. Immerhin haben sich auch die in Abschn. 14D. betrachteten Banachräume von beschränkten bzw. von stetigen beschränkten Funktionen als bedeutsam erwiesen, nämlich als den günstigsten Rahmen für die Diskussion der gleichmäßigen Konvergenz. Im weiteren Verlauf dieses Buches werden wir mehrfach Gelegenheit haben, die Nützlichkeit der Hilberträume $L^2(S)$ unter Beweis zu stellen, und wenn man sich mit den mathematischen Grundlagen der Quantenmechanik befasst, wird man sehr bald feststellen, dass die L^2-Räume nicht nur nützlich, sondern schlichtweg unverzichtbar sind.

Ergänzungen zu §28

In den Ergänzungen 28.23, 28.24 und 28.25 bauen wir das Arsenal nützlicher Rechenregeln für das LEBESGUE-Integral noch etwas aus. In 28.27–28.29 vermitteln wir einen Eindruck davon, wie die zentralen Sätze der Theorie bewiesen werden. Die erste, fünfte und neunte Ergänzung hingegen greifen Fragen auf, die sich bei der Lektüre dieses Kapitels womöglich aufgedrängt haben. Sie dienen also hauptsächlich dazu, Ihre Neugierde zu befriedigen.

28.22 Abzählung der rationalen Zahlen. In Teil c. der Beispiele aus Abschn. B. wurde erwähnt, dass die Menge der rationalen Zahlen sich als Folge anschreiben lässt. Auf den ersten Blick erscheint dies vielleicht unplausibel, denn in jedem noch so kurzen Intervall liegen unendlich viele rationale Zahlen. Aber es ist nicht schwer, die Menge $\mathbb{Q}$ durch eine Folge von *endlichen* Teilmengen auszuschöpfen. Dazu schreiben wir die rationalen Zahlen als Brüche $r = p/q$ mit $p \in \mathbb{Z}$ und $q \in \mathbb{N}$ und setzen

$$K_m := \{p/q \mid 1 \leq q \leq m, |p| \leq m\} \quad \text{für} \quad m \in \mathbb{N}.$$

Es ist klar, dass jede rationale Zahl in einem der K_m vorkommt (sogar in unendlich vielen, aber das spielt jetzt keine Rolle). Sei nun N_m die Anzahl der Elemente der endlichen Menge K_m und $S_m := N_1 + N_2 + \ldots + N_{m-1}$. Dann können wir die Elemente von K_m mit den Zahlen $k = S_m + 1, S_m + 2, \ldots, S_m + N_m = S_{m+1}$ durchnummerieren, und so entsteht insgesamt eine Folge, in der alle rationalen Zahlen vorkommen. Allerdings ist diese Abzählung in gewissem Sinne sehr ineffizient, denn jede rationale Zahl wird in dieser Folge unendlich oft wiederholt. Das kann man aber verbessern, indem man die Folge durchläuft und jede Zahl streicht, die schon einmal vorgekommen ist. So geht man über zu einer Teilfolge, die jede rationale Zahl genau einmal enthält. Ist (r_k) die so gewonnene Folge, so ist die Abbildung $\mathbb{N} \to \mathbb{Q} : k \mapsto r_k$ sogar eine *Bijektion* von $\mathbb{N}$ auf $\mathbb{Q}$.

Bemerkung: Mengen, die man als Wertebereich einer Folge schreiben kann, nennt der Mathematiker *abzählbar*. Da man aus solch einer Folge die Wiederholungen streichen kann, ist dies äquivalent dazu, dass es eine *bijektive Abbildung* von $\mathbb{N}$ auf die betreffende Menge gibt. Abzählbarkeit spielt für die LEBESGUE-Theorie eine entscheidende Rolle, was man schon daran erkennen kann, dass in den Sätzen aus diesem Kapitel immer wieder von Folgen die Rede war (auch Folgen von Funktionen, Folgen von Mengen etc.).

In der Mengenlehre wird die Unterscheidung zwischen Mengen verschiedener Größe folgendermaßen vorgenommen:

Definitionen.

   a. Zwei beliebige Mengen A, B heißen *gleichmächtig*, wenn es eine bijektive Abbildung $\varphi : A \longrightarrow B$ gibt.
   b. Eine Menge A, die gleichmächtig zu $\mathbb{N}$ ist, heißt *abzählbar*. Eine unendliche Menge, die nicht abzählbar ist, heißt *überabzählbar*.

Beispiele:

a. Endliche Mengen A, B sind genau dann gleichmächtig, wenn sie gleich viele Elemente enthalten.

b. $\mathbb{N}$ und $\mathbb{Z}$ sind gleichmächtig, denn

$\mathbb{N}:$	1	2	3	4	5	6	$\cdots$
	$\mid$	$\mid$	$\mid$	$\mid$	$\mid$	$\mid$	
$\mathbb{Z}:$	0	1	-1	2	-2	3	

zeigt eine bijektive Abbildung $\varphi : \mathbb{N} \longrightarrow \mathbb{Z}$, nämlich

$$\varphi(1) = 0, \quad \varphi(2k) = k, \quad \varphi(2k+1) = -k, \quad k \in \mathbb{N}.$$

c. $A := \mathbb{R}$ und $B := \,]-1, 1[$ sind gleichmächtig, denn $\varphi(x) := \tan \frac{\pi}{2} x$ liefert eine bijektive Abbildung $\varphi : B \longrightarrow A$.

In der LEBESGUE-Theorie wird immer wieder von der folgenden Tatsache Gebrauch gemacht:

Satz. *Die Vereinigung von abzählbar vielen abzählbaren Mengen ist abzählbar, d. h. sind $A_1, A_2, \ldots$ abzählbar, so ist*

$$A = \bigcup_{j=1}^{\infty} A_j$$

abzählbar.

Beweis. Da A_j abzählbar ist, können wir es als Wertebereich einer Folge schreiben, etwa

$$A_j = \{a_{j1}, a_{j2}, a_{j3}, \ldots\} = \{a_{jk} \mid k \in \mathbb{N}\}.$$

Dann ist A auch die Vereinigung der endlichen Mengen

$$K_m := \{a_{jk} \mid j + k = m + 1\}, \quad m \in \mathbb{N},$$

und daher können wir die Elemente von A in einer Folge anordnen, wie wir es oben mit den rationalen Zahlen getan haben. $\square$

Man kann sich diesen Beweis gut veranschaulichen, indem man sich die a_{jk} als doppelt unendliche Matrix aufgeschrieben denkt. Die K_m sind dann Diagonalen, die von links unten nach rechts oben verlaufen, und beim Abzählen von A werden diese Diagonalen nacheinander durchlaufen.

Das Verhältnis der beiden grundlegenden Mengen $\mathbb{Q}$ und $\mathbb{R}$ zueinander wird durch folgende Aussagen charakterisiert:

Satz.

a. *Die Menge $\mathbb{Q}$ der rationalen Zahlen ist abzählbar.*

b. *Die Menge $\mathbb{R}$ der reellen Zahlen ist überabzählbar.*

c. $\mathbb{Q}$ *liegt dicht in* $\mathbb{R}$, *d. h. zu jedem* $x \in \mathbb{R}$ *gibt es eine Folge* $(q_n) \subseteq \mathbb{Q}$ *mit* $q_n \longrightarrow x$.

Beweis.

a. wurde am Beginn dieser Ergänzung bereits bewiesen.

b. Wir zeigen, dass $]0, 1[$ überabzählbar ist. Anderenfalls könnte man eine Folge von unendlichen Dezimalbrüchen

$$x_1 = 0.\, a_{11}\, a_{12}\, a_{13} \cdots$$
$$x_2 = 0.\, a_{21}\, a_{22}\, a_{23} \cdots$$
$$x_3 = 0.\, a_{31}\, a_{32}\, a_{33} \cdots \qquad \text{mit} \quad a_{ik} \in \{0, \ldots, 9\}$$
$$\cdots$$

bilden, die alle Zahlen aus $]0, 1[$ enthält. Definiert man jedoch

$$y = 0.b_1 b_2 \cdots \quad \text{mit} \quad b_i = \begin{cases} a_{ii} + 1, & \text{falls} \quad 0 \le a_{ii} \le 4 \\ a_{ii} - 1, & \text{falls} \quad 5 \le a_{ii} \le 9, \end{cases}$$

so ist $y \ne x_n$ für alle $n \in \mathbb{N}$.

c. Sei $x \in \mathbb{R} \setminus \mathbb{Q}$ und $a_1 := [x]$ die größte ganze Zahl $\le x$, $b_1 := a_1 + 1$, $I_1 := [a_1, b_1]$, also $a_1, b_1 \in \mathbb{Q}$. Durch fortlaufende Halbierung produzieren wir weitere Intervalle, die x enthalten und deren Endpunkte rationale Zahlen sind. Es sei also $I_k = [a_k, b_k]$ die Hälfte von I_{k-1}, die x enthält. Es entstehen dann Folgen

$$a_1 \le a_2 \le \cdots < x < \cdots b_2 \le b_1 \quad \text{mit} \quad a_j, b_j \in \mathbb{Q}$$

und $a_n \longrightarrow x$, $b_n \longrightarrow x$.

$\square$

28.23 Integrale, die holomorph von einem Parameter abhängen. Ergänzend zu Satz 28.19 haben wir:

Satz. *Sei* $D \subseteq \mathbb{C}$ *offen. Wir betrachten eine Funktion* $f : \mathbb{R}^n \times D \longrightarrow \mathbb{C}$, *wobei für jedes* $z \in D$ *die Funktion* $f(\cdot, z)$ *messbar sein soll. Angenommen, es gilt:*

(i) *Fast überall auf* $\mathbb{R}^n$ *ist die Funktion* $f(x, \cdot)$ *auf* D *holomorph, d. h. die Menge der* x, *für die sie nicht holomorph ist, bildet eine* n-*dimensionale Nullmenge.*

(ii) *Zu jedem* $z_0 \in D$ *gibt es eine Umgebung* $\mathcal{U}(z_0) \subseteq D$ *und eine integrierbare Majorante, d. h. eine nichtnegative Funktion* $g \in \mathcal{L}^1(\mathbb{R}^n)$ *so, dass für alle* $z \in \mathcal{U}(z_0)$ *gilt:*

$$|f(x, z)| \le g(x) \quad \text{f. ü.}$$

Dann definiert

$$\psi(z) := \int f(x, z) \mathrm{d}^n x$$

eine holomorphe *Funktion ψ auf D, und alle ihre Ableitungen können durch Differentiation unter dem Integralzeichen berechnet werden. In Formeln:*

$$\psi^{(m)}(z) = \int \frac{\partial^m f}{\partial z^m}(x, z)\mathrm{d}^n x \qquad (28.29)$$

für alle $m \geq 0$, $z \in D$.

Beweis. Zu beliebigem $z_0 \in D$ wählen wir $\mathcal{U}(z_0)$ und eine Majorante g gemäß Voraussetzung (ii). Dann wählen wir $r > 0$ so klein, dass $B_r(z_0) \subseteq \mathcal{U}(z_0)$ ist. Für $|z - z_0| < r$ haben wir dann nach der CAUCHYschen Integralformel

$$f(x, z) = \frac{1}{2\pi\mathrm{i}} \oint\limits_{S_r(z_0)} \frac{f(x, \zeta)}{\zeta - z}\,\mathrm{d}\zeta = \frac{r}{2\pi} \int\limits_0^{2\pi} \frac{f(x, z_0 + r\mathrm{e}^{\mathrm{i}t})}{z_0 - z + r\mathrm{e}^{\mathrm{i}t}}\mathrm{e}^{\mathrm{i}t}\mathrm{d}t \quad \text{f. ü.}$$

Das ergibt

$$\psi(z) = \frac{r}{2\pi} \int \mathrm{d}^n x \int\limits_0^{2\pi} \mathrm{d}t\, w(x, t) \qquad (*)$$

mit dem Integranden

$$w(x, t) := \frac{f(x, z_0 + r\mathrm{e}^{\mathrm{i}t})}{z_0 - z + r\mathrm{e}^{\mathrm{i}t}}\mathrm{e}^{\mathrm{i}t}\,.$$

Wegen $|z_0 - z + r\mathrm{e}^{\mathrm{i}t}| \geq r - |z - z_0|$ und $S_r(z_0) \subseteq \mathcal{U}(z_0)$ lässt sich dies wie folgt abschätzen:

$$|w(x, t)| \leq \frac{g(x)}{r - |z - z_0|} \quad \text{f. ü.,}$$

also $\int \mathrm{d}^n x \int_0^{2\pi} \mathrm{d}t |w(x, t)| \leq 2\pi \int g(x)\mathrm{d}^n x < \infty$. Nach den Sätzen von TONELLI und FUBINI kann man also in $(*)$ die Integrationsreihenfolge vertauschen und erhält

$$\psi(z) = \frac{r}{2\pi} \int\limits_0^{2\pi} \mathrm{d}t \int \mathrm{d}^n x\, w(x, t) = \frac{1}{2\pi\mathrm{i}} \oint\limits_{S_r(z_0)} \frac{\psi(\zeta)}{\zeta - z}\mathrm{d}\zeta\,.$$

Nach Satz 28.19a. ist schon klar, dass ψ stetig ist. Außerdem ist $\psi(\zeta)/(\zeta - z)$ für jedes feste $\zeta \in S_r(z_0)$ eine holomorphe Funktion von $z \in U_r(z_0)$. Anwendung von Satz 16.8 zeigt daher, dass ψ holomorph in $U_r(z_0)$ ist. Da aber $z_0 \in D$ beliebig war, ergibt dies die Holomorphie von ψ in ganz D. Formel (28.29) ergibt sich völlig analog, indem man statt der CAUCHYschen Integralformel die Gleichung (16.34) aus Thm. 16.20 verwendet. $\square$

Bemerkung: Gegenüber Satz 28.19b. über die *reelle* Differenzierbarkeit hat man hier den Vorteil, dass man keine Majorante für die Ableitungen benötigt. Dies liegt daran, dass Gl. (16.34) die Ableitung ψ^m durch ein Integral über ψ selbst ausdrückt – ein Umstand, der sich in der Funktionentheorie sehr häufig als nützlich erweist.

28.24 Vektorwertige Integrale. Integrale von vektorwertigen Funktionen sind komponentenweise zu interpretieren. Betrachten wir etwa eine Funktion

$$F = (f_1, \ldots, f_p) : \mathbb{R}^n \longrightarrow \mathbb{R}^p \, .$$

Dann heißt F *messbar* (bzw. *integrierbar*), wenn alle Komponenten $f_1, \ldots, f_p$ messbar (bzw. integrierbar) sind. Das Integral $\int F$ ist dann einfach der Vektor mit den Komponenten $\int f_k$, $k = 1, \ldots, p$.

Ist nun F integrierbar, so ergibt sich für die Summennorm $\|(y_1, \ldots, y_p)\|_1$ auf $\mathbb{R}^p$ die Beziehung

$$\int \|F(x)\|_1 \mathrm{d}^n x = \int \sum_{k=1}^{p} |f_k(x)| \mathrm{d}^n x = \sum_{k=1}^{p} \int |f_k(x)| \mathrm{d}^n x < \infty \, .$$

Wenn andererseits für eine messbare Funktion $F = (f_1, \ldots, f_p)$ die Beziehung $\int \|F(x)\|_1 \mathrm{d}^n x < \infty$ bekannt ist, so folgt $\int |f_k| < \infty$ für alle k und damit die Integrierbarkeit. Da aber alle Normen auf $\mathbb{R}^p$ äquivalent sind, kann man hier die Summennorm auch durch jede beliebige andere Norm ersetzen. Für jede Norm $\| \cdot \|$ auf $\mathbb{R}^p$ gilt also: Eine messbare Funktion F ist genau dann integrierbar, wenn

$$\int \|F(x)\| \mathrm{d}^n x < \infty$$

ist. Dann gilt auch die wichtige Ungleichung

$$\left\| \int F(x) \mathrm{d}^n x \right\| \leq \int \|F(x)\| \mathrm{d}^n x \tag{28.30}$$

(vgl. Lemma 20.4). Der Beweis ist allerdings etwas schwieriger als für das RIEMANN-Integral. Speziell für die Summen- und die Maximumsnorm ist er hingegen wieder einfach und sei als Übung gestellt.

28.25 Der Hauptsatz der Differential- und Integralrechnung in der LEBESGUE-Theorie. Sei $[a, b] \subseteq \mathbb{R}$ ein kompaktes Intervall und $g : [a, b] \to \mathbb{K}$ LEBESGUE-integrierbar. Die Funktion

$$f(x) := \int\limits_a^x g(t) \mathrm{d}t = \int \chi_{[a,x]} g$$

ist dann stetig, wie man sich leicht überlegen kann (Aufg. 28.8). Funktionen der Form

$$f(x) = c + \int\limits_a^x g(t) \mathrm{d}t \tag{28.31}$$

mit einer Konstanten c und einer integrierbaren Funktion g nennt man *absolut stetig*. (Man kann die absolute Stetigkeit auch durch eine ε-δ-Bedingung charakterisieren, aber das wollen wir hier nicht tun.) Für diese gilt der

Satz. *Jede absolut stetige Funktion f auf $[a, b]$ ist f. ü. differenzierbar. Ist f durch (28.31) gegeben, so gilt für ihre Ableitung $f'(x) = g(x)$ f. ü.*

Im Integral können wir daher g durch f' ersetzen und erhalten als Konsequenz

$$f(x) - f(a) = \int_a^x f'(t)\mathrm{d}t \ . \tag{28.32}$$

Jede Funktion $g \in \mathcal{L}^1([a, b])$ hat also eine *Stammfunktion*, wenn wir unter einer Stammfunktion eine absolut stetige Funktion f verstehen, für die $f'(x) = g(x)$ f. ü. ist. Zwei solche Stammfunktionen unterscheiden sich auch nur um eine additive Konstante, denn wenn f_1, f_2 absolut stetig sind und $f_1' = g = f_2'$ f. ü. erfüllen, so folgt aus (28.32):

$$f_1(x) - f_2(x) = f_1(a) - f_2(a) \quad \forall x \ .$$

Verlässt man jedoch den Bereich der absolut stetigen Funktionen, so wird die Sache wesentlich komplizierter. Ist eine Funktion f auf $[a, b]$ messbar und f. ü. differenzierbar, so ist f' eine f. ü. definierte messbare Funktion, und man kann $\int |f'| \in [0, \infty]$ bilden. Aber es kann geschehen, dass f' nicht integrierbar ist, und es kann auch geschehen, dass f' zwar integrierbar ist, dass man aber die ursprüngliche Funktion f durch Integrieren nicht zurückgewinnt.
Beispiele: (i) Die Funktion

$$f(x) := x^2 \sin \frac{1}{x^2}$$

(stetig ergänzt durch $f(0) := 0$) ist sogar überall differenzierbar, aber für ihre Ableitung gilt $\int_0^1 |f'(x)|\mathrm{d}x = \infty$, wie man durch elementare (wenn auch etwas knifflige) Abschätzungen nachweist. Damit ist $f' \notin \mathcal{L}^1$, und es gibt keine Chance für eine Gleichung der Form (28.32).
(ii) Man wähle ein $c \in]a, b[$ und setze

$$f(x) := \begin{cases} 0 & \text{für} \quad a \leq x < c, \\ 1 & \text{für} \quad c \leq x \leq b \ . \end{cases}$$

Dann ist $f'(x) = 0$ überall außer in $x = c$, also verschwindet die rechte Seite von (28.32) auf ganz $[a, b]$. Allgemein hat man diesen Effekt bei stückweise glatten Funktionen, bei denen zwischen den einzelnen glatten Stücken Sprünge auftreten. Bei diesen könnte man Gl. (28.32) noch retten, indem man auf der rechten Seite geeignete, aus den Sprunghöhen gebildete Korrekturterme hinzufügt. Aber diese einfachen Beispiele sind nur die Spitze des Eisbergs.
Im Lichte dieser Bemerkungen erscheint es wichtig, von einer gegebenen Funktion festzustellen, ob sie absolut stetig ist. In diesem Zusammenhang ist der folgende Satz nützlich:

Satz. *Wenn f auf $[a, b]$ überall differenzierbar ist und $f' \in \mathcal{L}^1([a,b])$, so gilt (28.32), und insbesondere ist f dann absolut stetig.*

Näheres zu diesem Thema findet man in der Lehrbuchliteratur zur Integrationstheorie, zur Funktionalanalysis oder zur höheren Analysis (in der englischen Literatur oft als „Real Analysis" bezeichnet). Insbesondere verweisen wir auf [49], Kap. 8.

28.26 Rückblick auf das RIEMANN-Integral. Hat man den Umgang mit dem LEBESGUE-Integral erst einmal gründlich gelernt, so kann man das veraltete Werkzeug des RIEMANN-Integrals natürlich getrost auf dem Dachboden verstauben lassen. Trotzdem fragt man sich wahrscheinlich, welche Funktionen denn nun RIEMANN-integrierbar sind. Die Antwort gibt der folgende

Satz. *Sei $I \subseteq \mathbb{R}^n$ ein kompaktes n-dimensionales Intervall. Eine Funktion $f : I \to \mathbb{K}$ ist RIEMANN-integrierbar genau dann, wenn sie beschränkt ist und die Menge ihrer Unstetigkeitsstellen eine n-dimensionale LEBESGUEsche Nullmenge ist.*

Dies ist eine Verschärfung von Satz 11.6. In Kap. 11 konnten wir die ganze Wahrheit noch nicht mitteilen, weil wir LEBESGUEsche Nullmengen dort noch nicht definiert hatten. Man beachte, dass jede JORDANsche Nullmenge auch eine LEBESGUEsche Nullmenge ist. Außerdem ist jede *kompakte* LEBESGUEsche Nullmenge auch eine JORDANsche Nullmenge.

28.27 Beweisnachträge I: Additivität des Integrals. Um die Additivität (28.6) auch nur für zwei Summanden nachzuweisen, muss man das Integral etwas anders beschreiben als bisher. Ein wichtiges Hilfsmittel hierfür sind sogenannte *Treppenfunktionen*.

Definition. Eine Funktion $\varphi : \mathbb{R}^n \longrightarrow \mathbb{R}$ heißt eine *Treppenfunktion*, wenn es messbare Mengen $E_1, \ldots, E_N \subseteq \mathbb{R}^n$ und Konstanten $c_1, \ldots, c_N \in \mathbb{R}$ gibt, so dass

$$\varphi = \sum_{k=1}^{N} c_k \chi_{E_k} \tag{28.33}$$

und $\mu_n(E_k) < \infty$, falls $c_k \neq 0$.

Mit anderen Worten, eine Treppenfunktion ist eine messbare Funktion, die nur endlich viele Werte annimmt und die außerhalb einer Menge von endlichem Maß verschwindet. Die Darstellung (28.33) ist natürlich nicht eindeutig bestimmt, und man kann sie immer so einrichten, dass $E_j \cap E_k = \emptyset$ ist für $j \neq k$.

Ist φ eine nichtnegative Treppenfunktion, so lässt sich ihr Integral leicht berechnen:

Lemma 1. *Ist $\varphi \geq 0$ durch (28.33) gegeben, wobei für $j \neq k$ $E_j \cap E_k = \emptyset$ sein möge, so ist*

$$\int \varphi = \sum_{k=1}^{N} c_k \mu_n(E_k) \tag{28.34}$$

ihr Integral.

Beweis. Wegen der Konvention $0 \cdot \infty = 0$ kann man in (28.33) und (28.34) die Terme mit $c_k = 0$ weglassen, ohne dass sich etwas ändert. Deshalb nehmen wir an, es ist $c_k \neq 0$ für alle k. Die endlich vielen Werte $\neq 0$ von φ bilden eine Zerlegung

$$Z_0: \quad 0 < b_1 < b_2 < \cdots < b_m \,,$$

und wir setzen $G_k := \varphi^{-1}(\{b_k\})$, $k = 1, \ldots, m$. Man überlegt sich leicht, dass $S(\varphi; Z_0)$ unter allen Untersummen für φ den maximalen Wert liefert, also

$$\int \varphi = S(\varphi; Z_0) = \sum_{k=1}^{m} b_k \mu_n(G_k)$$

nach Definition des Integrals. Aber da die E_j zueinander disjunkt sind, hat φ auf jedem E_j den konstanten Wert c_j. Daher ist jeder Koeffizient c_j eines der b_k, und G_k ist die Vereinigung derjenigen E_j, für die $c_j = b_k$ ist. Mit Thm. 28.1a. ergibt das:

$$\sum_{k=1}^{m} b_k \mu_n(G_k) = \sum_{j=1}^{N} c_j \mu_n(E_j)$$

und somit (28.34). □

Lemma 2. *Für zwei nichtnegative Treppenfunktionen φ, ψ gilt:*

$$\int (\varphi + \psi) = \int \varphi + \int \psi \,. \tag{28.35}$$

Beweis. Wir schreiben beide Treppenfunktionen in der Form (28.33), also

$$\varphi = \sum_{j=1}^{M} c_j \chi_{E_j} \quad \text{und} \quad \psi = \sum_{k=1}^{N} d_k \chi_{G_k}$$

mit *disjunkten* E_j und *disjunkten* G_k. Dabei sei

$$\bigcup_{j=1}^{M} E_j = \bigcup_{k=1}^{N} G_k = \mathbb{R}^n \,,$$

was sich erreichen lässt, indem man auch Terme mit $c_j = 0$ bzw. $d_k = 0$ zulässt. Wir setzen

$$F_{jk} := E_j \cap G_k \,, \quad j = 1, \ldots, M \,, \quad k = 1, \ldots, N \,.$$

Diese Mengen sind alle zueinander disjunkt, und es gilt

$$\varphi + \psi = \sum_{j=1}^{M}\sum_{k=1}^{N}(c_j + d_k)\chi_{F_{jk}} ,$$

wie man durch Auswerten beider Seiten an einem beliebigen Punkt sofort nachprüft. Mit Lemma 1 und Thm. 28.1a. ergibt sich also

$$\int(\varphi + \psi) = \sum_{j=1}^{M}\sum_{k=1}^{N}(c_j + d_k)\mu_n(F_{jk})$$

$$= \sum_{j=1}^{M}c_j\sum_{k=1}^{N}\mu_n(F_{jk}) + \sum_{k=1}^{N}d_k\sum_{j=1}^{M}\mu_n(F_{jk})$$

$$= \sum_{j=1}^{M}c_j\mu_n(E_j) + \sum_{k=1}^{N}d_k\mu_n(G_k) = \int\varphi + \int\psi . \qquad \square$$

Bemerkung: Durch Induktion kann man (28.35) natürlich auf mehr als zwei Summanden ausdehnen, und mit Satz 28.3a. folgt dann auch, dass das Integral Linearkombinationen mit nichtnegativen Koeffizienten respektiert, d. h.

$$\int\sum_{k=1}^{N}\beta_k\varphi_k = \sum_{k=1}^{N}\beta_k\int\varphi_k \qquad (28.36)$$

für Treppenfunktionen $\varphi_k \geq 0$ und Zahlen $\beta_k \geq 0$. Nehmen wir hier charakteristische Funktionen, so stellen wir fest, dass (28.34) für *jede* Darstellung (28.33) einer Treppenfunktion gültig ist, auch ohne die Disjunktheitsforderung für die E_k. Tatsächlich wird in vielen Büchern das Integral einer Treppenfunktion durch (28.34) definiert. Das Integral einer nichtnegativen messbaren Funktion h wird dann durch die nachstehende Gleichung (28.37) definiert, und wir werden jetzt sehen, dass beide Definitionen äquivalent sind:

Lemma 3. *Es sei T die Menge aller Treppenfunktionen auf $\mathbb{R}^n$. Für jede messbare Funktion $h \geq 0$ auf $\mathbb{R}^n$ gilt:*

$$\int h = \sup\left\{\int\varphi \mid \varphi \in T, 0 \leq \varphi \leq h\right\} . \qquad (28.37)$$

Beweis. Sei $\sigma \in [0, \infty]$ das Supremum auf der rechten Seite von (28.37). Nach Satz 28.3a. ist $\int h \geq \int\varphi$, falls $\varphi \leq h$, und somit ist $\int h \geq \sigma$. Für eine Zerlegung

$$Z: \quad 0 < c_1 < \cdots < c_m$$

wie in Def. 28.2 ist andererseits nach Lemma 1

$$S(h; Z) = \int\psi$$

mit der Treppenfunktion

$$\psi := \sum_{k=1}^{m} c_k \chi_{E_k}, \quad E_k := h^{-1}([c_k, c_{k+1}]),$$

für die offenbar $\psi \leq h$ gilt. Somit ist nach Definition des Integrals $\int h \leq \sigma$, und (28.37) folgt. □

Wichtig für das Weitere ist, dass man messbare Funktionen durch Treppenfunktionen approximieren kann.

Lemma 4. *Für jede messbare Funktion $f \geq 0$ existiert eine monoton wachsende Folge (φ_m), $0 \leq \varphi_m \leq f$, von Treppenfunktionen φ_m, so dass*

$$f(x) = \lim_{m \to \infty} \varphi_m(x) \quad \text{für alle } x \in \mathbb{R}^n$$

Beweis. Für $m \in \mathbb{N}$ konstruieren wir $\varphi_m(x)$. Dazu unterteilen wir das Intervall $[0, m]$ in $m \cdot 2^m$ Teilintervalle.

$$\frac{k}{2^m} \leq y < \frac{k+1}{2^m}, \quad k = 0, 1, \ldots, m \cdot 2^m$$

und definieren damit die Mengen

$$\begin{aligned}
E_k^m &:= \left\{ x \mid k \cdot 2^{-m} \leq f(x) < (k+1)2^{-m} \right\} \\
&= f^{-1}\left([k \cdot 2^{-m}, (k+1)2^{-m}[\right), \quad 0 \leq k < m2^m, \\
E_{m \cdot 2^m}^m &= \{ x \mid f(x) \geq m \} = f^{-1}([m, \infty]).
\end{aligned}$$

Nach Konstruktion gilt dann

$$E_k^m \cap E_l^m = \emptyset \quad \text{für} \quad k \neq l,$$

$$\bigcup_{k=0}^{m2^m} E_k^m = \mathbb{R}^n.$$

Definieren wir dann

$$\varphi_m = \sum_{k=0}^{m2^m} \frac{k}{2^m} \chi_{E_m^k},$$

so leistet die Folge (φ_m) das Gewünschte. □

Als nächstes beweisen wir den Satz über monotone Konvergenz in einer Version für Funktionen mit Werten in $[0, \infty]$:

Lemma 5. *Sei (f_m) eine monoton wachsende Folge von messbaren Funktionen $f_m \geq 0$, die punktweise gegen eine Funktion f konvergiert. Dann gilt*

$$\int f \equiv \int \left(\lim_{m \to \infty} f_m \right) = \lim_{m \to \infty} \int f_m, \tag{28.38}$$

d. h. Limes und Integral dürfen vertauscht werden.

Beweis. Nach Voraussetzung gilt:

$$f(x) = \lim_{m \to \infty} f_m(x) \quad \text{für alle} \quad x \in \mathbb{R}^n \,,$$
$$0 \leq f_m \leq f_{m+1} \leq f \quad \text{für alle} \quad m \in \mathbb{N} \,. \tag{28.39}$$

Nach Satz 28.3a. folgt dann:

$$\int f_m \leq \int f_{m+1} \leq \int f \,,$$

d. h. die Folge $(\int f_m)$ der Integrale ist monoton wachsend. Lassen wir $+\infty$ als Wert für den Limes zu, so haben wir also

$$\lim_{m \to \infty} \int f_m \leq \int f \,. \tag{28.40}$$

Um die umgekehrte Ungleichung zu beweisen, wählen wir ein $\alpha \in \mathbb{R}$ mit $0 < \alpha < 1$. Für eine Treppenfunktion φ mit $0 \leq \varphi \leq f$ betrachten wir die Mengen

$$A_m := \{x \mid f_m(x) \geq \alpha\varphi(x)\} \,, \quad m \in \mathbb{N} \,.$$

Wegen (28.39) gilt dann

$$A_m \subseteq A_{m+1} \quad \text{und} \quad \bigcup_{m=1}^{\infty} A_m = \mathbb{R}^n \,.$$

Aus 28.3a. folgt aber

$$\int_{A_m} \alpha\varphi \leq \int_{A_m} f_m \leq \int f_m \,, \tag{28.41}$$

und außerdem gilt:

$$\int \varphi = \lim_{m \to \infty} \int_{A_m} \varphi \,. \tag{28.42}$$

Um dies einzusehen, betrachten wir zunächst eine charakteristische Funktion $\varphi = \chi_E$ und definieren

$$B_k := E \cap (A_k \setminus A_{k-1}) \,, \quad k \geq 1 \,,$$

wobei $A_0 := \emptyset$ gesetzt ist. Dann ist E die Vereinigung der disjunkten Mengen B_k, also ist nach Thm. 28.1a.

$$\int \varphi = \mu_n(E) = \lim_{m \to \infty} \sum_{k=1}^{m} \mu_n(B_k) = \lim_{m \to \infty} \mu_n(E \cap A_m) = \lim_{m \to \infty} \int_{A_m} \varphi \,.$$

Da dieses Ergebnis sich sofort auf Linearkombinationen überträgt, erhalten wir (28.42) auch für eine beliebige Treppenfunktion φ.

Gehen wir dann in (28.41) mit $m \longrightarrow \infty$, so folgt

$$\alpha \int \varphi \leq \lim_{m \to \infty} \int f_m \quad \text{für alle} \quad 0 < \alpha < 1$$

und daher

$$\int \varphi \leq \lim_{m \to \infty} \int f_m \; .$$

Somit folgt mit Lemma 3

$$\int f = \sup_{0 \leq \varphi \leq f} \int \varphi \leq \lim_{m \to \infty} \int f_m \; ,$$

was mit (28.40) die Behauptung liefert.   □

Nun können wir das Hauptresultat dieser Ergänzung formulieren, nämlich die Additivität (28.6) für den Fall zweier Summanden (also auch für den Fall endlich vieler Summanden):

Satz. *Für messbare Funktionen* $f, g : \mathbb{R}^n \longrightarrow [0, \infty]$ *gilt:*

$$\int (f + g) = \int f + \int g \; . \tag{28.43}$$

Beweis. Für Treppenfunktionen $\varphi, \psi \geq 0$ ist die Behauptung aus Lemma 2 bekannt. Um (28.43) zu zeigen, wählen wir Folgen $(\varphi_m), (\psi_m)$ von Treppenfunktionen mit

$$\varphi_m \nearrow f \quad \text{und} \quad \psi_m \nearrow g$$

gemäß Lemma 4. Dann ist $(\varphi_m + \psi_m)$ ebenfalls eine monoton wachsende Folge von Treppenfunktionen mit

$$\varphi_m + \psi_m \nearrow f + g \; .$$

Somit folgt mit dem Satz über monotone Konvergenz in der Gestalt von Lemma 5:

$$\begin{aligned}
\int (f + g) &= \int \lim_m (\varphi_m + \psi_m) \\
&= \lim_m \int (\varphi_m + \psi_m) \\
&= \lim_m \int \varphi_m + \lim_m \int \psi_m \\
&= \int \lim_m \varphi_m + \int \lim_m \psi_m \\
&= \int f + \int g \; .
\end{aligned}$$

□

28.28 Beweisnachträge II: Die Konvergenzsätze. Der Satz von Beppo
Levi (Satz 28.3c.) folgt nun sofort aus (28.43) und Lemma 5 der vorigen
Ergänzung, angewandt auf die monoton wachsende Folge der Partialsummen.
Hieraus haben wir schon den allgemeinen Satz von der monotonen Konvergenz
(Thm. 28.13) hergeleitet.

Um nun das vor Thm. 28.14 erwähnte *Lemma von* Fatou zu formulieren, müssen wir noch einen elementaren Begriff über Zahlenfolgen einführen,
der bisher nie erwähnt worden war: Für jede nach unten beschränkte reelle
Zahlenfolge (a_k) ist die Folge der Zahlen

$$b_k := \inf_{j \geq k} a_j$$

offenbar monoton wachsend, konvergiert also gegen ihr Supremum (wobei wieder $+\infty$ zugelassen ist). Dieses Supremum wird als der *Limes inferior* der
Folge bezeichnet, und man schreibt

$$\liminf_k a_k := \sup_k \left(\inf_{j \geq k} a_j \right) = \lim_{k \to \infty} \left(\inf_{j \geq k} a_j \right) .$$

Der Limes inferior ist auch der kleinstmögliche Grenzwert einer konvergenten
Teilfolge von (a_k), wie man sich leicht überlegen kann (Übung!). Vertauscht
man in seiner Definition die Rollen von Supremum und Infimum, so ergibt sich
die Definition des *Limes superior* $\limsup_k a_k$, der auch als der größtmögliche
Grenzwert einer konvergenten Teilfolge beschrieben werden kann.

Ist die Folge konvergent, so haben alle konvergenten Teilfolgen ein und
denselben Grenzwert, und daher ist dann

$$\lim_{k \to \infty} a_k = \liminf_k a_k = \limsup_k a_k . \tag{28.44}$$

Man überlegt sich auch leicht, dass umgekehrt gilt:

$$\limsup_k a_k = a = \liminf_k a_k \implies a = \lim_{k \to \infty} a_k . \tag{28.45}$$

Diese einfachen Beobachtungen werden wir beim Beweis des Satzes über dominierte Konvergenz benötigen.

Lemma von Fatou. *Für jede Folge* (f_m) *von messbaren Funktionen* $f_m \geq 0$
gilt

$$\int \left(\liminf_m f_m \right) \leq \liminf_m \int f_m . \tag{28.46}$$

Beweis. Für $m \in \mathbb{N}$ schreiben wir

$$g_m(x) := \inf_{j \geq m} f_j(x) .$$

Dann ist (g_m) eine monoton wachsende Folge von messbaren Funktionen mit $g_m \leq f_j$ für $j \geq m$ und daher

$$\int g_m \leq \int f_j \quad \text{für} \quad j \geq m$$

und somit

$$\int g_m \leq \liminf_j \int f_j \,.$$

Wegen

$$\lim_{m \longrightarrow \infty} g_m = \sup_m g_m = \sup_{m \geq 1} \left\{ \inf_{j \geq m} f_j \right\}$$
$$= \liminf_m f_m$$

liefert (28.38) in Lemma 5 aus der vorigen Ergänzung

$$\int \left(\liminf_m f_m \right) = \int \lim_m g_m$$
$$= \lim_m \int g_m \leq \liminf_m \int f_m \,,$$

was (28.46) beweist. $\qquad\qquad\qquad\qquad\qquad\qquad\qquad\qquad\qquad\quad\square$

Beweis des Satzes über dominierte Konvergenz (Thm. 28.14). Der Fall komplexwertiger Funktionen wird durch Zerlegung in Real- und Imaginärteil auf den reellen Fall zurückgeführt. Da man alle beteiligten Funktionen durch Null auf ganz $\mathbb{R}^n$ fortsetzen kann, genügt es auch, den Fall $S = \mathbb{R}^n$ zu betrachten. Wir können nach Abänderung auf einer Nullmenge schließlich annehmen, dass

$$f(x) \;\;= \lim_{k \longrightarrow \infty} f_k(x) \quad \forall x \in \mathbb{R}^n \,,$$
$$|f_k(x)| \leq g(x) \qquad\qquad \forall x \in \mathbb{R}^n \,,$$

und daher gilt auch

$$|f(x)| \leq g(x) \quad \forall x \in \mathbb{R}^n \,,$$

so dass $f \in \mathcal{L}^1(\mathbb{R}^n)$. Wegen $g + f_k \geq 0$ auf $\mathbb{R}^n$ und (28.44) folgt mit dem *Lemma von* FATOU

$$\int g + \int f = \int (g + f) \leq \liminf_k \int (g + f_k)$$
$$= \int g + \liminf_k \int f_k \,,$$

woraus

$$\int f \leq \liminf_k \int f_k \qquad\qquad\qquad\qquad\qquad (*)$$

folgt. Da andererseits auch $g - f_k \geq 0$ ist, folgt wieder mit dem Lemma von FATOU

$$\int g - \int f = \int (g - f) \leq \liminf_k \int (g - f_k)$$

$$= \int g - \limsup_k \int f_k \, ,$$

woraus

$$\limsup_k \int f_k \leq \int f \qquad (**)$$

folgt. $(*)$ und $(**)$ liefern wegen (28.45) dann aber

$$\lim_{k \longrightarrow \infty} \int f_k = \int f \, .$$

$\square$

28.29 Beweisnachträge III: Der Satz von RIESZ-FISCHER. Wir beweisen den Satz von RIESZ-FISCHER (Thm. 28.21) für den Fall $p = 1$. Geringe Modifikationen führen dann auch zu einem Beweis für $p = 2$ (vgl. auch Ergänzung 28.30).

Sei (f_m) eine Repräsentantenfolge der CAUCHYfolge (v_m) in $L^1(S)$. Zu $\varepsilon > 0$ gibt es dann ein $m_0 \in \mathbb{N}$, so dass

$$\int\limits_S |f_m - f_l| = \|v_m - v_l\|_1 < \varepsilon$$

für alle $m, l \geq m_0$. Dann können wir eine Teilfolge (v_{m_k}) auswählen, für die

$$\|v_{m_k} - v_{m_{k+1}}\|_1 = \int |f_{m_k} - f_{m_{k+1}}| < \frac{1}{2^k} \quad \forall k \in \mathbb{N} \, . \qquad (28.47)$$

Nun definieren wir

$$g(x) := |f_{m_1}(x)| + \sum_{k=1}^{\infty} |f_{m_{k+1}}(x) - f_{m_k}(x)| \, . \qquad (28.48)$$

Dann ist $g(x)$ punktweiser Limes einer monoton wachsenden Folge von nichtnegativen messbaren Funktionen und daher ebenfalls eine messbare Funktion mit Werten in $[0, \infty]$. Mit dem Satz von BEPPO LEVI folgt nun

$$\int\limits_S g = \int\limits_S |f_{m_1}| + \sum_{k=1}^{\infty} |f_{m_{k+1}} - f_{m_k}|$$

$$= \|f_{m_1}\|_1 + \sum_{k=1}^{\infty} \|f_{m_{k+1}} - f_{m_k}\|_1$$

$$< \|f_{m_1}\|_1 + \sum_{k=1}^{\infty} 2^{-k} = \|f_{m_1}\|_1 + 1 < \infty \, .$$

Diese Abschätzung zeigt, dass $g \in L^1(S)$ ist. Daher ist

$$N := \{x \in S \mid g(x) = +\infty\}$$

eine Nullmenge, wie man unmittelbar aus Def. 28.2 abliest. Definieren wir also

$$f(x) := \begin{cases} f_{m_1}(x) + \sum_{k=1}^{\infty} (f_{m_{k+1}}(x) - f_{m_k}(x)), & x \in S \setminus N, \\ 0, & x \in N, \end{cases} \qquad (28.49)$$

so gilt offenbar (Teleskopsumme!)

$$f(x) = \lim_{N \to \infty} f_{m_N}(x) \quad \text{fast überall auf } S, \qquad (28.50)$$

womit die erste Aussage des Satzes gezeigt ist. Aus (28.48) folgt weiter

$$|f_{m_N}(x)| \leq |f_{m_1}(x)| + \sum_{k=1}^{N-1} |f_{m_{k+1}}(x) - f_{m_k}(x)| \leq g(x) \quad \text{fast überall auf } S.$$

Für $N \to \infty$ folgt $|f(x)| \leq g(x)$ f. ü. und dann auch $|f(x) - f_{m_N}(x)| \leq |f(x)| + |f_{m_N}(x)| \leq 2g(x)$ f. ü. für jedes N. Wegen $g \in L^1(S)$ sind damit die Voraussetzungen von Thm. 28.14 erfüllt, d. h. für die Integrale

$$\int_S |f - f_{m_N}|$$

liegt dominierte Konvergenz vor. Somit ist auch $f \in L^1(S)$ und es gilt

$$\lim_{N \to \infty} \|f - f_{m_N}\|_1 = 0 \,.$$

Da also eine Teilfolge der ursprünglichen CAUCHYfolge im normierten linearen Raum $L^1(S)$ konvergiert, konvergiert die ganze Folge (vgl. Satz 13.12b.). □

28.30 Räume p-summierbarer Funktionen. Der BANACHraum $L^1(S)$ und der HILBERTraum $L^2(S)$ gehören zu einer ganzen Klasse von wichtigen Funktionenräumen, die wir kurz vorstellen wollen.

Definition. Für eine messbare Menge $S \subseteq \mathbb{R}^n$ und eine Zahl $p \geq 1$ bezeichnet $\mathcal{L}^p(S)$ den $\mathbb{C}$-Vektorraum der *p-summierbaren Funktionen*, d. h. derjenigen messbaren Funktionen $f : S \longrightarrow \mathbb{C}$, für die

$$\int |f|^p < \infty$$

ist.

Dass $\mathcal{L}^p(S)$ in der Tat ein Vektorraum ist, folgt aus der Abschätzung

$$
\begin{aligned}
|f+g|^p &\leq (|f|+|g|)^p \\
&\leq (2\max\{|f|,|g|\})^p \\
&\leq 2^p \max\{|f|^p,|g|^p\} \\
&\leq 2^p(|f|^p+|g|^p) \, .
\end{aligned}
$$

Wir wollen versuchen, $\mathcal{L}^p(S)$ zu einem normierten linearen Raum zu machen, und zwar mit der Norm

$$
\|f\|_p := \left(\int\limits_S |f|^p \right)^{1/p} . \tag{28.51}
$$

wegen

$$
\|f\|_p = 0 \quad \Longleftrightarrow \quad f = 0 \quad \text{fast überall}
$$

muss man auch hier, wie bei $\mathcal{L}^1(S)$ und $\mathcal{L}^2(S)$, wieder Äquivalenzklassen $[f]$ von Funktionen betrachten, die fast überall übereinstimmen, was wir nicht näher auszuführen brauchen, da dies wie in den Fällen $p=1,2$ funktioniert. Die Schwierigkeit mit (28.51) besteht jedoch darin zu zeigen, dass $\|f\|_p$ auch für $p>1$, $p \neq 2$, die Dreiecksungleichung

$$
\|f+g\|_p \leq \|f\|_p + \|g\|_p \tag{28.52}
$$

erfüllt.

Dazu benötigen wir einige Vorbereitungen:

Zunächst bemerken wir, dass die YOUNG*sche Ungleichung*

$$
ab \leq \frac{a^p}{p} + \frac{b^q}{q} \quad \text{für} \quad p,q \geq 1, \quad \frac{1}{p}+\frac{1}{q}=1 \tag{28.53}
$$

aus Aufg. 24.2d. trivialerweise auch für $a=0$ oder $b=0$ gilt. Daraus kann man einige Ungleichungen folgern, die für die höhere Analysis fundamental sind:

Theorem 1. *Sei $p>1$ und $p^{-1}+q^{-1}=1$. Für $f \in \mathcal{L}^p(S)$, $g \in \mathcal{L}^q(S)$ ist $f \cdot g \in \mathcal{L}^1(S)$ und es gilt die* HÖLDER*sche Ungleichung*

$$
\int\limits_S |f \cdot g| \leq \left(\int\limits_S |f|^p \right)^{1/p} \left(\int\limits_S |g|^q \right)^{1/q} \equiv \|f\|_p \|g\|_q \, . \tag{28.54}
$$

Bemerkung: Wir sehen, dass (28.54) im Falle $p=2$ gerade die SCHWARZsche Ungleichung in $L^2(S)$ ist.

Beweis. Um (28.54) zu beweisen, nehmen wir

$$\|f\|_p > 0 \quad \text{und} \quad \|g\|_q > 0$$

an, da (28.54) sonst trivialerweise erfüllt ist, und setzen in der Ungleichung (28.53)

$$a := \frac{|f(x)|}{\|f\|_p}, \quad b = \frac{|g(x)|}{\|g\|_q} \quad \text{für} \quad x \in S .$$

Aus (28.53) folgt dann

$$\frac{|f(x)||g(x)|}{\|f\|_p \|g\|_q} \leq \frac{|f(x)|^p}{p\|f\|_p^p} + \frac{|g(x)|^q}{q\|g\|_q^q} , \qquad (28.55)$$

was zeigt, dass $f \cdot g \in \mathcal{L}^1(S)$ ist, weil das Integral über die rechte Seite nach Voraussetzung endlich ist. Integrieren wir die Ungleichung (28.55) über S, so folgt

$$\int\limits_S |f \cdot g| \leq \frac{\|g\|_q}{p\|f\|_p^{p-1}} \int\limits_S |f|^p + \frac{\|f\|_p}{q\|g\|_q^{q-1}} \int\limits_S |g|^q$$

$$= \frac{1}{p}\|f\|_p \|g\|_q + \frac{1}{q}\|f\|_p \|g\|_q = \|f\|_p \|g\|_q$$

wegen der Voraussetzung $p^{-1} + q^{-1} = 1$. $\qquad\qquad\qquad\qquad\qquad\square$

Damit können wir die Dreiecksungleichung für (28.51) beweisen:

Theorem 2. *Für* $f, g \in \mathcal{L}^p(S)$, $p \geq 1$, *gilt die* MINKOWSKI*-Ungleichung*

$$\left(\int\limits_S |f+g|^p \right)^{1/p} \leq \left(\int\limits_S |f|^p \right)^{1/p} + \left(\int\limits_S |g|^p \right)^{1/p} , \qquad (28.56)$$

d. h.

$$\|f+g\|_p \leq \|f\|_p + \|g\|_p .$$

Beweis. Wir gehen aus von der trivialen Ungleichung

$$|f+g|^p \leq |f||f+g|^{p-1} + |g||f+g|^{p-1} . \qquad (28.57)$$

Für $p > 1$ und $p^{-1} + q^{-1} = 1$ ist $p = (p-1)q$. Wir wissen schon, dass $\mathcal{L}^p(S)$ ein Vektorraum ist, also ist $f + g \in \mathcal{L}^p(S)$, und daher ist $|f+g|^{p-1} \in \mathcal{L}^q(S)$. Nach Theorem 1 ist also

$$|f||f+g|^{p-1} \in \mathcal{L}^1(S), \quad |g||f+g|^{p-1} \in \mathcal{L}^1(S) ,$$

und die HÖLDERsche Ungleichung (28.54) ergibt

$$\int_S |f||f+g|^{p-1} \le \|f\|_p \left(\int_S |f+g|^{(p-1)q} \right)^{1/q}$$

$$= \|f\|_p \|f+g\|_p^{p/q} \,,$$

$$\int_S |g||f+g|^{p-1} \le \|g\|_p \|f+g\|_p^{p/q} \,.$$

Mit (28.57) folgt daher

$$\|f+g\|_p^p \le (\|f\|_p + \|g\|_p)\|f+g\|_p^{p/q} \,.$$

Wegen $p - p/q = 1$ folgt daraus (28.56). $\square$

Wie in Abschn. E. ausführlich geschildert, geht man auch hier durch Bildung von Äquivalenzklassen zu einen Vektorraum $L^p(S)$ über, auf dem durch (28.51) tatsächlich eine *Norm* definiert ist. Für diese normierten linearen Räume gilt ebenfalls der Satz von RIESZ-FISCHER. Wir fassen all dies in dem folgenden abschließenden Satz zusammen:

Theorem 3. *Für eine messbare Menge $S \subseteq \mathbb{R}^n$ und $p \ge 1$ sei $L^p(S)$ der Vektorraum der Äquivalenzklassen $[f]$, wobei $f \in \mathcal{L}^p(S)$ und wobei*

$$[f] = [g] \quad \Longleftrightarrow \quad f(x) = g(x) \quad f.\ ü.\ auf\ S.$$

Mit der Norm

$$\|[f]\|_p := \left(\int_S |f|^p \right)^{1/p} \tag{28.58}$$

wird $L^p(S)$ zu einem BANACHraum.

Beweis. Dass $L^p(S)$ ein normierter linearer Raum ist, ist nach den bisher bewiesenen Aussagen klar. Es bleibt die Vollständigkeit zu zeigen, was ähnlich wie im Beweis von Theorem 28.21 geht (vgl. Ergänzung 28.29). Sei also $([f_m])$ eine CAUCHYfolge in $L^p(S)$, d. h. zu $\varepsilon > 0$ gibt es ein $m_0 \in \mathbb{N}$, so dass

$$\int_S |f_m - f_l|^p < \varepsilon^p \quad \text{für alle} \quad m, l \ge m_0 \,.$$

Dann können wir wieder eine Teilfolge (f_{m_k}) auswählen, so dass

$$\|f_{m_k} - f_{m_{k+1}}\|_p < \frac{1}{2^k} \quad \text{für} \quad k \in \mathbb{N} \,. \tag{28.59}$$

Nun definieren wir

$$g(x) = |f_{m_1}(x)| + \sum_{k=1}^{\infty} |f_{m_{k+1}}(x) - f_{m_k}(x)| \,. \tag{28.60}$$

Dann ist $g(x)$ punktweiser Limes der monoton wachsenden Folge von positiven messbaren Funktionen

$$g_N(x) = |f_{m_1}(x)| + \sum_{k=1}^{N} |f_{m_{k+1}}(x) - f_{m_k}(x)|,$$

die offenbar zu $\mathcal{L}^p(S)$ gehören. Für ihre Normen liefert die MINKOWSKIsche Ungleichung zusammen mit (28.59)

$$\|g_N\|_p \le \|f_{m_1}\|_p + \sum_{k=1}^{N} \|f_{m_{k+1}} - f_{m_k}\|_p$$
$$\le \|f_{m_1}\|_p + \sum_{k=1}^{N} 2^{-k} < \|f_{m_1}\|_p + 1 =: C < \infty.$$

Die Integrale $\int g_N^p$ sind also beschränkt durch C^p, und der Satz über monotone Konvergenz sagt uns daher, dass $g \in \mathcal{L}^p(S)$. Der Rest des Beweises verläuft fast wörtlich wie im Falle $p = 1$. $\qquad\square$

Aufgaben zu §28

28.1. Es sei $\chi_\mathbb{Q}$ die charakteristische Funktion der Menge der rationalen Zahlen. Man zeige:

a. $\chi_\mathbb{Q}$ ist über kein Intervall $[a, b]$ $(a < b)$ RIEMANN-integrierbar.
b. $\chi_\mathbb{Q}$ ist sogar über ganz $\mathbb{R}$ (also erst recht über Teilintervalle) LEBESGUE-integrierbar. Welchen Wert hat $\int \chi_\mathbb{Q}$?

28.2. Es sei $h : \mathbb{R}^n \to [0, \infty]$ eine messbare Funktion mit $\int h < \infty$. Man zeige, dass dann $h(x) < \infty$ f. ü.

28.3. Zu einer gegebenen Folge $(a_k)_{k \ge 0}$ reeller oder komplexer Zahlen betrachten wir die Funktion

$$g := \sum_{k=0}^{\infty} a_k \chi_{[k,k+1[}.$$

Diese Funktion hat also auf dem Intervall $[k, k+1[$ den konstanten Wert a_k (wieso?). Man zeige: Die Funktion g ist genau dann LEBESGUE-integrierbar, wenn die Reihe $\sum_{k=0}^{\infty} a_k$ absolut konvergent ist. Im Falle der Integrierbarkeit ist

$$\int g = \sum_{k=0}^{\infty} a_k.$$

28.4. Aussagen über das LEBESGUE-Maß lassen sich oft leicht beweisen, indem man die Konvergenzsätze auf Folgen von charakteristischen Funktionen anwendet. Auf diese Weise zeige man, dass für eine Folge $(A_1, A_2, \ldots)$ von messbaren Teilmengen von $\mathbb{R}^n$ stets gilt:

a. $\mu_n\left(\bigcup_{k=1}^{\infty} A_k\right) = \lim_{k\to\infty} \mu_n(A_k) = \sup_{k\geq 1} \mu_n(A_k)$, falls $A_{k+1} \supseteq A_k$ für alle k.

b. $\mu_n\left(\bigcap_{k=1}^{\infty} A_k\right) = \lim_{k\to\infty} \mu_n(A_k) = \inf_{k\geq 1} \mu_n(A_k)$, falls $A_{k+1} \subseteq A_k$ für alle k.

c. $\bigcap_{k=1}^{\infty} A_k = \emptyset \implies \lim_{m\to\infty} \mu_n(A_1 \cap \ldots \cap A_m) = 0$.

28.5. Man bearbeite erneut Aufg. 15.12b., anders gesagt, man beweise die für $s > 1$ gültige Formel

$$\int_0^{\infty} \frac{e^{-x}}{1 - e^{-x}} x^{s-1} \mathrm{d}x = \Gamma(s) \sum_{k=1}^{\infty} k^{-s}$$

einschließlich Rechtfertigung der Vertauschung von Summation und Integration.

28.6. Für $x \in \mathbb{R}$, $k \in \mathbb{N}$ setzen wir $f_k(x) := \varphi(x - k)$, wobei

$$\varphi(x) := \max(0, 1 - |x|) .$$

Man berechne $\lim_{k\to\infty} \int_{\mathbb{R}} f_k(x)\mathrm{d}x$ und $\int_{\mathbb{R}} \lim_{k\to\infty} f_k(x)\mathrm{d}x$. Wie verträgt sich das Ergebnis mit dem Satz von der dominierten Konvergenz?

28.7. Setze $f(x; m) := (\cos mx)^{2m} \sin mx$ für $x \in \mathbb{R}$, $m \in \mathbb{N}$.

a. Man berechne $\int_0^{\pi} |f(x; m)|\mathrm{d}x$.
b. Man zeige: Die Funktion

$$s(x) := \sum_{k=1}^{\infty} f(x; k^2)$$

ist f. ü. definiert und über $[0, \pi]$ LEBESGUE-integrierbar.
c. Nun versuche man, ohne LEBESGUE-Theorie auszukommen, und zeige dazu, dass die Reihe in Teil b. sogar absolut und gleichmäßig konvergiert, so dass s sogar stetig ist. (Das ist machbar, aber ein gutes Stück schwieriger!)

28.8. Sei g eine integrierbare Funktion auf dem Intervall $[a, b] \subseteq \mathbb{R}$. Man zeige, dass die Funktion

$$f(x) := \int_a^x g(t)\mathrm{d}t = \int \chi_{(a,x)} g$$

auf $[a, b]$ stetig ist. (*Hinweis:* Folgenkriterium und Satz von der dominierten Konvergenz!)

28.9. Die Funktion f sei auf $\mathbb{R}^n$ beschränkt und f. ü. stetig, und die Menge $S \subseteq \mathbb{R}^n$ sei beschränkt und messbar. Wir setzen

$$u(\xi) := \int\limits_{S+\xi} f(x)\mathrm{d}^n x\,, \quad \xi \in \mathbb{R}^n\,,$$

wobei $S + \xi := \{x + \xi \mid x \in S\}$. Man zeige, dass die Funktion u auf ganz $\mathbb{R}^n$ stetig ist.

28.10. Man zeige:

a. Die Funktion

$$f(x, y) := 1/(1 + x^2 + y^2)$$

ist nicht über $\mathbb{R}^2$ LEBESGUE-integrierbar.

b. Die Funktion

$$g(x, y) := 1/(1 + x^2 + y^4)$$

ist über $\mathbb{R}^2$ LEBESGUE-integrierbar, und für ihr Integral gilt

$$0 < \int \frac{\mathrm{d}(x, y)}{1 + x^2 + y^4} \leq 4\pi\,.$$

28.11. Eine Funktion $f : \mathbb{R}^n \to \mathbb{K}$ heißt *periodisch*, wenn es eine Basis $\{\boldsymbol{p}_1, \ldots, \boldsymbol{p}_n\}$ von $\mathbb{R}^n$ gibt, für die gilt

$$f(x + \boldsymbol{p}_j) = f(x) \quad \text{f. ü. für alle} \quad j = 1, \ldots, n\,.$$

Wir definieren dann ein Parallelepiped P durch

$$P := \left\{ \sum_{j=1}^{n} \xi_j \boldsymbol{p}_j \,\middle|\, \xi_1, \ldots, \xi_n \in [0, 1] \right\}$$

und setzen, wie üblich, $P + y := \{x + y \mid x \in P\}$.

Nun sei $f \in \mathcal{L}^1(\mathbb{R}^n)$ eine periodische Funktion. Dann ist

$$\int\limits_{P+y} f(x)\mathrm{d}^n x$$

unabhängig von $y \in \mathbb{R}^n$. Man zeige dies in den folgenden drei Schritten:

a. Für den Fall $n = 1$, d. h. das Integral

$$\int\limits_{y}^{y+p} f(x)\mathrm{d}x$$

hängt nicht von y ab, wenn p eine Periode von f ist.

b. Für allgemeines n mit den Perioden $p_j = e_j$. (*Hinweis:* Teil a. und Satz von FUBINI!)

c. Allgemein (*Hinweis:* Teil b. und Transformationsformel!)

28.12. Sei $S \subseteq \mathbb{R}^n$ messbar. Für beliebiges $p \geq 1$ bezeichnet man mit $\mathcal{L}^p(S) \equiv \mathcal{L}^p_{\mathbb{K}}(S)$ die Menge der messbaren Funktionen $f : S \to \mathbb{K}$, für die $\int_s |f(x)|^p \mathrm{d}^n x < \infty$ ist. Man beweise:

a. $\mathcal{L}^p(S)$ ist stets ein $\mathbb{K}$-Vektorraum. (*Hinweis:* Um $\int_S |f+g|^p$ abzuschätzen, zerlege man S in die beiden Teile $S_f := \{x \in S \mid |f(x)| \geq |g(x)|\}$ und $S_g := \{x \in S \mid |g(x)| > |f(x)|\}$.)

b. Sind $p, q > 1$ so, dass $p^{-1} + q^{-1} = 1$, und sind $f \in \mathcal{L}^p(S)$, $g \in \mathcal{L}^q(S)$, so ist $fg \in \mathcal{L}^1(S)$. (*Hinweis:* Man verwende die YOUNGsche Ungleichung aus Aufg. 24.2d.)

29

FOURIERreihen

Der Ausdruck „Harmonische Analyse", der im Titel von Teil VIII vorkommt, bezeichnet verschiedene mathematische Techniken, bei denen weitgehend beliebige Funktionen als Überlagerung von Schwingungen dargestellt werden. Dies kann in Form unendlicher Reihen geschehen (FOURIER*reihen*) oder auch in Form von Integralen (FOURIER*transformation* – vgl. Kap. 33). Die Methode ist aber insgesamt sehr flexibel und keineswegs auf eigentliche Schwingungen, also trigonometrische Funktionen, beschränkt. Vielmehr wählt man sich ein System von *Ansatzfunktionen*, d. h. spezielle Funktionen, über die man besonders viel weiß oder mit denen man besonders gut rechnen kann, und versucht dann, eine gegebene Funktion als (im Allgemeinen unendliche) Linearkombination dieser Ansatzfunktionen darzustellen. Meist kann man auf dem Vektorraum der zur Debatte stehenden Funktionen ein Skalarprodukt einführen, in Bezug auf das die Ansatzfunktionen *orthogonal* sind, und dann ist die Darstellung einer gegebenen Funktion als Überlagerung von Ansatzfunktionen prinzipiell nichts anderes als die Entwicklung eines Vektors nach einer Orthonormalbasis (Satz 6.15). Gerade dieser geometrische Aspekt macht die Theorie besonders anschaulich und übersichtlich, und deshalb lohnt es sich, ihn zunächst in allgemeinem Rahmen gesondert zu betrachten. Dies geschieht in Abschn. A., während die weiteren Abschnitte dieses Kapitels von den klassischen FOURIERreihen handeln, bei denen die trigonometrischen Funktionen als Ansatzfunktionen zu Grunde gelegt sind.

A. Unendliche Orthogonalsysteme

In diesem Abschnitt betrachten wir unendlich-dimensionale Prähilberträume. Beispiele dafür sind:

1. Der Raum der stetigen Funktionen $f : [a, b] \longrightarrow \mathbb{C}$ mit dem Skalarprodukt

$$\langle f \mid g \rangle = \int\limits_a^b \overline{f(t)} g(t) \mathrm{d}t .$$

2. Der Raum ℓ^2 der unendlichen Folgen $x = (\xi_1, \xi_2, \ldots)$ mit $\xi_i \in \mathbb{C}$, welche der Bedingung

$$\sum_{i=1}^{\infty} |\xi_i|^2 < \infty$$

genügen. Ein Skalarprodukt auf ℓ^2 ist

$$\langle x \mid y \rangle = \sum_{i=1}^{\infty} \overline{\xi_i} \eta_i$$

für

$$x = (\xi_1, \xi_2, \ldots), \quad y = (\eta_1, \eta_2, \ldots) .$$

Sei also im folgenden V ein Prähilbertraum mit $\dim V = \infty$ und sei $\mathfrak{B} = \{e_1, e_2, \ldots, e_n, \ldots\}$ ein möglicherweise unendliches Orthonormalsystem in V. Unser Ziel ist es, ein Analogon für Satz 6.15 zu finden, d. h. für Vektoren $x \in V$ eine Darstellung der Form

$$x = \sum_{i=1}^{\infty} \langle e_i \mid x \rangle e_i . \tag{29.1}$$

Dabei tauchen nun eine Reihe von zusätzlichen Schwierigkeiten auf, als da sind:

(i) Im Allgemeinen enthält das gegebene Orthonormalsystem $\mathfrak{B}$ nicht genug Elemente, um jeden Vektor $x \in V$ als Linearkombination darstellen zu können, d. h. es ist nicht $\mathrm{LH}(\{e_1, e_2, \ldots\}) = V$. Als Beispiel betrachten wir in $V = \ell^2$ das naheliegende Orthonormalsystem $\mathfrak{B} = \{e_i \mid i \in \mathbb{N}\}$, wobei

$$e_i := (\delta_{ik}) = (\underbrace{0, \ldots, 0, 1}_{i \text{ Stellen}}, 0, \ldots) .$$

Dann ist $\mathrm{LH}(\mathfrak{B})$ der Teilraum derjenigen Folgen, bei denen nur endlich viele Glieder nicht verschwinden.

(ii) Ist die Reihe (29.1) überhaupt konvergent im Sinne der Skalarprodukt-norm von V?

(iii) Falls die Reihe (29.1) konvergiert, konvergiert sie dann auch gegen das Element x?

Diese Fragen sind z. T. schwierig zu beantworten und können auch im Augenblick nicht vollständig untersucht werden, so dass wir mit Teilergebnissen zufrieden sein müssen. Wir beginnen mit den folgenden Definitionen:

Definitionen 29.1. *Sei V ein Prähilbertraum und $\mathfrak{B} = \{e_0, e_1, e_2, \ldots\}$ ein Orthonormalsystem in V. Für ein $x \in V$ schreiben wir*

$$x \sim \sum_{n=0}^{\infty} c_n e_n \ , \tag{29.2}$$

wobei die Zahlen $c_0, c_1, \ldots$ durch

$$c_n = \langle e_n \mid x \rangle \ , \quad n = 0, 1, \ldots \tag{29.3}$$

gegeben sind. Diese heißen die FOURIER*koeffizienten von x bezüglich $\mathfrak{B}$ und die damit gebildete Reihe (29.2) heißt die* FOURIER*reihe von x bezüglich $\mathfrak{B}$.*

In dieser Definition ist nichts über die Konvergenz der FOURIERreihe gesagt. Der Schlüssel zum Konvergenzverhalten der FOURIERreihen liegt darin, ihren Partialsummen eine geometrische Bedeutung zu verleihen. Um dies zu tun, betrachten wir nun zunächst einen endlichdimensionalen linearen Teilraum W von V sowie eine gegebene Orthonormalbasis $\{e_0, \ldots, e_n\}$ von W. Von einem Punkt $x \in V$ aus können wir dann das *Lot* auf W fällen, und der Lotfußpunkt ist gegeben durch

$$y := \sum_{k=0}^{n} \langle e_k \mid x \rangle e_k \ . \tag{29.4}$$

Der Vektor $x - y$ steht nämlich senkrecht auf ganz W, denn für jedes $j = 0, 1, \ldots, n$ ist

$$\langle e_j \mid x - y \rangle = \langle e_j \mid x \rangle - \sum_{k=0}^{n} \langle e_k \mid x \rangle \langle e_j \mid e_k \rangle$$

$$= \langle e_j \mid x \rangle - \sum_{k=0}^{n} \langle e_k \mid x \rangle \delta_{jk}$$

$$= 0 \ .$$

Anschaulich leuchtet ein, dass der Lotfußpunkt y derjenige Punkt von W ist, der den geringsten Abstand zu x hat. Um dies nachzurechnen, erinnern wir an den *Satz des* PYTHAGORAS: Ist $v \perp w$, so ist

$$\|v + w\|^2 = \|v\|^2 + \|w\|^2 \ ,$$

wie sich auf Grund der Rechenregeln für das Skalarprodukt sofort durch Ausdistribuieren ergibt. Für beliebiges $w \in W$ ist aber auch $w - y \in W$, somit $x - y \perp y - w$, und es folgt

$$\|x - w\|^2 = \|(x - y) + (y - w)\|^2 = \|x - y\|^2 + \|y - w\|^2 \ . \tag{29.5}$$

Insbesondere ist

$$\|x - y\| < \|x - w\| \quad \forall w \in W, \quad w \neq y \ . \tag{29.6}$$

Durch diese Optimalitätseigenschaft ist der Lotfußpunkt y also auch eindeutig festgelegt, und daher ergibt Formel (29.4) immer denselben Wert, egal welche Orthonormalbasis von W man verwendet. Den optimalen Wert des Abstands kann man berechnen, indem man den Satz des PYTHAGORAS auf die orthogonalen Vektoren y und $x - y$ anwendet. Es ergibt sich

$$d(x, W)^2 = \|x - y\|^2 = \|x\|^2 - \|y\|^2 \,.$$

Damit kann man Gl. (29.5) die alternative Form

$$\|x - w\|^2 = \|x\|^2 - \|y\|^2 + \|y - w\|^2 \tag{29.7}$$

geben. Ist w als Linearkombination der Basisvektoren $e_0, \ldots, e_n$ gegeben, etwa in der Form

$$w = \sum_{k=0}^{n} b_k e_k$$

und setzen wir noch

$$c_k := \langle e_k \mid x \rangle \quad (k = 0, \ldots, n) \,,$$

so können wir dies nach Satz 6.15 auch in der folgenden Form anschreiben:

$$\|x - w\|^2 = \|x\|^2 - \sum_{k=0}^{n} |c_k|^2 + \sum_{k=0}^{n} |b_k - c_k|^2 \,. \tag{29.8}$$

Bei der Betrachtung eines *unendlichen* Orthonormalsystems $\{e_0, e_1, e_2, \ldots\}$ in V verwenden wir diese Überlegungen nun für die Teilräume

$$W_n := \mathrm{LH}(e_0, \ldots, e_n) \,.$$

Der Lotfußpunkt ist dann nichts anderes als die n-te Partialsumme s_n der FOURIERreihe zu x. Dies führt uns auf den nachfolgenden Satz:

Satz 29.2. *Sei V ein Prähilbertraum und $\mathfrak{B} = \{e_0, e_1, \ldots\}$ ein Orthonormalsystem in V. Für $x \in V$ sei*

$$x \sim \sum_{n=0}^{\infty} c_n e_n$$

die FOURIERreihe von x und es sei

$$s_n = \sum_{k=0}^{n} c_k e_k$$

die n-te Partialsumme der FOURIERreihe. Ist dann

$$t_n = \sum_{k=0}^{n} b_k e_k \,, \quad b_k \in \mathbb{K}$$

eine beliebige Linearkombination der $e_0, e_1, \ldots, e_n$, so gilt

a.

$$\|x - t_n\|^2 = \|x\|^2 - \sum_{k=0}^{n} |c_k|^2 + \sum_{k=0}^{n} |c_k - b_k|^2 \, ,$$

b.

$$\|x - s_n\|^2 \leq \|x - t_n\|^2 \, ,$$

d. h. eine Approximation von x durch eine Linearkombination der e_k ist im Sinne der Norm von V genau dann optimal, wenn die Koeffizienten der Linearkombination die FOURIER*koeffizienten von x sind.*

Als unmittelbare Konsequenz aus diesem Satz bekommen wir eine erste Aussage über die Konvergenz der FOURIERreihe.

Satz 29.3. *Sei V ein Prähilbertraum und $\mathfrak{B} = \{e_0, e_1, \ldots\}$ ein Orthonormalsystem in V. Für beliebiges $x \in V$ sei*

$$x \sim \sum_{n=0}^{\infty} c_n e_n$$

die FOURIER*reihe von x. Dann gilt*

a. (BESSELsche Ungleichung)

$$\sum_{n=0}^{\infty} |c_n|^2 \leq \|x\|^2 \, ,$$

und insbesondere ist die Reihe $\sum_{n=0}^{\infty} |c_n|^2$ immer konvergent.

b.

$$\lim_{n \longrightarrow \infty} c_n = 0 \, ,$$

d. h. die FOURIER*koeffizienten bilden immer eine Nullfolge.*

c. *Ist V sogar ein* HILBERT*raum, so ist die* FOURIER*reihe zu x immer konvergent (allerdings nicht unbedingt gegen x!)*

Beweis.

a. Nach Satz 29.2 a. mit $b_k = c_k$ gilt für beliebiges $n \in \mathbb{N}$:

$$0 \leq \|x - s_n\|^2 = \|x\|^2 - \sum_{k=0}^{n} |c_k|^2 \, , \qquad (29.9)$$

woraus a. folgt.

b. ist nichts anderes als die bekannte notwendige Bedingung für die Konvergenz der Reihe $\sum_{n=0}^{\infty} |c_n|^2$.

c. Wegen $\langle e_j \mid e_k \rangle = \delta_{jk}$ ergibt sich durch Ausdistribuieren

$$\|s_n - s_m\|^2 = \left\|\sum_{k=m+1}^{n} c_k e_k\right\|^2 = \sum_{k=m+1}^{n} |c_k|^2$$

für $0 \leq m < n$. Nach Teil a. ist $\sum_k |c_k|^2$ konvergent, erfüllt also auch das CAUCHY-Kriterium aus Satz 13.19c. Dies zeigt, dass die Folge (s_n) der Partialsummen eine CAUCHYfolge ist. Im vollständigen Raum V ist sie daher konvergent.

$\square$

Wenn wir die Konvergenz der FOURIERreihe von x gegen x haben wollen, muss das gegebene Orthonormalsystem zusätzliche Eigenschaften haben. Die folgenden Äquivalenzen machen eine Aussage darüber.

Satz 29.4. *Sei V ein Prähilbertraum und $\mathfrak{B} = \{e_0, e_1, \dots\}$ ein Orthonormalsystem von V. Dann sind folgende Aussagen äquivalent:*

a. *Das Orthonormalsystem $\mathfrak{B}$ ist* vollständig *in dem folgenden Sinne: Zu jedem $x \in V$ und zu jedem $\varepsilon > 0$ gibt es ein $N \in \mathbb{N}$ sowie $e_0, \dots, e_N \in \mathfrak{B}$ und $b_1, \dots b_N \in \mathbb{K}$, so dass*

$$\left\| x - \sum_{k=0}^{N} b_k e_k \right\| < \varepsilon \,,$$

d. h. jedes $x \in V$ lässt sich beliebig genau durch endliche Linearkombinationen der Vektoren aus $\mathfrak{B}$ approximieren.

b. *Für jedes $x \in V$ gilt die PARSEVALsche Gleichung*

$$\sum_{k=0}^{\infty} |\langle e_k \mid x \rangle|^2 = \|x\|^2 \,.$$

c. *Für jedes $x \in V$ gilt*

$$x = \sum_{n=0}^{\infty} \langle e_n \mid x \rangle e_n \,,$$

d. h. die FOURIERreihe konvergiert gegen x.

Aus diesen Bedingungen folgt außerdem

d. *Das Orthonormalsystem $\mathfrak{B}$ ist* maximal orthogonal, *d. h. aus*

$$\langle x \mid e_n \rangle = 0 \quad \forall n = 0, 1, 2, \dots$$

folgt stets $x = 0$.

Wenn V sogar ein HILBERTRAUM ist, so ist auch jedes maximal orthogonale System $\mathfrak{B}$ vollständig.

Beweis. Einige Äquivalenzen sind sofort klar

a. $\Longleftrightarrow$ c. folgt sofort aus Satz 29.2b.

b. $\Longleftrightarrow$ c. folgt sofort aus Gl. (29.9), die wir im Beweis von Satz 29.3a. hergeleitet hatten.

b. $\Longrightarrow$ d.: gilt b. und außerdem $\langle x \mid e_n \rangle = 0$ für alle n, so folgt $\|x\| = 0$ und damit $x = 0$.

d. $\Longrightarrow$ c., wenn V vollständig: Sei $y := \lim_{n \to \infty} s_n$ die nach Satz 29.3c. existierende Summe der FOURIERreihe zu x. Für jedes feste $m \geq 0$ haben wir

$$\langle e_m \mid s_n \rangle = \sum_{k=0}^{n} c_k \langle e_m \mid e_k \rangle = c_m$$

für alle $n \geq m$, also nach Grenzübergang $n \to \infty$:

$$\langle e_m \mid y \rangle = c_m = \langle e_m \mid x \rangle \, .$$

Also ist $\langle e_m \mid x - y \rangle = 0 \; \forall \, m$, und die maximale Orthogonalität von $\mathfrak{B}$ ergibt daher $x = y$, wie gewünscht. $\qquad \Box$

In den Anwendungen hat man oft das Problem, die Vollständigkeit eines Orthonormalsystems nachzuweisen. Dazu genügt es, eine der Eigenschaften a. bis d. zu zeigen.

Es sollte darauf hingewiesen werden, dass die Vollständigkeit eines Orthonormalsystems nichts mit der Vollständigkeit des Raumes zu tun hat. In der moderneren Literatur werden die vollständigen Orthonormalsysteme daher auch oft als *totale Orthonormalsysteme* oder *Orthonormalbasen* bezeichnet.

Anmerkung 29.5. In der Praxis verwendet man für die Ansatzfunktionen oft ein Orthogonalsystem $\mathfrak{C} = \{f_n \mid n \geq 0\}$, für das die Normen $\mu_n := \|f_n\| > 0$ bekannt sind. Man erhält dann ein Orthonormalsystem $\mathfrak{B} = \{e_n \mid n \geq 0\}$ durch

$$e_n := \mu_n^{-1} f_n \, , \tag{29.10}$$

und die FOURIERreihen

$$x \sim \sum_{n=0}^{\infty} c_n e_n$$

bzgl. $\mathfrak{B}$ kann man dann auch in der Form

$$x \sim \sum_{n=0}^{\infty} \gamma_n f_n \tag{29.11}$$

schreiben, wobei

$$\gamma_n = \mu_n^{-1} c_n = \frac{1}{\mu_n^2} \langle f_n \mid x \rangle \, . \tag{29.12}$$

Die BESSELsche Ungleichung lautet in dieser Schreibweise offenbar

$$\sum_{n=0}^{\infty} \mu_n^2 |\gamma_n|^2 \le \|x\|^2 \,, \tag{29.13}$$

und das System ist genau dann vollständig, wenn hier für jedes $x \in V$ immer das Gleichheitszeichen steht.

B. Trigonometrische FOURIERreihen

Im Folgenden betrachten wir ein konkretes Orthogonalsystem, und zwar im HILBERTraum $H := L_{\mathbb{K}}^2([-\pi,\pi])$ der quadratintegrablen Funktionen

$$f : [-\pi, \pi] \longrightarrow \mathbb{K}$$

mit dem Skalarprodukt

$$\langle f \mid g \rangle := \int_{-\pi}^{\pi} \overline{f(x)} g(x) \mathrm{d}x \tag{29.14}$$

und der zugehörigen Norm

$$\|f\| = \left\{ \int_{-\pi}^{\pi} |f(x)|^2 \mathrm{d}x \right\}^{1/2} \tag{29.15}$$

(vgl. Abschn. 28E.). Wie dort erläutert, unterscheiden wir in den Bezeichnungen nicht zwischen den quadratintegrablen Funktionen selbst und den Vektoren aus $L^2([-\pi,\pi])$, die sie repräsentieren.

Theorem 29.6.

a. Das sogenannte trigonometrische System

$$\{1, \cos mx, \sin mx \mid m = 1, 2, \ldots\}$$

bildet ein unendliches Orthogonalsystem in H. Insbesondere gelten die Orthogonalitätsrelationen:

$$\int_{-\pi}^{\pi} \cos mx \cdot \cos nx \mathrm{d}x = \begin{cases} 0 & \text{für} \quad m \ne n \,, \\ \pi & \text{für} \quad m = n > 0 \,, \\ 2\pi & \text{für} \quad m = n = 0 \,, \end{cases}$$

$$\int_{-\pi}^{\pi} \sin mx \sin nx \mathrm{d}x = \pi \delta_{mn} \,,$$

$$\int_{-\pi}^{\pi} \cos mx \sin nx \mathrm{d}x = 0 \quad \text{für alle} \quad m, n \,.$$

b. *Für ein $f \in H$ heißt die* Fourier*reihe bezüglich des trigonometrischen Systems*

$$f(x) \sim \frac{a_0}{2} + \sum_{m=1}^{\infty} (a_m \cos mx + b_m \sin mx) \qquad (29.16)$$

die trigonometrische Fourier*reihe von* f. *Dabei sind die* Fourier*koeffizienten* a_m, b_m *gegeben durch die* Euler*schen Formeln*

$$a_m = \frac{1}{\pi} \int_{-\pi}^{\pi} f(x) \cos mx \, dx \,, \quad b_m = \frac{1}{\pi} \int_{-\pi}^{\pi} f(x) \sin mx \, dx \,. \qquad (29.17)$$

c. *Es gilt die* Bessel*sche Ungleichung*

$$\frac{a_0^2}{2} + \sum_{m=1}^{\infty} (a_m^2 + b_m^2) \leq \frac{1}{\pi} \int_{-\pi}^{\pi} |f(x)|^2 dx \,. \qquad (29.18)$$

d. *Es gilt das* Riemann-Lebesgue-*Lemma*

$$\lim_{m \to \infty} \int_{-\pi}^{\pi} f(x) \cos mx \, dx = 0$$

$$\lim_{m \to \infty} \int_{-\pi}^{\pi} f(x) \sin mx \, dx = 0 \,.$$

Die Orthogonalitätsrelationen ergeben sich durch direkte Berechnung der Integrale mittels der Additionstheoreme für die trigonometrischen Funktionen. Alles weitere folgt dann aus 29.3 und der Definition der Fourierreihe in 29.1. Dabei ist jedoch Anmerkung 29.5 zu beachten.

Häufig ist es praktisch, die trigonometrischen Funktionen durch die *komplexe Exponentialfunktion* zu ersetzen. Daher ist die folgende Variante des letzten Theorems nützlich:

Theorem 29.7.

a. *Die Funktionen*

$$\varphi_n(x) := \exp \mathrm{i} n x \,, \quad n \in \mathbb{Z}$$

bilden ein Orthogonalsystem in $H = L_{\mathbb{C}}^2([-\pi, \pi])$. *Es wird als das komplexe trigonometrische System bezeichnet. Genauer gesagt, gelten die Orthogonalitätsrelationen*

$$\langle \varphi_n \mid \varphi_m \rangle = \int_{-\pi}^{\pi} \mathrm{e}^{-\mathrm{i} n x} \mathrm{e}^{\mathrm{i} m x} dx = 2\pi \delta_{mn} \qquad (29.19)$$

für alle $m, n \in \mathbb{Z}$.

b. Die trigonometrische Fourier*reihe zu* $f \in H$ *lautet in komplexer Schreibweise*

$$f(x) \sim \sum_{n=-\infty}^{\infty} c_n e^{inx} \tag{29.20}$$

mit den Fourier*koeffizienten*

$$c_n := \frac{1}{2\pi} \langle \varphi_n \mid f \rangle = \frac{1}{2\pi} \int_{-\pi}^{\pi} f(x) e^{-inx} dx, \quad n \in \mathbb{Z}. \tag{29.21}$$

c. Für jedes $f \in H$ *gilt die* Bessel*sche Ungleichung*

$$\sum_{n=-\infty}^{\infty} |c_n|^2 \leq \frac{1}{2\pi} \int_{-\pi}^{\pi} |f(x)|^2 dx. \tag{29.22}$$

Die Formen (29.16) und (29.20) der trigonometrischen Fourierreihe lassen sich leicht ineinander umrechnen, indem man für $n \geq 0$ die Beziehungen

$$e^{inx} = \cos nx + i \sin nx, \quad e^{-inx} = \cos nx - i \sin nx$$

bzw.

$$\cos nx = \frac{e^{inx} + e^{-inx}}{2}, \quad \sin nx = \frac{e^{inx} - e^{-inx}}{2i}$$

verwendet. Dasselbe Ergebnis erhält man direkt durch Vergleich der Eulerschen Formeln (29.17) und (29.21). So findet man z. B.

$$a_n = c_n + c_{-n}, \quad b_n = i(c_n - c_{-n}) \tag{29.23}$$

für $n \geq 0$.

Bei der Betrachtung der Fourierreihe (29.16) einer Funktion $f : [-\pi, \pi] \to \mathbb{K}$ fragt man nicht nur nach der Konvergenz bezüglich der Norm von H, sondern auch nach punktweiser und gleichmäßiger Konvergenz. Nehmen wir an, die Reihe konvergiere punktweise in $[-\pi, \pi]$. Dann konvergiert sie sogar punktweise in ganz $\mathbb{R}$, denn jeder Summand und damit auch jede Partialsumme ist eine 2π-periodische Funktion. Daher ist auch die Grenzfunktion 2π-periodisch auf ganz $\mathbb{R}$. Ist also f nicht 2π-periodisch auf $\mathbb{R}$, so kann die Fourierreihe niemals auf $\mathbb{R}$ punktweise gegen f konvergieren. Nun ist aber i. A. nur die Konvergenz auf $[-\pi, \pi]$ interessant. Daher definiert man:

Definitionen 29.8.

a. Für eine Funktion $f : [-\pi, \pi] \longrightarrow \mathbb{K}$ *heißt eine Funktion* $g : \mathbb{R} \longrightarrow \mathbb{K}$ *mit*

$$g(x) = f(x - 2k\pi), \quad (2k-1)\pi < x < (k+1)\pi$$

eine 2π-*periodische Fortsetzung von* f *auf* $\mathbb{R}$.

b. Eine 2π-periodische Fortsetzung von

$$g(x) = \begin{cases} f(x), & 0 \le x < \pi \\ f(-x), & -\pi < x \le 0 \end{cases}$$

nennt man eine gerade *Fortsetzung von f. Eine 2π-periodische Fortsetzung von*

$$h(x) = \begin{cases} f(x), & 0 < x < \pi \\ -f(-x), & -\pi < x < 0 \end{cases}$$

eine ungerade *Fortsetzung von f.*

Wir bemerken, dass über die Definition der Fortsetzungen von f in den Eckpunkten der Intervalle nichts gesagt ist. Dort kann man die Fortsetzung beliebig vorschreiben, da dies keinen Einfluss auf die FOURIERkoeffizienten hat. Es handelt sich also um Funktionen, die f. ü. auf $\mathbb{R}$ definiert sind. Gerade und ungerade Fortsetzungen einer Funktion werden benötigt, um sie durch reine Kosinus- oder reine Sinusreihen zu approximieren. Aus den EULERschen Formeln (29.17) folgt nämlich sofort:

Satz 29.9. *Ist $f \in H$ gerade, d. h. $f(-x) = f(x)$ f. ü., so ist $b_m = 0$ für alle $m \ge 1$. Ist f ungerade, d. h. $f(-x) = -f(x)$ f. ü., so ist $a_m = 0$ für alle $m \ge 0$.*

Die FOURIERreihe einer geraden Funktion hat also die Gestalt

$$f(x) \sim \frac{a_0}{2} + \sum_{m=1}^{\infty} a_m \cos mx \,, \tag{29.24}$$

und für eine ungerade Funktion bekommen wir die Gestalt

$$f(x) \sim \sum_{m=1}^{\infty} b_m \sin mx \,. \tag{29.25}$$

Als Beispiel betrachten wir die Funktion

$$f(x) = x$$

mit der FOURIERreihe

$$2 \sum_{m=1}^{\infty} \frac{(-1)^{m-1}}{m} \sin mx \,,$$

die natürlich nur die 2π-periodische Fortsetzung von f approximieren kann.

Aufgrund dieser Bemerkungen können wir im Folgenden wahlweise die FOURIERentwicklungen einer auf $[-\pi, \pi]$ definierten Funktion oder einer auf $\mathbb{R}$ definierten 2π-periodischen Funktion betrachten.

Tatsächlich werden trigonometrische FOURIERreihen oft als etwas betrachtet, was man einer *periodischen* Funktion zuordnet, und wenn man die Theorie

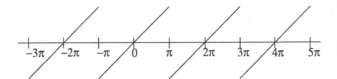

Abb. 29.1a. Ungerade periodische Fortsetzung von $f(x) = x$

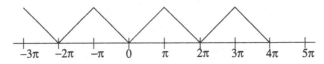

Abb. 29.1b. Gerade periodische Fortsetzung von $f(x) = x$

auf eine beliebige Funktion aus $L^2([-\pi, \pi])$ anwenden will, so muss man diese Funktion eben periodisch fortsetzen. Für Funktionen aus $L^2([0, \pi])$ eröffnet dies die Möglichkeit einer Entwicklung in eine Sinus- oder Kosinusreihe, indem man die ungerade oder die gerade periodische Fortsetzung betrachtet. Dabei ist man in Wirklichkeit nicht an die speziellen Intervalle gebunden, denn man kann jedes Intervall affin auf $[-\pi, \pi]$ oder auf $[0, \pi]$ transformieren (vgl. Aufg. 29.10).

C. Punktweise und gleichmäßige Konvergenz von trigonometrischen Fourierreihen

Will man die Konvergenz von Fourierreihen untersuchen, so muss man wie bei allen Reihen die Partialsummen betrachten. Dafür leiten wir einige nützliche Formeln her.

Satz 29.10. *Für eine Funktion $f \in H$ sei*

$$s_n(x) := \frac{a_0}{2} + \sum_{k=1}^{n} (a_k \cos kx + b_k \sin kx) \tag{29.26}$$

die n-te Partialsumme der Fourierreihe von f und

$$\sigma_n(x) = \frac{1}{n}(s_0(x) + s_1(x) + \cdots + s_{n-1}(x)) \tag{29.27}$$

das arithmetische Mittel der ersten n Partialsummen. Wir bezeichnen die 2π-periodische Fortsetzung von f ebenfalls mit f.

a. Es gilt:

$$s_n(x) = \frac{1}{\pi} \int_{-\pi}^{\pi} f(t + x) K_n(t) \mathrm{d}t \tag{29.28}$$

mit

$$K_n(t) = \begin{cases} \dfrac{\sin(n+1/2)t}{2\sin t/2} & \text{für} \quad t \neq 0, \\ n + 1/2 & \text{für} \quad t = 0. \end{cases} \tag{29.29}$$

Dabei ist

$$\frac{1}{\pi} \int_{-\pi}^{\pi} K_n(t) dt = 1 \quad \text{für} \quad n = 0, 1, \dots . \tag{29.30}$$

b. Es gilt

$$\sigma_n(x) = \frac{1}{2n\pi} \int_{-\pi}^{\pi} f(x - t) \left(\frac{\sin nt/2}{\sin t/2} \right)^2 dt \tag{29.31}$$

sowie

$$\frac{1}{2n\pi} \int_{-\pi}^{\pi} \left(\frac{\sin nt/2}{\sin t/2} \right)^2 dt = 1. \tag{29.32}$$

Beweis.

a. Mit Hilfe der EULERschen Formeln bekommen wir:

$$s_n(x) = \frac{1}{2\pi} \int_{-\pi}^{\pi} f(t) dt + \frac{1}{\pi} \sum_{k=1}^{n} \left\{ \cos kx \cdot \int_{-\pi}^{\pi} f(t) \cos kt\, dt \right.$$

$$\left. + \sin kx \cdot \int_{-\pi}^{\pi} f(t) \sin kt\, dt \right\}$$

$$= \frac{1}{\pi} \int_{-\pi}^{\pi} f(t) \left\{ \frac{1}{2} + \sum_{k=1}^{n} (\cos kx \cos kt + \sin kx \sin kt) \right\} dt$$

$$= \frac{1}{\pi} \int_{-\pi}^{\pi} f(t) \left\{ \frac{1}{2} + \sum_{k=1}^{n} \cos k(t - x) \right\} dt.$$

Beachtet man

$$2\sin \frac{x}{2} \cos kx = \sin \left(k + \frac{1}{2} \right) x - \sin \left(k - \frac{1}{2} \right) x$$

so folgt

$$2\sin \frac{x}{2} \left[\frac{1}{2} + \sum_{k=1}^{n} \cos kx \right] = \sin \left(n + \frac{1}{2} \right) x,$$

also

$$\frac{1}{2} + \sum_{k=1}^{n} \cos kx = \frac{\sin \left(n + \frac{1}{2} \right) x}{2\sin \frac{x}{2}}. \tag{29.33}$$

(Diese Formel kann man auch leicht mit der komplexen Exponentialfunktion und der endlichen geometrischen Reihe herleiten, wie in Aufg. 1.21 angedeutet.) Damit bekommen wir

$$s_n(x) = \frac{1}{\pi} \int\limits_{-\pi}^{\pi} f(t) \frac{\sin(n + 1/2)(t - x)}{2 \sin \frac{1}{2}(t - x)} dt \ .$$

Substitution $s = t - x$ liefert dann Behauptung (29.28), und (29.30) folgt daraus für $f \equiv 1$.

b. Wir substituieren in (29.28) $t \mapsto -t$ und beachten dabei, dass $K_n(t)$ als Quotient von ungeraden Funktionen gerade ist. So folgt

$$s_n(x) = \frac{1}{\pi} \int\limits_{-\pi}^{\pi} f(x - t) \frac{\sin(2n + 1)(t/2)}{2 \sin t/2} dt \ .$$

Verwenden wir nun die Formel

$$\sum_{k=0}^{n-1} \sin(2k + 1)t = \frac{\sin^2 nt}{\sin t} \ , \tag{29.34}$$

deren Beweis wir gleich nachtragen, so folgt (29.31) sofort. Der Spezialfall $f \equiv 1$ ergibt dann auch (29.32).

c. Um (29.34) zu beweisen, verwenden wir die bekannte Beziehung

$$\cos x - \cos y = -2 \sin \frac{x + y}{2} \sin \frac{x - y}{2}$$

(vgl. 1.27e.) Das ergibt

$$\cos 2kt - \cos 2(k + 1)t = 2 \sin t \sin(2k + 1)t \ .$$

Summiert man diese Terme für $0 \leq k < n$, so ergibt sich eine Teleskopsumme, und man erhält

$$2 \sin t \sum_{k=0}^{n-1} \sin(2k + 1)t = 1 - \cos 2nt = 2 \sin^2 nt$$

und damit (29.34).

$\square$

Wir definieren nun spezielle Funktionsklassen, für die wir die Konvergenz der Fourierreihe zeigen können.

Definitionen 29.11.

a. *Eine 2π-periodische Funktion $f : \mathbb{R} \longrightarrow \mathbb{K}$ gehört zur Klasse $\mathcal{D}^0$, wenn folgendes gilt:*

(i) In jedem Punkt x existieren die links- und rechtsseitigen Grenzwerte

$$f(x - 0) = \lim_{h \longrightarrow 0+} f(x - h)\,,$$

$$f(x + 0) = \lim_{h \longrightarrow 0+} f(x + h)\,.$$

(ii) In jedem Punkt x existieren die links- und rechtsseitigen Ableitungen

$$f'_-(x) := \lim_{h \longrightarrow 0+} \frac{1}{h}(f(x - h) - f(x - 0))\,,$$

$$f'_+(x) := \lim_{h \longrightarrow 0+} \frac{1}{h}(f(x + h) - f(x + 0))\,.$$

b. *Eine 2π-periodische Funktion $f : \mathbb{R} \longrightarrow \mathbb{K}$ gehört zur Klasse $\mathcal{D}^k$, $k \geq 1$, wenn folgendes gilt:*
(i) $f \in C^{(k-1)}(\mathbb{R})$, und
(ii) $f^{(k)}$ existiert und ist stückweise stetig.

Wie man sich leicht überlegen kann, ist jede Funktion aus $\mathcal{D}^0$ beschränkt und hat daher eine FOURIERreihe. Für sie gilt:

Satz 29.12. *Ist $f : \mathbb{R} \longrightarrow \mathbb{K}$ 2π-periodisch und $f \in \mathcal{D}^0$, so gilt für die FOU-RIERreihe von f in jedem $x \in \mathbb{R}$*

$$\frac{a_0}{2} + \sum_{m=1}^{\infty}(a_m \cos mx + b_m \sin mx) = \frac{f(x + 0) + f(x - 0)}{2}\,.$$

Insbesondere konvergiert die FOURIERreihe in jedem Stetigkeitspunkt x gegen $f(x)$.

Beweis. Es ist zu zeigen

$$\lim_{n \longrightarrow \infty} s_n(x) = \frac{f(x + 0) + f(x - 0)}{2}\,,$$

wobei $s_n(x)$ die n-te Partialsumme der FOURIERreihe ist. Wegen $K_n(s) = K_n(-s)$ ergibt Satz 29.10a.

$$s_n(x) = \frac{1}{\pi} \int_0^{\pi} f(x - s)K_n(s)\mathrm{d}s + \frac{1}{\pi} \int_0^{\pi} f(x + s)K_n(s)\mathrm{d}s$$
$$=: I_1 + I_2\,.$$

Wir schreiben

$$I_1 = \frac{1}{\pi} \int_0^{\pi} f(x - 0)K_n(s)\mathrm{d}s + \frac{1}{\pi} \int_0^{\pi} \frac{f(x - s) - f(x - 0)}{2 \sin \frac{s}{2}} \sin\left(n + \frac{1}{2}\right)s\,\mathrm{d}s\,.$$

Der erste Term ist wegen (29.30) gerade

$$\frac{1}{2} f(x - 0) \,,$$

während der zweite Term für $n \longrightarrow \infty$ nach dem RIEMANN-LEBESGUE-Lemma gegen 0 geht. Das sieht man, wenn man den zweiten Term in der Gestalt

$$\frac{1}{\pi} \int\limits_{-\pi}^{\pi} g(s) \sin \left(n + \frac{1}{2} \right) s ds = \frac{1}{\pi} \int\limits_{-\pi}^{\pi} \left(g(s) \cos \frac{s}{2} \right) \sin n s ds$$

$$+ \frac{1}{\pi} \int\limits_{-\pi}^{\pi} \left(g(s) \sin \frac{s}{2} \right) \cos n s ds$$

schreibt, und zwar mit

$$g(s) := \begin{cases} \dfrac{f(x - s) - f(x - 0)}{2 \sin \frac{s}{2}} \,, & 0 < s \leq \pi \,, \\ f'_-(x) \,, & s = 0 \,, \\ 0 \,, & -\pi \leq s < 0 \,. \end{cases}$$

Wegen

$$f'_-(x) = \lim_{s \longrightarrow 0+} \frac{f(x - s) - f(x - 0)}{2 \sin \frac{s}{2}}$$

ist g beschränkt, also gehören die Funktionen $g(x) \cos(s/2)$ und $g(s) \sin(s/2)$ zu $H = L^2([-\pi, \pi])$, und damit ist das RIEMANN-LEBESGUE-Lemma (Thm. 29.6d.) anwendbar.

Analog zeigt man, dass $I_2 \longrightarrow \frac{1}{2} f(x + 0)$. □

Es gibt Beispiele von stetigen periodischen Funktionen, deren FOURIER-reihe an gewissen Punkten sogar nach $\pm\infty$ divergiert (vgl. etwa [40]). Die Stetigkeit einer 2π-periodischen Funktion f reicht also nicht aus, um die punktweise oder gar gleichmäßige Konvergenz ihrer FOURIERreihe gegen f sicherzustellen. Andere trigonometrische Summen wie etwa die $\sigma_n(x)$ aus (29.27) sind hierfür besser geeignet, wie der nächste Satz zeigt. Nur wenn man die Unterschiede zwischen Funktionen mit der L^2-Norm misst, sind die Partialsummen $s_n(x)$ der FOURIERreihe die optimale Approximation (Satz 29.2b.).

Theorem 29.13 (Satz von FEJÉR). *Ist $f : \mathbb{R} \longrightarrow \mathbb{K}$ 2π-periodisch und stetig, so gilt für die durch (29.27) definierten Summen $\sigma_n(x)$:*

$$\lim_{n \longrightarrow \infty} \sigma_n(x) = f(x) \quad \forall x \in \mathbb{R} \,,$$

wobei die Konvergenz auf ganz $\mathbb{R}$ gleichmäßig ist.

Beweis. Setzen wir

$$h_n(t) := \frac{1}{2n\pi} \chi_{[-\pi,\pi]}(t) \left(\frac{\sin nt/2}{\sin t/2} \right)^2,$$

so können wir (29.31) in der Form

$$\sigma_n(x) = \int_{\mathbb{R}} f(x-t)h_n(t)\mathrm{d}t = \int_{\mathbb{R}} f(\xi)h_n(x-\xi)\mathrm{d}\xi$$

schreiben. Die Funktionenschar (h_n) approximiert aber die Deltafunktion im Sinne von Def. 26.5. Denn für $0 < \delta \le \pi$ haben wir

$$\int_{|t|\ge\delta} h_n(t)\mathrm{d}t = \frac{1}{n\pi} \int_{\delta}^{\pi} \frac{\sin^2 nt/2}{\sin^2 t/2} \le \frac{\pi-\delta}{n\pi \sin^2 \delta/2} \longrightarrow 0$$

für $n \to \infty$, und die Bedingung $\int h_n(t)\mathrm{d}t = 1$ ist gerade (29.32). Satz 26.6 sagt also, dass $\sigma_n(x) \to f(x)$ gleichmäßig auf jedem kompakten Teilintervall von $\mathbb{R}$ ist. Da aber alle beteiligten Funktionen 2π-periodisch sind, muss die Konvergenz sogar auf ganz $\mathbb{R}$ gleichmäßig sein.[1]   □

Auf die Konsequenzen dieses Satzes gehen wir in Abschn. D. ein. Zuerst befassen wir uns mit hinreichenden Kriterien dafür, dass die FOURIERreihe selbst gleichmäßig konvergiert und dass man sie gliedweise differenzieren bzw. integrieren darf.

Satz 29.14. *Gehört die 2π-periodische Funktion $f : \mathbb{R} \longrightarrow \mathbb{K}$ zur Klasse $\mathcal{D}^1$, so konvergiert die FOURIERreihe von f absolut und gleichmäßig gegen f. Ihre gliedweise Ableitung ist die FOURIERreihe der stückweise stetigen Funktion f'.*

Beweis. Sei also

$$f(x) \sim \frac{a_0}{2} + \sum_{m=1}^{\infty} (a_m \cos mx + b_m \sin mx). \tag{29.35}$$

Beachtet man

$$|a_m \cos mx + b_m \sin mx| \le |a_m| + |b_m|,$$

so folgt die absolute und gleichmäßige Konvergenz aus dem WEIERSTRASSschen M-Test (Satz 14.16), wenn wir die Konvergenz der Reihe

$$\sum_{m=1}^{\infty} (|a_m| + |b_m|) \tag{$*$}$$

---

[1] Man könnte einwenden, dass die h_n nicht stetig sind, wie es in 26.5, 26.6 verlangt wurde. Der Beweis in Ergänzung 26.8 zeigt aber, dass man in Wirklichkeit nur die LEBESGUE-Integrierbarkeit der h_s benötigt, und diese ist bei unseren h_n auf jeden Fall gegeben.

zeigen können. Nun ist aber $f \in \mathcal{D}^1$ und daher existiert f' und ist stückweise stetig. Folglich ist $f' \in H$, hat also eine Fourierreihe

$$f'(x) \sim \frac{a'_0}{2} + \sum_{m=1}^{\infty} (a'_m \cos mx + b'_m \sin mx) \, ,$$

und für die Fourierkoeffizienten gilt nach Thm. 29.6

$$a'_m = \frac{1}{\pi} \int_{-\pi}^{\pi} f'(x) \cos mx \mathrm{d}x = mb_m \, ,$$

$$b'_m = \frac{1}{\pi} \int_{-\pi}^{\pi} f'(x) \sin mx \mathrm{d}x = -ma_m \, ,$$

wie mit partieller Integration folgt. Die Besselsche Ungleichung ergibt außerdem

$$\sum_{m=1}^{\infty} (|a'_m|^2 + |b'_m|^2) < \infty \, .$$

Die Schwarzsche Ungleichung (Thm. 6.11) für den Prähilbertraum ℓ^2, der in Beispiel 2 am Anfang von Abschn. A. eingeführt wurde, liefert nun

$$\sum_{m=1}^{\infty} (|a_m| + |b_m|) = \sum_{m=1}^{\infty} \frac{|a'_m| + |b'_m|}{m}$$

$$\leq \left\{ \sum_{m=1}^{\infty} \frac{1}{m^2} \right\}^{1/2} \left\{ \sum_{m=1}^{\infty} (|a'_m|^2 + |b'_m|^2) \right\}^{1/2} < \infty \, ,$$

weil die rechts stehenden Reihen konvergieren (vgl. Bspl. a. zum Majorantenkriterium 13.23). Damit ist $(*)$ erwiesen.

Dass die Summe der Reihe (29.35) gleich $f(x)$ ist, wissen wir schon aus Satz 29.12. Überdies haben wir gesehen, dass für die Fourierkoeffizienten a'_m, b'_m von f' gilt:

$$a'_m = mb_m \, , \quad b'_m = -ma_m \, , \quad m \geq 1 \, , \tag{29.36}$$

und außerdem ist $a'_0 = \frac{1}{2\pi} \int_{-\pi}^{\pi} f'(t)\mathrm{d}t = \frac{1}{2\pi}(f(\pi) - f(-\pi)) = 0$. Dies bedeutet aber, dass die Fourierreihe von f' aus der Fourierreihe von f durch *gliedweise Differentiation* hervorgeht. □

Setzen wir $f \in \mathcal{D}^2$ voraus, so ist $f' \in \mathcal{D}^1$ und wir können in 29.14 f durch f' ersetzen. Indem man in dieser Weise fortfährt, bekommt man folgende Aussage über die Differentiation von Fourierreihen:

Satz 29.15. *Ist $f : \mathbb{R} \longrightarrow \mathbb{K}$ 2π-periodisch und $f \in \mathcal{D}^n$, so bekommt man die* Fourier*reihe von*

$$f^{(k)} \, , \quad k = 1, \ldots, n$$

durch k-fache gliedweise Differentiation der Fourier*reihe von f, wobei die Konvergenz gegen $f^{(k)}$ im Falle $k < n$ gleichmäßig ist.*

Das gliedweise Integrieren der FOURIERreihe zu f kann natürlich nur dann eine FOURIERreihe ergeben, wenn die Stammfunktionen von f wieder 2π-periodisch sind. Dies tritt genau dann ein, wenn der *Mittelwert*

$$\langle f \rangle := \frac{1}{2\pi} \int\limits_{-\pi}^{\pi} f(t)\mathrm{d}t = \frac{a_0}{2} \tag{29.37}$$

verschwindet. Denn wenn f z. B. stückweise stetig ist und $g(x) := \int_a^x f(t)\mathrm{d}t$, so ist

$$g(x + 2\pi) - g(x) = \int\limits_{x}^{x+2\pi} f(t)\mathrm{d}t = 2\pi\langle f \rangle = \pi a_0 \,,$$

weil bei einer 2π-periodischen Funktion das Integral über ein Intervall der Länge 2π immer denselben Wert ergibt, wie man sich leicht überlegt (Aufg. 28.11a.). Beim Integrieren einer FOURIERreihe wird man also nicht die Funktion f selbst betrachten, sondern die Funktion $f - a_0/2$, deren Mittelwert Null ist.

Ist also $f : \mathbb{R} \longrightarrow \mathbb{K}$ 2π-periodisch und stückweise stetig, so gehört die Funktion

$$\varphi(x) := \int\limits_{\pi}^{x} \left[f(t) - \frac{a_0}{2} \right] \mathrm{d}t$$

zur Klasse $\mathcal{D}^1$. Satz 29.14 liefert dann mit φ anstelle von f:

Satz 29.16. *Ist $f : \mathbb{R} \longrightarrow \mathbb{K}$ stückweise stetig und 2π-periodisch, so kann die FOURIERreihe von f in beliebigen Grenzen gliedweise integriert werden und die integrierte Reihe konvergiert gegen das bestimmte Integral von f.*

D. Vollständigkeit des trigonometrischen Systems

Mit Hilfe des Satzes von FEJÉR können wir nun Aussagen über die Konvergenz der FOURIERreihe im quadratischen Mittel – d. h. in der Norm von $H = L^2([-\pi, \pi])$ – machen, wovon wir ursprünglich ausgegangen sind.

Theorem 29.17. *Sei $f(x)$ über $[-\pi, \pi]$ quadratintegrabel, und sei*

$$f(x) \sim \frac{a_0}{2} + \sum_{m=1}^{\infty} (a_m \cos mx + b_m \sin mx)$$

die FOURIERreihe von f und $s_n(x)$ die n-te Partialsumme. Dann gilt:

a.

$$\lim_{n \longrightarrow \infty} \int\limits_{-\pi}^{\pi} |f(x) - s_n(x)|^2 \mathrm{d}x = 0 \,,$$

d. h. die FOURIERreihe konvergiert im quadratischen Mittel gegen f.

b. Das trigonometrische System ist im HILBERT*raum* $H = L^2([-\pi, \pi])$ *ein vollständiges Orthogonalsystem, d. h. für jede quadratintegrable Funktion* $f : [-\pi, \pi] \longrightarrow \mathbb{C}$ *gilt die* PARSEVAL*sche Formel*

$$\frac{1}{\pi} \int\limits_{-\pi}^{\pi} |f(x)|^2 \mathrm{d}x = \frac{a_0^2}{2} + \sum_{m=1}^{\infty} (a_m^2 + b_m^2) \, . \tag{29.38}$$

Beweis. Nach Satz 29.4 genügt für beide Behauptungen der Nachweis, dass jedes $f \in H$ im Sinne der Norm von H beliebig genau durch endliche Linearkombinationen der Funktionen 1, $\cos mx$, $\sin mx$ approximiert werden kann. Betrachten wir zunächst die Funktionen aus dem Teilraum

$$H_0 := \{g \in C([-\pi, \pi]) \mid g(-\pi) = g(\pi)\} \, .$$

Solch eine Funktion g kann zu einer 2π-periodischen *stetigen* Funktion fortgesetzt werden, die wir ebenfalls mit g bezeichnen. Nach Thm. 29.13 ist g der gleichmäßige Limes der arithmetischen Mittel σ_n der Partialsummen der FOURIERreihe zu g. Daher ist

$$\|g - \sigma_n\|^2 = \int\limits_{-\pi}^{\pi} |g(x) - \sigma_n(x)|^2 \mathrm{d}x \leq 2\pi \left(\max_{-\pi \leq x \leq \pi} |g(x) - \sigma_n(x)| \right)^2 \longrightarrow 0$$

für $n \to \infty$. Die σ_n sind aber endliche Linearkombinationen von Funktionen aus dem trigonometrischen System, also ist Bedingung a. aus Satz 29.4 für g erwiesen.

Damit sind beide Behauptungen des Satzes für den Prähilbertraum H_0 bewiesen. Um die Aussagen auf den ganzen HILBERTraum H auszudehnen, verwenden wir ein Lemma aus der Integrationstheorie, das wir ohne Beweis akzeptieren, aber in Ergänzung 29.23 anschaulich plausibel machen werden. Es besagt: Zu jedem $f \in H$ und jedem $\varepsilon > 0$ gibt es ein $g \in H_0$ mit $\|f - g\| < \varepsilon$. Wollen wir also ein beliebiges $f \in H$ durch eine Linearkombination von Funktionen aus dem trigonometrischen System approximieren, so approximieren wir zunächst f durch ein geeignetes $g \in H_0$ und dann dieses g durch eine trigonometrische Summe σ_n. Damit gelten dann alle äquivalenten Bedingungen aus Satz 29.4 für $H = L^2([-\pi, \pi])$. $\square$

Wir beschließen dieses Kapitel mit einem weiteren fundamentalen Satz der höheren Analysis, der sich leicht aus dem Satz von FEJÉR herleiten lässt:

Theorem 29.18 (WEIERSTRASSscher Approximationssatz). *Sei* $f :$ $[a, b] \longrightarrow \mathbb{R}$ *eine stetige Funktion. Dann gibt es zu jedem* $\varepsilon > 0$ *ein Polynom* $P_\varepsilon(x)$*, so dass*

$$|f(x) - P_\varepsilon(x)| < \varepsilon \quad \text{für alle} \quad x \in [a, b] \, ,$$

d. h. jede stetige Funktion lässt sich gleichmäßig durch Polynome approximieren.

Beweis. Für $t \in [0, \pi]$ definieren wir

$$g(t) := f\left(a + \frac{b-a}{\pi} t\right) ,$$

sodann $g(-t) := g(t)$ für $-\pi \leq t \leq 0$ und setzen dann g 2π-periodisch auf ganz $\mathbb{R}$ fort. Wegen $g(-\pi) = g(\pi)$ ergibt dies eine *stetige* 2π-periodische Funktion. Zu gegebenem $\varepsilon > 0$ gibt es dann nach dem Satz von FEJÉR eine Funktion

$$\sigma(t) = \sigma_N(t) = \alpha_0 + \sum_{k=1}^{N} (\alpha_k \cos kt + \beta_k \sin kt) ,$$

so dass

$$|g(t) - \sigma(t)| < \frac{\varepsilon}{2} \quad \text{für} \quad -\pi \leq t \leq \pi .$$

Da $\sigma(t)$ eine Linearkombination von trigonometrischen Funktionen ist, besitzt $\sigma(t)$ eine Potenzreihenentwicklung, die gleichmäßig in jedem endlichen Intervall gegen $\sigma(t)$ konvergiert. Sei etwa

$$\sigma(t) = \sum_{k=0}^{\infty} \gamma_k t^k$$

die TAYLORreihe von $\sigma(t)$ und $p_n(t)$ ihre n-te Partialsumme. Zu dem gegebenen $\varepsilon > 0$ gibt es dann ein m so, dass

$$|\sigma(t) - p_m(t)| < \varepsilon/2 \quad \text{für} \quad 0 \leq t \leq \pi .$$

Mit der Dreiecksungleichung folgt nun:

$$|g(t) - p_m(t)| < \varepsilon \quad \text{für} \quad 0 \leq t \leq \pi .$$

Das Polynom

$$P_\varepsilon(x) := p_m\left(\pi \frac{x-a}{b-a}\right)$$

hat dann die gewünschte Eigenschaft.   □

Ergänzungen zu §29

FOURIERreihen sind wieder einmal ein Thema, das fast unbegrenzte Möglichkeiten für Vertiefung und Ausbau in die verschiedensten Richtungen gestattet, und sechs von den sieben Ergänzungen zu diesem Kapitel wollen solche Ausbaumöglichkeiten und Querverbindungen aufzeigen. Eine Sonderrolle spielt Ergänzung 29.23, denn dort versuchen wir nur, das bisher nicht näher erläuterte Approximationsargument aus dem Beweis von Thm. 29.17 etwas zu verdeutlichen. Wir werden solche Argumentationen in Zukunft noch öfters benötigen, und daher ist es hilfreich, zu verstehen, wieso man durch beliebig kleine Änderungen in der L^2-Norm die Eigenschaften einer quadratintegrablen Funktion recht erheblich beeinflussen kann.

29.19 Beliebige Orthogonalreihen sind Fourierreihen. Die Diskussion der allgemeinen Fourierreihen in Abschn. A. wird durch die folgenden zwei einfachen Feststellungen abgerundet, in denen V ein Prähilbertraum und $\mathfrak{B} = \{e_0, e_1, e_2, \ldots\}$ ein unendliches Orthonormalsystem in V ist:

Behauptung. Ist

$$x = \sum_{n=0}^{\infty} c_n e_n$$

mit Skalaren c_n, so ist $c_n = \langle e_n \mid x \rangle$ für alle n, d. h. es handelt sich um die Fourierreihe zu x.

Beweis. Wir schreiben $s_n := \sum_{m=0}^{n} c_m e_m$ und $r_n := x - s_n$ und betrachten ein festes $k \geq 0$. Für $n \geq k$ ist

$$\langle e_k \mid s_n \rangle = \sum_{m=0}^{n} c_m \underbrace{\langle e_k \mid e_m \rangle}_{=\delta_{km}} = c_k \,,$$

und nach der Schwarzschen Ungleichung ist

$$|\langle e_k \mid r_n \rangle| \leq \|e_k\| \cdot \|r_n\| = \|r_n\| \longrightarrow 0$$

für $n \to \infty$. Es folgt $\langle e_k \mid x \rangle = \lim_{n \to \infty}(\langle e_k \mid s_n \rangle + \langle e_k \mid r_n \rangle) = c_k$, wie behauptet. □

Behauptung. Ist V ein Hilbertraum, so konvergiert die Reihe

$$\sum_{n=0}^{\infty} c_n e_n$$

für jede Folge (c_n) von Skalaren, für die

$$\sum_{n=0}^{\infty} |c_n|^2 < \infty$$

ist.

Das beweist man genauso wie Teil c. von Satz 29.3.

29.20 Fouriersche Reihenentwicklung als Isomorphismus von Hilberträumen. Die Bemerkungen aus der letzten Ergänzung erlauben eine systematische Interpretation, die für das tiefere Verständnis der Sachlage sehr hilfreich ist:

Es sei H ein Hilbertraum und $\mathfrak{B} = \{e_0, e_1, e_2, \ldots\}$ eine Orthonormalbasis (= vollständiges Orthonormalsystem) von H. In Beispiel 2 am Anfang von Abschnitt A. haben wir den speziellen Prähilbertraum

$$\ell^2 = \left\{ x = (\xi_0, \xi_1, \ldots) \ \middle| \ \xi_i \in \mathbb{K}, \sum_{i=1}^{\infty} |\xi_i|^2 < \infty \right\}$$

kennengelernt. Mittels elementarer Betrachtungen über unendliche Reihen kann man sich leicht überlegen, dass dieser Raum vollständig ist, also ein HILBERTraum. Zu $x = (\xi_0, \xi_1, \ldots) \in \ell^2$ können wir nun, wie wir aus der vorigen Ergänzung wissen, das Element

$$f := \sum_{n=0}^{\infty} \xi_n e_n \in H$$

bilden, und wir setzen $f = Ux$. Das definiert eine *lineare Abbildung* $U : \ell^2 \longrightarrow H$, und diese ist *bijektiv*. Um dies einzusehen, ordnen wir einem beliebigen Element $f \in H$ die Folge $x = Vf := (c_0, c_1, \ldots)$, $c_n := \langle e_n \mid f \rangle$ seiner FOURIERkoeffizienten zu. Nach der BESSELschen Ungleichung ist dies ein Element von ℓ^2, und wir schreiben $x = Vf$. Ist nun $f = Ux$, so sind die Komponenten ξ_n von x gerade die FOURIERkoeffizienten von f, wie wir in der vorigen Ergänzung festgestellt haben. Also ist $V(Ux) = x$ für alle $x \in \ell^2$. Ein beliebiges $f \in H$ ist andererseits nach Satz 29.4 die Summe seiner FOURIERreihe (wir haben ja vorausgesetzt, dass $\mathfrak{B}$ ein vollständiges ONS ist!), und das bedeutet, dass $U(Vf) = f$. Damit sind die linearen Operatoren U und V invers zueinander, insbesondere also bijektiv.

Nach Satz 29.4 gilt in H auch die PARSEVALsche Gleichung, und nach der Definition der Norm in ℓ^2 bedeutet dies einfach

$$\|Vf\| = \|f\| \quad \forall f \in H \,. \tag{29.39}$$

Dies verallgemeinert Gl. (6.21) auf unendliche Orthonormalsysteme, und man kann daraus auch leicht die entsprechende Verallgemeinerung von (6.20) herleiten, nämlich

$$\langle f \mid g \rangle = \langle Vf \mid Vg \rangle \quad \forall f, g \in H \,, \tag{29.40}$$

bzw., ausführlich geschrieben:

$$\langle f \mid g \rangle = \sum_{n=0}^{\infty} \overline{\langle e_n \mid f \rangle} \langle e_n \mid g \rangle, \quad f, g \in H \,. \tag{29.41}$$

Die linearen Operatoren U, V verhalten sich also wie unitäre bzw. orthogonale Matrizen, und man bezeichnet sie auch als *unitäre* Operatoren oder als *Isomorphismen* zwischen den HILBERTräumen H und ℓ^2.

Bemerkung: Die meisten in der Praxis vorkommenden HILBERTräume wie z. B. $H = L^2(\mathbb{R}^n)$ besitzen eine abzählbare Orthonormalbasis (d. h. ein vollständiges Orthonormalsystem, das sich als Folge $e_0, e_1, e_2, \ldots$ schreiben lässt), und sie sind daher zu ℓ^2 isomorph. In den Anfangszeiten der Quantenmechanik gab es zwei konkurrierende Theorien: Bei der *Wellenmechanik* von E. SCHRÖDINGER wurden die physikalischen Zustände durch *Wellenfunktionen* $\psi \in$

$L^2(\mathbb{R}^{3N})$ repräsentiert und die Observablen (= Messgrößen) durch Differentialoperatoren, die auf die Wellenfunktionen wirken. In der *Matrizenmechanik* von W. HEISENBERG wurden die physikalischen Zustände hingegen durch unendlich lange Zahlenlisten (Vektoren in ℓ^2) repräsentiert und die Observablen durch doppelt unendliche Matrizen. Der gerade besprochene Isomorphismus zeigt die Äquivalenz beider Formalismen, und in modernen Darstellungen der Quantenmechanik versucht man auch, sich so lange wie möglich nicht auf einen davon festzulegen, sondern mit einem abstrakten HILBERTraum zu arbeiten.

29.21 Die FOURIERreihe einer L^1-Funktion. Alle Funktionen $f \in L^2([-\pi, \pi])$ sind integrierbar. Wir können uns nämlich im Integranden die Funktion $g \equiv 1$ dazugeschrieben denken und dann die SCHWARZsche Ungleichung anwenden. Das ergibt

$$\int_{-\pi}^{\pi} |f| \leq \sqrt{2\pi}\|f\|_2 < \infty\,,$$

also

$$L^2([-\pi, \pi]) \subseteq L^1([-\pi, \pi])\,.$$

Die EULERschen Formeln (29.17) bzw. (29.21) sind nun offenbar sogar für jedes $f \in L^1([-\pi, \pi])$ sinnvoll. Man ordnet daher jeder integrierbaren Funktion f auf $[-\pi, \pi]$ (oder auch jeder 2π-periodischen Funktion, die über ein Periodenintervall integrierbar ist) eine formale FOURIERreihe

$$f(t) \sim \sum_{n=-\infty}^{\infty} \hat{f}(n)\mathrm{e}^{int}$$

mit den FOURIERkoeffizienten

$$\hat{f}(n) := \frac{1}{2\pi} \int_{-\pi}^{\pi} f(s)\mathrm{e}^{-ins}\mathrm{d}s\,, \quad n \in \mathbb{Z} \tag{29.42}$$

zu. (Wir ziehen hier die komplexe Schreibweise wegen ihrer größeren Übersichtlichkeit vor.) Diese Reihen sind rein formal und konvergieren u. U. überhaupt nicht, aber immerhin legt die Folge $\hat{f}(n)$ der FOURIERkoeffizienten das Element f von L^1 eindeutig fest, d. h.

$$f, g \in \mathcal{L}^1([-\pi, \pi])\,, \quad \hat{f}(n) = \hat{g}(n) \quad \forall n \quad \Longrightarrow \quad f(t) = g(t) \quad \text{f. ü.} \tag{29.43}$$

Den Beweis müssen wir übergehen und verweisen auf die Literatur über FOURIERreihen (z. B. [49]).

Außerdem gilt das

RIEMANN-LEBESGUE-Lemma. *Für alle* $f \in L^1([-\pi, \pi])$ *gilt*

$$|\hat{f}(n)| \leq \frac{1}{2\pi} \int\limits_{-\pi}^{\pi} |f(t)| \mathrm{d}t, \quad n \in \mathbb{Z} \qquad (29.44)$$

und

$$\lim_{n \to \pm\infty} \hat{f}(n) = 0. \qquad (29.45)$$

Beweis. Gleichung (29.44) ist klar nach (29.42) und (28.12) aus Thm. 28.9, denn $|e^{\mathrm{i}nt}| \equiv 1$. Um (29.45) zu beweisen, definieren wir zu jedem $m \in \mathbb{N}$ eine Hilfsfunktion f_m durch

$$f_m(t) := \begin{cases} f(t), & \text{falls} \quad |f(t)| \leq m, \\ m & \text{sonst.} \end{cases}$$

Dann ist $|f_m(t)| \leq \min(m, |f(t)|)$ für alle t, also

$$\int\limits_{-\pi}^{\pi} |f_m(t)|^2 \mathrm{d}t \leq m \int\limits_{-\pi}^{\pi} |f_m(t)| \mathrm{d}t \leq m \int\limits_{-\pi}^{\pi} |f(t)| \mathrm{d}t$$

und damit $f_m \in L^2([-\pi, \pi])$. Die BESSELsche Ungleichung (29.22) ergibt daher

$$\lim_{n \to \pm\infty} \widehat{f_m}(n) = 0 \quad \text{für alle } m. \qquad (29.46)$$

Für $m \to \infty$ geht $f_m(t)$ nach $f(t)$ f. ü., also ergibt sich

$$\lim_{m \to \infty} \int\limits_{-\pi}^{\pi} |f(t) - f_m(t)| \mathrm{d}t = 0$$

nach dem Satz von der dominierten Konvergenz, etwa mit $2|f(t)|$ als integrierbarer Majorante. Hieraus folgt für alle $n \in \mathbb{Z}$

$$|\widehat{f}(n) - \widehat{f_m}(n)| \leq \frac{1}{2\pi} \int\limits_{-\pi}^{\pi} |f(t) - f_m(t)| \mathrm{d}t \to 0$$

für $m \to \infty$. Das bedeutet aber, dass die $\widehat{f_m}(n)$ für $m \to \infty$ *gleichmäßig* gegen die $\widehat{f}(n)$ konvergieren. Daher dürfen die Grenzübergänge $n \to \pm\infty$ und $m \to \infty$ vertauscht werden, und man erhält (29.45) aus (29.46). $\qquad \square$

Bemerkung: Dieser Beweis ist ein gutes Beispiel für die Stärke der LEBES-GUEschen Integrationstheorie: Da sie uns von Stetigkeitsbedingungen befreit, gestattet sie es, recht freizügig an den Funktionen herumzubasteln, wie es beim Übergang von f zu den f_m geschehen ist.

Ähnlich wie in der vorigen Ergänzung kann man das bisher Gesagte auch etwas systematischer formulieren: Man betrachtet die doppelt unendliche Folge $V_0 f := (\hat{f}(n))_{n \in \mathbb{Z}}$ als einen Vektor im Raum

$$c_0(\mathbb{Z}) := \left\{ (\xi_n)_{n \in \mathbb{Z}} \,\middle|\, \lim_{n \to \pm\infty} \xi_n = 0 \right\} .$$

Jede dieser Folgen ist beschränkt, und wir können den Raum $c_0(\mathbb{Z})$ daher mit der Supremumsnorm $\| \cdot \|_\infty$ versehen. Damit bildet er einen BANACHraum, wie man sich leicht überlegen kann. Wir haben also einen linearen Operator

$$V_0 : L^1([-\pi, \pi]) \longrightarrow c_0(\mathbb{Z}) ,$$

und nach (29.44) gilt für ihn

$$\|V_0 f\|_\infty \leq (2\pi)^{-1} \|f\|_1 \qquad \forall f . \tag{29.47}$$

Auf $L^2([-\pi, \pi])$ stimmt V_0 offenbar mit dem in der vorigen Ergänzung besprochenen Isomorphismus

$$V : L^2([-\pi, \pi]) \longrightarrow \ell^2_{\mathbb{Z}}$$

überein, der mit dem trigonometrischen Orthonormalsystem gebildet wird. Da wir dieses Orthonormalsystem mit $n \in \mathbb{Z}$ durchnummeriert haben, müssen wir allerdings statt ℓ^2 den entsprechenden Raum $\ell^2_{\mathbb{Z}}$ von doppelt unendlichen Folgen nehmen, aber das ist nur eine Modifikation der Schreibweise.

V_0 selbst ist ebenfalls injektiv – das ist gerade die Aussage von (29.43) –, aber man kann beweisen, dass er nicht surjektiv ist.

29.22 Absolut konvergente trigonometrische Reihen. Überlegungen wie die aus der vorigen Ergänzung lassen sich auch „in umgekehrter Richtung" anstellen, also ausgehend von doppelt unendlichen Folgen oder, mit anderen Worten, Funktionen mit Definitionsbereich $\mathbb{Z}$. Dies wird sich als nützlich erweisen, wenn wir später die Parallelen zur FOURIERtransformation herausstellen wollen (Kap. 33). Wir betrachten also den Raum $\ell^1_{\mathbb{Z}}$ der doppelt unendlichen Folgen $x = (\xi_n)_{n \in \mathbb{Z}}$, für die

$$N_1(x) := \sum_{n=-\infty}^{\infty} |\xi_n| < \infty$$

ist. Dies ist ein Vektorraum, auf dem durch $\|x\|_1 := N_1(x)$ eine Norm gegeben ist, und man kann sich leicht überlegen, dass er *vollständig* ist, also ein

BANACHraum. Gehört die Folge $x = (\xi_n)$ zu $\ell^1_{\mathbb{Z}}$, so ist die Reihe

$$f(t) := \sum_{n=-\infty}^{\infty} \xi_n e^{int} \tag{29.48}$$

nach Satz 14.16 absolut und gleichmäßig konvergent und definiert daher eine *stetige 2π-periodische* Funktion auf $\mathbb{R}$. Nach der ersten Behauptung aus 29.19 sind die gegebenen ξ_n die FOURIERkoeffizienten dieser Funktion. Außerdem gilt offenbar

$$|f(t)| \le \sum_{n=-\infty}^{\infty} |\xi_n| = \|x\|_1 \, ,$$

und mit der Bezeichnung $f = U_0 x$ bedeutet dies in Kurzschreibweise

$$\|U_0 x\|_\infty \le \|x\|_1 \quad \forall\, x \in \ell^1 \, . \tag{29.49}$$

Der Vergleich mit dem Isomorphismus

$$U : \ell^2_{\mathbb{Z}} \longrightarrow L^2([-\pi, \pi])$$

aus 29.20 fällt hier besonders leicht, denn es ist

$$\ell^1_{\mathbb{Z}} \subseteq \ell^2_{\mathbb{Z}} \, , \tag{29.50}$$

und damit ist U_0 einfach die Einschränkung von U auf $\ell^1_{\mathbb{Z}}$. Um (29.50) einzusehen, betrachten wir $x = (\xi_n) \in \ell^1_{\mathbb{Z}}$ und setzen $M := \|x\|_1 = \sum_n |\xi_n|$. Für jedes feste $k \in \mathbb{Z}$ ist dann $|\xi_k| \le M$, also

$$\sum_{k=-\infty}^{\infty} |\xi_k|^2 \le M \sum_{k=-\infty}^{\infty} |\xi_k| = M^2 < \infty \, ,$$

und somit gilt (29.50) sowie

$$\|x\|_2 \le \|x\|_1 \quad \forall\, x \in \ell^1_{\mathbb{Z}} \, . \tag{29.51}$$

Auch U_0 ist injektiv (weil U es ist), aber nicht surjektiv. Wir haben ja schon vor Thm. 29.13 festgehalten, dass es stetige 2π-periodische Funktionen gibt, deren FOURIERreihe nicht gleichmäßig konvergent ist.

29.23 Kleine Abweichungen im quadratischen Mittel. Im Beweis von Thm. 29.17 haben wir einen Spezialfall des folgenden Theorems benutzt, das wir im übrigen noch öfters brauchen werden:

Theorem. *Sei $S \subseteq \mathbb{R}^n$ messbar und $p = 1$ oder $p = 2$. Zu $f \in \mathcal{L}^p(S)$ und $\varepsilon > 0$ gibt es ein* stetiges $g \in \mathcal{L}^p(S)$ *mit*

$$\|f - g\| < \varepsilon \, .$$

D. h. jede L^p-Funktion lässt sich im Sinne der Norm von L^p beliebig genau durch stetige L^p-Funktionen approximieren.

Der Beweis erfordert eine gründliche Auseinandersetzung mit gewissen maßtheoretischen Einzelheiten, und wir verweisen dafür auf die Literatur zur Integrationstheorie. Man kann den Satz aber an einfachen Beispielen plausibel machen und dabei vor allem das scheinbare Paradoxon aufklären, dass Funktionen, die große Sprünge machen, durch beliebig kleine Änderungen geglättet werden können.

Dazu betrachten wir reelle Zahlen $a < c < b$ und auf dem Intervall $S = [a, b]$ etwa die Sprungfunktion $f = \chi_{[a,c]}$. Für $\delta > 0$ definieren wir nun

$$g_\delta(x) := \begin{cases} 1, & a \leq x \leq c - \delta, \\ \delta^{-1}(c - x), & c - \delta \leq x \leq c, \\ 0, & c \leq x \leq b. \end{cases}$$

Die g_δ sind stetig, und wir haben

$$\|f - g_\delta\|_1 = \int_{c-\delta}^{c} (1 - \delta^{-1}(c - x)) \mathrm{d}x = \delta/2$$

und

$$\|f - g_\delta\|_2^2 = \int_{c-\delta}^{c} (1 - \delta^{-1}(c - x))^2 \mathrm{d}x = \delta/3,$$

also

$$\|f - g_\delta\|_2 = \sqrt{\delta/3}.$$

Zu vorgegebenem $\varepsilon > 0$ kann man somit in beiden Fällen δ so klein wählen, dass $\|f - g_\delta\|_p < \varepsilon$ ist. •

Als zweites Beispiel betrachten wir die auf $S = [0, 1]$ fast überall definierte unbeschränkte Funktion $f(x) := x^{-1/2}$. Sie ist über S integrierbar, denn $\int_0^1 x^{-1/2} \, \mathrm{d}x < \infty$. Für $0 < \delta < 1$ setzen wir

$$g_\delta(x) := \begin{cases} 1/\sqrt{\delta}, & 0 \leq x \leq \delta, \\ 1/\sqrt{x}, & \delta \leq x \leq 1. \end{cases}$$

Dann ist

$$\|f - g_\delta\|_1 = \int_0^{\delta} \left(\frac{1}{\sqrt{x}} - \frac{1}{\sqrt{\delta}} \right) \mathrm{d}x = \sqrt{\delta},$$

also können wir f im Sinne der L^1-Norm wieder beliebig genau durch die stetigen Funktionen g_δ approximieren.

Auf die gleiche Weise kann man bei einer stetigen Funktion $g : [-\pi, \pi] \to \mathbb{K}$ durch eine beliebig kleine L^2-Störung erzwingen, dass die Randbedingung

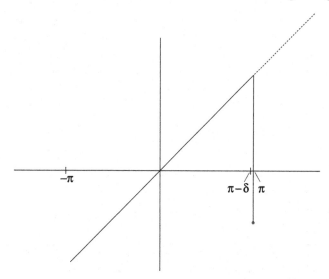

Abb. 29.2. Stetige Funktion periodisch machen

$g(-\pi) = g(\pi)$ erfüllt ist, die die stetige periodische Fortsetzung ermöglicht. Man setzt z. B.

$$h_\delta(x) := \begin{cases} g(x), & -\pi \le x \le \pi - \delta, \\ g(\pi - \delta) - \delta^{-1}(g(\pi - \delta) - g(-\pi))(x - \pi + \delta), & \pi - \delta \le x \le \pi \end{cases}$$

für $0 < \delta < \pi$ (vgl. Abb. 29.2). Dann ist auch h_δ stetig, und wir haben $h_\delta(\pi) = g(-\pi) = h_\delta(-\pi)$. Um die Abweichung im quadratischen Mittel abzuschätzen, setzen wir $M := \max_{-\pi \le x \le \pi} |g(x)|$ und beachten, dass auch die Werte von $h_\delta(x)$ stets im Intervall $[-M, M]$ (bzw. im Kreis $|z| \le M$) liegen. Der Abstand $|g(x) - h_\delta(x)|$ verschwindet also für $-\pi \le x \le \pi - \delta$ und ist für $\pi - \delta \le x \le \pi$ immer noch durch $2M$ beschränkt. Daher ist $\|g - h_\delta\|_2^2 = \int_{\pi-\delta}^{\pi} |g(x) - h_\delta(x)|^2 \mathrm{d}x \le 4M^2\delta$, also

$$\|g - h_\delta\|_2 \le 2M\sqrt{\delta} \to 0 \quad \text{für} \quad \delta \to 0 \,.$$

Der springende Punkt ist jedesmal, dass eine kleine Abweichung im Sinne der L^p-Norm durchaus eine große Abweichung der Funktionswerte zulässt, sofern nur das Maß der Menge, auf der diese große Abweichung vorliegt, entsprechend klein ist. Man könnte die L^p-Norm mit einem Polizisten vergleichen, der schon mal ein Auge zudrückt, wenn die Gesetzesübertretung nicht zu oft vorkommt. Die Maximumsnorm (gleichmäßige Konvergenz!) entspricht dann einem Polizisten, der ganz genau hinschaut und schon die geringste Übertretung mit der vollen Schärfe des Gesetzes ahndet.

29.24 FOURIERreihen und holomorphe Funktionen im Einheitskreis.

Sei $f(z) = \sum_{n=0}^{\infty} a_n z^n$ eine holomorphe Funktion im Einheitskreis $D :=$ $U_1(0) \subseteq \mathbb{C}$. Für $0 < r < 1$ kann man dann die 2π-periodischen C^∞-Funktionen $f_r(t) := f(re^{it})$ betrachten, und ihre FOURIERkoeffizienten sind $\widehat{f_r}(n) = a_n$ für $n \geq 0$ und $\widehat{f_r}(n) = 0$ für $n < 0$ (Aufg. 29.5). Die PARSEVALsche Gleichung liefert daher

$$\sum_{n=0}^{\infty} |a_n|^2 r^{2n} = \frac{1}{2\pi} \int_{-\pi}^{\pi} |f(re^{it})|^2 dt$$

für $0 < r < 1$, und außerdem überlegt man sich leicht, dass

$$\|f\|_2^2 := \sup_{0 \leq r < 1} \sum_{n=0}^{\infty} |a_n|^2 r^{2n} = \lim_{r \to 1-} \sum_{n=0}^{\infty} |a_n|^2 r^{2n} = \sum_{n=0}^{\infty} |a_n|^2 ,$$

wobei hier überall der Wert $+\infty$ zugelassen ist. Der sog. HARDY-LEBESGUE-*Raum* $H^2(D)$ ist nun definiert als der normierte Raum der holomorphen Funktionen $f : D \to \mathbb{C}$, für die $\|f\|_2^2 < \infty$ ist, natürlich mit der Größe $\|f\|_2$ als Norm. Da die a_n die TAYLORkoeffizienten von f sind, hat man also für die Norm auf $H^2(D)$ die Ausdrücke

$$\|f\|_2^2 = \sup_{0 < r < 1} \frac{1}{2\pi} \int_{-\pi}^{\pi} |f(re^{it})|^2 dt = \lim_{r \to 1-} \frac{1}{2\pi} \int_{-\pi}^{\pi} |f(re^{it})|^2 dt$$

$$= \sum_{n=0}^{\infty} (n!)^{-2} |f^{(n)}(0)|^2 . \qquad (29.52)$$

Diese Norm rührt offenbar von einem Skalarprodukt her, das gegeben ist durch

$$\langle f \mid g \rangle = \lim_{r \to 1-} \frac{1}{2\pi} \int_{-\pi}^{\pi} \overline{f(re^{it})} g(re^{it}) dt = \sum_{n=0}^{\infty} (n!)^{-2} \overline{f^{(n)}(0)} g^{(n)}(0) . \qquad (29.53)$$

Damit ist $H^2(D)$ ein HILBERTraum, und $\mathfrak{B} = \{1, z, z^2, z^3, \ldots\}$ ist ein vollständiges Orthonormalsystem in $H^2(D)$. Die TAYLORentwicklung einer Funktion $f \in H^2(D)$ im Nullpunkt ist also nichts anderes als die FOURIERentwicklung bezüglich dieser Orthonormalbasis.

Ist nun $f(z) = \sum_{n=0}^{\infty} a_n z^n$ die TAYLORentwicklung einer Funktion $f \in H^2(D)$, so ist $\sum_{n=0}^{\infty} |a_n|^2 < \infty$, und nach der zweiten Behauptung in 29.19 konvergiert die trigonometrische FOURIERreihe $\sum_{n=0}^{\infty} a_n e^{int}$ also in $L^2([-\pi, \pi])$ gegen ein Element $\tilde{f}$. Man nennt $\tilde{f}$ den *Randwert* von f, denn man kann beweisen, dass

$$\tilde{f}(t) = \lim_{r \to 1-} f(re^{it}) \quad \text{f. ü.} \qquad (29.54)$$

Nun sei umgekehrt eine Funktion $g \in L^2([-\pi, \pi])$ vorgegeben. Wir schreiben sie in der Form $g(t) = G(e^{it})$ und setzen für $z \in D$:

$$f(z) := \frac{1}{2\pi i} \oint\limits_{S_1(0)} \frac{G(\zeta)}{\zeta - z} d\zeta \,. \tag{29.55}$$

Nach Ergänzung 28.23 ist dies wohldefiniert und *holomorph*, denn wegen $L^2([-\pi, \pi]) \subseteq L^1([-\pi, \pi])$ kann ein Vielfaches von $|g(t)|$ als integrierbare Majorante dienen. Die TAYLORentwicklung von f im Nullpunkt ist

$$f(z) = \sum_{n=0}^{\infty} \hat{g}(n) z^n \,, \tag{29.56}$$

und daher ist $f \in H^2(D)$, und die FOURIERreihe des Randwertes $\tilde{f}$ entsteht aus derjenigen von g dadurch, dass man alle Terme mit $n < 0$ weglässt. Denkt man sich g als Überlagerung von Schwingungen, so bedeutet der Übergang von g zu $\tilde{f}$ also das „Abschalten aller negativen Frequenzen".

Um (29.56) zu beweisen, wählen wir $0 < r < 1$ und verwenden die Integralformel (16.34) für den Kreis $S_r(0)$. Für einen Punkt $z = re^{it}$ dieses Kreises ist nach Definition des komplexen Kurvenintegrals

$$f(z) = \frac{1}{2\pi} \int_{-\pi}^{\pi} \frac{g(\tau)}{e^{i\tau} - z} e^{i\tau} d\tau = \frac{1}{2\pi} \int_{-\pi}^{\pi} \frac{g(\tau)}{1 - ze^{-i\tau}} d\tau \,,$$

also ergibt sich unter Berücksichtigung des Satzes von FUBINI und der Orthogonalitätsrelationen (29.19):

$$\frac{f^{(n)}(0)}{n!} = \frac{1}{2\pi i} \oint\limits_{S_r(0)} \frac{f(z)}{z^{n+1}} dz = \frac{1}{2\pi r^n} \int_{-\pi}^{\pi} f(re^{it}) e^{-int} dt$$

$$= \frac{1}{4\pi^2 r^n} \int_{-\pi}^{\pi} dt \int_{-\pi}^{\pi} \frac{g(\tau)}{1 - re^{i(t-\tau)}} e^{-int} d\tau$$

$$= \frac{1}{4\pi^2 r^n} \int_{-\pi}^{\pi} d\tau g(\tau) \int_{-\pi}^{\pi} \frac{e^{-int}}{1 - re^{i(t-\tau)}} dt$$

$$= \frac{1}{4\pi^2 r^n} \int_{-\pi}^{\pi} d\tau g(\tau) \int_{-\pi}^{\pi} e^{-int} \sum_{m=0}^{\infty} r^m e^{imt} e^{-im\tau} dt$$

$$= \frac{1}{4\pi^2 r^n} \int_{-\pi}^{\pi} d\tau g(\tau) \sum_{m=0}^{\infty} r^m e^{-i\tau} \int_{-\pi}^{\pi} e^{imt} e^{-int} dt$$

$$= \frac{1}{2\pi} \int_{-\pi}^{\pi} g(\tau) e^{-in\tau} d\tau = \hat{g}(n) \,,$$

wie gewünscht.

Die Funktion $h := 2\tilde{f} - g$ nennt man die Hilbert-*Transformierte* von g, wenn $\tilde{f}$ der Randwert der durch (29.55) definierten holomorphen Funktion ist. Ihre Fourierkoeffizienten sind offenbar

$$\hat{h}(n) = \begin{cases} \hat{g}(n) & \text{für } n \geq 0, \\ -\hat{g}(n) & \text{für } n < 0. \end{cases} \tag{29.57}$$

Man kann die Hilbert-Transformierte durch ein *singuläres Integral* über die Kreislinie ausdrücken, d. h. eine Art uneigentliches Integral, das jedenfalls kein Lebesgue-Integral ist. Mittels der Möbius-Transformation (vgl. Ergänzung 16.32)

$$F(z) := \frac{1 + iz}{1 - iz},$$

die die obere Halbebene konform auf die Kreisscheibe und die reelle Achse auf die Kreislinie ohne den Punkt -1 abbildet, kann man all das auf Funktionen auf der reellen Achse übertragen. Die Hilbert-Transformation spielt z. B. bei der Beschreibung von Oberflächenwellen einer Flüssigkeit (*Wasserwellen*) eine Rolle.

Mehr über die Querverbindungen zwischen Fourierreihen und komplexer Analysis findet man z. B. in [49] und [56].

29.25 Fourierreihen in mehreren Variablen. Funktionen von mehreren Variablen kann man in Fourierreihen entwickeln, indem man eine Variable nach der anderen abarbeitet. Wir demonstrieren dies zunächst an einer speziellen Situation: Es sei $f(x, y)$ eine stetige Funktion, die in beiden Variablen x, y 2π-periodisch ist. Für jedes feste x hat man dann eine Fourierreihe

$$f(x, y) \sim \sum_{n=-\infty}^{\infty} c_n(x)e^{iny},$$

und die Eulerschen Formeln zeigen, dass die Koeffizienten $c_n(x)$ stetig und 2π-periodisch von x abhängen. Sie haben also ihrerseits Fourierreihen

$$c_n(x) \sim \sum_{m=-\infty}^{\infty} d_{mn}e^{imx}.$$

Einsetzen liefert

$$f(x, y) \sim \sum_{m,n \in \mathbb{Z}} d_{mn}e^{imx}e^{iny}$$

mit

$$d_{mn} = (2\pi)^{-2} \int_{-\pi}^{\pi} \int_{-\pi}^{\pi} f(x, y)e^{-imx}e^{-iny} dx dy.$$

(Man könnte hier natürlich auch von der reellen Schreibweise (29.16) ausgehen, bekäme dann aber recht unübersichtliche Formeln, da alle denkbaren

Kombinationen von Sinus und Kosinus zu berücksichtigen wären.) – Ganz analog kann man auch für mehr als zwei Variable verfahren, und das Endergebnis lässt sich in der komplexen Schreibweise folgendermaßen ausdrücken:

$$f(x_1, \ldots, x_n) \sim \sum_{k_1=-\infty}^{\infty} \cdots \sum_{k_n=-\infty}^{\infty} c_{k_1 k_2 \ldots k_n} e^{ik_1 x_1} \cdots e^{ik_n x_n}$$

$$= \sum_{k \in \mathbb{Z}^n} c_k \exp(ik \cdot x) \tag{29.58}$$

mit

$$c_k \equiv c_{k_1 \ldots k_n} := (2\pi)^{-n} \int_{-\pi}^{\pi} \cdots \int_{-\pi}^{\pi} f(x_1, \ldots, x_n) \, e^{-ik_1 x_1} \cdots e^{-ik_n x_n} dx_1 \cdots dx_n$$

$$= (2\pi)^{-n} \int_Q f(x) \exp(-ik \cdot x) d^n x . \tag{29.59}$$

Dabei wurde $Q := [-\pi, \pi]^n$ und $k = (k_1, \ldots, k_n)$ gesetzt, und es wurde das euklidische Skalarprodukt

$$k \cdot x = k_1 x_1 + \cdots + k_n x_n$$

benutzt, um die Formeln kurz und übersichtlich schreiben zu können. Man nennt k zuweilen den *Wellenzahlvektor*.

Bisher war natürlich alles rein formal. Für jedes $f \in L^1(Q)$ ist durch (29.59) ein System von Zahlen c_k, $k \in \mathbb{Z}^n$ wohldefiniert, und man kann die formale Reihe (29.58) anschreiben. Was diese Reihe aber mit f zu tun hat, ist eine andere Frage.

In Bezug auf die Konvergenz im quadratischen Mittel haben wir jedenfalls volle Analogie zum Fall einer Variablen: Das Funktionensystem

$$\varphi_k(x) := (2\pi)^{-n/2} \exp(ik \cdot x), \quad k = (k_1, \ldots, k_n) \in \mathbb{Z}^n$$

erfüllt für das Skalarprodukt des HILBERTraums $L^2(Q)$ die Orthogonalitätsrelationen

$$\langle \varphi_k \mid \varphi_{k'} \rangle = \delta_{kk'} ,$$

wie man mit Hilfe des Satzes von FUBINI ohne weiteres nachrechnet. Dieses Orthonormalsystem ist aber sogar *vollständig*, und daher konvergiert (29.58) für jedes $f \in L^2(Q)$ im quadratischen Mittel (also in der Norm von $L^2(Q)$) gegen f, und es gilt stets die PARSEVALsche Gleichung

$$\sum_{k \in \mathbb{Z}^n} |c_k|^2 = (2\pi)^{-n} \int_Q |f(x)|^2 d^n x . \tag{29.60}$$

Man kann die Gültigkeit von (29.60) für n Variable nämlich leicht aus der Gültigkeit der entsprechenden Gleichung für $n-1$ Variable herleiten, indem man die Sätze von FUBINI und BEPPO LEVI benutzt. Ausgehend von

Thm. 29.17 kann man also (29.60) durch Induktion für alle n beweisen. Die Äquivalenzen aus Satz 29.4 sichern damit die Vollständigkeit der Orthonormalsysteme φ_k für beliebige Variablenzahl n.

Diese Überlegungen sind absolut nicht an das trigonometrische System gebunden. Vielmehr kann man auf dieselbe Weise den folgenden Satz beweisen, der auch in anderen Situationen von großer Bedeutung ist, z. B. in der Quantenmechanik beim Übergang von Einteilchen- zu Mehrteilchensystemen:

Theorem. *Es seien $S \subseteq \mathbb{R}^m$, $T \subseteq \mathbb{R}^n$ messbar, und es seien (φ_j) bzw. (ψ_k) Orthonormalbasen von $L^2(S)$ bzw. von $L^2(T)$. Dann bildet das System der auf $S \times T$ definierten Funktionen*

$$\omega_{jk}(x,y) := \varphi_j(x)\psi_k(y)$$

eine Orthonormalbasis von $L^2(S \times T)$.

Kehren wir nun zu den trigonometrischen FOURIERreihen (29.58) zurück. Die Theorie ihrer punktweisen oder gleichmäßigen Konvergenz verläuft nicht ganz parallel zu dem Fall einer Variablen, und man muss z. B. stärkere Differenzierbarkeitsforderungen an f stellen als in Satz 29.14, um die gleichmäßige Konvergenz der FOURIERreihe gegen f zu sichern. Ein einfaches, aber nützliches Resultat in dieser Richtung ist der folgende

Satz. *Ist $f \in C^s(\mathbb{R}^n)$ und in jeder Variablen 2π-periodisch, wobei $s > n/2$ ist, so konvergiert die Reihe (29.58) absolut und gleichmäßig gegen f. Genauer gesagt, handelt es sich um eine absolut summierbare Familie im Sinne der Ergänzung 13.29, und für jede Ausschöpfung von $\mathbb{Z}^n$ durch endliche Teilmengen konvergieren die entsprechenden Partialsummen gleichmäßig gegen f.*

Beweis. Die Beweismethode ist die gleiche wie bei Satz 29.14, jedoch der hier vorliegenden etwas komplizierteren Situation angepasst. Wir benutzen die Multiindex-Schreibweise aus 9.21.

Für jeden n-stelligen Multiindex α mit $|\alpha| \leq s$ ist die partielle Ableitung $D^\alpha f$ eine stetige, in sämtlichen Variablen 2π-periodische Funktion, hat also FOURIERkoeffizienten b_k^α, $k \in \mathbb{Z}^n$, die durch (29.59) gegeben sind und für die die BESSELsche Ungleichung

$$\sum_{k \in \mathbb{Z}^n} |b_k^\alpha|^2 < \infty$$

gilt. Es seien $c_k = b_k^0$ die FOURIERkoeffizienten von f selbst. Dann findet man mittels mehrfacher Produktintegration:

$$b_k^\alpha = (2\pi)^{-n} \int_Q (D^\alpha f(x)) \exp(-i k \cdot x) d^n x$$

$$= \frac{(-1)^{|\alpha|}}{(2\pi)^n} \int_Q f(x) D^\alpha [\exp(-i k \cdot x)] \, d^n x = i^{|\alpha|} k^\alpha c_k$$

für alle $\boldsymbol{k} \in \mathbb{Z}^n$. Also ist $|b_{\boldsymbol{k}}^\alpha|^2 = \boldsymbol{k}^{2\alpha}|c_{\boldsymbol{k}}|^2$, und damit liefert die BESSELsche Ungleichung

$$\sum_{\boldsymbol{k} \in \mathbb{Z}^n} \boldsymbol{k}^{2\alpha}|c_{\boldsymbol{k}}|^2 < \infty \quad \text{für} \quad |\alpha| \leq s \, . \tag{29.61}$$

Nun setzen wir

$$|\boldsymbol{k}| := \sqrt{\boldsymbol{k} \cdot \boldsymbol{k}} = (k_1^2 + k_2^2 + \cdots + k_n^2)^{1/2} \, .$$

Da es sich um Vektoren mit ganzzahligen Komponenten handelt, ist immer $|\boldsymbol{k}| \leq |\boldsymbol{k}|^2$, also $(1 + |\boldsymbol{k}|)^2 = 1 + 2|\boldsymbol{k}| + |\boldsymbol{k}|^2 \leq 3(1 + |\boldsymbol{k}|^2)$. Ferner ergibt der polynomische Satz (vgl. Ergänzung 9.31)

$$(1 + |\boldsymbol{k}|^2)^s = \sum_{|\alpha| \leq s} \frac{s!}{(s - |\alpha|)!\alpha!} \boldsymbol{k}^{2\alpha} \, ,$$

und (29.61) ergibt daher nach Aufsummieren über alle in Frage kommenden Multiindizes α die Beziehung

$$\sum_{\boldsymbol{k} \in \mathbb{Z}^n} (1 + |\boldsymbol{k}|)^{2s}|c_{\boldsymbol{k}}|^2 < \infty \, . \tag{29.62}$$

Als nächstes zeigen wir, dass auch

$$\sum_{\boldsymbol{k} \in \mathbb{Z}^n} (1 + |\boldsymbol{k}|)^{-2s} < \infty \tag{29.63}$$

ist. Nach Voraussetzung ist $2s/n > 1$, also konvergiert die Reihe $\sum_{m=1}^\infty m^{-2s/n}$ (Beweis z. B. in Ergänzung 15.16). Daher ist auch

$$\sum_{k=-\infty}^\infty (1 + |k|)^{-2s/n} < \infty \, ,$$

und das Produkt von n Exemplaren dieser absolut konvergenten Reihe ergibt nach Ausdistribuieren die absolut summierbare Familie

$$\left(\sum_{k=-\infty}^\infty (1 + |k|)^{-2s/n} \right)^n = \sum_{\boldsymbol{k} \in \mathbb{Z}^n} (1 + |k_1|)^{-2s/n} \cdots (1 + |k_n|)^{-2s/n} \, .$$

Für $\boldsymbol{k} = (k_1, \ldots, k_n) \in \mathbb{Z}^n$ ist aber $|k_\nu| \leq |\boldsymbol{k}|$, $\nu = 1, \ldots, n$ und folglich

$$\prod_{\nu=1}^n (1 + |k_\nu|)^{-2s/n} \geq [(1 + |\boldsymbol{k}|)^{-2s/n}]^n = (1 + |\boldsymbol{k}|)^{-2s} \, ,$$

also ist auch die Familie $((1+|\boldsymbol{k}|)^{-2s})_{\boldsymbol{k} \in \mathbb{Z}^n}$ absolut summierbar, d. h. wir haben (29.63) bewiesen.

Nun schreiben wir $|c_{\boldsymbol{k}}| = (1 + |\boldsymbol{k}|)^{-s} \cdot (1 + |\boldsymbol{k}|)^s |c_{\boldsymbol{k}}|$ und wenden die SCHWARZsche Ungleichung für Summen an. Wegen (29.62) und (29.63) ergibt das

$$\sum_{\boldsymbol{k}\in\mathbb{Z}^n} |c_{\boldsymbol{k}}| \le \left[\sum_{\boldsymbol{k}\in\mathbb{Z}^n} (1 + |\boldsymbol{k}|)^{-2s}\right]^{1/2} \left[\sum_{\boldsymbol{k}\in\mathbb{Z}^n} (1 + |\boldsymbol{k}|)^{2s}|c_{\boldsymbol{k}}|^2\right]^{1/2} < \infty .$$

Wegen $|\exp(i\boldsymbol{k} \cdot x)| \equiv 1$ folgt hieraus die absolute Summierbarkeit der FOURIERreihe von f. Für beliebige Ausschöpfungen folgt die gleichmäßige Konvergenz dann aus Satz 14.16. Die Summe muss aber f sein, da die FOURIERreihe im quadratischen Mittel gegen f konvergiert.   □

Eine endgültige Klärung dieser Konvergenzfragen hat erst die Theorie der SOBOLEW-*Räume* gebracht, auf die wir hier nicht eingehen können. Die Konvergenztheorie der FOURIERreihen in mehreren Variablen wird z. B. in [56] gründlich behandelt.

Aufgaben zu §29

29.1. Sei H ein Prähilbertraum und $\mathfrak{B} = \{e_1, e_2, \ldots\}$ ein unendliches Orthonormalsystem in H. Man zeige, dass es kein $x \in H$ gibt mit $\langle e_n \mid x \rangle = \frac{1}{\sqrt{n}}$ für alle n.

29.2. Man berechne die trigonometrische FOURIERreihe von $f(x) = |\sin x|$.

29.3. Sei f eine komplexwertige 2π-periodische Funktion und seien c_n, $n \in \mathbb{Z}$, ihre (komplexen) FOURIERkoeffizienten (vgl. Thm. 29.7).

   a. Man zeige, dass $c_n \in \mathbb{R}$ für alle $n \in \mathbb{Z}$, falls f gerade ist, d. h. falls $f(t) = \overline{f(-t)}$ für alle $t \in \mathbb{R}$.

   b. Man zeige, dass $c_n \in i\mathbb{R}$ für alle $n \in \mathbb{Z}$, falls f ungerade ist, d. h. falls $f(t) = -\overline{f(-t)}$ für alle $t \in \mathbb{R}$.

   c. Man zeige, dass $c_n = 0$ für alle geradzahligen n, falls f semiperiodisch ist, d. h. falls $f(t \pm \pi) = -f(t)$ für alle $t \in \mathbb{R}$.

29.4. Man berechne die FOURIERkoeffizienten der folgenden 2π-periodischen Funktionen:

   a. $f(t) = \sin^4(t)$.
   b. $f(t) = -1$, wenn $-\pi \le t \le 0$, $f(t) = 1$, wenn $0 < t < \pi$.
   c. $f(t) = e^{-|t|}$, $-\pi \le t < \pi$.

29.5. Sei $g(z) := \sum_{n=0}^\infty a_n z^n$ eine Potenzreihe mit Konvergenzradius $R > 0$. Für $0 < r < R$ definieren wir eine 2π-periodische Funktion $f_r : \mathbb{R} \to \mathbb{C}$ durch $f_r(t) := g(re^{it})$. Man beweise, dass die komplexen FOURIERkoeffizienten von

f_r gegeben sind durch

$$c_n = \begin{cases} a_n r^n & \text{für} \quad n \geq 0\,, \\ 0 & \text{für} \quad n < 0\,, \end{cases}$$

und zwar

a. direkt mittels der Orthogonalitätsrelationen (29.19), und auch

b. mittels der CAUCHYschen Integralformel (16.34) für die Ableitungen $g^{(n)}(0)$.

29.6. Für $0 < a < 1$ berechne man die Summen der unendlichen Reihen

$$\sum_{m=0}^{\infty} a^m \cos mx\,, \quad \sum_{m=1}^{\infty} a^m \sin mx\,.$$

(*Hinweis:* Man setze $z = e^{it}$ in eine geeignete Potenzreihe ein.)

29.7.   a. Man bestimme die FOURIERreihe der 2π-periodischen Funktion

$$f(x) = x^2\,, \quad -\pi \leq x \leq \pi\,.$$

Konvergiert diese FOURIERreihe punktweise gegen $f(x)$? Konvergiert sie gleichmäßig?

b. Mit Hilfe von a. zeige man:

$$\sum_{n=1}^{\infty} \frac{1}{n^2} = \frac{\pi^2}{6}\,, \quad \sum_{n=1}^{\infty} \frac{(-1)^{n+1}}{n^2} = \frac{\pi^2}{12}\,.$$

c. Mit Hilfe von a. und der PARSEVALschen Gleichung zeige man:

$$\sum_{n=1}^{\infty} \frac{1}{n^4} = \frac{\pi^4}{90}\,.$$

29.8.   a. Man bestimme die FOURIERreihe der 2π-periodischen Funktion

$$f(x) = \begin{cases} 1 & \text{für} \quad -\pi < x < -\pi/2\,, \\ 0 & \text{für} \quad -\pi/2 < x < \pi/2\,, \\ 1 & \text{für} \quad \pi/2 < x < \pi \end{cases}$$

und berechne damit

$$\sum_{n=0}^{\infty} \frac{(-1)^n}{(2n+1)}\,.$$

b. Man bestimme die FOURIERreihe der 2π-periodischen Funktion

$$f(x) = \begin{cases} 0 & \text{für} \quad -\pi < x < 0\,, \\ x & \text{für} \quad 0 < x < \pi \end{cases}$$

und berechne damit

$$\sum_{n=0}^{\infty} \frac{1}{(2n+1)^2}\,.$$

29.9. Sei $f(x) = x(\pi - x)$ für $0 < x < \pi$. Man zeige:

a. $f(x) = \dfrac{\pi^2}{6} - \displaystyle\sum_{n=1}^{\infty} \frac{\cos(2nx)}{n^2}\,, \quad 0 < x < \pi,$

b. $f(x) = \dfrac{8}{\pi} \displaystyle\sum_{n=1}^{\infty} \frac{\sin(2n-1)x}{(2n-1)^3}\,, \quad 0 < x < \pi.$

Damit bestimme man

$$S = \frac{1}{1^3} + \frac{1}{3^3} - \frac{1}{5^3} - \frac{1}{7^3} + \frac{1}{9^3} + \frac{1}{11^3} - \cdots\,.$$

29.10. Sei $a < b$ in $\mathbb{R}$, $T = b - a$ und sei die stetige Funktion $f : [a, b] \longrightarrow \mathbb{K}$ T-periodisch auf $\mathbb{R}$ fortgesetzt.

a. Man bestimme die trigonometrische FOURIERentwicklung von $f(x)$ auf $]a, b[$.

b. Man gebe die FOURIERreihe für die Spezialfälle

$$a = 0\,, b = T \quad \text{und} \quad a = -\frac{T}{2}\,, \quad b = \frac{T}{2}$$

an.

29.11. Sei

$$s := \sum_{k=1}^{\infty} a_k$$

eine konvergente Reihe und

$$s_n := \sum_{k=1}^{n} a_k$$

die n-te Partialsumme von s. Für

$$\sigma_n := \frac{1}{n} \sum_{k=1}^{n} s_k$$

zeige man

$$\lim_{n \to \infty} \sigma_n = s\,.$$

Weiterhin gebe man eine Folge $(a_k)_{k\in\mathbb{N}}$ an, so dass

$$\lim_{n\to\infty} \sigma_n = s$$

existiert, aber die zugehörige Reihe divergiert.

29.12. Betrachte die stetige Funktion f gegeben durch

$$f(t) = \begin{cases} 1, & \text{falls} \quad t = 0\,, \\ \dfrac{2\sin\left(\frac{1}{2}t\right)}{t}, & \text{falls} \quad 0 < |t| \le \pi\,, \\ f(t+2\pi) & \text{für alle} \quad t \in \mathbb{R}. \end{cases}$$

Man zeige unter Verwendung von (29.28)

$$\pi = \int\limits_{-\infty}^{\infty} \frac{\sin t}{t}\,dt \left(= \lim_{x\to\infty} \int\limits_{-x}^{x} \frac{\sin t}{t}\,dt \right)\,.$$

(*Hinweis:* Verwende in der Formel für $s_n(f)(0)$ die Substitution $t \longmapsto \frac{t}{n+\frac{1}{2}}$.)

29.13. Man bestimme eine 2π-periodische Lösung der Differentialgleichung

$$y - y'' = \left| \cos \frac{t}{2} \right|$$

durch einen Reihenansatz. Anschließend verifiziere man, dass die durch formale Rechnung gefundene Reihe tatsächlich eine Lösung der ursprünglichen Aufgabe darstellt.

29.14. Die MATHIEU-Differentialgleichung ist gegeben durch

$$y''(x) - 2q\cos(2x)y(x) = 0\,, \tag{29.64}$$

wobei $q \in \mathbb{R}$. Man zeige, dass nicht alle Lösungen dieser Differentialgleichung π-periodisch sind.

Hinweis: Sei $\Phi_1(x)$ die Lösung von (29.64) mit den Anfangsbedingungen $\Phi_1(0) = 1$ und $\Phi_1'(0) = 0$; $\Phi_2(x)$ die Lösung von (29.64) mit den Anfangsbedingungen $\Phi_2(0) = 0$ und $\Phi_2'(0) = 1$. Man zeige nun, dass Φ_1 gerade und Φ_2 ungerade ist. Weiterhin nehme man an, dass alle Lösungen π-periodisch sind. Dann hat Φ_1 die FOURIERreihe

$$\Phi_1(x) = \frac{1}{2}c_0 + \sum_{k=1}^{\infty} c_k \cos(2kx)$$

und Φ_2 die FOURIERreihe

$$\Phi_2(x) = \sum_{k=1}^{\infty} d_k \sin(2kx)\,.$$

Setzt man nun diese FOURIERreihen in (29.64) ein so erhält man mittels Koeffizientenvergleich einen Widerspruch.

29.15. Für $\alpha \in \mathbb{R} \setminus \mathbb{Z}$ und $-\pi \leq x \leq \pi$ zeige man

$$\cos(\alpha x) = \frac{\sin(\alpha \pi)}{\pi} \left(\frac{1}{\alpha} + \sum_{k=1}^{\infty} (-1)^k \frac{2\alpha}{\alpha^2 - k^2} \cos(kx) \right)$$

und folgere die sog. *Partialbruchzerlegung des Kotangens*

$$\pi \cot(\pi \alpha) = \frac{1}{\alpha} + \sum_{k=1}^{\infty} \frac{2\alpha}{\alpha^2 - k^2} \cdot \tag{29.65}$$

29.16. Sei f eine k-fach stetig differenzierbare 2π-periodische Funktion und seien c_n, $n \in \mathbb{Z}$, ihre FOURIERkoeffizienten in der komplexen Schreibweise aus Thm. 29.7. Man zeige, dass es eine Konstante $C_k < \infty$ gibt mit

$$|c_n| \leq C_k \frac{1}{1 + |n|^k}$$

für alle $n \in \mathbb{Z}$.

29.17. Sei $f(x)$ eine 4-fach differenzierbare 2π-periodische Funktion. Man zeige, dass das CAUCHY-Problem für die Wärmeleitungsgleichung

$$\frac{\partial}{\partial t} u(x,t) = \frac{\partial^2}{\partial x^2} u(x,t), \quad u(x,0) = f(x)$$

für $t \geq 0$ eine Lösung $u(x,t)$ besitzt, die in der Variablen x 2π-periodisch ist.

Hinweis: Man benutze den Reihenansatz:

$$u(x,t) = \sum_{n=-\infty}^{\infty} a_n(t) \, e^{inx} \ .$$

29.18. Sei $f : \mathbb{R} \to \mathbb{C}$ stückweise glatt und für ein $\tau > 0$ gelte $f(t + \tau) = f(t)$ für alle $t \in \mathbb{R}$, d.h. f ist τ-periodisch. Man zeige, dass

$$f(t) = \sum_{n=-\infty}^{\infty} c_n e^{\frac{2\pi i n}{\tau} t} \ .$$

Man bestimme die komplexen FOURIERkoeffizienten c_n, $n \in \mathbb{Z}$.

29.19. Man bestimme die komplexen FOURIERkoeffizienten c_n, $n \in \mathbb{Z}$, der folgenden τ-periodischen Funktionen:

   a. $f_1(t) = t \sin(2\pi t)$, $-\frac{1}{2} \leq t < \frac{1}{2}$, $\tau = 1$.
   b. $f_2(t) = e^{-|t|} \cos(\frac{\pi}{10} t)$, $-10 \leq t < 10$, $\tau = 20$.
   c. $f_3(t) = f_2(t - 10)$, $0 \leq t < 20$, $\tau = 20$.

29.20. Sei $m \in \mathbb{N}$ beliebig. Dann gibt es (eindeutige) $k, n \in \mathbb{N}$, so dass die Ungleichung $n = 2^m + k < 2^{m+1}$ erfüllt ist. Definiere nun

$$f_n(t) = \begin{cases} 1, & \text{falls } \frac{k}{2^m} < t < \frac{k+1}{2^m}, \\ 0, & \text{sonst.} \end{cases}$$

a. Man zeichne den Graphen der Funktion f_n für $n = 1, 2, 3$ und 4.

b. Man zeige, dass f_n im quadratischen Mittel gegen 0 konvergiert.

c. Man zeige, dass die Funktionenfolge $(f_n)_{n \in \mathbb{N}}$ nicht punktweise gegen 0 konvergiert.

30

Anfangs-Randwert-Aufgaben: Separation der Variablen

In diesem Kapitel zeigen wir an einigen einfachen, der Physik entnommenen Beispielen, wie Entwicklungen in FOURIERreihen genutzt werden können, um Anfangs-Randwert-Aufgaben für partielle Differentialgleichungen zu lösen. Dabei spielt die Methode der *Separation der Variablen* eine zentrale Rolle, die es – zumindest in Situationen mit ausreichender Symmetrie – gestattet, spezielle Lösungen der gegebenen partiellen Differentialgleichung durch Reduktion auf gewisse gewöhnliche Differentialgleichungen zu finden. Die Lösungen dieser hilfsweise eingeführten gewöhnlichen Differentialgleichungen erweisen sich dabei als die geeigneten Ansatzfunktionen für die Entwicklung in FOURIERreihen.

Wir werden hier nicht alle Einzelheiten streng beweisen. Die fehlenden Details finden sich in der Literatur zur klassischen mathematischen Physik, z. B. in [8]. Eine moderne und mathematisch einwandfreie Darstellung der meisten hier besprochenen Zusammenhänge ist in [63] enthalten.

A. Die schwingende Saite

Eine Saite (Draht) der Länge $L = 1$ sei an den Enden bei $x = 0$ und $x = 1$ fest eingespannt. Wir untersuchen die Auslenkung $u(x, t)$ am Ort x zur Zeit t, wenn die Anfangsauslenkung und die Anfangsgeschwindigkeit zur Zeit $t = 0$ vorgegeben sind. Ist die Saite homogen, d. h. die Dichte ρ pro Längeneinheit ist konstant, ideal elastisch, d. h. die Spannung τ ist konstant, und sind die Auslenkungen klein, so führt dies auf folgendes Problem:

Problem 30.1. Gesucht ist eine Funktion $u = u(x, t)$, $0 \leq x \leq 1$, $t \geq 0$, welche die *eindimensionale Wellengleichung*

$$u_{tt} = c^2 u_{xx}, \quad c^2 = \frac{\rho}{\tau} > 0 \tag{30.1}$$

für $0 < x < 1$, $t > 0$ löst und die *Randbedingung*

$$u(0,t) = 0 \,, \quad u(1,t) = 0 \,, \quad t \geq 0 \qquad (30.2)$$

sowie die *Anfangsbedingungen*

$$u(x,0) = \varphi_0(x) \,, \quad u_t(x,0) = \varphi_1(x) \,, \quad 0 \leq x \leq 1 \qquad (30.3)$$

mit gegebenen Funktionen φ_0, φ_1 erfüllt.

Damit die Anfangs- und die Randbedingungen einander nicht widersprechen, müssen die Funktionen φ_0, φ_1 die *Kompatibilitätsbedingungen*

$$\varphi_0(0) = \varphi_0(1) \,, \quad \varphi_0''(0) = \varphi_0''(1) \,, \quad \varphi_1(0) = \varphi_1(1) \qquad (30.4)$$

erfüllen.

Wir wollen zunächst formal eine Lösung dieser *Anfangs-Randwertaufgabe* konstruieren.

1. Schritt: Lösung der Wellengleichung (30.1)

Wir konstruieren zunächst gewisse spezielle Lösungen der partiellen Differentialgleichung (30.1) mit Hilfe eines *Produkt-* oder *Separationsansatzes*:

$$u(x,t) = f(x)g(t) \,. \qquad (30.5)$$

Einsetzen in die Wellengleichung (30.1) ergibt

$$f(x)g''(t) = c^2 f''(x)g(t)$$

bzw., anders geschrieben:

$$\frac{1}{c^2} \frac{g''(t)}{g(t)} = \frac{f''(x)}{f(x)} \,, \quad 0 < x < 1 \,, \quad t > 0 \,. \qquad (30.6)$$

In der Gleichung (30.6) sind die unabhängigen Variablen x und t getrennt. Daher müssen beide Seiten gleich einer Konstanten $\lambda \in \mathbb{R}$ sein, d. h.

$$\frac{1}{c^2} \frac{g''(t)}{g(t)} = \lambda = \frac{f''(x)}{f(x)} \qquad (30.7)$$

für alle $0 < x < 1$ und alle $t > 0$. Aus (30.7) ergeben sich daher die beiden gewöhnlichen Differentialgleichungen

$$f''(x) - \lambda f(x) = 0 \,, \qquad (30.8)$$
$$g''(t) - c^2 \lambda g(t) = 0 \,, \qquad (30.9)$$

die mit bekannten Methoden gelöst werden können, wenn die *Separationskonstante* λ bestimmt ist. Dies geschieht mit Hilfe der Randbedingungen (30.2).

2. Schritt: Erfüllung der Randbedingungen (30.2)

Setzen wir die Randbedingungen (30.2) in den Produktansatz (30.5) ein, so folgt

$$f(0)g(t) = 0, \quad f(1)g(t) = 0 \quad \text{für} \quad t \geq 0.$$

Da wir $g(t) \not\equiv 0$ haben wollen, ergeben sich daraus die folgenden Randbedingungen für $f(x)$:

$$f(0) = 0, \quad f(1) = 0, \tag{30.10}$$

welche die Lösungen von (30.8) erfüllen müssen. Man überprüft sofort, dass die Randwertaufgabe (30.8, 30.10) für $\lambda \geq 0$ nur die triviale Lösung $f(x) \equiv 0$ hat. Sei also

$$\lambda = -\mu^2 < 0.$$

Dann hat (30.8) die allgemeine Lösung

$$f(x) = c_1 \cos \mu x + c_2 \sin \mu x, \quad c_1, c_2 \in \mathbb{R}.$$

Einsetzen der Randbedingung (30.10) liefert

$$0 = f(0) = c_1, \quad 0 = f(1) = c_2 \sin \mu.$$

Um $f \not\equiv 0$ zu bekommen, muss $c_2 \neq 0$ sein, was die Bedingung $\sin \mu = 0$ nach sich zieht, also

$$\mu = m\pi, \quad m = 1, 2 \ldots.$$

D. h. die zulässigen Werte für die Separationskonstante λ sind

$$\lambda = \lambda_m = -m^2 \pi^2, \tag{30.11}$$

und die zugehörigen nichttrivialen Lösungen der Randwertaufgabe (30.8), (30.10) sind

$$f_m(x) = \sin m\pi x, \quad m = 1, 2, \ldots. \tag{30.12}$$

Einsetzen von $\lambda = \lambda_m$ in die zeitabhängige Differentialgleichung (30.9) liefert:

$$g'' + \omega_m^2 g = 0, \quad \omega_m := mc\pi. \tag{30.13}$$

Diese hat die allgemeine Lösung

$$g_m(t) = a_m \cos \omega_m t + b_m \sin \omega_m t. \tag{30.14}$$

Zusammen mit (30.5) haben wir dann folgendes Teilergebnis:

Satz 30.2. *Die Funktionen*

$$u_m(x, t) = (a_m \cos \omega_m t + b_m \sin \omega_m t) \sin m\pi x \tag{30.15}$$

sind Lösungen der Wellengleichung (30.1), welche die Randbedingungen (30.2) erfüllen. Die Funktionen $u_m(x, t)$ heißen die Eigenfunktionen *und die Zahlen*

$$\omega_m = mc\pi, \quad m \in \mathbb{N} \tag{30.16}$$

die Eigenfrequenzen *der schwingenden Saite.*

3. Schritt: Erfüllung der Anfangsbedingungen

Um die Anfangsbedingungen (30.3) zu erfüllen, macht man sich zunutze, dass die Wellengleichung (30.1) eine *lineare* Differentialgleichung ist, so dass für ihre Lösungen das Superpositionsprinzip gilt (d. h. Linearkombinationen von Lösungen sind wieder Lösungen). Wenn man Glück hat, kann man eine Linearkombination der Eigenfunktionen $u_m(x,t)$ wählen, die auch die Anfangsbedingungen erfüllt. Im Allgemeinen werden aber endliche Linearkombinationen hierfür nicht ausreichen. Man macht daher einen Ansatz als unendliche Reihe

$$u(x,t) = \sum_{m=1}^{\infty} (a_m \cos \omega_m t + b_m \sin \omega_m t) \sin m\pi x ,\qquad (30.17)$$

denn man weiß ja, dass man durch FOURIERreihen beliebige C^1-Funktionen gleichmäßig approximieren kann (Satz 29.14). Aus (30.17) folgt noch

$$u_t(x,t) = \sum_{m=1}^{\infty} \omega_m(-a_m \sin \omega_m t + b_m \cos \omega_m t) \sin m\pi x .\qquad (30.18)$$

Setzt man nun (30.17) und (30.18) in die Anfangsbedingungen (30.3) ein, so liefert uns dies folgende Gleichungen:

$$\begin{aligned}\varphi_0(x) &= u(x,0) = \sum_{m=1}^{\infty} a_m \sin m\pi x ,\\ \varphi_1(x) &= u_t(x,0) = \sum_{m=1}^{\infty} b_m \omega_m \sin mx .\end{aligned}\qquad (30.19)$$

Dies sind offenbar FOURIER-Sinus-Reihen der Anfangsfunktionen φ_0, φ_1, was die Koeffizienten a_m, b_m durch die EULERschen Formeln in Satz 29.6 b. festlegt. Damit die Reihe (30.17) die Wellengleichung löst, muss 2-malige gliedweise Differentiation bezüglich t, x erlaubt sein. Wegen Satz 29.15 bringt dies zusätzliche Differenzierbarkeitsforderungen an die Anfangsfunktionen mit sich. Wir fassen alles in folgendem Satz zusammen:

Satz 30.3. *Seien $\varphi_0 \in C^3([0,1])$ und $\varphi_1 \in C^2([0,1])$ gegebene Funktionen, die die Kompatibilitätsbedingungen (30.4) erfüllen. Die Funktion (30.17) ist genau dann die eindeutige Lösung des Problems 30.1, wenn die Koeffizienten a_m, b_m gemäß*

$$a_m = 2\int_0^1 \varphi_0(x) \sin m\pi x \mathrm{d}x ,\quad b_m = \frac{2}{mc\pi}\int_0^1 \varphi_1(x) \sin m\pi x \mathrm{d}x$$

bestimmt werden.

B. Das Potential einer Kugel

In diesem Abschnitt wollen wir uns mit folgendem Problem beschäftigen, das wir zwar schon aus Kapitel 25 kennen, das aber mit unserer neuen Methodik auf sehr instruktive Weise behandelt werden kann.

Problem (*Inneres* DIRICHLET*problem*). Sei $\Omega \subseteq \mathbb{R}^3$ ein beschränktes Gebiet und sei $f : \partial\Omega \longrightarrow \mathbb{R}$ eine gegebene stetige Funktion. Gesucht ist eine Funktion $u \in C^2(\Omega) \cap C^0(\bar{\Omega})$, so dass

$$\Delta u = 0 \quad \text{in} \quad \Omega\,, \tag{30.20}$$

$$u = f \quad \text{auf} \quad \partial\Omega\,. \tag{30.21}$$

Wenn das Gebiet Ω geeignete Symmetrien besitzt, so kann man auch hier die Methode der Separation der Variablen anwenden. Wir demonstrieren dies im Folgenden an dem Spezialfall, dass

$$\Omega = \left\{(x, y, z) \in \mathbb{R}^3 \mid x^2 + y^2 + z^2 < R^2 \right\}$$

eine Kugel ist. In diesem Fall ist es zweckmäßig, Kugelkoordinaten

$$x = r\cos\varphi\sin\theta\,, \quad y = r\sin\varphi\sin\theta\,, \quad z = r\cos\theta\,,$$
$$r > 0\,, \quad 0 \le \varphi < 2\pi\,, \quad 0 \le \theta \le \pi \tag{30.22}$$

einzuführen. Die Randbedingung (30.21) nimmt dann die Form

$$u(R, \varphi, \theta) = f(\varphi, \theta) \tag{30.23}$$

an, wobei wir den Spezialfall gesondert betrachten, dass die Randwerte unabhängig von φ sind, d. h.

$$u(R, \theta) = f(\theta)\,. \tag{30.24}$$

Die Potentialgleichung nimmt in Kugelkoordinaten die Form

$$\frac{\partial}{\partial r}(r^2 u_r) + \frac{1}{\sin\theta}\frac{\partial}{\partial\theta}(\sin\theta u_\theta) + \frac{1}{\sin^2\theta} u_{\varphi\varphi} = 0 \tag{30.25}$$

an (vgl. Gl. (10.61) aus Satz 10.23b.), wobei die Funktion

$$\tilde{u}(r, \varphi, \theta) := u(x(r, \varphi, \theta), y(r, \varphi, \theta), z(r, \varphi, \theta))$$

wieder mit u bezeichnet wurde.

Wenn f nicht von φ abhängt, so geht die Lösung des DIRICHLET-Problems bei Drehungen um die z-Achse wieder in eine Lösung desselben Problems über. Nach Satz 25.9 ist die Lösung aber eindeutig bestimmt, also ist sie invariant gegenüber Drehungen um die z-Achse und damit ebenfalls unabhängig von φ. Wir können dann $u(r, \varphi, \theta) = u(r, \theta)$ schreiben, und (30.25) vereinfacht sich zu

$$\frac{\partial}{\partial r}(r^2 u_r) + \frac{1}{\sin\theta}\frac{\partial}{\partial\theta}(\sin\theta u_\theta) = 0 \tag{30.26}$$

für $0 < r < R$, $0 \le \theta \le 2\pi$.

Wir haben es also mit den folgenden Aufgabenstellungen zu tun:

Problem 30.4 (*Potentialproblem für die Kugel*).

a. (Spezialfall) Sei $f = f(\theta)$, $0 \le \theta \le \pi$, eine gegebene stetige Funktion. Gesucht ist die Funktion

$$u \in C^2([0, R[\times [0, \pi]) \cap C^0([0, R] \times [0, \pi])$$

so dass (30.26) und (30.24) erfüllt sind.

b. (Allgemeiner Fall) Sei $f = f(\varphi, \theta)$, $0 \le \varphi \le 2\pi$, $0 \le \theta \le \pi$ eine gegebene stetige Funktion. Gesucht ist eine Funktion $u(r, \varphi, \theta)$ der Klasse

$$C^2 \quad \text{für} \quad 0 < r < R, \quad 0 \le \varphi < 2\pi, \quad 0 \le \theta \le \pi$$
$$C^0 \quad \text{für} \quad 0 \le r \le R, \quad 0 \le \varphi \le R, \quad 0 \le \theta \le \pi$$

so dass (30.25) und (30.23) erfüllt sind.

Zur Lösung der Differentialgleichungen (30.26) bzw. (30.25) gehen wir vor wie bei dem Problem der schwingenden Saite in Abschn. A., in dem wir einen Produktansatz versuchen, und zwar

$$u(r, \theta) = g(r)h(\theta) \tag{30.27}$$

für (30.26) bzw.

$$u(r, \varphi, \theta) = g(r)k(\varphi, \theta) \tag{30.28}$$

für (30.25). Einsetzen in die Differentialgleichungen ergibt

$$\frac{1}{g(r)} \frac{\mathrm{d}}{\mathrm{d}r}(r^2 g'(r)) = -\frac{1}{h(\theta) \sin\theta} \frac{\mathrm{d}}{\mathrm{d}\theta}(\sin\theta h'(\theta)) \tag{30.29}$$

bzw.

$$\frac{1}{g(r)} \frac{\mathrm{d}}{\mathrm{d}r}(r^2 g'(r)) = -\frac{1}{k(\varphi, \theta) \sin\theta} \frac{\partial}{\partial\theta}(\sin\theta k_\theta(\varphi, \theta))$$
$$-\frac{1}{k(\varphi, \theta) \sin^2\theta} \frac{\partial^2}{\partial\varphi^2} k(\varphi, \theta) . \tag{30.30}$$

In beiden Differentialgleichungen (30.29), (30.30) sind die Variablen getrennt, so dass beide Seiten gleich einer *Separationskonstanten* λ sind. Wir werden weiter unten bei der Diskussion der θ-Abhängigkeit sehen, dass diese die Form

$$\lambda = n(n + 1), \quad n \in \mathbb{N}_0 \tag{30.31}$$

haben muss. Setzen wir dies in (30.29) bzw. (30.30) ein, so bekommen wir in beiden Fällen für den r-abhängigen Anteil dieselbe *Radialgleichung*

$$r^2 g''(r) + 2r g'(r) - n(n + 1) g(r) = 0 . \tag{30.32}$$

Diese Differentialgleichung ist vom EULER-CAUCHY-*Typ* (vgl. Ergänzung 4.13) und kann mit dem Ansatz

$$g(r) = r^\alpha$$

gelöst werden. Setzen wir dies in (30.31) ein, so bekommen wir die beiden Lösungen

$$\alpha = n \quad \text{und} \quad \alpha = -n - 1$$

und damit

$$g_1(r) = r^n , \quad g_2(r) = r^{-n-1} . \tag{30.33}$$

Dabei ist allerdings nur $g_1(r)$ für das innere DIRICHLETproblem brauchbar, weil $g_2(r)$ bei $r = 0$ eine Singularität hat.

Wir müssen nun noch die aus (30.29), (30.30) resultierenden winkelabhängigen Differentialgleichungen untersuchen.

a. φ-unabhängige Randwerte:

Aus (30.29) und (30.31) ergibt sich die gewöhnliche Differentialgleichung

$$\frac{1}{\sin\theta} \frac{\mathrm{d}}{\mathrm{d}\theta} (\sin\theta h'(\theta)) + n(n+1)h(\theta) = 0 . \tag{30.34}$$

Machen wir die Substitution

$$\cos\theta = w , \quad \frac{\mathrm{d}}{\mathrm{d}\theta} = -\sin\theta \frac{\mathrm{d}}{\mathrm{d}w} ,$$
$$\sin^2\theta = 1 - w^2 , \quad P(w) = P(\cos\theta) = h(\theta) , \tag{30.35}$$

so bekommen wir aus (30.34) die Differentialgleichung

$$\frac{\mathrm{d}}{\mathrm{d}w} \left[(1 - w^2)P'(w)\right] + n(n+1)P(w) = 0 , \tag{30.36}$$

die man als LEGENDRE-*Differentialgleichung* bezeichnet und auf die wir im nächsten Kapitel etwas näher eingehen werden. Die Lösungen dieser Differentialgleichung erhält man durch Potenzreihenansatz, und wir zeigen in Satz 31.8, dass die Differentialgleichung (30.36) für $n = 0, 1, 2, \ldots$ als spezielle Lösung das LEGENDRE-*Polynom* $P_n(w)$ besitzt, das nach der RODRIGUEZ-*Formel* in Satz 31.9 in der Form

$$P_n(w) = \frac{1}{2^n n!} \frac{\mathrm{d}^n}{\mathrm{d}w^n} \left[(w^2 - 1)^n\right] \tag{30.37}$$

geschrieben werden kann. Ferner zeigen wir in Satz 31.7, dass das LEGENDRE-Polynom $P_n(w)$ die einzige Lösung von (30.36) ist, die auf $[-1, 1]$ stetig ist, während alle Potenzreihenlösungen in den Punkten $w = \pm 1$ divergieren. Ist λ nicht von der Form (30.31), so gibt es überhaupt keine Polynomlösungen, d. h. alle Lösungen $\neq 0$ zeigen dann diese Divergenz am

Rande. Nach (30.35) entsprechen die Punkte $w = \pm 1$ den Werten $\theta = 0, \pi$, d. h. Nord- und Südpol der Kugel.

Da wir natürlich eine Lösung des Potentialproblems haben wollen, die in der ganzen Kugel regulär ist, sind nur die Polynomlösungen brauchbar, und das erzwingt (30.31). Fassen wir dies mit (30.33) und dem Ansatz (30.27) zusammen, so haben wir folgendes Teilergebnis:

Satz 30.5. *Die partielle Differentialgleichung*

$$\frac{\partial}{\partial r}(r^2 u_r) + \frac{1}{\sin \theta}\frac{\partial}{\partial \theta}(\sin \theta u_\theta) = 0 \qquad (30.26)$$

hat für $0 \leq r < R$, $0 \leq \theta \leq \pi$, eine unendliche Folge von Lösungen der Form

$$u_n(r, \theta) = r^n P_n(\cos \theta), n = 0, 1, 2, \ldots, \qquad (30.38)$$

wobei P_n das LEGENDRE-*Polynom n-ten Grades ist.*

b. φ-abhängige Randwerte:

Aus (30.30) und (30.31) ergibt sich die partielle Differentialgleichung

$$\frac{1}{\sin \theta}\frac{\partial}{\partial \theta}(\sin \theta \cdot k_\theta) + \frac{1}{\sin^2 \theta}k_{\varphi\varphi} + n(n+1)k = 0, \qquad (30.39)$$

die wir mit dem Produktansatz

$$k(\varphi, \theta) = q(\varphi)h(\theta) \qquad (30.40)$$

in gewöhnliche Differentialgleichungen zerlegen wollen. Einsetzen von (30.40) in (30.39) ergibt

$$\frac{\sin \theta}{h(\theta)}\frac{\mathrm{d}}{\mathrm{d}\theta}(\sin \theta \cdot h'(\theta)) + n(n+1)\sin^2 \theta = -\frac{q''(\varphi)}{q(\varphi)}, \qquad (30.41)$$

so dass wir die Variablen wieder getrennt haben. Beide Seiten von (30.41) sind daher gleich einer Konstanten $\mu \in \mathbb{R}$, was uns auf die φ-abhängige gewöhnliche Differentialgleichung

$$q''(\varphi) + \mu q(\varphi) = 0 \qquad (30.42)$$

führt. Da φ eine Winkelvariable ist, muss die Lösung $u(r, \varphi, \theta)$ der Randwertaufgabe 30.4 b. aus Stetigkeitsgründen

$$u(r, \varphi + 2\pi, \theta) = u(r, \varphi, \theta)$$

erfüllen, was für die Lösung $q(\varphi)$ von (30.42)

$$q(\varphi + 2\pi) = q(\varphi)$$

bedeutet. Die Differentialgleichung (30.42) hat aber nur dann eine 2π-periodische Lösung, wenn

$$\mu = m^2 \quad \text{mit} \quad m = 0, \pm 1, \dots \tag{30.43}$$

ist, was als Lösungen von (30.42) die Funktionen

$$q_m(\varphi) = e^{im\varphi}, \quad m \in \mathbb{Z} \tag{30.44}$$

liefert. Setzen wir nun die linke Seite von (30.41) gleich $\mu = m^2$, so bekommen wir die gewöhnliche θ-abhängige Differentialgleichung

$$\sin\theta \frac{d}{d\theta}(\sin\theta \cdot h'(\theta)) + \left[n(n+1)\sin^2\theta - m^2 \right] h(\theta) = 0 .$$

Machen wir in dieser Differentialgleichung wieder die Substitution (30.35), so bekommen wir die Differentialgleichung

$$\frac{d}{dw}\left[(1-w^2)P'(w) \right] + \left[n(n+1) - \frac{m^2}{1-w^2} \right] P(w) = 0 , \tag{30.45}$$

die wir als die zugeordnete LEGENDRE-Differentialgleichung in Kapitel 31 studieren werden. Da wir auch hier Lösungen benötigen, die für

$$w = \pm 1 , \quad \text{d.h.} \quad \theta = 0, \pi$$

stetig sind, muss wieder $\lambda = n(n+1)$ mit $n = 0, 1, 2, \dots$ sein, und nach Satz 31.10 bedeutet dies außerdem, dass nur die *zugeordneten* LEGENDRE-*Funktionen*

$$P_n^m(w) = (1-w^2)^{m/2} \frac{d^m}{dw^m} P_n(w) \tag{30.46}$$

für $n = 0, 1, 2, \dots$, $-n \le m \le n$, als spezielle Lösungen für unser Problem brauchbar sind. Nun fassen wir die Ergebnisse für diesen Fall zusammen und fügen noch ein Eindeutigkeitsresultat hinzu, das wir nicht beweisen werden:

Satz 30.6.

a. *Die einzigen für $0 \le \varphi \le 2\pi$, $0 \le \theta \le \pi$ stetigen und in φ 2π-periodischen Lösungen der partiellen Differentialgleichung (30.39) sind die sogenannten* Kugelflächenfunktionen

$$S_n(\varphi, \theta) = \sum_{m=-n}^{n} c_{nm} P_n^m(\cos\theta) e^{im\varphi} \tag{30.47}$$

für $n = 0, 1, 2, \dots$, wobei c_{nm} beliebige Konstanten sind.

b. *Die kugelsymmetrische Potentialgleichung (30.25) hat für $0 \le r < R$, $0 \le \varphi \le 2\pi$ eine unendliche Folge von Lösungen der Form*

$$u_{n,m}(r, \varphi, \theta) = r^n e^{im\varphi} P_n^m(\cos\theta) , \tag{30.48}$$

$n = 0, 1, 2 \dots$, $-n \le m \le n$.

Um die Potentialprobleme in 30.4 vollständig zu lösen, müssen noch die Randbedingungen erfüllt werden. Um z. B. die Randbedingung (30.24) zu erfüllen, könnte man wie beim Problem der schwingenden Saite in Abschn. A. mit den Lösungen $u_n(r, \theta)$ aus (30.38) (Satz 30.5) den Ansatz machen

$$u(r, \theta) = \sum_{n=0}^{\infty} c_n u_n(r, \theta) = \sum_{n=0}^{\infty} c_n r^n P_n(\cos \theta) , \qquad (30.49)$$

wobei die Koeffizienten c_n so zu bestimmen sind, dass (30.24) erfüllt wird. Außerdem muss sicher gestellt werden, dass die unendliche Reihe (30.49) immer noch die Differentialgleichung (30.26) löst. Um dies zu untersuchen, müssen wir mehr über die LEGENDRE-Polynome wissen.

C. Die kreisförmige Membran

Wir betrachten zunächst die n-dimensionale Wellengleichung: Sei $\Omega \subseteq \mathbb{R}^n$ ein beschränktes Gebiet. Dann suchen wir eine Lösung

$$u(x, t) , \quad x \in \bar{\Omega} , \quad t \geq 0$$

der Wellengleichung

$$u_{tt} = c^2 \Delta_n u , \quad x \in \Omega , \quad t > 0 , \qquad (30.50)$$

welche die Randbedingung

$$u(x, t) = 0 , \quad x \in \partial\Omega , \quad t \geq 0 \qquad (30.51)$$

und die Anfangsbedingungen

$$u(x, 0) = f_0(x) , \quad u_t(x, 0) = f_1(x) , \quad x \in \bar{\Omega} \qquad (30.52)$$

zu gegebenen Funktionen f_0, $f_1 \in C^0(\bar{\Omega})$ erfüllt. Zur Lösung der Wellengleichung (30.50) machen wir den Produktansatz

$$u(x, t) = g(t) \cdot v(x) , \qquad (30.53)$$

um die Zeitvariable abzuspalten. Einsetzen von (30.53) in (30.50) und Trennung der Variablen ergibt

$$\frac{g''(t)}{c^2 g(t)} = \frac{\Delta_n v(x)}{v(x)} .$$

Nach der bekannten Schlussweise sind dann beide Seiten gleich einer Konstanten λ, was auf die beiden Differentialgleichungen

$$g''(t) - \lambda c^2 g(t) = 0 , \qquad (30.54)$$

$$\Delta v(x) - \lambda v(x) = 0 \qquad (30.55)$$

führt. Die partielle Differentialgleichung (30.55) wird oft als HELMHOLTZ-*Gleichung* bezeichnet (vgl. Aufg. 25.5). Die Separationskonstante λ wird durch die Randbedingung (30.51) festgelegt, denn aus (30.51) und (30.53) folgt

$$v(x) = 0 \quad \text{auf} \quad \partial\Omega \,, \tag{30.56}$$

und es zeigt sich, dass das DIRICHLET-Problem (30.55), (30.56) nur für gewisse Werte von λ nichttriviale Lösungen besitzt. Diese Werte nennt man die *Eigenwerte* des betrachteten Randwertproblems.

Um dies wenigstens teilweise einzusehen, gehen wir aus von der ersten GREENschen Formel (Satz 12.11 a. bzw. deren n-dimensionaler Verallgemeinerung):

$$\int_{\Omega} (w\Delta u + \nabla w \cdot \nabla u)\mathrm{d}^n x = \oint_{\partial\Omega} w \frac{\partial u}{\partial \boldsymbol{n}}\mathrm{d}\sigma \,.$$

Setzen wir $u := v$, $w := v$ und beachten (30.55) und (30.56) so folgt

$$\int_{\Omega} |\nabla v|^2 \mathrm{d}^n x = -\lambda \int_{\Omega} |v|^2 \mathrm{d}^n x \,. \tag{30.57}$$

Die Gleichung (30.55) kann daher nur dann eine nicht triviale Lösung $v \not\equiv 0$ haben, wenn

$$\lambda = -\nu^2 < 0 \tag{30.58}$$

ist.

Diese Überlegungen gelten bisher allgemein für jedes stückweise glatt berandete Gebiet $\Omega \subseteq \mathbb{R}^n$. Jetzt spezialisieren wir das Problem auf

$$\Omega = \{(x,y) \in \mathbb{R}^2 \mid x^2 + y^2 < R^2\} \,. \tag{30.59}$$

Man nennt dann das Problem (30.50), (30.51), (30.52) das Problem der *kreisförmigen schwingenden Membran*, die wegen (30.51) am Rand $\partial\Omega$ fest eingespannt ist. Führen wir Polarkoordinaten

$$x = r\cos\varphi\,, \quad y = r\sin\varphi\,, \quad r > 0\,, \quad 0 \le \varphi \le 2\pi$$

ein, so schreibt sich der LAPLACE-Operator in der Form

$$\Delta u(r,\varphi) = u_{rr} + \frac{1}{r}u_r + \frac{1}{r^2}u_{\varphi\varphi}\,, \tag{30.60}$$

was man mittels Satz 10.18d. mühelos nachrechnen kann. Damit haben wir folgendes Zwischenergebnis:

Korollar 30.7. *Das Problem der kreisförmigen schwingenden Membran*

$$u_{tt} = c^2\left(u_{rr} + \frac{1}{r}u_r + \frac{1}{r^2}u_{\varphi\varphi}\right)\,, \tag{30.61}$$

$$u(R,\varphi,t) = 0\,, \quad 0 \le \varphi \le 2\pi\,, \tag{30.62}$$

$$u(r,\varphi,0) = f_0(r,\varphi)\,, \quad u_t(r,\varphi,0) = f_1(r,\varphi) \tag{30.63}$$

führt nach Separation der Zeit t mittels des Ansatzes

$$u(r, \varphi, t) = g(t)v(r, \varphi) \tag{30.64}$$

auf die Differentialgleichungen (30.54) sowie

$$v_{rr}(r, \varphi) + \frac{1}{r}v_r(r, \varphi) + \frac{1}{r^2}v_{\varphi\varphi}(r, \varphi) + \mu^2 v(r, \varphi) = 0 \ . \tag{30.65}$$

Die partielle Differentialgleichung (30.65) untersuchen wir weiter, indem wir den Separationsansatz

$$v(r, \varphi) = w(r)q(\varphi) \tag{30.66}$$

machen. Einsetzen in (30.65) und Trennung der Variablen führt auf die beiden gewöhnlichen Differentialgleichungen

$$q''(\varphi) + \mu q(\varphi) = 0 \ , \tag{30.67}$$
$$r^2 w''(r) + rw'(r) + (r^2\nu^2 - \mu)w(r) = 0 \tag{30.68}$$

mit einer Separationskonstanten μ.

Da φ eine Winkelvariable ist, muss die Differentialgleichung (30.67) 2π-periodische Lösungen haben, was nur dann der Fall ist, wenn

$$\mu = m^2 \ , \quad m = 0, 1, 2, \ldots \tag{30.69}$$

das Quadrat einer ganzen Zahl ist, so dass (30.67) die Lösungen

$$q_m(\varphi) = e^{im\varphi} \ , \quad m = 0, 1, \ldots \tag{30.70}$$

hat.

Aus (30.68) entsteht dann die Differentialgleichung

$$r^2 w''(r) + rw'(r) + (\nu^2 r^2 - m^2)w(r) = 0 \ .$$

Machen wir die Substitution

$$s = \nu r \ , \quad p(s) = w\left(\frac{s}{\nu}\right)$$

so bekommen wir die Differentialgleichung

$$s^2 p''(s) + sp'(s) + (s^2 - m^2)p(s) = 0 \ , \tag{30.71}$$

die wir in Abschnitt 17D. als BESSEL*sche Differentialgleichung* bezeichnet haben und die wir in Kap. 31 näher besprechen werden. Diese Differentialgleichung hat nach Satz 31.34 als spezielle, bei $s = 0$ reguläre Lösungen die BESSEL*funktionen erster Art vom Index m*:

$$J_m(s) = s^m \sum_{k=0}^{\infty} \frac{(-1)^k s^{2k}}{2^{m+2k}k!(m+k)!} \ , \quad m = 0, 1, \ldots \ . \tag{30.72}$$

Um daher das Problem der kreisförmigen Membran weiter untersuchen zu können, müssen wir zunächst diese BESSELfunktionen studieren.

Ergänzung zu §30

Wie schon angedeutet, ist die Methode der Trennung der Variablen an *Symmetrien* der betrachteten Differentialgleichung gebunden. Die fundamentalen partiellen Differentialgleichungen der Physik haben umfangreiche Symmetriegruppen, und man kann mit Hilfe von LIE-Theorie alle Koordinatensysteme bestimmen, in denen Trennung der Variablen möglich ist. Dies ist in [41] für die wichtigsten Gleichungen in zwei und drei Dimensionen durchgeführt.

Aufgaben zu §30

30.1. Wir betrachten die partielle Differentialgleichung

$$\frac{\partial^2}{\partial t^2} u(x,t) - c^2 \frac{\partial^2}{\partial x^2} u(x,t) = 0$$

mit den Randbedingungen $u(x,t) = u(x + 2\pi, t)$ für alle (x,t) und den Anfangsbedingungen $u(x,0) = u_0(x)$, $\frac{\partial}{\partial t} u(x,0) = u_0'(x)$ für alle $x \in [0, 2\pi)$. Dieses Anfangswertproblem (AWP) beschreibt einen schwingenden Ring. Seien $u_0, u_0' : \mathbb{R} \to \mathbb{R}$ 2π-periodisch und 4-fach stetig differenzierbar. Man finde eine Lösung für das obige AWP mit Hilfe des Ansatzes

$$u(x,t) = \sum_{n \in \mathbb{Z}} a_n(t) e^{inx} \ .$$

30.2. Man finde eine Lösung des AWPs aus der vorigen Aufgabe mit Hilfe eines Produktansatzes

$$u(x,t) = f(x)g(t) \ .$$

30.3. Bezeichnet man die Temperatur am Punkt x zur Zeit t in einem Draht der Länge l mit $u(x,t)$, so erfüllt diese die eindimensionale Wärmeleitungsgleichung

$$u_{xx} = a^2 u_t, \quad 0 < x < l, \quad t > 0 \tag{30.73}$$

mit festem $a > 0$. Man löse die Anfangs-Randwertaufgabe für (30.73) mit der Anfangsbedingung

$$u(x,0) = f(x), \quad 0 \le x \le l \ , \tag{30.74}$$

wobei $f \in C^k([0,l])$, $k \ge 2$, die gegebene Anfangstemperatur zur Zeit $t = 0$ ist, alternativ unter den Randbedingungen

a.

$$u(0,t) = u(l,t) = 0, \quad t \ge 0 \ , \tag{30.75}$$

d. h. die Drahtenden haben die konstante Temperatur 0,

b.

$$u_x(0,t) = u_x(l,t) = 0, \quad t \geq 0,$$
(30.76)

d.h. die Drahtenden sind isoliert (Temperaturgradient $\sim$ Wärmefluss verschwindet).

c. Man diskutiere das Verhalten der Lösungen $u(x,t)$ für $t \longrightarrow \infty$.

30.4. Sei

$$\Omega = \{(x,y) \in \mathbb{R}^2 \mid 0 < x < \pi,\, 0 < y < \pi\} .$$

Durch Separation der Variablen bestimme man eine Lösung des DIRICH-LETproblems

$$\Delta u = u \quad \text{in} \quad \Omega$$

$$u(x,0) = u(x,\pi) = 0, \quad 0 \leq x \leq \pi$$

$$u(0,y) = u(\pi,y) = y, \quad 0 \leq y \leq \pi$$

Man verwende dabei die FOURIERentwicklung

$$y = 2\left(\frac{\sin y}{1} - \frac{\sin 2y}{2} + \frac{\sin 3y}{3} - \cdots\right) = 2\sum_{n=1}^{\infty} \frac{(-1)^{n+1}}{n} \sin ny .$$

30.5. Für $\Omega = U_R(0) = \{(x,y) \in \mathbb{R}^2 \mid x^2 + y^2 < R^2\}$ betrachten wir das innere DIRICHLET-Problem

$$\Delta u = 0 \quad \text{in} \quad \Omega, \quad u = f \quad \text{auf} \quad \partial\Omega$$

mit gegebener stetiger Funktion $f : \partial\Omega \to \mathbb{R}$. Man behandle dieses Problem mit der Methode aus Abschn. B. Im einzelnen:

a. Man drücke das Problem in ebenen Polarkoordinaten r, φ aus.

b. Man gewinne spezielle Lösungen der Potentialgleichung in der Form

$$u_n(r,\varphi) = g_n(r)h_n(\varphi) .$$

c. Man löse das DIRICHLETproblem durch einen Reihenansatz.

d. Was hat die hier gewonnene Lösung mit der Lösung zu tun, die durch die POISSONsche Integralformel gegeben ist?
Hinweis: Man beweise, dass für $0 < r < R$ gilt:

$$\sum_{n=-\infty}^{\infty} \left(\frac{r}{R}\right)^{|n|} e^{int} = \frac{R^2 - r^2}{R^2 - 2rR\cos t + r^2}$$
(30.77)

und vergleiche mit Aufg. 25.14.

30.6. Wir betrachten das CAUCHYproblem (30.50)–(30.52) für die Wellenglei-chung, und zwar in dem Rechteck

$$\Omega = \{(x,y) \in \mathbb{R}^2 \mid 0 < x < a,\, 0 < y < b\}$$

in der Ebene. Von den gegebenen Anfangsfunktionen sollen dabei die Bedingungen $f_0 \in C_\star^4, f_1 \in C_\star^3$ verlangt werden, wobei wir mit $C_\star^k$ die Menge aller Funktionen $f \in C^k(\mathbb{R}^2)$ bezeichnen, die in der x-Variablen ungerade und $2a$-periodisch sowie in der y-Variablen ungerade und $2b$-periodisch sind.

Man löse dieses Problem durch Separation der Variablen und Reihenansatz wie in Abschn. C. Dabei darf folgendes als bekannt gelten (vgl. Ergänzung 29.25):

- In $L^2(\Omega)$ bilden die Funktionen

$$v_{mn}(x,y) := \sin \frac{\pi}{a} mx \sin \frac{\pi}{b} ny, \quad m,n \geq 1$$

  ein vollständiges orthogonales System.
- Ist $f \in C_\star^{k+2}$, so darf die FOURIERreihe von f bzgl. dieses Orthogonalsystems k mal gliedweise differenziert werden, und die entstehenden Reihen konvergieren gleichmäßig gegen die entsprechende Ableitung von f.

30.7. Sei $\Omega \subseteq \mathbb{R}^2$ das Rechteck

$$\Omega = \{(x,y) \in \mathbb{R}^2 \mid 0 < x < a, \, 0 < y < b\}$$

mit gegebenen Zahlen $a, b > 0$. Man zeige: Die Randwertaufgabe

$$u_{xx} - u_{yy} = 0 \quad \text{in} \quad \Omega, \quad u = 0 \quad \text{auf} \quad \partial \Omega$$

hat

a. unendlich viele linear unabhängige Lösungen, wenn a/b eine rationale Zahl ist, und

b. nur die triviale Lösung $u \equiv 0$, wenn a/b irrational ist.

Hinweis: Man verwende das vollständige orthogonale System aus der vorigen Aufgabe. Für Teil b. berechne man die FOURIERkoeffizienten von u_{xx} und u_{yy} aus denen von u durch Produktintegration.

31

STURM-LIOUVILLE-Probleme und spezielle Funktionen

Im letzten Kapitel wurden wir auf natürliche, gewissermaßen unvermeidliche Weise dazu geführt, bestimmte lineare gewöhnliche Differentialgleichungen zweiter Ordnung wie die LEGENDREsche oder die BESSELsche Differentialgleichung näher zu betrachten, obwohl diese Gleichungen auf den ersten Blick einen recht willkürlichen Eindruck machen. Die Lösungen von diesen und ähnlichen Differentialgleichungen werden als „Spezielle Funktionen der mathematischen Physik" bezeichnet, und ihre Rolle kann man der der elementaren Funktionen vergleichen – sie bilden sozusagen die zweite Liga der elementaren Funktionen. Wie diese sind sie durchweg analytisch und können als holomorphe Funktionen in der komplexen Ebene gedeutet werden. Manche sind sogar einfach Polynome einer speziellen Bauart. Sie sind sehr gut untersucht, und ihre interessanten Eigenschaften und vielfältigen Beziehungen untereinander füllen dicke Bände, von denen einige in unserem Literaturverzeichnis angegeben sind. Formelsammlungen und Tabellenwerke wie etwa [1, 38, 52] sind für den Praktiker besonders nützlich, werden jedoch heute zunehmend von Datenbanken verdrängt, die über das Internet allgemein zugänglich sind. Die Wichtigkeit der speziellen Funktionen rührt davon her, dass die Lösungen gewisser fundamentaler Problemstellungen der Physik zumindest in den einfachsten Fällen, die dann als Ausgangspunkt für weitere Untersuchungen dienen, mit ihrer Hilfe explizit angegeben und gründlich diskutiert werden können.

Die wichtigsten speziellen Funktionen und ihre Grundeigenschaften gehören daher zum Handwerkszeug des Physikers, und sie sind in diesem Kapitel in Form eines knappen Ergebnisberichts zusammengestellt, in den nur hier und da einige Beweisschritte zur Illustration der Methoden eingeflochten sind und der auch als Nachschlagewerk brauchbar ist. Im letzten Abschnitt greifen wir dann die Diskussion der Anfangs-Randwert-Probleme aus dem vorigen Kapitel wieder auf und führen sie mittels der neu gewonnenen Erkenntnisse zu Ende.

Die Behandlung der speziellen Funktionen sollte aber keineswegs als kunterbuntes Sammelsurium von Einzelergebnissen aufgefasst werden. Vielmehr gibt es eine Reihe mathematischer Leitgedanken, die hier Ordnung und Systematik stiften. Vielleicht der wichtigste davon ist die Theorie der STURM-LIOUVILLE-*Probleme*, die im ersten Abschnitt diskutiert wird. Sie ist in zweierlei Hinsicht bedeutsam – einmal, wie gerade erläutert, als Grundlage für die Betrachtung der speziellen Funktionen, und zum anderen als einfachstes eindimensionales Modell für die *Rand-Eigenwert-Probleme*, die im Zusammenhang mit partiellen Differentialgleichungen immer wieder auftauchen, und die sowohl für die klassische Physik (Schwingungen und Wellen) als auch für die Quantenphysik (zulässige Energieniveaus) fundamental sind.

A. Allgemeines über STURM-LIOUVILLE-Probleme

STURM-LIOUVILLE-Probleme sind ein spezieller Typ von Randwertproblemen für lineare gewöhnliche Differentialgleichungen zweiter Ordnung, die einen Eigenwertparameter λ enthalten. Genauer:

Definitionen 31.1.

a. *Sei* $-\infty < a < b < +\infty$ *und sei* $I = [a, b]$. *Seien*

$$p \in C^1(I) \quad mit \quad p(x) > 0, \quad a \leq x \leq b, \tag{31.1}$$

$$k \in C^0(I) \quad mit \quad k(x) > 0, \quad a \leq x \leq b \tag{31.2}$$

und $q \in C^0(I, \mathbb{R})$ *gegebene reellwertige Funktionen. Ferner seien* α_0, α_1, $\beta_0, \beta_1 \in \mathbb{R}$ *gegebene Zahlen mit* $\alpha_0^2 + \alpha_1^2 > 0$, $\beta_0^2 + \beta_1^2 > 0$. *Schließlich sei* $\lambda \in \mathbb{C}$ *ein Parameter. Dann nennt man eine Randwertaufgabe der Form*

$$L[u] \equiv (p(x)u')' + q(x)u = -\lambda k(x)u, \tag{31.3}$$

$$\alpha_0 u(a) + \alpha_1 u'(a) = 0, \quad \beta_0 u(b) + \beta_1 u'(b) = 0 \tag{31.4}$$

ein reguläres STURM-LIOUVILLE-*Problem.*

b. *Ist* $-\infty \leq a < b \leq +\infty$, I *das offene Intervall* $]a, b[$, *und verlangen wir (31.1), (31.2) und die Stetigkeit von* q *nur für* $a < x < b$, *so nennt man die Aufgabe (31.3), (31.4) ein singuläres* STURM-LIOUVILLE-*Problem. Dabei sind die Randbedingungen (31.4) im Sinne von Grenzwerten zu verstehen.*

c. *In beiden Fällen nennt man* L *den* STURM-LIOUVILLE-*Operator. Zahlen* $\lambda \in \mathbb{C}$, *zu denen Lösungen* $u \not\equiv 0$ *von (31.3), (31.4) existieren, heißen Eigenwerte, die zugehörigen Lösungen* $u(x)$ *Eigenfunktionen des Operators* L *unter den Randbedingungen (31.4).*

d. *Die* DIRICHLET*schen (bzw. die* NEUMANN*schen) Randbedingungen sind der Spezialfall von (31.4) für* $\alpha_1 = \beta_1 = 0$ *(bzw. für* $\alpha_0 = \beta_0 = 0$). *Die* DIRICHLET*schen Randbedingungen lauten also*

$$u(a) = u(b) = 0,$$

und die NEUMANN*schen lauten*

$$u'(a) = u'(b) = 0.$$

Wir befassen uns nun nur mit regulären Sturm-Liouville-Problemen und geben erst am Schluss ein paar Hinweise, welche Aussagen für singuläre bestehen bleiben und welche nicht. Zur Behandlung solcher Eigenwertprobleme führen wir neben dem L^2-Skalarprodukt

$$\langle \varphi \mid \psi \rangle = \int_a^b \overline{\varphi(x)} \psi(x) \mathrm{d}x \, ,$$

$$\|\varphi\| = \left(\int_a^b |\varphi(x)|^2 \mathrm{d}x \right)^{1/2} \tag{31.5}$$

das gewichtete Skalarprodukt

$$\langle \varphi \mid \psi \rangle_k = \int_a^b k(x) \overline{\varphi(x)} \psi(x) \mathrm{d}x \, ,$$

$$\|\varphi\|_k = \left(\int_a^b k(x) |\varphi(x)|^2 \mathrm{d}x \right)^{1/2} \tag{31.6}$$

ein, das wir auch kurz *k-Skalarprodukt* nennen.

Der Sturm-Liouville-Operator L ist sicher ein linearer Operator in $C^0(I)$ bzw. $L^2(I)$, aber nicht überall definiert, da L nur auf C^2-Funktionen angewandt werden kann. Es sei daher

$$D(L) = \{ u \in C^2(I) \mid \alpha_0 u(a) + \alpha_1 u'(a) = \beta_0 u(b) + \beta_1 u'(b) = 0 \} \, . \tag{31.7}$$

Dann ist L auf dem linearen Teilraum $D(L)$ definiert, und die Randbedingungen (31.4) sind für die Funktionen aus $D(L)$ erfüllt.

Die folgenden einfachen Rechnungen bilden den Ausgangspunkt für alle weiteren Betrachtungen:

Lemma 31.2.

a. Für $u, v \in C^2(I)$ gilt

$$\langle L[u] \mid v \rangle - \langle u \mid L[v] \rangle = p(b) W(b) - p(a) W(a)$$

mit

$$W := \bar{u}' v - \bar{u} v' \, .$$

b. Auf dem Definitionsbereich $D(L)$ ist der Operator L selbstadjungiert, d. h. für $u, v \in D(L)$ gilt stets

$$\langle L[u] \mid v \rangle = \langle u \mid L[v] \rangle \, .$$

Beweis.

a. Da die Koeffizienten p, q nach Voraussetzung reellwertig sind, ergibt sich

$$\langle L[u] \mid v \rangle - \langle u \mid L[v] \rangle$$

$$= \int_a^b \left((p\bar{u}')'v - \bar{u}(pv')' \right) \mathrm{d}t$$

$$= p(b)\bar{u}'(b)v(b) - p(a)\bar{u}'(a)v(a) - \int_a^b p\bar{u}'v'\mathrm{d}t$$

$$- \left(\bar{u}(b)p(b)v'(b) - \bar{u}(a)p(a)v'(a) - \int_a^b \bar{u}'pv'\mathrm{d}t \right)$$

$$= p(b)W(b) - p(a)W(a) ,$$

wie behauptet.

b. Wir betrachten die $\mathbb{C}^2$-wertigen Funktionen

$$\bar{\boldsymbol{u}} := \begin{pmatrix} \bar{u} \\ \bar{u}' \end{pmatrix} \quad \text{und} \quad \boldsymbol{v} := \begin{pmatrix} v \\ v' \end{pmatrix} .$$

Nach (31.4) sind $\bar{\boldsymbol{u}}(a)$ und $\boldsymbol{v}(a)$ beides Lösungen der linearen Gleichung

$$\alpha_0 z_0 + \alpha_1 z_1 = 0$$

(man beachte, dass α_0, α_1 reell sind!). Da der Lösungsraum dieser homogenen linearen Gleichung eindimensional ist, müssen diese beiden Vektoren also linear abhängig sein. Ebenso sind $\bar{\boldsymbol{u}}(b)$ und $\boldsymbol{v}(b)$ beides Lösungen von

$$\beta_0 z_0 + \beta_1 z_1 = 0$$

und daher ebenfalls linear abhängig. Aber $W(t) = \det(\boldsymbol{v}(t), \bar{\boldsymbol{u}}(t))$, also folgt $W(a) = W(b) = 0$. Damit folgt die Behauptung aus Teil a.

$\square$

Theorem 31.3. *Für das reguläre* STURM-LIOUVILLE-*Problem (31.3), (31.4) gilt:*

a. *Alle Eigenwerte sind einfach, d. h. Eigenfunktionen $u, v \in D(L)$ zu einem Eigenwert λ sind stets linear abhängig.*

b. *Alle Eigenwerte des Problems sind reell.*

c. *Eigenfunktionen $u_1, u_2 \in D(L)$ zu verschiedenen Eigenwerten $\lambda_1 \neq \lambda_2$ sind k-orthogonal, d. h.*

$$\langle u_1 \mid u_2 \rangle_k = \int_a^b k(x)\overline{u_1(x)}u_2(x)\mathrm{d}x = 0 . \tag{31.8}$$

Beweis.

a. Seien u, v Eigenfunktionen zum Eigenwert λ. Wie im Beweis von Lemma 31.2b. erkennt man, dass die Vektoren

$$\begin{pmatrix} u(a) \\ u'(a) \end{pmatrix}, \quad \begin{pmatrix} v(a) \\ v'(a) \end{pmatrix}$$

dann linear abhängig sind. Beide Funktionen lösen jedoch die lineare Differentialgleichung 2. Ordnung

$$y'' = -\frac{p'(x)}{p(x)} y' - \frac{q(x) + \lambda k(x)}{p(x)} y \,,$$

d. h. sie lösen Anfangswertaufgaben mit linear abhängigen Anfangsdaten und sind daher linear abhängig.

b. Dies – und auch die dritte Behauptung – wird genauso bewiesen wie die entsprechenden Aussagen für HERMITEsche Matrizen bzw. selbstadjungierte lineare Abbildungen in Satz 7.17. Nach Lemma 31.2b. haben wir für eine Eigenfunktion u zum Eigenwert λ:

$$-\bar{\lambda}\langle u \mid u \rangle_k = \langle L[u] \mid u \rangle = \langle u \mid L[u] \rangle = -\lambda \langle u \mid u \rangle_k \,,$$

also $(\bar{\lambda} - \lambda)\|u\|_k^2 = 0$ und somit $\lambda = \bar{\lambda}$, da $\|u\|_k^2 > 0$.

c. Wegen $\bar{\lambda}_1 = \lambda_1$ ist nach Lemma 31.2b.

$$-\lambda_1\langle u_1 \mid u_2 \rangle_k = \langle L[u_1] \mid u_2 \rangle = \langle u_1 \mid L[u_2] \rangle = -\lambda_2 \langle u_1 \mid u_2 \rangle_k \,,$$

also $(\lambda_1 - \lambda_2)\langle u_1 \mid u_2 \rangle = 0$, aber $\lambda_1 - \lambda_2 \neq 0$ nach Voraussetzung. Daraus folgt die k-Orthogonalität (31.8). $\qquad \square$

Beispiel: Das vielleicht einfachste STURM-LIOUVILLE-Problem ist das DIRICHLET-Problem

$$u'' = -\lambda u \,, \quad u(0) = u(1) = 0 \,. \tag{31.9}$$

Es stimmt (bis auf das Vorzeichen von λ) mit (30.8), (30.10) überein, und wir haben in Kap. 30 gesehen, wie man seine Eigenwerte $\lambda_n = n^2\pi^2$ und seine Eigenfunktionen $u_n(x) = \sin n\pi x$ mit völlig elementaren Mitteln errechnen kann. Betrachtet man die Differentialgleichung $u'' = -\lambda u$ auf einem beliebigen kompakten Intervall $I = [a, b]$ unter beliebigen STURM-LIOUVILLEschen Randbedingungen (31.4), so lassen sich Eigenwerte und Eigenfunktionen auf ähnliche Weise – nur mit etwas mehr Rechenaufwand – bestimmen (Übung!), und man erkennt, dass auch hier die Eigenwerte eine Folge bilden, die gegen Unendlich divergiert, und dass die Eigenfunktionen Schwingungen beschreiben, deren Frequenzen ganzzahlige Vielfache einer festen Grundfrequenz sind.

Das allgemeine STURM-LIOUVILLE-Problem (31.3), (31.4) kann physikalisch so interpretiert werden, dass es stehende Wellen in einem hinsichtlich

Massendichte und Elastizitätsmodul inhomogenen Medium beschreibt, und daher ist für Eigenwerte und Eigenfunktionen qualitativ dasselbe Verhalten zu erwarten wie bei der einfachen Schwingungsgleichung $u'' = -\lambda u$. Diese Vermutung wird durch die folgenden fundamentalen Sätze bestätigt:

Theorem 31.4. *Die Eigenwerte eines regulären* Sturm-Liouville-*Problems (31.3), (31.4) bilden stets eine monoton wachsende Folge*

$$\lambda_0 < \lambda_1 < \lambda_2 < \dots \,,$$

die gegen Unendlich strebt. Ist φ_n Eigenfunktion zum Eigenwert λ_n ($n \geq 0$), so hat φ_n in $]a, b[$ genau n Nullstellen. Zwischen je zwei aufeinanderfolgenden Nullstellen von φ_n liegt eine Nullstelle von φ_{n+1}.

Theorem 31.5 (*Entwicklungssatz*). *Es sei $(\lambda_n)_{n\geq 0}$ die Folge der Eigenwerte und $(\varphi_n)_{n\geq 0}$ die Folge der entsprechenden Eigenfunktionen eines regulären* Sturm-Liouville-*Problems (31.3), (31.4), wobei wir die Eigenfunktionen durch*

$$\|\varphi_n\|_k = 1$$

normiert haben. Dann bilden die Funktionen φ_n, $n \in \mathbb{N}_0$ eine Orthonormalbasis des Hilbert*raums $L^2(I)$ in Bezug auf das gewichtete Skalarprodukt $\langle \cdot \mid \cdot \rangle_k$. D. h. für jedes $f \in L^2(I)$ konvergiert die* Fourier*reihe*

$$\sum_{n=0}^{\infty} \langle \varphi_n \mid f \rangle_k \varphi_n \tag{31.10}$$

im Sinne von $\| \cdot \|_k$ gegen f. Ist $f \in C^1(I)$ und erfüllt die Randbedingungen (31.4), so konvergiert die Reihe (31.10) sogar absolut und gleichmäßig gegen f.

Die Beweise würden hier zu weit führen. Die Aussagen über die Nullstellen der Eigenfunktionen lassen sich noch elementar mittels Differentialrechnung herleiten, doch für die Existenz der Eigenwerte und den Entwicklungssatz muss man weiter ausholen. In [65] z. B. findet man Beweise, die mit möglichst wenig höheren Mitteln auskommen.

31.6 Singuläre Sturm-Liouville-Probleme. Praktisch alle speziellen Funktionen, über die in den folgenden Abschnitten berichtet wird, sind Eigenfunktionen von singulären Sturm-Liouville-Problemen, und ihre *Orthogonalitätsrelationen* können daher jedesmal leicht mittels einer entsprechenden Variante von Thm. 31.3 begründet werden. Auf die allgemeine Theorie der singulären Sturm-Liouville-Probleme („Weyl-Kodaira-Theorie"), die eng mit den mathematischen Grundlagen der Quantenmechanik verknüpft ist, können wir uns hier nicht einlassen, wollen aber doch einige einfache Bemerkungen über Gemeinsamkeiten und Unterschiede zwischen dem regulären und dem singulären Fall machen (vgl. auch Ergänzung 31.58):

(i)   Die Datenfunktionen p, q, k können durchaus unbeschränkt sein, denn sie sind ja nur auf dem *offenen* Intervall $I =]a, b[$ definiert und stetig.

(ii) Der Definitionsbereich $D(L)$ des Operators L muss, genau genommen, sehr sorgfältig spezifiziert werden. Auf jeden Fall muss er ein linearer Teilraum von $L^2(I)$ sein, und insbesondere ist jede Eigenfunktion zum Eigenwert λ eine *quadratintegrable* Lösung der Differentialgleichung $L[u] = -\lambda k u$. Mehr noch: Für jedes $u \in D(L)$ muss $v := L[u]$ quadratintegrabel über I sein.

(iii) Die Randbedingungen müssen stets so eingerichtet sein, dass die fundamentale Beziehung

$$\langle L[u] \mid v \rangle = \langle u \mid L[v] \rangle \quad \text{für alle} \quad u, v \in D(L) \tag{31.11}$$

erfüllt ist. Dann lassen sich die Aussagen aus Thm. 31.3 sowie die Aussagen über Nullstellen aus Thm. 31.4 herleiten. Ein *Eigenwert* ist dabei eine Zahl λ, für die es eine Funktion $u \in D(L)$, $u \not\equiv 0$ gibt mit $L[u] = -\lambda k u$. Solch eine Funktion heißt natürlich *Eigenfunktion* zum Eigenwert λ.

(iv) Ist $p(a) = 0$ oder $p(b) = 0$, so können die Randbedingungen auf die Forderung reduziert sein, dass u, u' bei Annäherung an a bzw. b beschränkt bleiben sollen. Offenbar folgt ja dann (31.11) sofort aus Lemma 31.2a. (Man wendet dieses Lemma auf kompakte Teilintervalle $[\alpha, \beta] \subseteq]a, b[$ an und schickt dann $\alpha \searrow a$, $\beta \nearrow b$.)

(v)   Eigenwerte, wie sie in (iii) definiert wurden, gibt es nicht immer, und auch wenn sie existieren, müssen sie nicht gegen Unendlich streben, sondern können eine beschränkte Folge bilden. Entsprechend gilt auch der Entwicklungssatz nicht immer in der Form von Thm. 31.5. All das hängt vom Verhalten der Datenfunktionen p, q, k ab. Wenn die Eigenwerte eine gegen Unendlich divergierende Folge bilden und der Entwicklungssatz gilt, so sagen wir, das Problem habe *rein diskretes Spektrum*. Dies ist bei allen Problemen der Fall, die in den nachstehenden Abschnitten betrachtet werden, wie z. B. in [60], Bd. I, [33] oder [63] exakt bewiesen wird.

B. LEGENDRE-Polynome und Kugelfunktionen

Beweise für die hier zusammengestellten Resultate finden sich z. B. in [25, 33, 36, 37, 39, 50, 58], teilweise auch in [63].

Die LEGENDREsche Differentialgleichung

Die sog. LEGENDRE-Differentialgleichung lautet:

$$(1 - x^2)y'' - 2xy' + \lambda y = 0 \,, \tag{31.12}$$

wobei $\lambda \in \mathbb{R}$ ein beliebiger reeller Parameter ist. Gleichung (31.12) ist eine Differentialgleichung der Form

$$y'' - a(x)y' - b(x)y = 0 \qquad (31.13)$$

mit analytischen Koeffizienten

$$a(x) = \frac{2x}{1-x^2}, \quad b(x) = \frac{-\lambda}{1-x^2}, \quad |x| < 1. \qquad (31.14)$$

Nach Satz 17.12 hat dann (31.12) analytische Lösungen der Form

$$y(x) = \sum_{m=0}^{\infty} c_m x^m \quad \text{für} \quad |x| < 1, \qquad (31.15)$$

wobei die c_m durch Koeffizientenvergleich bestimmt werden können. Für die Anfangswerte $(c_0, c_1) = (1, 0)$ ergibt sich dabei eine gerade, für $(c_0, c_1) = (0, 1)$ eine ungerade Funktion. Hat λ die Form $\lambda = n(n + 1)$, so erhält man für geeignete Anfangswerte c_0, c_1 eine Folge (c_m) mit $c_m = 0$ für alle $m > n$. Dann hat die Differentialgleichung (31.12) ein Polynom n-ten Grades als spezielle Lösung. Die Bedeutung solcher Polynomlösungen liegt darin, dass Polynome auf ganz $\mathbb{R}$ definiert und analytisch sind, während die Potenzreihenlösungen nur für $|x| < 1$ analytisch sind. Man kann zeigen, dass jede Potenzreihenlösung, die kein Polynom ist, für $x = 1$ divergiert. Polynomlösungen existieren jedoch nur für $\lambda = n(n + 1)$, $n \in \mathbb{N}_0$. Wir fassen zusammen:

Satz 31.7.

a. *Die* LEGENDRE-*Differentialgleichung (31.12) besitzt ein für $|x| < 1$ reellanalytisches Fundamentalsystem*

$$\begin{aligned} y_1(x) &= 1 + \sum_{k=1}^{\infty} c_{2k} x^{2k}, \quad y_1(0) = 1, \quad y_1'(0) = 0, \\ y_2(x) &= x + \sum_{k=1}^{\infty} c_{2k+1} x^{2k+1}, \quad y_2(0) = 0, \quad y_2'(0) = 0. \end{aligned} \qquad (31.16)$$

b. *Ist $y(x)$ eine nicht abbrechende Potenzreihenlösung von (31.12), so gilt*

$$\lim_{x \longrightarrow \pm 1} |y(x)| = +\infty. \qquad (31.17)$$

c. *(31.12) besitzt dann und nur dann eine auf ganz $[-1, 1]$ definierte und stetige Lösung, wenn*

$$\lambda = n(n + 1) \quad mit \quad n \in \mathbb{N}_0$$

ist. Diese Lösung ist bis auf skalare Vielfache eindeutig bestimmt und ist ein Polynom n-ten Grades.

Beweisskizze: Geht man mit dem Potenzreihenansatz (31.15) in die Differentialgleichung (31.12), so liefert der Koeffizientenvergleich die Rekursionsformel

$$c_{m+2} = \frac{m(m+1) - \lambda}{(m+1)(m+2)} c_m \qquad (31.18)$$

woraus sich alle Koeffizienten nach Vorgabe von c_0 und c_1 berechnen lassen. Dies liefert das in a. angegebene Fundamentalsystem (31.16). Hat nun der Parameter λ die spezielle Form

$$\lambda = n(n+1) \quad \text{mit} \quad n = 0, 1, 2, \dots \,,$$

so folgt aus (31.18)

$$c_{n+2} = c_{n+4} = \cdots = 0$$

d. h. die Potenzreihe bricht ab und als Lösung ergibt sich ein Polynom n-ten Grades, wie in c. behauptet. Nehmen wir aber z. B. an, die Potenzreihe $y_1(x)$ in (31.16) bricht nicht ab. Für irgendeinen festen Index $m = 2k$ ergibt sich dann aus (31.18) die folgende Formel für den Quotienten zweier aufeinander folgender Koeffizienten

$$\frac{c_{2k+2m+2}}{c_{2k+2m}} = \frac{k+m}{k+m+1} - \frac{\lambda}{(2k+2m+2)(2k+2m+1)}$$

für $m = 0, 1, 2, \dots, k \in \mathbb{N}$ fest. Das zeigt, dass sich die Summanden der Reihe $y_1(1)$ wie die Summanden der divergenten harmonischen Reihe verhalten, was die Aussage (31.17) in b. begründet. $\qquad \Box$

LEGENDRE-Polynome

Die Polynomlösung $y = P_n(x)$ der speziellen LEGENDREschen Differentialgleichung

$$(1 - x^2)y'' - 2xy' + n(n+1)y = 0 \qquad (31.19)$$

wird so normiert, dass

$$P_n(1) = 1 \qquad (31.20)$$

gilt, und dieses Polynom bezeichnet man als das LEGENDRE-*Polynom* n-ten Grades. Berechnet man seine Koeffizienten explizit, so ergibt sich die folgende äquivalente Definition, in der wir die Abkürzung

$$[n/2] := \begin{cases} n/2, & n \text{ gerade}, \\ (n-1)/2, & n \text{ ungerade} \end{cases} \qquad (31.21)$$

verwenden:

Definition 31.8. *Das Polynom n-ten Grades*

$$P_n(x) = \frac{1}{2^n} \sum_{k=0}^{[n/2]} \frac{(-1)^k}{k!} \frac{(2n-2k)!}{(n-2k)!(n-k)!} x^{n-2k} \qquad (31.22)$$

heißt das LEGENDRE-*Polynom n-ten Grades. Dieses ist eine spezielle Lösung der Differentialgleichung (31.19).*

Für kleines n ist es eine leichte Übung, die P_n zu berechnen:

$$P_0(x) = 1, \quad P_1(x) = x,$$

$$P_2(x) = \frac{1}{2}(3x^2 - 1), \quad P_3(x) = \frac{1}{2}(5x^3 - 3x),$$

$$P_4(x) = \frac{1}{8}(35x^4 - 30x^2 + 3), \quad \cdots.$$

Für praktische Zwecke ist die Formel (31.22) wenig geeignet. Daher notieren wir:

Satz 31.9. *Für die* LEGENDRE-*Polynome gilt die* Formel von RODRIGUEZ

$$P_n(x) = \frac{1}{2^n n!} \frac{d^n}{dx^n} \{(x^2 - 1)^n\}. \qquad (31.23)$$

Beweis. Nach der binomischen Formel gilt

$$(x^2 - 1)^n = \sum_{k=0}^{n} \frac{(-1)^k n!}{k!(n-k)!} x^{2n-2k}.$$

Differenziert man diesen Ausdruck n-mal, so fallen auf der rechten Seite alle Summanden der Ordnung

$$2n - 2k < n$$

weg, so dass die Summe nur noch bis $[n/2]$ läuft. Es ergibt sich dann

$$\frac{d^n}{dx^n}\left[(x^2 - 1)^n\right] = \sum_{k=0}^{[n/2]} \frac{(-1)^k n!}{k!(n-k)!} (2n-2k)(2n-2k-1)\cdots(n-2k+1)x^{n-2k}$$

$$= n! \sum_{k=0}^{[n/2]} (-1)^k \frac{(2n-2k)!}{k!(n-k)!(n-2k)!} x^{n-2k}.$$

Vergleich mit (31.22) zeigt die Behauptung.   □

Zugeordnete Legendre-Funktionen

In den Anwendungen stößt man noch auf die sogenannte zugeordnete Legendre-Differentialgleichung

$$[(1 - x^2)y']' + \left[n(n+1) - \frac{m^2}{1 - x^2}\right] y = 0 \qquad (31.24)$$

(vgl. etwa Abschn. 30B.), die eng mit der Legendre-Differentialgleichung

$$[(1 - x^2)u']' + n(n+1)u = 0 \qquad (31.25)$$

zusammenhängt. (Die letzte Gleichung ist offensichtlich äquivalent zu (31.19).) Natürlich kann man (31.24) ebenfalls durch einen Potenzreihenansatz lösen. Man kann jedoch (31.24) auch direkt auf (31.25) zurück führen, und zwar mittels der Substitution

$$y(x) = (1 - x^2)^{m/2} v(x) . \qquad (31.26)$$

Hierbei gehen Lösungen y von (31.24) über in Lösungen v der m-fach differenzierten Gleichung (31.25). So gelangt man zum

Satz 31.10.

a. Die zugeordnete Legendre-Differentialgleichung

$$(1 - x^2)y'' - 2xy' + \left[n(n+1) - \frac{m^2}{1 - x^2}\right] y = 0 \qquad (31.24)$$

hat als spezielle Lösung die zugeordnete Legendre-Funktion erster Art vom Index n der Ordnung m

$$\begin{aligned}
P_n^m(x) &= (1 - x^2)^{m/2} \frac{\mathrm{d}^m}{\mathrm{d}x^m} P_n(x) \\
&= \frac{(1 - x^2)^{m/2}}{2^n n!} \frac{\mathrm{d}^{n+m}}{\mathrm{d}x^{n+m}} \left[(x^2 - 1)^n\right]
\end{aligned} \qquad (31.27)$$

für $n = 0, 1, 2, \ldots$ und $m = 0, 1, \ldots, n$.
b. Die Funktionen

$$P_n^{-m}(x) := \frac{(1 - x^2)^{-m/2}}{2^n n!} \frac{\mathrm{d}^{n-m}}{\mathrm{d}x^{n-m}} \left[(x^2 - 1)^n\right] \qquad (31.28)$$

sind für $m = 1, \ldots, n$ ebenfalls Lösungen von (31.24).

Erzeugende Funktion und Rekursionsformeln

Wir notieren als erstes eine Darstellungsformel, die in der Physik bei der *Multipolentwicklung* eine wichtige Rolle spielt.

Satz 31.11. *Für* $|x| < 1$, $|t| < 1$ *gilt folgende Darstellung durch eine* erzeugende Funktion

$$(1 - 2xt + t^2)^{-1/2} = \sum_{n=0}^{\infty} P_n(x)t^n \ . \qquad (31.29)$$

Beweis. Die erzeugende Funktion

$$f(t) = (1 - 2xt + t^2)^{-1/2}$$

ist für alle $|x| < 1$ im Kreis $|t| < 1$ eine analytische Funktion und kann daher in eine konvergente Potenzreihe

$$f(t) = \sum_{n=0}^{\infty} Q_n(x)t^n \ , \quad |t| < 1$$

mit x-abhängigen Koeffizienten $Q_n(x)$ entwickelt werden. Um die Koeffizienten $Q_n(x)$ zu bestimmen, setzen wir

$$z = -2xt + t^2 \ .$$

Mit der binomischen Reihe folgt dann

$$(1 + z)^{-1/2} = \sum_{n=0}^{\infty} \binom{-1/2}{n} z^n \quad \text{mit} \quad \binom{-1/2}{n} = \frac{(-\frac{1}{2})(\frac{-3}{2}) \cdots (\frac{1}{2} \cdots)}{n!} \ ,$$

wobei nach der binomischen Formel

$$z^n = (-2xt + t^2)^n = t^n \sum_{l=0}^{n} \binom{n}{l} (-2x)^{n-l} t^l$$

ist. Zusammen ergibt sich dann

$$(1 - 2xt + t^2)^{-1/2} = \sum_{n=0}^{\infty} \binom{-1/2}{n} t^n \left(\sum_{l=0}^{n} \binom{n}{l} (-2x)^{n-l} t^l \right)$$

$$= \sum_{m=0}^{\infty} \left(\sum_{\frac{m}{2} \le j \le m} \binom{-1/2}{j} \binom{j}{m-j} (-2x)^{2j-m} \right) t^m \ ,$$

wobei wir $m = n + l$, $j = m - l = n$ gesetzt haben. Die Koeffizienten $Q_m(x)$ sind dann

$$Q_m(x) = \sum_{\frac{m}{2} \le j \le m} \binom{-1/2}{j} \binom{j}{m-j} (-2x)^{2j-m}$$

$$= \frac{1}{2^m} \sum_{\frac{m}{2} \le j \le m} (-1)^{3j-m} \frac{(2j)!}{j!(m-j)!(2j-m)!} x^{2j-2m} \ .$$

Setzt man noch $k := m - j$, so liefert der Vergleich mit (31.22) die Behauptung (31.29). □

Hieraus folgert man

Satz 31.12. *Für die* Legendre-*Polynome gelten die folgenden* Rekursionsformeln

$$(n + 1)P_{n+1}(x) - (2n + 1)xP_n(x) + nP_{n-1}(x) = 0 , \quad (31.30)$$

$$P'_{n+1}(x) - P'_{n-1}(x) = (2n + 1)P_n(x) , \quad (31.31)$$

$$(x^2 - 1)P'_n(x) = n(xP_n(x) - P_{n-1}(x)) . \quad (31.32)$$

Beweis. Wir leiten (31.30) mit Hilfe von (31.29) her. Die übrigen Rekursionsformeln können ähnlich als Übung bewiesen werden. Differenzieren wir (31.29) nach t, multiplizieren anschließend mit $(1 - 2xt + t^2)$ und verwenden dann wieder (31.29), so bekommen wir

$$(x - t)\sum_{n=0}^{\infty} P_n(x)t^n = (1 - 2xt + t^2)\sum_{n=0}^{\infty} nP_n(x)t^{n-1} .$$

Multipliziert man beide Seiten aus und ordnet das Ergebnis nach Potenzen von t, so folgt

$$\sum_{n=0}^{\infty}(xP_n(x) - P_{n-1}(x))t^n$$
$$= \sum_{n=0}^{\infty}((n + 1)P_{n+1}(x) - 2nxP_n(x) + (n - 1)P_{n-1}(x))t^n .$$

Der Koeffizientenvergleich liefert dann sofort (31.30). □

Das Orthogonalsystem der Legendre-Polynome

Schreibt man die Legendre-Differentialgleichung in der Form

$$((1 - x^2)y')' = -\lambda y , \quad (31.33)$$

so erkennt man, dass es sich um eine singuläre Sturm-Liouville-Gleichung (31.3) handelt, und zwar mit

$$p(x) = 1 - x^2 , \quad q(x) = 0 , \quad k(x) = 1 . \quad (31.34)$$

Wir erkennen die Legendre-Polynome $P_n(x)$ als die Eigenfunktionen zu den Eigenwerten $\lambda = n(n + 1)$:

Satz 31.13. *Die* Legendre-*Polynome* $P_n(x)$, $n = 0, 1, 2, \ldots$ *sind die Eigenfunktionen des* Sturm-Liouville-*Operators*

$$L[y] := ((1 - x^2)y')' \quad (31.35)$$

zu den Eigenwerten $\lambda_n = n(n + 1)$. *Dabei sind die Randbedingungen gegeben durch die Forderung, dass* y *und* y' *für* $x \to \pm 1$ *beschränkt bleiben.*

Damit können die Behauptungen von Thm. 31.3 ganz ähnlich wie bei regulären STURM-LIOUVILLE-Problemen hergeleitet werden. Genauere Untersuchungen zeigen, dass die Analogie noch viel weiter geht, nämlich:

Satz 31.14.

a. *Die* LEGENDRE-*Polynome* $P_n(x)$, $n = 0, 1, \ldots$*bilden ein Orthogonalsystem in* $L^2([-1, 1])$ *mit dem* Normierungsfaktor

$$\|P_n\|^2 \equiv \int_{-1}^{1} P_n(x)^2 \mathrm{d}x = \frac{2}{2n + 1} \,. \tag{31.36}$$

b. *Das Orthogonalsystem* $\{P_n(x) \mid n = 0, 1, \ldots\}$ *ist vollständig in* $L^2([-1, 1])$, *d. h. für jedes* $f \in L^2([-1, 1])$ *konvergiert die* FOURIER-LEGENDRE-*Reihe*

$$f(x) \sim \sum_{n=0}^{\infty} c_n P_n(x) \tag{31.37}$$

mit

$$c_n = \frac{2n + 1}{2} \int_{-1}^{1} f(x) P_n(x) \mathrm{d}x \tag{31.38}$$

im quadratischen Mittel gegen f.

c. *Für* $f \in C^0([-1, 1])$ *ist die Konvergenz der Reihe (31.38) gleichmäßig auf jedem abgeschlossenen Teilintervall von* $]-1, 1[$.

Als eine Anwendung der Darstellungsformel (31.29) leiten wir den Normierungsfaktor (31.36) her, wobei wir die Orthogonalität der LEGENDRE-Polynome benutzen. Quadriert man die Darstellungsformel

$$(1 - 2xt + t^2)^{-1/2} = \sum_{n=0}^{\infty} P_n(x) t^n$$

mit Hilfe der CAUCHY-Produktformel aus Satz 17.6, so ergibt sich

$$(1 - 2xt + t^2)^{-1} = \sum_{n=0}^{\infty} \left(\sum_{k=0}^{n} P_{n-k}(x) P_k(x) \right) t^n \,.$$

Integrieren wir diese Gleichung bezüglich x von -1 bis 1, so bekommen wir auf der linken Seite

$$\int_{-1}^{1} \frac{\mathrm{d}x}{1 - 2xt + t^2} = \frac{1}{t} \ln \frac{1 - t}{1 + t} = \sum_{n=0}^{\infty} \frac{2}{2n + 1} t^{2n}$$

und auf der rechten Seite

$$\int\limits_{-1}^{1} \sum_{n=0}^{\infty} \sum_{k=0}^{n} P_k(x)P_{n-k}(x)t^n \mathrm{d}x$$

$$= \sum_{n=0}^{\infty} t^n \sum_{k=0}^{n} \int\limits_{-1}^{1} P_k(x)P_{n-k}(x)\mathrm{d}x = \sum_{n=0}^{\infty} t^{2n} \int\limits_{-1}^{1} P_n(x)^2 \mathrm{d}x \;.$$

Koeffizientenvergleich liefert dann (31.36).

Orthogonalsysteme von zugeordneten LEGENDRE-Funktionen

Die zugeordnete LEGENDRE-Differentialgleichung (31.24) kann auf zweierlei Weise als STURM-LIOUVILLE-Gleichung in $I :=]-1, 1[$ aufgefasst werden:
(i) Für festes $m \in \mathbb{Z}$ setzen wir

$$p(x) := 1 - x^2\,, \quad q(x) := m^2/(1 - x^2)\,, \quad k(x) \equiv 1\,.$$

Dann sind die zugeordneten LEGENDRE-Funktionen P_n^m für $n \geq |m|$ Eigenfunktionen zu den Eigenwerten $\lambda_n := n(n + 1)$, und es ergeben sich entsprechende Orthogonalitätsrelationen. Genauer gesagt kann man beweisen:

Satz 31.15. *Sei* $m \in \mathbb{Z}$ *fest.*

a. Die zugeordneten LEGENDRE-*Funktionen*

$$P_n^m(x)\,, \quad n = |m|, |m| + 1, \dots$$

bilden ein Orthogonalsystem in $L^2([-1, 1])$, *und es gilt:*

$$\int\limits_{-1}^{1} P_n^m(x)P_r^m(x)\mathrm{d}x = \frac{(n + m)!}{(n - m)!}\frac{2}{2n + 1}\delta_{nr} \quad \textit{für} \quad n, r \geq |m|\,. \quad (31.39)$$

b. Das Orthogonalsystem $\{P_n^m \mid n \geq |m|\}$ *ist vollständig in* $L^2([-1, 1])$, *d. h. für jedes* $f \in L^2([-1, 1])$ *konvergiert die Reihe*

$$f(x) = \sum_{n=|m|}^{\infty} c_{nm} P_n^m(x) \quad (31.40)$$

mit

$$c_{nm} = \frac{2n + 1}{2}\frac{(n - m)!}{(n + m)!} \int\limits_{-1}^{1} f(x)P_n^m(x)\mathrm{d}x\,, \quad (31.41)$$

und für $f \in C^2([-1, 1])$ *ist die Konvergenz der Reihe (31.40) absolut und gleichmäßig auf* $[-1, 1]$.

(ii) Für festes $n \geq 0$ setzen wir

$$p(x) := 1 - x^2, \quad q(x) \equiv n(n+1), \quad k(x) := 1/(1 - x^2).$$

Die $P_n^m(x)$, $-n \leq m \leq n$ sind dann Eigenfunktionen des entsprechenden singulären Sturm-Liouville-Problems zu den Eigenwerten $\mu_m := -m^2$. Man beachte, dass diese Eigenwerte für $m \neq 0$ nicht mehr einfach sind, denn P_n^m und P_n^{-m} sind linear unabhängige Eigenfunktionen zu demselben Eigenwert. Dies hängt damit zusammen, dass die zugeordneten Legendre-Funktionen sich am Rand von $(-1, 1)$ singulär verhalten dürfen. Jedoch erhält man immer noch die Orthogonalitätsrelationen

$$\int_{-1}^{1} \frac{P_n^m(x) P_n^s(x)}{1 - x^2} \mathrm{d}x = 0 \quad \text{für} \quad m \neq s, \quad |m|, |s| \leq n. \tag{31.42}$$

Kugelfunktionen

Die in Satz 30.6b. angegebenen speziellen Lösungen $u_{n,m}(r, \varphi, \theta)$ der Potentialgleichung sind von grundsätzlicher Bedeutung und geben Anlass zu der folgenden Definition:

Definition 31.16. *Die für*

$$0 \leq \varphi \leq 2\pi, \quad 0 \leq \theta \leq \pi$$

und $n \geq 0$, $-n \leq m \leq n$ definierten Funktionen

$$Y_n^m(\varphi, \theta) = (-1)^m \sqrt{\frac{1}{2\pi} \frac{2n+1}{2} \frac{(n-m)!}{(n+m)!}} P_n^m(\cos\theta) \mathrm{e}^{\mathrm{i}m\varphi} \tag{31.43}$$

heißen normierte Kugelflächenfunktionen.

Die Kugelflächenfunktionen sind für die Kugel das, was die Funktionen aus dem trigonometrischen Orthogonalsystem für den Kreis sind. Das erkennt man aus dem folgenden Satz, den man aus unseren Ergebnissen über zugeordnete Legendre-Funktionen herleiten kann:

Satz 31.17. *Es sei $S := \{(x, y, z) \mid x^2 + y^2 + z^2 = 1\}$ die Einheitssphäre, beschrieben durch Kugelkoordinaten (φ, θ).*

a. *$\{Y_n^m \mid n = 0, 1, \ldots, -n \leq m \leq n\}$ bildet ein vollständiges Orthonormalsystem im Hilbertraum $L^2(S)$, d. h. es gelten die Orthogonalitätsrelationen*

$$\int_0^\pi \int_0^{2\pi} \overline{Y_l^k(\varphi, \theta)} Y_n^m(\varphi, \theta) \sin\theta \mathrm{d}\varphi \mathrm{d}\theta = \delta_{nl} \delta_{mk}, \tag{31.44}$$

und für jedes $f \in L^2(S)$ *gilt die* PARSEVAL*sche Gleichung*

$$\int\limits_0^\pi \int\limits_0^{2\pi} |f(\varphi,\theta)|^2 \sin\theta \mathrm{d}\varphi \mathrm{d}\theta$$

$$= \sum_{n=0}^\infty \sum_{m=-n}^n \left| \int\limits_0^\pi \int\limits_0^{2\pi} \overline{Y_n^m(\varphi,\theta)} f(\varphi,\theta) \sin\theta \mathrm{d}\varphi \mathrm{d}\theta \right|^2 . \tag{31.45}$$

b. Für $f \in C^1(S,\mathbb{C})$ *konvergiert die* FOURIER*entwicklung von* f *nach den Kugelflächenfunktionen gleichmäßig auf* S *gegen* f, *d. h.*

$$f(\varphi,\theta) = \sum_{n=0}^\infty \sum_{m=-n}^n \gamma_n^m Y_n^m(\varphi,\theta) \tag{31.46}$$

mit

$$\gamma_n^m = \int\limits_0^\pi \int\limits_0^{2\pi} \overline{Y_n^m(\varphi',\theta')} f(\varphi',\theta') \sin\theta' \mathrm{d}\varphi' \mathrm{d}\theta' . \tag{31.47}$$

Bemerkung: Die in Def. 31.16 angegebene Formel eignet sich zwar gut zum Rechnen, doch sollte man sich die Kugelflächenfunktionen als Funktionen vorstellen, die wirklich auf der Kugeloberfläche S definiert sind. Die Funktion Y_n^m ordnet also dem durch die Kugelkoordinaten (φ,θ) beschriebenen Punkt aus S die Zahl $Y_n^m(\varphi,\theta)$ zu. Entsprechend besteht der HILBERTraum $L^2(S)$ aus den messbaren Funktionen $f : S \to \mathbb{C}$, für die

$$\int\limits_S |f(x,y,z)|^2 \mathrm{d}\sigma < \infty$$

ist, und zwei solche Funktionen f_1, f_2 geben genau dann ein und dasselbe Element von $L^2(S)$ wieder, wenn

$$\int\limits_S |f_1 - f_2| \mathrm{d}\sigma = 0$$

ist. Hierbei ist $\mathrm{d}\sigma$ das Oberflächenelement auf S, wie wir es in den Kapiteln 12 und 22 diskutiert haben. Das Skalarprodukt in $L^2(S)$ ist gegeben durch

$$\langle f \mid g \rangle = \int\limits_S \overline{f(x,y,z)} g(x,y,z) \mathrm{d}\sigma . \tag{31.48}$$

In Kugelkoordinaten ist das Oberflächenelement gegeben durch

$$\mathrm{d}\sigma = \sin\theta \mathrm{d}\theta \mathrm{d}\varphi ,$$

und somit lautet (31.48) in Kugelkoordinaten

$$\langle f \mid g \rangle = \int\limits_0^\pi \int\limits_0^{2\pi} \overline{f(\varphi, \theta)} g(\varphi, \theta) \sin\theta \mathrm{d}\varphi \mathrm{d}\theta \; . \tag{31.49}$$

Natürlich ist hier $f(\varphi, \theta)$ eine Abkürzung für $f(x(\varphi, \theta), y(\varphi, \theta), z(\varphi, \theta))$, und ebenso für g. Formel (31.44) lautet also einfach

$$\langle Y_l^k \mid Y_n^m \rangle = \delta_{nl}\delta_{mk} \; ,$$

und die anderen Formeln aus dem letzten Satz sind als Spezialfälle der entsprechenden Formeln aus Abschn. 29A. zu erkennen.

C. Hᴇʀᴍɪᴛᴇ-Polynome und Hᴇʀᴍɪᴛᴇ-Funktionen

Beweise für die hier berichteten Tatsachen finden sich z. B. in [33, 36, 46, 50, 58, 63].

Die Hᴇʀᴍɪᴛᴇsche Differentialgleichung

Die sogenannte Hᴇʀᴍɪᴛᴇ-Differentialgleichung lautet

$$y'' - 2xy' + 2\lambda y = 0, \quad x \in \mathbb{R} \; . \tag{31.50}$$

Man stößt auf sie z. B. bei der Separation der SᴄʜʀÖᴅɪɴɢᴇʀ-Gleichung für den harmonischen Oszillator. Ihre Koeffizienten $a(x) = 2x$, $b(x) = -2\lambda \in \mathbb{R}$ sind analytische Funktionen in ganz $\mathbb{R}$. Nach Satz 17.12 sind ihre Lösungen daher ebenfalls analytisch und können durch Potenzreihenansatz bestimmt werden. Es ergibt sich:

Satz 31.18. *Die* Hᴇʀᴍɪᴛᴇ-*Differentialgleichung (31.50) hat ein auf ganz* $\mathbb{R}$ *analytisches Fundamentalsystem der Form*

$$y_1(x) = 1 + \sum_{k=1}^\infty c_{2k}x^{2k}, \quad y_2(x) = x + \sum_{k=1}^\infty c_{2k+1}x^{2k+1} \tag{31.51}$$

mit den Koeffizienten

$$\begin{aligned} c_{2k+2} &= 2^k \frac{(2k-\lambda)(2k-2-\lambda)\cdots(2-\lambda)(-\lambda)}{(2k+2)!} \; , \\ c_{2k+1} &= 2^k \frac{(2k-1-\lambda)(2k-3-\lambda)\cdots(1-\lambda)}{(2k+1)!} \; . \end{aligned} \tag{31.52}$$

Für $|x| \longrightarrow \infty$ verhalten sich diese Lösungen wie die Funktion $y(x) = e^{2x^2}$, es sei denn, die Koeffizientenfolge bricht ab. Wegen dieses starken Anwachsens der Potenzreihenlösungen sind diese Lösungen für viele Anwendungen unbrauchbar, so dass Polynomlösungen wichtig sind. Wie man an der Koeffizientenformel (31.52) erkennt, kann es eine solche nur geben, wenn

$$\lambda = n \in \mathbb{N}_0 \tag{31.53}$$

ist. In diesem Fall ist y_1 oder y_2 ein Polynom, je nachdem, ob n gerade oder ungerade ist. Wir haben also:

Satz 31.19. *Die* HERMITE-*Differentialgleichung*

$$y'' - 2xy' + 2ny = 0, \quad x \in \mathbb{R} \tag{31.54}$$

hat für jedes $n = 0, 1, 2, \ldots$ die (bis auf skalare Vielfache) eindeutige Polynomlösung

$$H_n(x) := n! \sum_{k=0}^{[n/2]} (-1)^k \frac{(2x)^{n-2k}}{k!(n-2k)!} . \tag{31.55}$$

Sie ist ein Polynom n-ten Grades und heißt das HERMITE-*Polynom n-ten Grades.*

Hierbei ist $[n/2]$ durch (31.21) gegeben.

RODRIGUEZ-Formel

Wie bei den LEGENDRE-Polynomen gibt es auch für die HERMITE-Polynome eine RODRIGUEZ-Formel:

Satz 31.20. *Für die* HERMITE-*Polynome gilt die* Formel von RODRIGUEZ

$$H_n(x) = (-1)^n e^{x^2} \frac{d^n}{dx^n} e^{-x^2}, \quad n \in \mathbb{N}_0 . \tag{31.56}$$

Erzeugende Funktion und Rekursionsformeln

Zur Herleitung von Rekursionsformeln für die HERMITE-Polynome ist die Darstellung durch eine erzeugende Funktion wichtig:

Satz 31.21. *Für die* HERMITE-*Polynome gilt folgende Darstellung durch eine erzeugende Funktion*

$$w(x,t) := e^{2xt-t^2} = \sum_{n=0}^{\infty} \frac{H_n(x)}{n!} t^n . \tag{31.57}$$

Einsetzen von $x = 0$ liefert die speziellen Werte

$$H_{2n}(0) = (-1)^n \frac{(2n)!}{n!} , \quad H_{2n+1}(0) = 0 . \tag{31.58}$$

Und nun zu den angekündigten Rekursionsformeln, die man aus (31.57) folgern kann:

Satz 31.22. *Für die* HERMITE-*Polynome gelten folgende Rekursionsformeln:*

$$H_{n+1}(x) - 2xH_n(x) + 2nH_{n-1}(x) = 0 , \tag{31.59}$$

$$H_n'(x) = 2nH_{n-1}(x) , \tag{31.60}$$

$$H_{n+1}(x) - 2xH_n(x) + H_n'(x) = 0 . \tag{31.61}$$

HERMITE-Funktionen

Die Funktion

$$h_n(x) = e^{-x^2/2} H_n(x) \tag{31.62}$$

ist eine spezielle Lösung der Differentialgleichung

$$u'' + (2n + 1 - x^2)u = 0 , \tag{31.63}$$

was sich durch leichte Rechnung aus der HERMITEschen Differentialgleichung ergibt. Man nennt $h_n(x)$ die *n-te* HERMITE-*Funktion.*

Die Rekursionsformel (31.61) ergibt

$$h_{n+1}(x) = xh_n(x) - h_n'(x) , \tag{31.64}$$

und (31.60) ergibt

$$xh_n(x) + h_n'(x) = 2nh_{n-1}(x) . \tag{31.65}$$

In der Quantenmechanik führt man den *Abstiegsoperator A* und den *Aufstiegsoperator* A^+ ein durch

$$A[u](x) := \left(x + \frac{\mathrm{d}}{\mathrm{d}x} \right) u(x), \quad A^+[u](x) := \left(x - \frac{\mathrm{d}}{\mathrm{d}x} \right) u(x) \tag{31.66}$$

für gegebene C^∞-Funktionen u. In dieser Schreibweise lauten die zwei letzten Rekursionsformeln

Satz 31.23. *Für die* HERMITE*funktionen* h_n *gilt*

$$h_{n+1} = A^+[h_n], \quad A[h_n] = 2nh_{n-1} .$$

Insbesondere entsteht h_n *durch n-maliges Anwenden des Aufstiegsoperators* A^+ *auf* $h_0(x) = e^{-x^2/2}$. *Ferner ist* $A[h_0] = 0$.

Statt von Auf- und Abstiegsoperatoren spricht der Physiker auch von *Erzeugungs- und Vernichtungsoperatoren*. Diese Terminologie ist von der quantenmechanischen Theorie des harmonischen Oszillators inspiriert.

Das Orthogonalsystem der HERMITE-Polynome

Multiplizieren wir die HERMITEsche Differentialgleichung (31.50) mit e^{-x^2}, so können wir schreiben:

$$(e^{-x^2}y')' + \lambda e^{-x^2}y = 0, \quad x \in \mathbb{R},$$
$$y(x) \longrightarrow 0 \quad \text{für} \quad x \longrightarrow \pm\infty. \tag{31.67}$$

Vergleich mit (31.3) zeigt, dass (31.67) ein singuläres STURM-LIOUVILLE-Problem mit

$$p(x) = k(x) = e^{-x^2}, \quad q(x) = 0$$

ist, so dass die HERMITE-Polynome $H_n(x)$ die Eigenfunktionen des Problems zu den Eigenwerten $\lambda_n = 2n$ sind. Man bekommt also Orthogonalitätsrelationen bezüglich eines entsprechend gewichteten Skalarprodukts, und man kann zeigen, dass das Problem rein diskretes Spektrum hat. Für die HERMITEfunktionen $h_n(x)$ ergeben sich daraus Orthogonalitätsrelationen und ein Entwicklungssatz in Bezug auf das übliche Skalarprodukt in $L^2(\mathbb{R})$. Insgesamt hat man:

Satz 31.24.

a. Für die HERMITE-*Polynome $H_n(x)$ gelten die folgenden* Orthogonalitäts-relationen

$$\int_{-\infty}^{\infty} e^{-x^2} H_m(x) H_n(x) \mathrm{d}x = 0 \quad \text{für} \quad m \neq n, \tag{31.68}$$

$$\int_{-\infty}^{\infty} e^{-x^2} H_n(x)^2 \mathrm{d}x = 2^n n! \sqrt{\pi}. \tag{31.69}$$

b. Das System der normierten HERMITE-*Funktionen*

$$\varphi_n(x) = \frac{1}{\sqrt{2^n n! \sqrt{\pi}}} e^{-x^2/2} H_n(x), \quad n = 0, 1, 2, \ldots \tag{31.70}$$

bildet ein vollständiges Orthonormalsystem im HILBERT*raum $L^2(\mathbb{R})$ der quadratintegrablen Funktionen $f : \mathbb{R} \longrightarrow \mathbb{C}$ mit dem üblichen Skalarprodukt und der entsprechenden Norm, d. h. für jede Funktion $f \in L^2(\mathbb{R})$ konvergiert die* FOURIER*reihe*

$$f(x) \sim \sum_{n=0}^{\infty} a_n \varphi_n(x), \quad a_n = \int_{-\infty}^{\infty} f(x) \varphi_n(x) \mathrm{d}x \tag{31.71}$$

bezüglich der Norm von $L^2(\mathbb{R})$.

c. *Für jede Funktion* $f : \mathbb{R} \longrightarrow \mathbb{C}$ *mit*

$$\|f\|^2 := \int\limits_{-\infty}^{\infty} e^{-x^2} f(x) dx < \infty \tag{31.72}$$

konvergiert die Fourier-Hermite-*Entwicklung*

$$f(x) \sim \sum_{n=0}^{\infty} c_n H_n(x) \tag{31.73}$$

bezüglich der Norm (31.72) und außerdem punktweise in jedem Stetig-keitspunkt von $f(x)$ gegen $f(x)$. Dabei ist

$$c_n = \frac{1}{2^n n! \sqrt{\pi}} \int\limits_{-\infty}^{\infty} e^{-x^2} f(x) H_n(x) dx \, . \tag{31.74}$$

D. Laguerre-Polynome

Die Theorie der Laguerre-Polynome verläuft in gewissem Umfang parallel zu der der Hermite-Polynome. Für die Einzelheiten kann dieselbe Literatur herangezogen werden wie im Falle der Hermiteschen Polynome.

Die Laguerre-Differentialgleichung

Bei der Separation der Schrödinger-Gleichung für radialsymmetrische Potentiale tritt die sogenannte Laguerre-*Differentialgleichung*

$$xy'' + (1 - x)y' + \nu y = 0, \quad \nu \in \mathbb{R} \tag{31.75}$$

auf. Bei dieser Differentialgleichung haben die Koeffizienten die Form

$$a(x) = \frac{1-x}{x}, \quad b(x) = \frac{\nu}{x} \, ,$$

was bedeutet, dass $x = 0$ ein regulärer singulärer Punkt im Sinne von Definition 17.13 ist. Nach Satz 17.14 hat daher (31.75) eine Lösung der Form

$$y(x) = x^\lambda \sum_{k=0}^{\infty} c_k x^k \, , \tag{31.76}$$

die für $x > 0$ konvergiert. Durchführung der Methode von Frobenius aus Kap. 17 führt nun zu folgendem Ergebnis:

Satz 31.25. *Die* LAGUERRE-*Differentialgleichung (31.75) hat eine für* $x > 0$ *analytische Lösung der Form*

$$y_1(x) = 1 + \sum_{k=1}^{\infty} (-1)^k \binom{\nu}{k} \frac{1}{k!} x^k \, . \tag{31.77}$$

Diese Lösung verhält sich – sofern sie kein Polynom ist – für $x \longrightarrow +\infty$ asymptotisch wie die Funktion $x^\nu e^x$. Dies macht die nicht abbrechende Potenzreihenlösung der LAGUERRE-Differentialgleichung für viele Anwendungen unbrauchbar. Deshalb untersucht man auch bei der LAGUERRE-Differentialgleichung die Möglichkeit von Polynomlösungen. Dabei zeigt sich, dass diese nur für $\nu = n \in \mathbb{N}_0$ existieren können und dann folgende Gestalt haben:

Satz 31.26.

a. Die LAGUERRE-*Differentialgleichung*

$$xy'' + (1 - x)y' + ny = 0 \, , \quad n = 0, 1, 2, \dots \tag{31.78}$$

hat als spezielle Lösung das LAGUERRE-*Polynom* n-*ten Grades*

$$
\begin{aligned}
L_n(x) &= \sum_{k=0}^{n} (-1)^k \frac{n(n-1)\cdots(n-k+1)}{(k!)^2} x^k \\
&= \sum_{k=0}^{n} (-1)^k \binom{n}{k} \frac{x^k}{k!} \, .
\end{aligned} \tag{31.79}
$$

b. Es gilt die Formel von RODRIGUEZ

$$L_n(x) = \frac{e^x}{n!} \frac{\mathrm{d}^n}{\mathrm{d}x^n} (e^{-x} x^n) \, . \tag{31.80}$$

Erzeugende Funktion und Rekursionsformeln

Für die LAGUERRE-Polynome gibt es ebenso wie für die LEGENDRE- und HERMITE-Polynome eine Darstellung durch eine erzeugende Funktion:

Satz 31.27. *Für die* LAGUERRE-*Polynome gilt die folgende Darstellung durch eine erzeugende Funktion*

$$w(x,t) := \frac{e^{-xt/(1-t)}}{1-t} = \sum_{n=0}^{\infty} L_n(x) t^n \, , \quad |t| < 1 \, . \tag{31.81}$$

Wie bei den anderen Polynomen liefert die Darstellungsformel (31.81) eine Reihe von Rekursionsformeln für $L_n(x)$:

Satz 31.28. *Für die* LAGUERRE-*Polynome* $L_n(x)$ *gelten die folgenden Rekursionsformeln*

$$(n+1)L_{n+1}(x) + (x - 2n - 1)L_n(x) + nL_{n-1}(x) = 0 , \qquad (31.82)$$
$$(x - n - 1)L'_n(x) + (n+1)L'_{n+1}(x)$$
$$+ (2n + 2 - x)L_n(x) - (n+1)L_{n+1}(x) = 0 , \qquad (31.83)$$
$$xL'_n(x) - nL_n(x) + nL_{n-1}(x) = 0 . \qquad (31.84)$$

Das Orthogonalsystem der LAGUERRE-Polynome

Multiplizieren wir die LAGUERRE-Differentialgleichung (31.75) mit e^{-x}, so bekommen wir die STURM-LIOUVILLE-Gleichung

$$(xe^{-x}y')' + \nu e^{-x}y = 0 . \qquad (31.85)$$

Hier ist

$$p(x) = xe^{-x} > 0 , \quad k(x) = e^{-x} > 0 \quad \text{für} \quad x > 0, \quad q(x) = 0 .$$

Satz 31.26a. sagt dann gerade, dass die LAGUERRE-Polynome $L_n(x)$ die Eigenfunktionen der Gleichung (31.85) zu den Eigenwerten $\nu_n = n$ sind. Auch hier gelten wieder entsprechende Varianten der Theoreme 31.3, 31.4 und 31.5, und so kommen wir analog zu Satz 31.24 für die HERMITE-Polynome zu folgender Aussage für die LAGUERRE-Polynome:

Satz 31.29.

a. Für die LAGUERRE-*Polynome gilt die* Orthogonalitätsrelation

$$\int_0^\infty e^{-x} L_m(x) L_n(x) \mathrm{d}x = \delta_{mn} . \qquad (31.86)$$

b. Das System der Funktionen

$$\psi_n(x) = e^{-x/2} L_n(x) , \quad n = 0, 1, 2, \dots \qquad (31.87)$$

bildet ein vollständiges Orthonormalsystem im HILBERT*raum* $L^2([0, \infty[)$ *der quadratintegrablen Funktionen* $f : [0, \infty[\longrightarrow \mathbb{C}$ *mit dem üblichen Skalarprodukt und der entsprechenden Norm, d. h. für jede Funktion* $f \in L^2([0, \infty[)$ *konvergiert die* FOURIER*reihe*

$$f(x) \sim \sum_{n=0}^\infty a_n \psi_n(x) \quad mit \quad a_n = \int_0^\infty f(x) \psi_n(x) \mathrm{d}x$$

bezüglich der Norm von $L^2([0, \infty[)$.

c. *Für jede Funktion* $f : [0, \infty[\longrightarrow \mathbb{C}$ *mit*

$$\|f\|^2 := \int_0^\infty e^{-x} |f(x)|^2 dx < \infty \qquad (31.88)$$

konvergiert die FOURIER-LAGUERRE-*Entwicklung*

$$f(x) \sim \sum_{n=0}^\infty c_n L_n(x) \quad mit \quad c_n = \int_0^\infty e^{-x} f(x) L_n(x) dx \qquad (31.89)$$

bezüglich der Norm (31.88) gegen f.

Bemerkung: Kriterien für die punktweise und gleichmäßige Konvergenz der Entwicklungen nach LEGENDRE-, HERMITE- und LAGUERRE-Polynomen sind besonders in [50] ausführlich besprochen.

E. BESSELfunktionen erster Art

Die hier berichteten Ergebnisse – und vieles mehr – sind z. B. in [24, 33, 36, 47, 66] bewiesen. Eine besonders sorgfältige Diskussion des Entwicklungssatzes für BESSELfunktionen findet sich wieder in [63]. Wie in Abschn. B. sind einige wenige Beweise hier zwecks Illustration ausgeführt oder angedeutet.

Die BESSELsche Differentialgleichung mit ganzzahligem Index

Die BESSEL*sche Differentialgleichung* zum ganzzahligen *Index* $\nu = n$ lautet

$$x^2 y'' + xy' + (x^2 - n^2)y = 0, \quad n \in \mathbb{N}_0. \qquad (31.90)$$

Sie kann mit der erweiterten Potenzreihenmethode nach Satz 17.14 gelöst werden. Wie man sieht, ist $x = 0$ ein regulärer singulärer Punkt gemäß Definition 17.13. Daher hat (31.90) nach dem Satz 17.14 eine Lösung der Form

$$y(x) = \sum_{k=0}^\infty c_k x^{k+\lambda}, \qquad (31.91)$$

wobei die Potenzreihe in ganz $\mathbb{R}$ konvergiert. Setzen wir (31.91) in die Differentialgleichung (31.90) ein, so ergibt sich

$$(\lambda + n)(\lambda - n)c_0 + (\lambda + n + 1)(\lambda - n + 1)c_1 x$$
$$+ \sum_{k=2}^\infty [(\lambda + n + k)(\lambda - n + k)c_k + c_{k-2}]x^k = 0. \qquad (*)$$

Der erste Summand ergibt mit

$$(\lambda + n)(\lambda - n) = 0$$

die Bestimmungsgleichung für λ mit den Lösungen

$$\lambda = n, \quad \lambda = -n .$$

Im Falle $\lambda = n$ folgt aus $(*)$

$$(2n + 1)c_1 x + \sum_{k=2}^{\infty} [k(2n + k)c_k + c_{k-2}]x^k = 0 .$$

Koeffizientenvergleich liefert die Rekursionsformel

$$c_k = -\frac{1}{k(2n + k)} c_{k-2} , \quad k = 2, 3, \ldots$$

und außerdem $c_1 = 0$, also auch $c_{2k-1} = 0$, $k = 1, 2, \ldots$ Setzt man speziell

$$c_0 = \frac{1}{2^n n!} ,$$

so bekommt man als Ergebnis die BESSELfunktion $J_n(x)$. Genauer:

Satz 31.30. *Die* BESSEL*sche Differentialgleichung*

$$x^2 y'' + xy' + (x^2 - n^2)y = 0 , \quad n = 0, 1, 2, \ldots \qquad (31.90)$$

hat die spezielle Lösung

$$J_n(x) = \sum_{k=0}^{\infty} \frac{(-1)^k}{k!(n + k)!} \left(\frac{x}{2}\right)^{n+2k} , \qquad (31.92)$$

die für alle $x \in \mathbb{R}$ konvergiert, und BESSEL*funktion 1. Art vom Index n heißt. Jede von J_n linear unabhängige Lösung ist bei $x = 0$ singulär. Es gilt*

$$J_n(-x) = (-1)^n J_n(x) . \qquad (31.93)$$

Insbesondere liefert der Fall $n = 0$

$$J_0(x) = \sum_{k=0}^{\infty} \frac{(-1)^k}{(k!)^2} \frac{x^{2k}}{2^{2k}} = 1 - \frac{x^2}{2^2} + \frac{x^4}{2^2 \cdot 4^2} - \frac{x^6}{2^2 4^2 6^2} + \cdots .$$

Vergleicht man mit

$$\cos(x) = \sum_{k=0}^{\infty} \frac{(-1)^k}{(2k)!} x^{2k} = 1 - \frac{x^2}{2!} + \frac{x^4}{4!} - \frac{x^6}{6!} + \cdots ,$$

so erkennt man, dass die BESSELfunktionen 1. Art gewisse Ähnlichkeiten mit den trigonometrischen Funktionen haben.

Rekursionsformeln

Von Nützlichkeit sind die folgenden Rekursionsformeln, die man direkt aus der Potenzreihendarstellung folgern kann:

Satz 31.31. *Für alle $n \in \mathbb{N}_0$ und alle $x \in \mathbb{R}$ (bzw. alle $x \neq 0$) gilt:*

$$\frac{\mathrm{d}}{\mathrm{d}x}\left[x^n J_n(x)\right] = x^n J_{n-1}(x) , \tag{31.94}$$

$$\frac{\mathrm{d}}{\mathrm{d}x}\left[x^{-n} J_n(x)\right] = -x^{-n} J_{n+1}(x) , \tag{31.95}$$

$$x J_n'(x) - n J_n(x) = -x J_{n-1}(x) , \tag{31.96}$$

$$-n J_n(x) + J_n'(x) = -x J_{n+1}(x) , \tag{31.97}$$

$$x J_{n+1}(x) = 2n J_n(x) - x J_{n-1}(x) . \tag{31.98}$$

Erzeugende Funktionen und Integralformeln

Auch für die Besselfunktionen gibt es eine *erzeugende Funktion*:

Satz 31.32. *Für die Besselfunktionen $J_n(x)$ gilt folgende Darstellung durch eine erzeugende Funktion:*

$$w(x,t) := \mathrm{e}^{\frac{x}{2}(t-t^{-1})} = J_0(x) + \sum_{n=1}^{\infty} J_n(x)\left[t^n + (-1)^n t^{-n}\right] , \tag{31.99}$$

welche für alle komplexen $t \neq 0$ konvergiert.

Beweisskizze: Für jedes $x \in \mathbb{R}$ ist die Funktion

$$w(x,t) = \mathrm{e}^{\frac{x}{2}(t-t^{-1})}$$

für $|t| > 0$ analytisch in t. Daher kann $w(x,t)$ mit $t = 0$ in eine Laurentreihe

$$w(x,t) = \sum_{n=-\infty}^{\infty} c_n(x) t^n$$

entwickelt werden. Die Koeffizienten dieser Entwicklung können wegen

$$w(x,t) = \mathrm{e}^{x\frac{t}{2}} \cdot \mathrm{e}^{-\frac{x}{2t}}$$

durch Multiplikation der beiden Reihen

$$\mathrm{e}^{x\frac{t}{2}} = 1 + \frac{(x/2)}{1!}t + \frac{(x/2)^2}{2!}t^2 + \cdots$$

$$\mathrm{e}^{-\frac{x}{2t}} = 1 - \frac{(x/2)}{1!}t^{-1} + \frac{(x/2)^2}{2!}t^{-2} - \cdots$$

nach der CAUCHYproduktformel aus Satz 17.6 bestimmt werden. Wir verzichten auf die Durchführung der Rechnung. Man bekommt

$$c_n(x) = J_n(x) \qquad \text{für} \quad n = 0, 1, 2, \dots ,$$
$$c_n(x) = (-1)^n J_{-n}(x) \quad \text{für} \quad n = -1, -2, \dots ,$$

was dann (31.99) liefert.   □

Setzt man hier speziell

$$t = e^{i\theta} = \cos\theta + i\sin\theta$$

so wird

$$t - t^{-1} = 2i\sin\theta$$

und damit

$$e^{\frac{x}{2}(t - t^{-1})} = e^{ix\sin\theta} = \cos(x\sin\theta) + i\sin(x\sin\theta) .$$

Ferner wird

$$t^n + (-1)^n t^{-n} = \begin{cases} 2\cos(2k\theta), & n = 2k \quad \text{gerade,} \\ 2i\sin(2k-1)\theta, & n = 2k-1 \quad \text{ungerade.} \end{cases}$$

Einsetzen in (31.99) liefert dann

$$\cos(x\sin\theta) + i\sin(x\sin\theta)$$
$$= \left\{ J_0(x) + 2\sum_{n=1}^{\infty} J_{2n}(x)\cos 2n\theta \right\} + i\left\{ \sum_{n=1}^{\infty} J_{2n-1}(x)\sin(2n-1)\theta \right\} .$$

Damit ergibt sich:

Satz 31.33. *Für die* BESSEL*funktionen gelten folgende Reihenentwicklungen*

$$\cos(x\sin\theta) = J_0(x) + 2\sum_{n=1}^{\infty} J_{2n}(x)\cos n\theta , \qquad (31.100)$$

$$\sin(x\sin\theta) = 2\sum_{n=1}^{\infty} J_{2n-1}(x)\sin(2n-1)\theta . \qquad (31.101)$$

Für festes x können wir diese Reihen als trigonometrische FOURIERreihen der links stehenden Funktionen ansehen. Nach den EULERschen Formeln in Satz 29.6b. gilt daher:

Satz 31.34. *Für die* BESSEL*funktionen* $J_n(x)$ *gelten folgende Integraldarstellungen:*

$$J_{2n}(x) = \frac{1}{\pi} \int_0^\pi \cos 2n\theta \cos(x \sin \theta) \mathrm{d}\theta \,, \quad n = 0, 1, 2, 3, \ldots \,, \quad (31.102)$$

$$J_{2n-1}(x) = \frac{1}{\pi} \int_0^\pi \sin(2n-1)\theta \sin(x \sin \theta) \mathrm{d}\theta \,, \quad n = 1, 2, \ldots \quad (31.103)$$

Nullstellen der BESSELfunktionen

Die schon erwähnte Verwandtschaft der BESSELfunktionen mit den trigonometrischen Funktionen wird auch durch das folgende Resultat unterstrichen:

Satz 31.35. *Für jedes* $n = 0, 1, 2, \ldots$ *bildet die Menge der positiven Lösungen der Gleichung*

$$J_n(x) = 0$$

eine monoton wachsende Folge $(\alpha_{n,k})$ *mit*

$$\alpha_{n,k} \longrightarrow +\infty \quad \textit{für} \quad k \longrightarrow \infty \,.$$

Wie wir gleich sehen werden, ist Satz 31.35 entscheidend für die Diskussion von STURM-LIOUVILLE-Problemen, die mit der BESSELschen Differentialgleichung zusammenhängen.

Beweis.

a. Wir zeigen im ersten Schritt, dass $J_0(x)$ eine monoton wachsende Folge $(\alpha_{0,k})$ von positiven Nullstellen

$$\alpha_{0,k} \longrightarrow +\infty \quad \text{für} \quad k \longrightarrow \infty$$

hat. Dazu gehen wir aus von der Integraldarstellung (31.102)

$$\frac{\pi}{2} J_0(x) = \int_0^{\pi/2} \cos(x \sin \theta) \mathrm{d}\theta \,,$$

die mit der Substitution $t = x \sin \theta$ in

$$\frac{\pi}{2} J_0(x) = \int_0^x \frac{\cos t}{\sqrt{x^2 - t^2}} \mathrm{d}t \qquad (*)$$

übergeht. Setzen wir $c_0 := 0$ und

$$c_k := k\pi - \frac{\pi}{2} \,, \quad k = 1, 2, \ldots \,,$$

so ist die Funktion

$$y_k(t) := \begin{cases} \dfrac{\cos t}{\sqrt{c_k^2 - t^2}}, & 0 \le t < c_k, \\ 0, & t = c_k \end{cases}$$

stetig auf $[0, c_k]$. Es sei

$$F_j := \int_{c_{j-1}}^{c_j} |y_k(t)| \mathrm{d}t, \quad j = 1, \ldots, k$$

der absolute Flächeninhalt zwischen dem Graphen von $y_k(t)$ und dem Intervall $[c_{j-1}, c_j]$ auf der t-Achse. Dann gilt

$$F_1 < F_2 < \cdots < F_k$$

weil $|\cos t|$ die Periode π hat und $\sqrt{c_k^2 - t^2} \searrow 0$ für $t \nearrow c_k$. Da ferner

$$\cos t \begin{cases} > 0 & \text{für} \quad c_{2j} < t < c_{2j+1}, \\ < 0 & \text{für} \quad c_{2j+1} < t < c_{2j+2} \end{cases} \quad , \quad j = 0, 1, \ldots$$

folgt aus (*)

$$\frac{\pi}{2} J_0(c_k) = \int_0^{c_k} y_k(t) \mathrm{d}t$$

$$= \begin{cases} F_1 + (F_3 - F_2) + \cdots + (F_k - F_{k-1}) > 0, & k \text{ ungerade} \\ -(F_2 - F_1) - (F_4 - F_3) - \cdots - (F_k - F_{k-1}) < 0, & k \text{ gerade.} \end{cases}$$

Nach dem Zwischenwertsatz 2.11 hat daher $J_0(x)$ eine Nullstelle $\alpha_{0,k}$ mit

$$c_k = \left(k - \frac{1}{2}\right)\pi < \alpha_{0,k} < c_{k+1} = \left(k + \frac{1}{2}\right)\pi, \quad k = 1, 2, \ldots,$$

was die Behauptung für $J_0(x)$ beweist, da die Nullstellen der analytischen Funktion $J_0(x)$ nach Satz 16.14 isoliert liegen.

b. Mit Hilfe der Rekursionsformel

$$\frac{\mathrm{d}}{\mathrm{d}x}(x^{-n} J_n(x)) = -x^{-n} J_{n+1}(x)$$

können wir nun durch Induktion nach n zeigen, dass $J_n(x)$ ebenfalls eine unendliche Folge $\alpha_{n,k} \longrightarrow +\infty$ von positiven Nullstellen hat, wobei die Behauptung für den Induktionsanfang $n = 0$ nach a. richtig ist. Sei also die Behauptung für $J_n(x)$, $n \ge 0$, richtig und seien $\alpha < \beta$ zwei aufeinander folgende Nullstellen von $J_n(x)$, d. h.

$$J_n(\alpha) = 0 = J_n(\beta), \quad \alpha < \beta .$$

Dann verschwindet auch $x^{-n}J_n(x)$ in diesen Punkten, so dass nach dem Satz von ROLLE 2.22a. ein γ, $\alpha < \gamma < \beta$, existiert mit

$$0 = \frac{\mathrm{d}}{\mathrm{d}x}\left(x^{-n}J_n(x)\right)\Big|_{x=\gamma} = -x^n J_{n+1}(x)\Big|_{x=\gamma} ,$$

d. h. es ist $J_{n+1}(\gamma) = 0$, so dass zwischen zwei aufeinander folgenden Nullstellen von $J_n(x)$ immer eine Nullstelle von $J_{n+1}(x)$ liegt. Die Behauptung gilt also auch für $J_{n+1}(x)$.

□

Orthogonalsysteme von BESSELfunktionen

Die BESSELsche Differentialgleichung (31.90) lässt sich offenbar umformen zu

$$(xy')' - \frac{n^2}{x}y = -xy .$$

Die entsprechende Eigenwertgleichung

$$(xy')' - \frac{n^2}{x}y = -\lambda xy \tag{31.104}$$

ist vom STURM-LIOUVILLEschen Typ (31.3), und zwar mit

$$p(x) = x, \quad q(x) = -n^2/x, \quad k(x) = x ,$$

und wir betrachten sie auf Intervallen der Form $I := [0, R]$ zusammen mit der Randbedingung

$$y(R) = 0 . \tag{31.105}$$

Da $p(0) = 0$ ist, brauchen wir am linken Randpunkt nur die Forderung, dass y und y' beschränkt bleiben sollen.

Der BESSELsche Differentialoperator

$$L[y] := (xy')' - \frac{n^2}{x}y$$

hat nun die folgende bemerkenswerte Symmetrieeigenschaft: Ist $L[y] = -\lambda xy$ und setzen wir $z(x) := y(\beta x)$ für eine feste reelle Zahl $\beta \neq 0$ („Streckung der x-Achse um den Faktor β"), so ergibt sich nach einfacher Rechnung

$$L[z] = -\lambda\beta^2 xz .$$

Nun ist $y = J_n(x)$ (bis auf skalare Vielfache) die einzige Lösung der Gleichung $L[y] = -xy$, die bei $x = 0$ regulär ist (vgl. Satz 31.30). Also sind die Eigenfunktionen des singulären Sturm-Liouville-Problems (31.104), (31.105) einfach die Funktionen

$$u_{n,k}(x) := J_n\left(\frac{\alpha_{n,k}}{R}x\right),$$

wobei die $\alpha_{n,k}$ wieder die positiven *Nullstellen* von J_n bezeichnen, und die entsprechenden Eigenwerte sind

$$\lambda_k := \alpha_{n,k}^2/R^2, \quad k = 1, 2, \dots .$$

Satz 31.36. *Seien $R > 0$ und $n \in \mathbb{N}_0$ fest vorgegeben.*

a. Die Funktionen

$$u_k(x) = J_n\left(\frac{\alpha_{n,k}}{R}x\right), \quad k = 1, 2, \dots$$

sind Eigenfunktionen des Sturm-Liouville-Problems (31.104), (31.105) zu den Eigenwerten $\lambda_{nk} = \frac{\alpha_{n,k}^2}{R^2}$, $k = 1, 2, \dots$, wobei $\alpha_{n,k}$ die positiven Nullstellen von $J_n(x)$ sind.

b. Die Funktionen $u_k(x)$ bilden ein vollständiges Orthogonalsystem für das Skalarprodukt

$$\langle f \mid g \rangle_x := \int_0^R x\overline{f(x)}g(x)\,\mathrm{d}x \tag{31.106}$$

mit dem Normierungsfaktor

$$\|u_k\|_x^2 = \int_0^R x\left(J_n\left(\frac{\alpha_{n,k}}{R}x\right)\right)^2\mathrm{d}x = \frac{R^2}{2}J_{n+1}(\alpha_{n,k})^2. \tag{31.107}$$

c. Für jedes $f \in L^2([0, R])$ konvergiert die Fourier-Besselentwicklung

$$f(x) \sim \sum_{k=1}^\infty c_k^n J_n\left(\frac{\alpha_{nk}}{R}x\right) \tag{31.108}$$

mit

$$c_k^n = \frac{2}{R^2 J_{n+1}(\alpha_{n,k})^2} \int_0^R xf(x)J_n\left(\frac{\alpha_{n,k}}{R}x\right)\mathrm{d}x \tag{31.109}$$

im gewichteten quadratischen Mittel gegen f. Für $f \in C^1([0, R])$ ist die Konvergenz gleichmäßig.

Beweis. Es ist noch zu zeigen, dass der Normierungsfaktor die in (31.107) angegebene Form hat. Dazu multiplizieren wir die BESSELsche Differential-gleichung (31.90) mit $2x^2y'$ und bekommen nach einer leichten Umformung

$$[x^2(y')^2]' + [(x^2 - n^2)y^2]' - 2xy^2 = 0 .$$

Da $y = J_n(x)$ eine Lösung ist, gilt also

$$2x[J_n(x)]^2 = \frac{\mathrm{d}}{\mathrm{d}x}\left\{x^2[J_n'(x)]^2 + (x^2 - n^2)J_n(x)^2\right\} .$$

Integration dieser Gleichung bezüglich x von 0 bis λR, $\lambda > 0$ liefert

$$2\int_0^{\lambda R} xJ_n(x)^2\mathrm{d}x = x^2 J_n'(x)^2\Big|_0^{\lambda R} + (x^2 - n^2)J_n(x)^2\Big|_0^{\lambda R} ,$$

woraus sich mit der Substitution $x \longmapsto \lambda x$

$$2\lambda^2 \int_0^R xJ_n(\lambda x)^2\mathrm{d}x = \lambda^2 R^2 J_n'(\lambda R)^2 + (\lambda^2 R^2 - n^2)J_n(\lambda R)^2$$

ergibt. Setzen wir nun speziell

$$\lambda := \frac{\alpha_{n,k}}{R} ,$$

wobei $\alpha_{n,k}$ die k-te positive Nullstelle von $J_n(x)$ ist, so folgt

$$\int_0^R xJ_n\left(\frac{\alpha_{n,k}}{R}x\right)^2 \mathrm{d}x = \frac{R}{2}J_n'(\alpha_{n,k})^2 .$$

Daraus folgt dann (31.107) mit der Rekursionsformel (31.96). – Für die Konvergenzaussagen verweisen wir, wie immer, auf die Literatur.   □

F. Weitere Zylinderfunktionen

Wir berichten nun über BESSELfunktionen mit nicht-ganzzahligem Index sowie über weitere Lösungen der BESSELschen Differentialgleichung zu beliebigem Index $\nu \in \mathbb{C}$. Diese werden unter der Bezeichnung „Zylinderfunktionen" zusammengefasst, weil sie vorwiegend bei Problemen mit Zylindersymmetrie auftreten. Die im letzten Abschnitt aufgeführte Literatur kann auch hier zur Vertiefung herangezogen werden.

Zur Vorbereitung müssen wir unsere Kenntnisse über die EULERsche Gammafunktion (vgl. Abschn. 15D.) noch etwas erweitern:

Analytische Fortsetzung der Γ-Funktion

Wir wollen nun die Funktion $\Gamma(x)$, die bisher nur für positive reelle x definiert war, auf die ganze komplexe Ebene $\mathbb{C}$ fortsetzen. Zunächst ist klar, dass das Integral

$$\int_0^\infty e^{-t} t^{z-1} dt$$

für alle $z \in \mathbb{C}$ mit $\operatorname{Re} z > 0$ existiert und eine komplex-analytische Funktion darstellt, die wir ebenfalls $\Gamma(z)$ nennen. Denn ist $z = x + iy$, so ist

$$t^{z-1} = t^{x-1} t^{iy} = t^{x-1} e^{iy \ln t} ,$$

so dass

$$\Gamma(z) = \int_0^\infty e^{-t} t^{z-1} dt \tag{31.110}$$

nach dem Satz aus Ergänzung 28.23 für $\operatorname{Re} z > 0$ existiert und holomorph ist. Die fundamentale Beziehung

$$\Gamma(z+1) = z\Gamma(z) \tag{31.111}$$

bleibt dabei gültig, denn die Funktion $g(z) := \Gamma(z+1) - z\Gamma(z)$ ist in der rechten Halbebene $\operatorname{Re} z > 0$ holomorph und verschwindet auf der positiven reellen Achse, muss also nach Satz 17.9 identisch verschwinden. Nun setzen wir Γ Schritt für Schritt auf die Halbebenen $D_n := \{z \in \mathbb{C} \mid \operatorname{Re} z > -n\}$, $n \in \mathbb{N}_0$ fort, indem wir setzen:

$$\Gamma(z) := \Gamma(z+1)/z . \tag{31.112}$$

Dies definiert zunächst auf D_1 eine meromorphe Funktion, die in $z = 0$ einen Pol erster Ordnung hat, ansonsten holomorph ist, und (31.111) auf ganz D_1 erfüllt. Wegen der Gültigkeit von (31.111) liefert (31.112) nun auch eine meromorphe Fortsetzung auf D_2, und diese hat Pole erster Ordnung in $z = 0$ und $z = -1$, ist ansonsten holomorph, und erfüllt (31.111). Indem man dieses Verfahren iteriert, erhält man schließlich per Induktion die gewünschte Fortsetzung von Γ auf ganz $\mathbb{C}$, und auch diese Funktion wird als die EULERsche Gammafunktion bezeichnet. Die Konstruktion zeigt, dass sie meromorph ist, Pole erster Ordnung in den Punkten $z = -n$, $n \in \mathbb{N}_0$ und keine weiteren Singularitäten besitzt und dass sie (31.111) auf ihrem gesamten Definitionsbereich erfüllt.

Man kann aber auch geschlossene Formeln für sie angeben, z. B.

Satz 31.37. *Durch die Gleichung*

$$\Gamma(z) = \sum_{n=0}^\infty \frac{(-1)^n}{n!} \frac{1}{n+z} + \int_1^\infty e^{-t} t^{z-1} dt \tag{31.113}$$

wird eine in $\mathbb{C}$ meromorphe Funktion definiert, die außer den einfachen Polen $z = 0, -1, -2, \ldots$ holomorph ist und für positives reelles z mit der EULERschen Gammafunktion übereinstimmt. $\Gamma(z)$ heißt die komplexe Gammafunktion, und für sie gilt die Funktionalgleichung (31.111). Schließlich hat $\Gamma(z)$ keine Nullstelle.

Die logarithmische Ableitung der Γ-Funktion

Ist f eine differenzierbare Funktion, so ist $(\ln f)' = f'/f$ auf jeder offenen Teilmenge, auf der $\ln f$ definiert ist. Daher nennt man f'/f die *logarithmische Ableitung* von f. Speziell für die Gammafunktion definiert man:

Definitionen 31.38.

a. Die für alle $z \in \mathbb{C}$ mit $z \neq 0, -1, -2, \ldots$ holomorphe Funktion

$$\psi(z) := \frac{\Gamma'(z)}{\Gamma(z)}$$

heißt die logarithmische Ableitung *der Γ-Funktion.*
b. Die Zahl

$$C := -\psi(1) = -\Gamma'(1) \approx 0.577\ldots$$

heißt EULER-MASCHERONIsche Konstante.

Für die Funktion $\psi(z)$ gibt es diverse explizite Darstellungen durch Integrale oder Reihen. Für unsere Zwecke ist die folgende am günstigsten:

Satz 31.39. *Für die logarithmische Ableitung $\psi(z)$ der Γ-Funktion gilt die folgende Reihendarstellung*

$$\psi(z) = -C + \sum_{n=0}^{\infty} \left(\frac{1}{n+1} - \frac{1}{n+z} \right) ,$$

die für $z \neq 0, -1, -2, \ldots$ gültig ist. Insbesondere ist $\psi(z)$ eine meromorphe Funktion mit einfachen Polen in $z = 0, -1, -2, \ldots$.

BESSELfunktionen zweiter Art (NEUMANN-Funktionen)

Wir gehen aus von der BESSELschen Differentialgleichung

$$x^2 y'' + xy' + (x^2 - \nu^2)y = 0 , \tag{31.114}$$

die wir nun für beliebiges $\nu \in \mathbb{C}$ betrachten. Wie bei Satz 31.30 findet man mit Hilfe der erweiterten Potenzreihenmethode als spezielle Lösung die BESSELfunktion 1. Art vom Index ν

$$J_\nu(x) = \sum_{k=0}^{\infty} \frac{(-1)^k}{k!\,\Gamma(\nu+k+1)} \left(\frac{x}{2} \right)^{\nu+2k} , \tag{31.115}$$

die für $x \neq 0$ und beliebiges $\nu \in \mathbb{C}$ definiert ist, weil die Γ-Funktion keine Null-stellen besitzt. Man erkennt außerdem sofort, dass sich sämtliche Rekursions-formeln aus Satz 31.31 auf $J_\nu(x)$ übertragen lassen, weil bei der Herleitung an keiner Stelle benutzt wird, dass ν ganzzahlig ist.

Das Verhalten für $x \to 0+$ lässt erkennen, dass $J_\nu(x)$ und $J_{-\nu}(x)$ nicht proportional sein können, wenn ν nicht ganzzahlig ist. Sie sind dann also linear unabhängig und bilden daher ein *Fundamentalsystem* für Gl. (31.114). Auch für $\nu = -n$, $n \in \mathbb{N}_0$ ist (31.115) sinnvoll und definiert eine Lösung $J_{-n}(x)$ von (31.114), wenn man $1/\Gamma(-m)$ für $m \in \mathbb{N}_0$ als Null auffasst. Aber man kann leicht folgendes errechnen:

Satz 31.40. *Für ganzes $n = 0, 1, 2, \ldots$ gilt*

$$(-1)^n J_{-n}(x) = J_n(x) , \tag{31.116}$$

d. h. $J_n(x)$ und $J_{-n}(x)$ sind linear abhängig.

Man legt jedoch großen Wert darauf, eine ν-abhängige Funktionenschar zu haben, die für *jedes* $\nu \in \mathbb{C}$ ein Fundamentalsystem für die entsprechende Gleichung (31.114) darstellt. Daher definiert man

Definitionen 31.41.

a. *Für $\nu \in \mathbb{C} \setminus \mathbb{Z}$ heißt die Funktion*

$$N_\nu(x) = \frac{1}{\sin \nu \pi} \{ J_\nu(x) \cdot \cos \nu \pi - J_{-\nu}(x) \} \tag{31.117}$$

Bessel*funktion 2. Art vom Index ν oder* Neumann*-Funktion vom Index ν.*

b. *Für ganzzahligen Index $n \in \mathbb{Z}$ definiert man die* Neumann*-Funktion durch*

$$N_n(x) = \lim_{\nu \to n} N_\nu(x) . \tag{31.118}$$

Die Existenz des Grenzwerts (31.118) kann mit den Regeln von de l'Hospital nachgewiesen werden. Nach längerer Rechnung, in die Satz 31.39 eingeht, ergibt sich dann auch eine Formel für den Wert dieses Limes, nämlich:

Satz 31.42. *Die* Bessel*funktion 2. Art von ganzzahligem Index n hat die Form*

$$\begin{aligned}
N_n(x) = {} & \frac{2}{\pi} \left(\ln \frac{x}{2} + C \right) J_n(x) \\
& - \frac{1}{\pi} \sum_{k=0}^{n-1} \frac{(n-k-1)!}{k!} \left(\frac{x}{2} \right)^{-n+2k} \\
& + \frac{1}{\pi} \sum_{k=0}^{\infty} \frac{(-1)^k}{k!(n+k)!} \left\{ \sum_{l=1}^{k+1} \frac{1}{l} + \sum_{l=1}^{k+n+1} \frac{1}{l} \right\} \left(\frac{x}{2} \right)^{n+2k} ,
\end{aligned} \tag{31.119}$$

wobei C die Euler-Mascheroni*sche Konstante bezeichnet.*

Tatsächlich bildet nun $\{J_\nu, N_\nu\}$ für jedes $\nu \in \mathbb{C}$ ein Fundamentalsystem für die BESSELsche Differentialgleichung vom Index ν. Die Zylinderfunktionen sind damit genau die Linearkombinationen von J_ν und N_ν für festes, aber beliebiges ν.

Setzt man die Rekursionsformeln für $J_\nu(x)$ aus Satz 31.31 in die Definitionsgleichung (31.117) in Definition 31.41 ein, so bekommt man Rekursionsformeln für die NEUMANN-Funktionen:

Satz 31.43. *Für die* NEUMANN-*Funktionen gelten die Rekursionsformeln:*

$$\frac{\mathrm{d}}{\mathrm{d}x}(x^\nu N_\nu(x)) = x^\nu N_{\nu-1}(x) , \tag{31.120}$$

$$\frac{\mathrm{d}}{\mathrm{d}x}(x^{-\nu} N_\nu(x)) = -x^{-\nu} N_{\nu+1}(x) , \tag{31.121}$$

$$N_{\nu-1}(x) + N_{\nu+1}(x) = \frac{2\nu}{x} N_\nu(x) , \tag{31.122}$$

$$N_{\nu-1}(x) - N_{\nu+1}(x) = 2N_\nu'(x) . \tag{31.123}$$

Bemerkung: Die Formeln (31.115), (31.117) und (31.119) können offensichtlich auch auf *komplexe* Argumente z ausgedehnt werden. Wegen des Auftretens von Logarithmus und allgemeiner Potenz muss jedoch als Definitionsbereich eine *geschlitzte* Ebene festgelegt werden. Wir wählen hier und im folgenden dazu die negative reelle Achse als Schlitz, also den Definitionsbereich $D = \mathbb{C}\backslash] - \infty, 0]$ für J_ν und N_ν und damit für alle Zylinderfunktionen. Die Zylinderfunktionen sind dann holomorph auf D, und für festes $z \in D$ sind $J_\nu(z)$ und $N_\nu(z)$ auch *holomorphe* Funktionen der komplexen Variablen ν. Die Rekursionsformeln aus den Sätzen 31.31 und 31.43 gelten wegen der Eindeutigkeit der analytischen Fortsetzung auch für jedes $z \in D$.

BESSELfunktionen 3. Art (HANKELfunktionen)

Wie wir gesehen haben, bildet $\{J_\nu,\ N_\nu\}$ für jedes $\nu \in \mathbb{C}$ ein Fundamentalsystem für die BESSELsche Differentialgleichung. Für manche Anwendungen ist es zweckmäßig durch Bildung passender Linearkombinationen zu einem anderen Fundamentalsystem überzugehen.

Definition 31.44. *Die für alle* $\nu \in \mathbb{C}$ *und* $z \in \mathbb{C}\backslash] - \infty, 0]$ *definierten Funktionen*

$$H_\nu^{(1)}(z) = J_\nu(z) + \mathrm{i}N_\nu(z) ,$$
$$H_\nu^{(2)}(z) = J_\nu(z) - \mathrm{i}N_\nu(z) \tag{31.124}$$

heißen BESSEL*funktionen 3. Art oder* HANKEL*funktionen vom Index* ν.

Diese Funktionen bilden offensichtlich ein Fundamentalsystem der BESSELschen Differentialgleichung, das jedoch auch für reelles x komplex ist. Aus den Rekursionsformeln für $J_\nu(x)$ in 31.31 und $N_\nu(x)$ in 31.43 ergeben sich mit (31.124) direkt die entsprechenden Rekursionsformeln für die HANKELfunktionen:

Satz 31.45. *Für die* Hankel*funktionen* $H_\nu^{(j)}(z)$, $j = 1, 2$, *gelten die folgenden Rekursionsformeln*

$$\frac{\mathrm{d}}{\mathrm{d}z}(z^\nu H_\nu^{(j)}(z)) = z^\nu H_{\nu-1}^{(j)}(z) \,, \tag{31.125}$$

$$\frac{\mathrm{d}}{\mathrm{d}z}(z^{-\nu} H_\nu^{(j)}(z)) = -z^{-\nu} H_{\nu+1}^{(j)}(z) \,, \tag{31.126}$$

$$H_{\nu-1}^{(j)}(z) + H_{\nu+1}^{(j)}(z) = \frac{2\nu}{z} H_\nu^{(j)}(z) \,, \tag{31.127}$$

$$H_{\nu-1}^{(j)}(z) - H_{\nu+1}^{(j)}(z) = 2\frac{\mathrm{d}}{\mathrm{d}z} H_\nu^{(j)}(z) \,. \tag{31.128}$$

Mittels (31.117) errechnet man:

Satz 31.46. *Zwischen den* Bessel*funktionen erster und dritter Art besteht folgender Zusammenhang:*

$$H_\nu^{(1)}(z) = \frac{J_{-\nu}(z) - e^{-\nu\pi\mathrm{i}} J_\nu(z)}{\mathrm{i}\sin\nu\pi} \,, \tag{31.129}$$

$$H_\nu^{(2)}(z) = \frac{e^{\nu\pi\mathrm{i}} J_\nu(z) - J_{-\nu}(z)}{\mathrm{i}\sin\nu\pi} \,, \tag{31.130}$$

$$H_{-\nu}^{(1)}(z) = e^{\nu\pi\mathrm{i}} H_\nu^{(1)}(z), \quad H_{-\nu}^{(2)}(z) = \mathrm{e}^{-\nu\pi\mathrm{i}} H_\nu^{(2)}(z) \,. \tag{31.131}$$

Modifizierte Besselfunktionen

In den Anwendungen treten häufig Funktionen auf, die eng mit den Besselfunktionen zusammen hängen. Diese wollen wir kurz betrachten.

Definitionen 31.47.

a. *Die für alle* $\nu \in \mathbb{C}$ *und* $z \in \mathbb{C} \backslash] - \infty, 0]$ *definierte Funktion*

$$I_\nu(z) := \sum_{k=0}^\infty \frac{1}{k! \Gamma(\nu + k + 1)} \left(\frac{z}{2}\right)^{\nu+2k} \tag{31.132}$$

heißt modifizierte Bessel*funktion erster Art* *vom Index* ν.

b. *Die für alle* $\nu \in \mathbb{C}$ *und* $z \in \mathbb{C} \backslash] - \infty, 0]$ *definierte Funktion*

$$K_\nu(z) := \frac{\pi}{2} \frac{I_{-\nu}(z) - I_\nu(z)}{\sin\nu\pi} \,, \quad \nu \in \mathbb{C} \backslash \mathbb{Z} \,, \tag{31.133}$$

$$K_n(z) := \lim_{\nu \longrightarrow n} K_\nu(z) \,, \quad n \in \mathbb{Z} \tag{31.134}$$

heißt modifizierte Bessel*funktion zweiter Art* *vom Index* ν *oder* MacDonald*sche Funktion.*

Vergleicht man die Definitionsgleichung (31.132) für $I_\nu(z)$ mit der (auf komplexe Argumente ausgedehnten) Definitionsgleichung (31.115) für die Besselfunktionen 1. Art, so sieht man, dass der Unterschied gerade in dem alternierenden Vorzeichen besteht. Daher ergibt sich nach kurzer Rechnung:

Satz 31.48. *Zwischen den* BESSEL*funktionen und den modifizierten* BES-SEL*funktionen bestehen folgende Transformationsgleichungen*

$$J_\nu(\mathrm{i}z) = \mathrm{e}^{\mathrm{i}\nu\pi/2} I_\nu(z)\,, \quad I_\nu(z) = \mathrm{e}^{\mathrm{i}\nu\pi/2} J_\nu(-\mathrm{i}z)\,, \qquad (31.135)$$

$$H_\nu^{(1)}(\mathrm{i}z) = \frac{2}{\mathrm{i}\pi} \mathrm{e}^{-\mathrm{i}\nu\pi/2} K_\nu(z)\,, \qquad (31.136)$$

$$K_\nu(z) = \frac{\mathrm{i}\pi}{2} \mathrm{e}^{\mathrm{i}\nu\pi/2} H_\nu^{(1)}(\mathrm{i}z) = -\frac{\mathrm{i}\pi}{2} \mathrm{e}^{-\mathrm{i}\nu\pi/2} H_\nu^{(2)}(-\mathrm{i}z)\,. \qquad (31.137)$$

Es ist klar, dass die Rekursionsformeln in den Sätzen 31.31 und 31.45 zusammen mit den obigen Transformationsgleichungen entsprechende Rekursionsformeln für die modifizierten BESSELfunktionen liefern, die wir jedoch nicht explizit angeben wollen.

Die durch (31.115) gegebene BESSELfunktion $J_\nu(z)$ ist bekanntlich Lösung der BESSELschen Differentialgleichung

$$z^2 y'' + zy' + (z^2 - \nu^2)y = 0\,. \qquad (31.138)$$

Ersetzen wir in dieser Differentialgleichung gemäß (31.135) z durch $\mathrm{i}z$, setzen also

$$u(z) := y(\mathrm{i}z)\,,$$

so bekommen wir sofort

Satz 31.49. *Die modifizierten* BESSEL*funktionen sind spezielle Lösungen der folgenden Differentialgleichung*

$$z^2 u'' + zu' - (z^2 + \nu^2)u = 0\,, \qquad (31.139)$$

welche modifizierte BESSELsche Differentialgleichung *heißt.*

BESSELfunktionen mit halbganzem Index

Eine spezielle Klasse von BESSELfunktionen lässt sich durch elementare Funktionen beschreiben:

Satz 31.50. *Für* $n = 0, 1, 2, \ldots$ *gilt*

$$J_{n+1/2}(x) = (-1)^n \left(\frac{2}{\pi}\right)^{1/2} x^{n+1/2} \left(\frac{\mathrm{d}}{x\mathrm{d}x}\right)^n \frac{\sin x}{x}\,. \qquad (31.140)$$

Insbesondere gilt:

$$J_{1/2}(x) = \left(\frac{2}{\pi x}\right)^{1/2} \sin x\,, \quad J_{-1/2}(x) = \left(\frac{2}{\pi x}\right)^{1/2} \cos x\,, \qquad (31.141)$$

$$J_{3/2}(x) = \left(\frac{2}{\pi x}\right)^{1/2} \left(\frac{\sin x}{x} - \cos x\right)\,. \qquad (31.142)$$

Man beweist das für $J_{1/2}$ und $J_{-1/2}$ durch Umrechnung der Potenzreihen und folgert (31.140) daraus mittels Rekursionsformeln.

Es ist klar, dass man aus den jeweiligen Definitionsgleichungen entsprechende Formeln für die übrigen BESSELfunktionen bekommt. Wir geben einige an. Alle anderen bekommt man dann mit Hilfe der Rekursionsformeln:

Satz 31.51.

$$N_{1/2}(x) = -\left(\frac{2}{\pi x}\right)^{1/2} \cos x\,,$$

$$H^{(1)}_{1/2}(x) = -\mathrm{i}\left(\frac{2}{\pi x}\right)^{1/2} \mathrm{e}^{\mathrm{i}x}\,, \quad H^{(2)}_{1/2}(x) = \mathrm{i}\left(\frac{2}{\pi x}\right)^{1/2} \mathrm{e}^{-\mathrm{i}x}\,,$$

$$I_{1/2}(x) = \left(\frac{2}{\pi x}\right)^{1/2} \sinh x\,, \quad I_{-1/2}(x) = \left(\frac{2}{\pi x}\right)^{1/2} \cosh x\,,$$

$$K_{1/2}(x) = \left(\frac{2}{\pi x}\right)^{1/2} \mathrm{e}^{-x}\,.$$

G. Anwendungen auf die Anfangs-Randwert-Probleme

Wie in der Einleitung zu diesem Kapitel angekündigt, wollen wir nun noch zeigen, wie die berichteten Resultate über Kugel- und BESSELfunktionen genutzt werden können, um die Separationsansätze aus Kap. 30 zum vollen Erfolg zu führen. HERMITE- und LAGUERRE-Polynome spielen, wie schon erwähnt, für die SCHRÖDINGERgleichung eine ähnliche Rolle wie Kugel- und BESSELfunktionen für die Wellengleichung oder die LAPLACEgleichung. Andere spezielle Funktionen können in ähnlicher Weise benutzt werden, um Randwertprobleme oder Rand-Anfangswert-Probleme für andere wichtige spezielle Gleichungen zu lösen.

Anwendung auf Potentialprobleme

In 30.5 haben wir gezeigt, dass die kugelsymmetrische, φ-unabhängige Potentialgleichung

$$\frac{\partial}{\partial r}(r^2 u_r) + \frac{1}{\sin\theta}\frac{\partial}{\partial\theta}(\sin\theta \cdot u_\theta) = 0 \qquad (31.143)$$

als Lösungen die Funktionen

$$u_n(r,\theta) = r^n P_n(\cos\theta)\,, \quad 0 \le r < R\,, \quad 0 \le \theta \le \pi \qquad (31.144)$$

hat. Um das Potentialproblem in 30.4 a. zu lösen, muss noch die Randbedingung

$$u(R,\theta) = f(\theta)\,, \quad 0 \le \theta \le \pi \qquad (31.145)$$

erfüllt werden. Dazu machen wir den Ansatz

$$u(r,\theta) = \sum_{n=0}^{\infty} c_n u_n(r,\theta) = \sum_{n=0}^{\infty} c_n r^n P_n(\cos\theta) \,, \tag{31.146}$$

wobei die Koeffizienten c_n so zu bestimmen sind, dass die Randbedingung (31.145) erfüllt wird. Einsetzen von (31.146) in (31.145) ergibt

$$f(\theta) = \sum_{n=0}^{\infty} c_n R^n P_n(\cos\theta) \,. \tag{31.147}$$

Dies ist eine FOURIER-LEGENDRE-Entwicklung der Funktion $f(\theta)$, auf die wir Satz 31.14 anwenden können. Beachten wir, dass die Reihe (31.146) zweimal gliedweise differenzierbar sein muss, damit (31.143) erfüllt wird, so haben wir folgendes Ergebnis:

Satz 31.52. *Die Randwertaufgabe (31.143), (31.145) hat eine eindeutige Lösung der Form*

$$u(r,\theta) = \sum_{n=0}^{\infty} c_n r^n P_n(\cos\theta) \tag{31.146}$$

in $0 \le r \le R$, $0 \le \theta \le \pi$, mit

$$c_n = \frac{2n+1}{2R^n} \int_{-1}^{1} f(\theta) P_n(\cos\theta) \sin\theta \mathrm{d}\theta \,, \tag{31.148}$$

falls $f \in C^2([0,\pi])$ und

$$f(0) = f(\pi)\,, \quad f'(0) = f'(\pi)\,, \quad f''(0) = f''(\pi) \tag{31.149}$$

vorausgesetzt wird.

Für die allgemeine kugelsymmetrische Potentialgleichung

$$\frac{\partial}{\partial r}(r^2 u_r) + \frac{1}{\sin\theta}\frac{\partial}{\partial\theta}(\sin\theta \cdot u_\theta) + \frac{1}{\sin^2\theta} u_{\varphi\varphi} = 0 \tag{31.150}$$

haben wir in Satz 30.6b. gezeigt, dass diese die Lösungen

$$u_{nm}(r,\varphi,\theta) = r^n \mathrm{e}^{\mathrm{i}m\varphi} P_n^m(\cos\theta) \tag{31.151}$$

für $n = 0,1,2,\ldots,\, -n \le m \le n$, besitzt. Um die zugehörige Randbedingung

$$u(R,\varphi,\theta) = f(\varphi,\theta) \tag{31.152}$$

zu erfüllen, könnten wir auch hier den Ansatz

$$u(r,\varphi,\theta) = \sum_{n=0}^{\infty} \sum_{m=-n}^{n} c_{nm} r^n \mathrm{e}^{\mathrm{i}m\varphi} P_n^m(\cos\theta) \tag{31.153}$$

machen und die Koeffizienten c_{nm} mit (31.152) bestimmen. Es ist jedoch praktischer, mit dem in Definition 31.16 eingeführten Orthonormalsystem der *Kugelflächenfunktionen* Y_n^m zu arbeiten. Wir können dann nach Satz 30.6 sagen, dass die kugelsymmetrische Potentialgleichung (31.150) die Lösungen

$$u_{nm}(r,\varphi,\theta) = r^n Y_n^m(\varphi,\theta) \tag{31.154}$$

hat. Zur Erfüllung der Randbedingungen (31.152) machen wir dann den Ansatz

$$u(r,\varphi,\theta) = \sum_{n=0}^{\infty} \sum_{m=-n}^{n} \gamma_n^m r^n Y_n^m(\varphi,\theta) \,, \tag{31.155}$$

woraus mit (31.152) die Bedingung

$$u(R,\varphi,\theta) = f(\varphi,\theta) = \sum_{n=0}^{\infty} \sum_{m=-n}^{n} \gamma_n^m R^n Y_n^m(\varphi,\theta) \tag{31.156}$$

folgt. Anwendung von Satz 31.17 liefert dann:

Satz 31.53. *Die Randwertaufgabe (31.150), (31.152) hat eine eindeutige Lösung der Form*

$$u(r,\varphi,\theta) = \sum_{n=0}^{\infty} r^n \left(\sum_{m=-n}^{n} \gamma_n^m Y_n^m(\varphi,\theta) \right) \tag{31.157}$$

für $0 \le r \le R$, $0 \le \varphi \le 2\pi$, $0 \le \theta \le \pi$, *und zwar mit*

$$\gamma_n^m = \frac{1}{R^n} \int_0^\pi \int_0^{2\pi} f(\varphi,\theta) \overline{Y_n^m(\varphi,\theta)} \sin\theta \, \mathrm{d}\varphi \mathrm{d}\theta \,, \tag{31.158}$$

falls $f \in C^3(S)$ *gegeben ist.*

Anwendung auf die kreisförmige Membran

Wir kommen nun auf das Problem der kreisförmigen Membran zurück, also auf die Differentialgleichung

$$u_{tt} = c^2 \left(u_{rr} + \frac{1}{r} u_r + \frac{1}{r^2} u_{\varphi\varphi} \right) \tag{31.159}$$

für $0 \le r < R$, $0 \le \varphi \le 2\pi$, mit der Randbedingung

$$u(R,\varphi,t) = 0\,, \quad 0 \le \varphi \le 2\pi\,, \quad t \ge 0 \tag{31.160}$$

und den Anfangsbedingungen

$$u(r,\varphi,0) = f_0(r,\varphi)\,, \quad u_t(r,\varphi,0) = f_1(r,\varphi) \tag{31.161}$$

für $0 \le r \le R$, $0 \le \varphi \le 2\pi$.

Mit dem Separationsansatz

$$u(r, \varphi, t) = g(t)w(r)q(\varphi) \qquad (31.162)$$

wurde (31.159) unter Berücksichtigung von (31.160) auf die folgenden gewöhnlichen Differentialgleichungen zurück geführt:

$$g''(t) + (\nu c)^2 g(t) = 0 \,, \qquad (31.163)$$
$$q''(\varphi) + m^2 q(\varphi) = 0 \,, \qquad (31.164)$$
$$r^2 w''(r) + r w'(r) + (\nu^2 r^2 - m^2) w(r) = 0 \,, \qquad (31.165)$$

wobei $m = 0, 1, 2, \ldots$ und $\nu \in \mathbb{R}$ noch beliebig war.

Jedoch hatten wir schon gezeigt, dass $w\left(\frac{r}{\nu}\right)$ eine Lösung der BESSEL-Differentialgleichung vom Index m sein muss, d. h. die Lösung der Differentialgleichung (31.165) hat die spezielle Gestalt

$$w(r) = J_m(\nu r) \,. \qquad (31.166)$$

Die Randbedingung (31.160) ergibt für die Lösungen $w(r)$ der Radialgleichung (31.165) die Forderung

$$w(R) = J_m(\nu R) = 0 \,. \qquad (31.167)$$

Nach Satz 31.36a. kann diese Gleichung nur für

$$\nu = \nu_{mn} = \frac{\alpha_{mn}}{R} \,, \quad n = 1, 2, \ldots \qquad (31.168)$$

erfüllt werden, wobei α_{mn} die n-te positive Nullstelle von J_m ist. Gehen wir mit diesen ν-Werten in die t-abhängige Differentialgleichung (31.163), so kommen wir mit dem Ansatz (31.162) zu folgendem Zwischenergebnis:

Lemma 31.54. *Die Funktionen*

$$u_{mn}(r, \varphi, t) := (a_{mn} \cos \lambda_{mn} t + b_{mn} \sin \lambda_{mn} t) e^{im\varphi} J_m\left(\frac{\alpha_{mn}}{R} r\right) \qquad (31.169)$$

sind Lösungen der 2-dimensionalen Wellengleichung (31.159) in Polarkoordinaten und erfüllen die Randbedingung

$$u_{mn}(R, \varphi, t) = 0 \,, \quad t \geq 0 \,, \quad 0 \leq \varphi \leq 2\pi \,.$$

Dabei ist

$$\lambda_{mn} = c\frac{\alpha_{mn}}{R} \,, \qquad (31.170)$$

und die a_{mn}, b_{mn} sind beliebige Konstanten.

Die λ_{mn} bezeichnet man als die *Eigenfrequenzen* und die $u_{mn}(r, \varphi, t)$ als die *Eigenfunktionen* der Membran.

Das weitere Vorgehen ist dann klar. Um die Anfangsbedingungen (31.161) zu erfüllen, machen wir den Reihenansatz

$$u(r,\varphi,t) = \sum_{m=0}^{\infty} \sum_{n=1}^{\infty} u_{mn}(r,\varphi,t) \tag{31.171}$$

und bekommen dann aus (31.161) mit (31.169) folgende Gleichungen:

$$f_0(r,\varphi) = \sum_{\substack{m=0 \\ n=1}}^{\infty} a_{mn}\mathrm{e}^{\mathrm{i}m\varphi} J_m\left(\frac{\alpha_{mn}}{R}r\right)\,, \tag{31.172}$$

$$f_1(r,\varphi) = \sum_{\substack{m=0 \\ n=1}}^{\infty} \lambda_{mn} b_{mn}\mathrm{e}^{\mathrm{i}m\varphi} J_m\left(\frac{\alpha_{mn}}{R}r\right)\,. \tag{31.173}$$

Dies sind Kombinationen aus trigonometrischen FOURIERentwicklungen und FOURIER-BESSEL-Entwicklungen. Wenden wir Satz 29.15 und Satz 31.36 auf diese Reihen an, so erhalten wir schließlich folgendes Gesamtergebnis:

Satz 31.55. *Die Anfangs-Randwertaufgabe*

$$u_{tt} = c^2\left(u_{rr} + \frac{1}{r}u_r + \frac{1}{r^2}u_{\varphi\varphi}\right) \tag{31.159}$$

für $0 \le r < R$, $0 \le \varphi \le 2\pi$, $t > 0$,

$$u(R,\varphi,t) = 0 \quad \text{für} \quad 0 \le \varphi \le 2\pi\,, \quad t \ge 0\,, \tag{31.160}$$

$$u(r,\varphi,0) = f_0(r,\varphi)\,, \quad u_t(r,\varphi,0) = f_1(r,\varphi) \tag{31.161}$$

für $0 \le r \le R$, $0 \le \varphi \le 2\pi$, *der kreisförmigen schwingenden Membran hat eine eindeutig bestimmte Lösung der Form*

$$u(r,\varphi,t) = \sum_{m=0}^{\infty} \sum_{n=1}^{\infty} (a_{mn}\cos\lambda_{mn}t + b_{mn}\sin\lambda_{mn}t)\mathrm{e}^{\mathrm{i}m\varphi} J_m\left(\frac{\alpha_{mn}}{R}r\right)\,, \tag{31.171}$$

wenn die Koeffizienten gemäß

$$a_{mn} = \frac{1}{\pi R^2 J_{m+1}(\alpha_{mn})} \int_0^{2\pi}\int_0^R f_0(r,\varphi)\mathrm{e}^{-\mathrm{i}m\varphi} J_m\left(\frac{\alpha_{mn}}{R}r\right) r\,\mathrm{d}r\,\mathrm{d}\varphi\,,$$

$$b_{mn} = \frac{1}{c\pi R J_{m+1}(\alpha_{mn})} \int_0^{2\pi}\int_0^R f_1(r,\varphi)\mathrm{e}^{-\mathrm{i}m\varphi} J_m\left(\frac{\alpha_{mn}}{R}r\right) r\,\mathrm{d}r\,\mathrm{d}\varphi$$

bestimmt werden, wobei

$$\lambda_{mn} = \frac{c\alpha_{mn}}{R}$$

und α_{mn} die n-te positive Nullstelle von J_m ist. Dabei ist vorausgesetzt, dass die Anfangsfunktionen folgende Bedingungen erfüllen:

$$f_0 \in C^3 \quad und \quad f_1 \in C^2,$$

$$f_0(R, \varphi) = f_1(R, \varphi) = 0, \quad 0 \le \varphi \le 2\pi,$$

$$f_0(r, 0) = f_0(r, 2\pi), \quad f_1(r, 0) = f_1(r, 2\pi),$$

$$f_{0,r}(r, 0) = f_{0,r}(r, 2\pi),$$

$$f_{0,\varphi}(r, 0) = f_{0,\varphi}(r, 2\pi).$$

Ergänzungen zu §31

Die Beweise der fundamentalen Sätze über reguläre – und erst recht über singuläre – STURM-LIOUVILLE-Probleme erfordern die Entwicklung eigener Methoden, was hier definitiv zu weit führen würde. Hingegen können gewisse Teilresultate verhältnismäßig einfach bewiesen werden, und diese Tatsache wollen wir ausnutzen, um wenigstens einen gewissen Einblick zu geben. Zunächst beweisen wir, dass die Eigenwerte eines regulären STURM-LIOUVILLE-Problems sich nicht im Endlichen häufen können, und dann erläutern wir für den Fall der DIRICHLETschen Randbedingungen die Verbindungen zur *Variationsrechnung*, wodurch man wesentlich tiefere Einsicht in die Natur des Problems und insbesondere in die physikalische Bedeutung der Eigenwerte gewinnt. Schließlich werden wir die wenigen Bemerkungen über singuläre Probleme aus 31.6 noch etwas ergänzen und dabei ein explizites Beispiel diskutieren, von dem wir hoffen, dass es die notgedrungen vagen Andeutungen durch greifbare Vorstellungen erhellt.

31.56 Die Eigenwerte eines regulären STURM-LIOUVILLE-Problems können sich nicht häufen. Angenommen, die Eigenwerte eines regulären STURM-LIOUVILLE-Problems (31.3), (31.4) hätten einen Häufungspunkt $\lambda^* \in \mathbb{R}$. Das bedeutet, dass es eine unendliche Folge (λ_m) von *verschiedenen* Eigenwerten gibt, die gegen λ^* konvergiert. Wir normieren die entsprechenden Eigenfunktionen u_m so, dass

$$|\xi_m|^2 + |\eta_m|^2 = 1$$

ist für $\xi_m := u_m(a)$, $\eta_m := u_m'(a)$. Dies ist auf jeden Fall möglich, denn wenn $u_m(a) = u_m'(a) = 0$ wäre, so müsste nach dem Satz von PICARD-LINDELÖF $u_m \equiv 0$ sein. (Man beachte, dass die Sätze über Anfangswertaufgaben aus

Kap. 20 hier anwendbar sind, weil die Sturm-Liouville-Gleichung (31.3) zu einer expliziten linearen Differentialgleichung 2. Ordnung äquivalent ist, wie wir im Beweis von Thm. 31.3a. gesehen haben.) Die Menge

$$K := \{(\xi, \eta) \in \mathbb{C}^2 \mid |\xi|^2 + |\eta|^2 = 1\}$$

ist jedoch beschränkt und abgeschlossen, somit also *kompakt* (vgl. Thm. 13.15). Nach Übergang zu einer Teilfolge können wir daher annehmen, dass ein Punkt $(\xi^*, \eta^*) \in K$ existiert mit

$$\xi^* = \lim_{m \to \infty} \xi_m, \quad \eta^* = \lim_{m \to \infty} \eta_m.$$

Die Anfangswertaufgabe

$$(p(x)u')' + q(x)u = -\lambda^* k(x)u, \quad u(a) = \xi^*, \quad u'(a) = \eta^*$$

hat nun eine eindeutige Lösung u, und wegen $|\xi^*|^2 + |\eta^*|^2 = 1$ ist $u \not\equiv 0$. Die Sätze über stetige Abhängigkeit von Anfangswerten und Parametern (vgl. Theoreme 20.9 und 20.10) sagen uns nun, dass die u_m *gleichmäßig* auf I gegen u konvergieren. Daraus folgt

$$\|u - u_m\|_k^2 = \int_a^b k(x)|u(x) - u_m(x)|^2 \mathrm{d}x \longrightarrow 0$$

für $m \to \infty$, also nach der Schwarzschen Ungleichung (Thm. 6.11) auch

$$|\langle u - u_m \mid u - u_{m+1} \rangle_k| \leq \|u - u_m\|_k \cdot \|u - u_{m+1}\|_k \longrightarrow 0$$

für $m \to \infty$. Da aber die Eigenwerte λ_m alle voneinander verschieden sind, sind die u_m zueinander k-orthogonal (Thm. 31.3c.), und damit ergibt sich

$$\langle u - u_m \mid u - u_{m+1} \rangle_k = \|u\|_k^2 - \langle u_m \mid u \rangle_k - \langle u \mid u_{m+1} \rangle_k + \underbrace{\langle u_m \mid u_{m+1} \rangle_k}_{=0},$$

und das konvergiert für $m \to \infty$ gegen $-\|u\|_k^2 < 0$. Dieser Widerspruch beweist unsere Behauptung.   □

Kommentar: Wenn man weiß, dass das Problem unendlich viele Eigenwerte besitzt, so zeigt unsere Behauptung, dass die Menge der Eigenwerte *unbeschränkt* sein muss, denn anderenfalls würde der Satz von Bolzano-Weierstrass die Existenz eines Häufungspunktes von Eigenwerten nach sich ziehen. Wenn man weiter weiß, dass die Eigenwerte eine untere Schranke besitzen (was wir für Dirichletsche Randbedingungen in der nächsten Ergänzung beweisen werden), so ergibt sich nun die Aussage, dass sie eine aufsteigende, gegen Unendlich divergierende Folge bilden.

31.57 Variationeller Charakter des DIRICHLET-Problems. STURM-
LIOUVILLE-Probleme können als Variationsprobleme aufgefasst werden, und
dies bietet nicht nur die Möglichkeit zu eleganten Beweisen der Theoreme 31.4
und 31.5, sondern liefert auch zusätzliche qualitative Informationen über die
Eigenwerte. Allerdings passt nur das DIRICHLET-Problem genau in den be-
scheidenen Rahmen, in dem wir die Variationsrechnung in Kap. 23 entwickelt
haben, aber wegen seiner Wichtigkeit verdient dies durchaus eine genauere
Erläuterung.

Wir schreiben unser DIRICHLET-Problem in der Form

$$L[u] := -(p(x)u')' + q(x)u = \lambda k(x)u , \qquad (31.174)$$

$$u(a) = u(b) = 0 , \qquad (31.175)$$

wobei $p, q, k : I := [a, b] \longrightarrow \mathbb{R}$ die in Def. 31.1 a. genannten Voraussetzungen
erfüllen. (Hier ist q aus (31.3) durch $-q$ ersetzt, was für die Theorie absolut
unerheblich ist, die Formeln aber eingängiger macht.) Der Definitionsbereich
des entsprechenden Operators L ist also

$$D(L) := \{u \in C^2(I) \mid u(a) = u(b) = 0\} .$$

Für die Variationsrechnung benötigt man außerdem den linearen Teilraum

$$V(L) := \{u \in C^1(I) \mid u(a) = u(b) = 0\} , \qquad (31.176)$$

wie wir noch sehen werden.

Setzen wir zunächst den Entwicklungssatz als bekannt voraus, so können
wir klären, was die Eigenwerte mit Variationsrechnung zu tun haben. Dazu
führen wir nun eine äußerst wichtige Größe ein:

Definition. *Für $u \in C^1(I)$ heißt*

$$E(u) = \int_a^b \left[p(x)|u'(x)|^2 + q(x)|u(x)|^2 \right] dx \qquad (31.177)$$

das Energieintegral[1] *von L, und*

$$E(u, v) = \int_a^b \left[p(x)\bar{u}'(x)v'(x) + q(x)\bar{u}(x)v(x) \right] dx \qquad (31.178)$$

heißt das polarisierte Energieintegral *von L, wobei $u, v \in C^1(I)$.*

---

[1] Diese Bezeichnung sollte man nicht zu wörtlich nehmen. Bei einer quantenmechanischen Interpretation könnte man $E(u)$ zwar als Energie deuten, doch ist das
etwas weit hergeholt.

Zunächst halten wir fest:

Satz 1.

a. *Für $u \in D(L)$ und $v \in V(L)$ ist*

$$\langle L[u] \mid v \rangle = E(u, v) .$$ (31.179)

b. *Ist λ ein Eigenwert mit zugehöriger Eigenfunktion $u(x)$ von L, so ist*

$$E(u, \varphi) = \lambda \langle u \mid \varphi \rangle_k \quad \text{für} \quad \varphi \in V(L) .$$ (31.180)

c. Insbesondere gilt für die Eigenwerte λ_m und zugehörigen Eigenfunktionen $u_m(x)$ von L:

$$E(u_m, u_n) = \lambda_m \|u_m\|_k^2 \delta_{mn} , \quad m, n \geq 0 .$$ (31.181)

Beweis. Multiplizieren wir die STURM-LIOUVILLE-Gleichung

$$-(p\bar{u}')' + q\bar{u} = \lambda k \bar{u}$$

mit $v \in V(L)$ und integrieren, so folgt

$$\begin{aligned}
\lambda \langle u \mid v \rangle_k &= \langle Lu \mid v \rangle \\
&= \int_a^b (p\bar{u}'v' + q\bar{u}v)\mathrm{d}x - [p(x)\bar{u}'(x)v(x)]_a^b \\
&= E(u, v)
\end{aligned}$$

Daraus folgt a. und als Spezialfälle dann auch b. und c.   □

Nun ist es nicht schwer, für E und die Eigenwerte untere Schranken zu finden:

Satz 2. *Mit den Größen*

$$q_0 := \min_{x \in I} q(x) , \quad k_0 := \min_{x \in I} k(x) , \quad k_1 := \max_{x \in I} k(x)$$

haben wir:

a. *Für alle $\varphi \in C^1(I)$ ist*

$$E(\varphi) \geq q_0 \|\varphi\|^2 .$$

b. *Für jeden Eigenwert λ des Problems (31.174), (31.175) gilt*

$$\lambda \geq \begin{cases} q_0/k_1 , & \text{falls} \quad q_0 \geq 0 , \\ q_0/k_0 , & \text{falls} \quad q_0 < 0 . \end{cases}$$

Beweis. Teil a. erhält man sofort durch Integrieren der trivialen punktweisen Ungleichung

$$p(x)|\varphi'(x)|^2 + q(x)|\varphi(x)|^2 \geq q_0|\varphi(x)|^2 \ .$$

Setzt man nun für φ eine Eigenfunktion u zum Eigenwert λ ein, so ergibt sich mit Satz 1:

$$\lambda\|u\|_k^2 \geq q_0\|u\|^2 \ .$$

Wegen $k_0\|u\|^2 \leq \|u\|_k^2 \leq k_1\|u\|^2$ folgt hieraus Behauptung b. $\square$

Bisher haben wir den Entwicklungssatz noch gar nicht benutzt. Für das jetzt folgende Hauptresultat benötigen wir ihn jedoch.

Theorem. *Es sei* $\lambda_0 < \lambda_1 < \lambda_2 < \cdots$ *die aufsteigende Folge der Eigenwerte des* DIRICHLET-*Problems (31.174), (31.175) und* $u_0, u_1, u_2, \ldots$ *die Folge der entsprechenden Eigenfunktionen, normiert durch*

$$\|u_n\|_k = 1 \ .$$

Für $n = 0, 1, 2, \ldots$ *setzen wir außerdem*

$$V_n(L) := \{\varphi \in V(L) \mid \langle u_j \mid \varphi\rangle_k = 0 \quad \text{für} \quad j = 0, 1, \ldots, n-1\} \ .$$

Für alle $n \in \mathbb{N}_0$ *gilt dann*

$$\lambda_n = \min_{\substack{\varphi \in V_n(L) \\ \|\varphi\|_k = 1}} E(\varphi) \tag{31.182}$$

und insbesondere

$$\lambda_0 = \min_{\substack{\varphi \in V(L) \\ \|\varphi\|_k = 1}} E(\varphi) \ . \tag{31.183}$$

Beweis. Wir betrachten ein festes $n \in \mathbb{N}_0$. Da die Eigenfunktionen u_j ein k-Orthonormalsystem bilden, ist $u_n \in V_n(L)$, und mit Satz 1 ist klar, dass $E(u_n) = \lambda_n$ ist. Also brauchen wir nur noch zu zeigen, dass

$$E(\varphi) \geq \lambda_n\|\varphi\|_k^2 \quad \forall \varphi \in V_n(L) \tag{$*$}$$

gilt. Betrachten wir also ein beliebiges $\varphi \in V_n(L)$. Es seien $c_j = \langle u_j \mid \varphi\rangle_k$, $j \geq 0$ seine FOURIERkoeffizienten. Nach Definition des Raums $V_n(L)$ haben wir dann $c_0 = c_1 = \ldots = c_{n-1} = 0$, und die FOURIERentwicklung von φ lautet

$$\varphi = \sum_{j=n}^{\infty} c_j u_j \ .$$

Entsprechend lautet die PARSEVALsche Gleichung:

$$\|\varphi\|_k^2 = \sum_{j=n}^{\infty} |c_j|^2 \ . \tag{31.184}$$

Nun gilt allgemein

$$E(v + w) = E(v) + E(v, w) + E(w, v) + E(w) = E(v) + 2\mathrm{Re}E(v, w) + E(w) \,,$$

wie man aus der Definition des (polarisierten) Energieintegrals sofort abliest. Wir verwenden dies für

$$v = v_N := \sum_{j=n}^{N} c_j u_j \,, \quad w = w_N := \sum_{j=N+1}^{\infty} c_j u_j \,,$$

wobei $N > n$ beliebig ist. Man beachte, dass $v_N \in D(L)$ ist. Die Definition von w_N zeigt, dass $w_N \in V_{N+1}(L)$ ist, und damit finden wir unter Verwendung von Satz 1 und der Linearität des Operators L

$$E(v_N, w_N)\langle L[v_N] \mid w_N \rangle = \sum_{j=n}^{N} c_j \lambda_j \langle u_j \mid w_N \rangle = 0 \,.$$

Wir haben offenbar $v_N + w_N = \varphi$, also

$$E(\varphi) = E(v_N) + E(w_N) \,.$$

Beide Terme können wir nach unten abschätzen: Da die Folge der Eigenwerte aufsteigend ist, bekommen wir mit Satz 1

$$E(v_N) = \langle L[v_N] \mid v_N \rangle = \left\langle \sum_{j=n}^{N} c_j \lambda_j u_j \,\middle|\, \sum_{m=n}^{N} c_m u_m \right\rangle$$

$$= \sum_{j=n}^{N} \lambda_j |c_j|^2 \geq \lambda_n \sum_{j=n}^{N} |c_j|^2 \,.$$

Nach Satz 2 ist außerdem $E(w_N) \geq q_0 \|w_N\|_k^2$, also insgesamt

$$E(\varphi) \geq \lambda_n \sum_{j=n}^{N} |c_j|^2 + q_0 \|w_N\|_k^2 \,.$$

Wegen der Konvergenz der Fourierreihe ist $\lim_{N\to\infty} \|w_N\|_k = 0$. Also folgt (∗), wenn wir noch die Parsevalsche Gleichung (31.184) beachten. □

Damit können wir nun die Eigenfunktionen als Lösungen entsprechender Variationsprobleme mit isoperimetrischen Nebenbedingungen gewinnen. Betrachten wir nämlich das Funktional

$$J(\varphi) := \int_a^b \left(\frac{p(x)}{2} |\varphi'(x)|^2 + \frac{q(x)}{2} |\varphi(x)|^2 \right) \mathrm{d}x \,, \tag{31.185}$$

so ist die zugehörige EULER-LAGRANGE-Gleichung (23.36), wie man sofort nachrechnet, nichts anderes als die Gleichung

$$-L[y] = 0 .$$

Stellt man hier $\varphi(a) = \varphi(b) = 0$ als Randbedingung, so hat man den in (31.176) definierten Raum $V(L)$ sowohl als Klasse der zulässigen Vergleichsfunktionen als auch als Klasse der zulässigen Variationen. Das entsprechende Variationsproblem ist aber uninteressant, denn im Falle $q_0 \geq 0$ hat es die triviale Lösung $y \equiv 0$, und im Fall $q_0 < 0$ ist das Funktional J sowohl nach oben als auch nach unten unbeschränkt, so dass es keinen Sinn hat, nach Extrema zu suchen. Stellen wir jedoch die isoperimetrische Nebenbedingung

$$K[\varphi] := \int\limits_a^b k(x)|\varphi(x)|^2 \mathrm{d}x = 1 , \tag{31.186}$$

so haben wir nach Satz 23.18 die Differentialgleichung

$$-L[y] - 2\mu k(x)y = 0$$

als notwendige Bedingung für ein Extremum. Dabei ist $\mu \in \mathbb{R}$ der entsprechende LAGRANGE-Multiplikator. Damit ist u Eigenfunktion zum Eigenwert $\lambda = -2\mu$, und für den Wert des Funktionals ergibt sich

$$J(u) = \frac{1}{2}E(u) = \frac{1}{2}\langle L[u] \mid u \rangle = -\mu\|u\|_k^2 = -\mu .$$

Wenn J bei u sein absolutes Minimum unter der Nebenbedingung (31.185) annimmt, so muss dieser Eigenwert gerade der kleinste Eigenwert λ_0 sein, wie das Theorem zeigt. Die Existenz eines solchen Minimierers u kann tatsächlich bewiesen werden, aber hierzu sind höhere Mittel aus der Funktionalanalysis denn doch unumgänglich.

Auch die Eigenfunktionen zu höheren Eigenwerten lassen sich als Lösungen von Variationsproblemen mit Nebenbedingungen bestimmen. Sind die normierten Eigenfunktionen $u_0, u_1, \ldots, u_{n-1}$ zu den Eigenwerten $\lambda_0 < \lambda_1 < \cdots < \lambda_{n-1}$ bekannt, so betrachten wir das Problem, das Funktional J unter der Nebenbedingung (31.186) sowie den zusätzlichen Nebenbedingungen

$$K_j[\varphi] := \int\limits_a^b k(x)\overline{u_{j-1}(x)}\varphi(x)\mathrm{d}x = 0 , \quad j = 1, \ldots, n \tag{31.187}$$

zu minimieren. Wieder kann man beweisen, dass dieses Problem eine Lösung $u_n \in D(L)$ besitzt. Bei u_n sind die Nebenbedingungen unabhängig, weil $u_0, u_1, \ldots, u_n$ auf Grund der gestellten Nebenbedingungen k-orthogonal sind.

Also haben wir LAGRANGE-Multiplikatoren $\mu, \mu_1, \ldots, \mu_n$, für die gilt:

$$L[u_n] + 2\mu k u_n + \mu_1 k u_0 + \cdots + \mu_n k u_{n-1} = 0 .$$

Bildet man hier für $j \leq n$ das Skalarprodukt mit u_{j-1}, so findet man unter Beachtung von Lemma 31.2b.

$$-\mu_j = \langle L[u_n] \mid u_{j-1} \rangle = \langle u_n \mid L[u_{j-1}] \rangle = \lambda_{j-1} \langle u_n \mid u_{j-1} \rangle = 0 ,$$

also $\mu_j = 0$. Es folgt $L[u_n] = -2\mu k u_n$, und dieselbe, auf dem Theorem fußende Argumentation wie vorher zeigt, dass -2μ der Eigenwert λ_n ist.

So fortfahrend, kann man die gesamte Folge der Eigenwerte und Eigenfunktionen gewinnen, und nach der vorigen Ergänzung wissen wir, dass $\lim_{n \to \infty} \lambda_n = +\infty$ ist. Dabei gilt jetzt (31.182) nach Konstruktion. Wäre das so entstandene k-orthogonale System $(u_n)_{n \geq 0}$ nun nicht vollständig, so könnte man – ähnlich wie beim Lösen der Variationsprobleme – einen Vektor $0 \neq u_\infty \in V(L)$ finden, der zu allen u_n k-orthogonal ist. Für diesen wäre wegen (31.182) dann aber

$$E(u_\infty) \geq \lambda_n \quad \forall n ,$$

was absurd ist. Diesen Gedankengang kann man wirklich zu einem Beweis des Entwicklungssatzes ausbauen.

Bemerkungen: (i) Man kann (31.182) auch ohne die Nebenbedingung $\|\varphi\|_k = 1$ formulieren. Dazu verwendet man den sog. RAYLEIGH-*Quotienten*

$$R(\varphi) := \frac{E(\varphi)}{\|\varphi\|_k^2} . \tag{31.188}$$

Wegen der Homogenität $E(\beta\varphi) = \beta^2 E(\varphi) (\beta > 0)$ ist klar, dass (31.182) äquivalent ist zu

$$\lambda_n = \min_{\substack{\varphi \in V_n(L) \\ \varphi \neq 0}} R(\varphi) . \tag{31.189}$$

(ii) Das obige Theorem und sein Beweis können so modifiziert werden, dass die folgende *variationelle Charakterisierung der Eigenwerte* entsteht:

$$\lambda_n = \sup_{v_1, \ldots, v_n \in V(L)} \left(\inf_{\substack{\varphi \in V(L; v_1, \ldots, v_n) \\ \varphi \neq 0}} R(\varphi) \right) , \tag{31.190}$$

wobei

$$\begin{aligned} V(L; v_1, \ldots, v_n) &:= \mathrm{LH}(v_1, \ldots, v_n)^\perp \cap V(L) \\ &= \{\varphi \in V(L) \mid \langle v_j \mid \varphi \rangle = 0 , \quad j = 1, \ldots, n\} \end{aligned}$$

gesetzt wurde. (Für $n = 0$ ist das wieder (31.183).) Diese Beschreibung der Eigenwerte hat den Vorteil, dass keine festen Funktionen darin vorkommen, die vom jeweiligen Problem abhängen. Dadurch ermöglicht sie den Vergleich der Eigenwerte verschiedener Probleme und somit die Diskussion der Abhängigkeit der Eigenwerte von den Problemdaten. Formel (31.190) hat einen sehr grundsätzlichen Charakter und gilt z. B. auch für mehrdimensionale Rand-Eigenwert-Probleme. Daher ermöglicht sie es, auch in sehr komplizierten Situationen, wo an eine explizite Berechnung der Eigenwerte nicht mehr zu denken ist, noch qualitative Aussagen über die Eigenwerte zu machen. Bei stehenden Wellen sind diese Eigenwerte im wesentlichen die Quadrate der zulässigen Schwingungsfrequenzen, wie wir in Kap. 30 an einigen Beispielen gesehen haben. So wird es möglich, viele Schwingungsphänomene aus Akustik, Elastomechanik und Elektrodynamik theoretisch zu erfassen, obwohl Geometrie und Materialeigenschaften in der betreffenden Situation eine explizite Lösung unmöglich machen. Das beginnt mit so alltäglichen Beobachtungen wie dass der Ton einer Saite höher wird, wenn die Saite verkürzt oder straffer gespannt wird, oder dass eine große Trommel einen tieferen Ton hat als eine kleine. Dass solche Regeln über die Tonhöhe in großer Allgemeinheit gelten, völlig unabhängig von den genauen Gegebenheiten, liegt gerade an der variationellen Charakterisierung der Eigenwerte. Mehr darüber findet man z. B. in [8], Bd. I.

31.58 Ausblick: Spektraltheorie der singulären STURM-LIOUVILLE-Probleme. Für jedes (reguläre oder singuläre) STURM-LIOUVILLE-Problem auf dem offenen Intervall $I \subseteq \mathbb{R}$ gilt in Wirklichkeit ein Entwicklungssatz. Allerdings treten bei der Entwicklung eines beliebigen $f \in L^2(I)$ nach Eigenfunktionen des STURM-LIOUVILLE-Operators L im singulären Fall i. A. nicht nur die Terme einer FOURIERreihe auf, sondern zusätzlich ein sog. *Spektralintegral*, bei dem der reelle Parameter λ als Integrationsvariable fungiert und dabei kontinuierlich variiert. Sein Laufbereich wird als das *kontinuierliche Spektrum* von L bezeichnet. (Der Operator L, von dem hier die Rede ist, ist nicht nur durch die linke Seite der Differentialgleichung (31.3) festgelegt, sondern auch durch präzise Angabe seines Definitionsbereichs. Dadurch werden die Randbedingungen des Problems bei der Definition von L berücksichtigt.)

Für λ-Werte aus dem kontinuierlichen Spektrum sind die Lösungen $u(x) = \psi(x; \lambda)$ der Differentialgleichung (31.3), die im Spektralintegral auftauchen, allerdings keine echten Eigenfunktionen des Problems, denn sie sind i. A. nicht quadratintegrabel über I und müssen auch die singulären Randbedingungen nicht in einem wörtlichen Sinn erfüllen. Jedoch müssen sie so gewählt sein, dass ihre durch das Spektralintegral gegebenen Überlagerungen auch über noch so kurze λ-Intervalle zum Definitionsbereich von L gehören, also insbesondere quadratintegrabel sind und die Randbedingungen erfüllen. Solche Überlagerungen sind dann näherungsweise Lösungen des Eigenwertproblems für L, und die $\psi(\cdot\,; \lambda)$ selbst werden als *verallgemeinerte Eigenfunktionen* bezeichnet. Bei all dem ist noch zu beachten, dass die Spektralintegrale sog. STIELTJES-*Integrale* sind, so dass man zu ihrer detaillierten Behandlung die Integrationstheorie aus Kap. 28 noch etwas verallgemeinern müsste. All das führt hier viel zu weit, und wir beschränken uns darauf, die angesprochenen Phänomene an einem einfachen Beispiel zu demonstrieren. Eine knappe, aber exakte Behandlung des allgemeinen Entwicklungssatzes findet sich in [7], und die beiden Klassiker [43, 60] erörtern dieses Thema in großer Ausführlichkeit. Letzten Endes handelt es sich beim Entwicklungssatz jedoch um einen Spezialfall des allgemeinen *Spektralsatzes* aus der Funktionalanalysis.

Beispiel: Auf $I :=]0, \infty[$ betrachten wir das singuläre STURM-LIOUVILLE-Problem

$$u'' = -\lambda u, \quad u(0) = 0, \quad \lim_{x \to \infty} u(x) = 0 . \tag{31.191}$$

Da die Lösungen der Differentialgleichung explizit bekannt sind, kann man dieses Problem auch ohne höhere Theorie leicht diskutieren. Für jedes $\lambda \in \mathbb{R}$ hat man eine bis auf skalare Vielfache eindeutige Lösung $u(x) = \psi(x; \lambda)$ der Differentialgleichung $u'' = -\lambda u$, die auch die reguläre Randbedingung $u(0) = 0$ erfüllt, nämlich

$$\psi(x; \lambda) := \begin{cases} \sin \sqrt{\lambda} x, & \lambda > 0 , \\ x, & \lambda = 0 , \\ \sinh \sqrt{-\lambda} x, & \lambda < 0 . \end{cases} \tag{31.192}$$

Keine dieser Funktionen gehört zu $L^2(I)$, also hat das Problem keine echten Eigenwerte – mit anderen Worten, sein diskretes Spektrum ist leer. Sein kontinuierliches Spektrum ist jedoch das ganze Intervall $[0, \infty[$. Um dies einzusehen, führen wir für die Spektralintegrale $\omega := \sqrt{\lambda}$ als neue Integrationsvariable ein (dadurch vermeiden wir die STIELTJES-Integrale), bilden also Überlagerungen der Form

$$u(x) = \int_{\omega_0}^{\omega_1} \sin \omega x \, d\omega = \frac{\cos \omega_0 x - \cos \omega_1 x}{x} \tag{31.193}$$

für beliebige $0 \le \omega_0 < \omega_1$. Die Singularität dieser Funktion in $x = 0$ ist offensichtlich hebbar. Potenzreihenentwicklung um $x = 0$ zeigt also, dass u, u', u'' in $x = 0$ stetig ergänzt werden können, und zwar durch die Werte

$$u(0) = 0, \quad u'(0) = \omega_1^2 - \omega_0^2, \quad u''(0) = 0 .$$

Also erfüllt u die Randbedingungen, und u, u', u'' bleiben in einer Umgebung von $x = 0$ beschränkt. Um sicherzustellen, dass u, u' und u'' über ganz $I =]0, \infty[$ quadratintegrabel sind, brauchen wir daher nur noch Integrale der Form

$$\int_\varepsilon^\infty u(x)^2 dx, \quad \int_\varepsilon^\infty u'(x)^2 dx, \quad \int_\varepsilon^\infty u''(x)^2 dx$$

abzuschätzen, wobei $\varepsilon > 0$ ist. Dazu berechnet man u', u'' explizit und schätzt dann die in den Zählern auftretenden trigonometrischen Funktionen durch 1 ab. Die in den Nennern auftretenden x-Potenzen sorgen nun dafür, dass diese

Integrale endlich bleiben. Damit folgt $u, u', u'' \in L^2(I)$, d. h. die $\psi(x; \lambda)$ sind für $\lambda \geq 0$ tatsächlich verallgemeinerte Eigenfunktionen. Somit gehört jedes $\lambda \geq 0$ zum kontinuierlichen Spektrum.

Versucht man aber im Intervall $-\infty < \lambda < 0$ eine analoge Konstruktion, so scheitert die Quadratintegrabilität der entstehenden Überlagerungen am exponentiellen Wachstum der Hyperbelfunktionen. Wir setzen hier $\omega = \sqrt{-\lambda}$ und bilden Funktionen der Form

$$v(x) := \int\limits_{\omega_0}^{\omega_1} \sinh \omega x\, \mathrm{d}\omega = \frac{\cosh \omega_1 x - \cosh \omega_0 x}{x}$$

für $0 < \omega_0 < \omega_1$. Bei $x = 0$ haben wir dann dasselbe Verhalten wie vorher, aber für $x \to \infty$ setzt sich das exponentielle Wachstum durch, und es ist $\lim_{x \to \infty} v(x) = \infty$. Diese Überlagerungen sind also niemals quadratintegrabel, und daher sind die $\psi(\cdot; \lambda)$ für $\lambda < 0$ keine verallgemeinerten Eigenfunktionen.

Der Entwicklungssatz nimmt in diesem Beispiel die folgende Gestalt an: Jedes $f \in L^2(I)$ hat eine Darstellung in der Form

$$f(x) = \int\limits_0^\infty \widehat{f}(\omega) \sin \omega x\, \mathrm{d}\omega \, , \tag{31.194}$$

wobei die messbare Funktion $\widehat{f}$ bis auf Abänderung auf einer Nullmenge eindeutig bestimmt ist, zu $L^2([0, \infty[)$ gehört und die PARSEVALsche *Gleichung*

$$\int\limits_0^\infty |\widehat{f}(\omega)|^2 \mathrm{d}\omega = \frac{\pi}{2} \int\limits_0^\infty |f(x)|^2 \mathrm{d}x \tag{31.195}$$

erfüllt. Wenn f zum Definitionsbereich von L gehört, ist Gl. (31.194) punktweise erfüllt, doch für allgemeines $f \in L^2(I)$ gilt die Formel nur in dem abgeschwächten Sinn

$$\lim_{m \to \infty} \|f - g_m\|_2 = 0$$

für die Funktionen

$$g_m(x) := \int\limits_0^m \widehat{f}(\omega) \sin \omega x\, \mathrm{d}\omega \, .$$

Solche und ähnliche Aussagen werden im übernächsten Kapitel noch näher besprochen und teilweise auch bewiesen. – Etwas irreführend an diesem Beispiel ist die Tatsache, dass sowohl x als auch ω im Intervall $[0, \infty[$ variieren. Dies ist eine sozusagen rein zufällige Eigentümlichkeit unseres speziellen Beispiels, und man sollte die Intervalle $0 \leq x < \infty$ und $0 \leq \omega < \infty$ als völlig verschiedene Dinge betrachten. Im Allgemeinen hat die Integrationsvariable λ des Spektralintegrals ja als Laufbereich das jeweilige kontinuierliche Spektrum von L.

Dass die durch (31.193) gegebenen Überlagerungen für kleine $\delta := \omega_1 - \omega_0$ „beinahe Eigenfunktionen" sind, lässt sich mit Hilfe der PARSEVALschen Gleichung leicht bestätigen. Vergleich von (31.193) und (31.194) zeigt nämlich, dass $\widehat{u} = \chi_J$ ist, die charakteristische Funktion des Intervalls $J := [\omega_0, \omega_1]$. Nach (31.195) ist also $\|u\|_2 = \sqrt{2/\pi}\|\chi_J\|_2 = \sqrt{2\delta/\pi}$. Nun wählen wir $\beta \in J$ beliebig und messen die Abweichung der Funktion $L[u]$ von $-\beta^2 u$ durch die Größe

$$q(\delta) := \frac{\|L[u] + \beta^2 u\|_2}{\|u\|_2} \ .$$

Für $w := L[u] + \beta^2 u = u'' + \beta^2 u$ haben wir die Entwicklung

$$w(x) = \int\limits_{\omega_0}^{\omega_1} (\beta^2 - \omega^2) \sin \omega x \, \mathrm{d}\omega \ ,$$

da man in (31.193) unter dem Integralzeichen differenzieren darf. Damit ergibt sich $\widehat{w}(\omega) = (\beta^2 - \omega^2)\chi_J(\omega)$, also

$$\|\widehat{w}\|_2^2 = \int\limits_{\omega_0}^{\omega_1} (\beta^2 - \omega^2)^2 \mathrm{d}\omega \ .$$

Dieses Integral könnte man explizit berechnen, aber das ist unpraktisch. Vielmehr beachten wir, dass $|\beta - \omega| < \delta$ und $|\beta + \omega| < 2\omega_0 + \delta$ ist für $\omega \in J$, so dass der Integrand in der Form

$$(\beta^2 - \omega^2)^2 = (\beta - \omega)^2 (\beta + \omega)^2 < \delta^2 (2\omega_0 + \delta)^2$$

abgeschätzt werden kann. Das ergibt $\|\widehat{w}\|_2^2 < \delta^3 (2\omega_0 + \delta)^2$, also nach der PARSEVALschen Gleichung $\|w\|_2 < \sqrt{2/\pi}\delta^{3/2}(2\omega_0 + \delta)$ und damit schließlich

$$q(\delta) < \frac{\delta^{3/2}(2\omega_0 + \delta)}{\delta^{1/2}} = \delta(2\omega_0 + \delta) \longrightarrow 0 \quad \text{für} \quad \delta \to 0 \ ,$$

was unsere Behauptung beweist.

Bemerkung: Singuläre STURM-LIOUVILLE-Probleme für Gleichungen der Form

$$u'' + q(x)u = -\lambda u$$

können als Beschreibung der quantenmechanischen Bewegung eines Teilchens auf dem Intervall I unter dem Einfluss des Kraftfelds $q'(x)$ gedeutet werden. Die Lösung $u(x)$ spielt dabei die Rolle der Wellenfunktion, der Parameter λ die Rolle der Energie. Echte Eigenfunktionen entsprechen *gebundenen Zuständen*, bei denen das Teilchen in einem endlichen Teilbereich von I lokalisiert ist, und die entsprechenden Eigenwerte sind die dabei auftretenden scharfen Energieniveaus. Die verallgemeinerten Eigenfunktionen $\psi(x; \lambda)$ zu Werten λ aus dem kontinuierlichen Spektrum hingegen entsprechen *Streuzuständen*, bei denen das Teilchen sich mehr oder weniger frei bewegt. Die Streuzustände selbst sind unphysikalisch, da die verallgemeinerten Eigenfunktionen eben nicht zu dem fundamentalen HILBERTraum $L^2(I)$ gehören, ihr Quadrat also nicht als Verteilung der Aufenthaltswahrscheinlichkeit des Teilchens interpretiert werden kann. Die durch Spektralintegrale gegebenen Überlagerungen von Streuzuständen jedoch entsprechen wieder echten physikalischen Zuständen des Systems. Allerdings hat die Energie in solchen Zuständen keinen scharfen Wert mehr.

Natürlich ist solch eine „eindimensionale Quantenmechanik" nicht sehr realistisch – man spricht von einem „Spielzeugmodell" – aber ihre Diskussion stellt eine gute Einführung dar, denn was sich bei SCHRÖDINGERgleichungen für realistische Systeme im dreidimensionalen Raum abspielt, ist prinzipiell nicht sehr verschieden davon.

Aufgaben zu §31

31.1. Man bestimme die Eigenwerte und Eigenfunktionen für das STURM-LIOUVILLE-Problem

$$u'' = -\lambda u$$

auf dem Intervall $[0, 1]$ mit den Randbedingungen

a. $u(0) = u'(0)$, $u(1) = 0$,
b. $u(0) = u'(0)$, $u(1) = u'(1)$.

Insbesondere zeige man, dass im Fall a. $\lambda_n = \omega_n^2$ mit

$$\omega_n = \pi/2 + n\pi + \beta_n, \quad n \geq 0,$$

wobei $\beta_n \searrow 0$ für $n \to \infty$.

31.2. Man löse das Eigenwertproblem

$$(xu')' = -(\lambda/x)u, \quad u'(1) = 0, \quad u'(\mathrm{e}^{2\pi}) = 0.$$

Ist $\lambda = 0$ ein Eigenwert?

31.3. (STURMscher Vergleichssatz): Sei J ein beliebiges Intervall, $p \in C^1(J)$ eine positive Funktion, $Q_0, Q_1 \in C^0(J)$, $u, v \in C^2(J; \mathbb{R})$. Seien $x_0, x_1 \in J$ zwei aufeinanderfolgende Nullstellen von v, und es sei $(p(x)u')' = Q_0(x)u$, $(p(x)v')' = Q_1(x)v$, wobei $Q_0 \leq Q_1$ punktweise. Dann sind u, v zueinander proportional, oder u hat in $]x_0, x_1[$ eine Nullstelle.

Man beweise dies in den folgenden Schritten:

a. Für $W := uv' - u'v$ gilt

$$(pW)' = (Q_1 - Q_0)uv.$$

b. Wenn u keine Nullstelle in $]x_0, x_1[$ hat, so muss in diesem Intervall $pW \equiv 0$ sein. (*Hinweis:* Man kann sich auf den Fall beschränken, dass $u(x) > 0$ und $v(x) > 0$ für $x_0 < x < x_1$ ist (wieso?). Dann untersuche man das Monotonieverhalten der Funktion pW im Intervall $]x_0, x_1[$ sowie ihr Vorzeichen in den Randpunkten.)

c. Wenn u im Intervall $]x_0, x_1[$ keine Nullstelle hat, so ist u/v konstant.

31.4. Es seien $\lambda_n < \lambda_{n+1}$ zwei aufeinanderfolgende Eigenwerte eines STURM-LIOUVILLE-Problems, und es seien u_n, u_{n+1} entsprechende Eigenfunktionen. Man folgere aus Aufg. 31.3, dass zwischen je zwei aufeinanderfolgenden Nullstellen von u_n eine Nullstelle von u_{n+1} liegt.

31.5. Die Funktionen p, q mögen die Voraussetzungen aus 31.1a. erfüllen. Man zeige, dass die Differentialgleichung

$$(p(x)u')' + q(x)u = f(x)$$

sich durch eine Parametertransformation $x = \xi(t)$ in die Differentialgleichung

$$v_{tt} + a(t)v = b(t)$$

überführen lässt, wobei

$$a(t) := p(\xi(t))q(\xi(t)), \quad b(t) := p(\xi(t))f(\xi(t))$$

ist. (*Hinweis:* Man setze

$$t = \tau(x) := \int \frac{\mathrm{d}y}{p(y)}$$

und betrachte die Umkehrfunktion $\xi := \tau^{-1}$. Wieso existiert diese?)

31.6. Seien $a_0 \in C^0([a, b], \mathbb{R})$ und $a_1 \in C^1([a, b], \mathbb{R})$. Wir definieren einen linearen Operator $\Lambda : C^2([a, b], \mathbb{R}) \to C^0([a, b], \mathbb{R})$ durch

$$\Lambda[y] := y'' + a_1 y' + a_0 y .$$

Sei $p \in C^1([a, b], \mathbb{R})$ strikt positiv und sei $q \in C^0([a, b], \mathbb{R})$. Wir definieren den linearen Operator $L : C^2([a, b], \mathbb{R}) \to C^0([a, b], \mathbb{R})$ durch

$$L[u] := (pu')' + qu .$$

Seien schließlich $(\alpha_1, \alpha_2), (\beta_1, \beta_2) \neq (0, 0) \in \mathbb{R}^2$. Wir definieren $R_1, R_2 : C^1([a, b], \mathbb{R}) \to \mathbb{R}$ durch

$$R_1[y] := \alpha_1 y(a) + \alpha_2 y'(a), \quad R_2[y] := \beta_1 y(b) + \beta_2 y'(b) .$$

a. Sei $g \in C^0([a,b], \mathbb{R})$ und seien $\rho_1, \rho_2 \in \mathbb{R}$. Man zeige, dass das Randwert-problem

$$\Lambda[y] = g, \quad R_1[y] = \rho_1, \quad R_2[y] = \rho_2$$

äquivalent zu einem Randwertproblem von der Gestalt

$$L[u] = f, \quad S_1[u] = \rho_1, \quad S_2[u] = \rho_2,$$

ist, wobei $f \in C^0([a,b], \mathbb{R})$ und wobei S_1, S_2 ebenso definiert sind wie R_1, R_2, aber mit neuen Koeffizienten.

Hinweis: Man betrachte die Gleichung $\Lambda\left[u(x)\exp\left(\frac{1}{2}\int_a^x a_1(x')\mathrm{d}x'\right)\right] = f(x)\exp\left(\frac{1}{2}\int_a^x a_1(x')\mathrm{d}x'\right).$

b. Die Funktionen $u_1, u_2 \in C^2([a,b], \mathbb{R})$ mögen ein Fundamentalsystem für die homogene gewöhnliche Differentialgleichung $L[u] = 0$ bilden. Nehmen wir an, dass es ein u_p so gibt, dass $L[u_p] = f$. Man zeige, dass das Randwertproblem

$$L[u] = f, \quad R_1[u] = \rho_1, \quad R_2[u] = \rho_2$$

genau dann eindeutig lösbar ist, wenn

$$\begin{vmatrix} R_1[u_1] & R_1[u_2] \\ R_2[u_1] & R_2[u_2] \end{vmatrix} \neq 0\,.$$

31.7. Man bringe die folgenden Randwertaufgaben in die Form

$$L[u] = f, \quad R_1[u] = \rho_1, \quad R_2[u] = \rho_2$$

(Bezeichnungen wie in Aufg. 31.6!) und diskutiere ihre Lösbarkeit:

a. $u'' - u = 0$, $u(0) = 1$, $u(1) = 2$;
b. $u'' + x^2 = 0$, $u(0) = 0$, $u(1) = 0$;
c. $u'' - u' - 2u = 0$, $u(0) + u'(0) = 1$, $u(1) = 0$.

31.8. Seien L, R_1, R_2 wie in Aufg. 31.6, und sei u_1, u_2 ein Fundamentalsystem der Gleichung $L[u] = 0$.

a. Wir setzen $W(u_1, u_2) := u_1 u_2' - u_2 u_1'$. Man zeige, dass die Funktion $p(x)W(u_1, u_2)(x)$ auf $[a,b]$ konstant ist.
b. Wir nehmen nun an, dass gilt:

$$R_1[u_1], R_2[u_2] = 0\,, \quad R_1[u_2], R_2[u_1] \neq 0\,.$$

Man zeige mit Hilfe von Teil a. und dem Ansatz

$$u(x) = C_1(x)u_1(x) + C_2(x)u_2(x)\,, \quad C_1'(x)u_1(x) + C_2'(x)u_2(x) = 0$$

(„Variation der Konstanten"), dass $u(x) := \int_a^b G(x,y)f(y)\mathrm{d}y$, wobei

$$G(x,y) = \frac{1}{p(a)W(u_1, u_2)(a)} \begin{cases} u_1(x)u_2(y)\,, & x \leq y, \\ u_1(y)u_2(x)\,, & y \leq x \end{cases}$$

die (eindeutig lösbare) Randwertaufgabe

$$L[u] = f, \quad R_1[u] = R_2[u] = 0$$

löst. Eine solche Funktion $G : [a, b] \times [a, b] \to \mathbb{R}$ heißt Greensche *Funktion* des Randwertproblems.

31.9. Man bestimme die Greenschen Funktionen (vgl. Aufg. 31.8) der folgenden Randwertaufgaben:

a. $u'' = f$, $u(0) = u(1) = 0$;
b. $u'' = f$, $u(0) = u'(1) = 0$;
c. $u'' = f$, $u(0) = su(1) + u'(1) = 0$, $s > 0$;
d. $(xu')' = f$, $u(1) = u(e) = 0$.

31.10. Für die Legendre-Polynome $P_n(x)$ zeige man mittels mehrfacher partieller Integration und der Formel von Rodriguez

a. $\displaystyle\int_{-1}^{1} x^m P_n(x) \mathrm{d}x = 0$ für $m < n$,

b. $\displaystyle\int_{-1}^{1} P_m(x) P_n(x) \mathrm{d}x = 0$ für $m \neq n$.

31.11. Für die Legendre-Polynome $P_n(x)$ zeige man mit Hilfe passender Rekursionsformeln

a. $\displaystyle\int_{-1}^{1} P_n(x) P'_{n+1}(x) \mathrm{d}x = 2$,

b. $\displaystyle\int_{-1}^{1} (1 - x^2) P'_n(x) P'_m(x) \mathrm{d}x = 0$ für $m \neq n$.

31.12. Man zeige, dass die Legendre-Polynome $P_n(x)$ und $P_{n-1}(x)$ keine gemeinsamen Nullstellen haben.

31.13. Mit Hilfe der erzeugenden Funktion der Legendre-Polynome zeige man:

a. $\displaystyle\sum_{n=1}^{\infty} \frac{x^n}{n} P_{n-1}(x) = \frac{1}{2} \ln \frac{1 + x}{1 - x}$.
    (*Hinweis:* Man integriere (31.29) zwischen $t = 0$ und $t = x$.)

b. $\displaystyle\sum_{n=0}^{\infty} P_n(\cos\theta) = \frac{1}{2 \sin\theta/2}$, $0 < \theta < 2\pi$. (*Hinweis:* Man betrachte die Konvergenz der Reihe als erwiesen.)

31.14. Man zeige, dass die zugeordneten LEGENDRE-Funktionen die folgende Rekursionsformel erfüllen:

$$P_{n+1}^{m+1}(x) - P_{n-1}^{m+1}(x) = (2n+1)\sqrt{1-x^2}\,P_n^m(x)\,.$$

31.15. Man zeige, dass die zugeordneten LEGENDRE-Funktionen $P_n^m(x)$ für festes m die folgende Darstellung durch eine erzeugende Funktion haben

$$\frac{(2m)!}{2^m m!}\frac{(1-x^2)^{m/2}}{(1-2xt+t^2)^{(2m+1)/2}} = \sum_{n=m}^{\infty} P_n^m(x)t^{n-m}\,.$$

31.16. Für $m = 2$ entwickle man die Funktion $1 - x^2$ nach den Funktionen $P_n^m(x)$, $n \geq m$, d. h. man bestimme die Koeffizienten a_n der Entwicklung

$$1 - x^2 = \sum_{n=2}^{\infty} a_n P_n^2(x)\,.$$

Hier ist P_n^2 die zugeordnete LEGENDREfunktion P_n^m für $m = 2$.

31.17. Die Einheitssphäre $S \subseteq \mathbb{R}^3$ liege auf dem Potential

$$f(\varphi, \theta) = 3\sin^2\theta\cos 2\varphi \quad \text{(Kugelkoordinaten!)}$$

Man bestimme das Potential $u(r, \varphi, \theta)$ im Innern (d. h. für $0 \leq r < 1$) und im Äußeren (d. h. für $r > 1$) der Kugel. Mit anderen Worten: man löse die Randwertaufgabe

$$\Delta u = 0 \quad \text{für} \quad 0 \leq r < 1, \quad u = f \quad \text{für} \quad r = 1$$

bzw.

$$\Delta u = 0 \quad \text{für} \quad r > 1, \quad u = f \quad \text{für} \quad r = 1\,.$$

Dieses Potential soll für $|x| \to \infty$ beschränkt bleiben.
(*Hinweis:* Man verwende das Ergebnis der vorigen Aufgabe.)

31.18. Für die BESSELfunktionen $J_n(x)$, $n \in \mathbb{N}_0$, zeige man:

a. $J_0(x) + 2\sum_{n=1}^{\infty}(-1)^n J_{2n}(x) = \cos x,$

b. $J_1(x) - J_3(x) + J_5(x) - \cdots = \frac{1}{2}\sin x.$

31.19. Durch Induktion nach n zeige man:

$$J_n(x) = (-1)^n x^n \left(\frac{\mathrm{d}}{x\mathrm{d}x}\right)^n J_0(x)\,.$$

31.20. a. Für $n = 2, 3, 4, \ldots$ zeige man

$$J_n''(x) = \frac{1}{4}(J_{n-2}(x) - 2J_n(x) + J_{n+2}(x)) \,.$$

b. Man bestimme eine Stammfunktion

$$\int x^4 J_1(x)\mathrm{d}x \,.$$

31.21. Mit Hilfe der Substitution $t = \mathrm{e}^x$ zeige man, dass die Differentialgleichung

$$y'' + \mathrm{e}^{2x} y = 0$$

als spezielle Lösung $y(x) = J_0(\mathrm{e}^x)$ hat.

31.22. Unter Verwendung des Integrals

$$\int\limits_0^{\pi/2} \cos^{2s+1} \varphi \mathrm{d}\varphi = \frac{2 \cdot 4 \cdot 6 \cdots (2s)}{1 \cdot 3 \cdot 5 \cdots (2s + 1)}$$

zeige man mit Hilfe der Reihenentwicklung von $J_0(x)$, $J_1(x)$:

a. $\displaystyle\int\limits_0^{\pi/2} J_0(x \cos \theta) \cos \theta \mathrm{d}\theta = \frac{\sin x}{x}$,

b. $\displaystyle\int\limits_0^{\pi/2} J_1(x \cos \theta)\mathrm{d}\theta = \frac{1 - \cos x}{x}$.

31.23. Für $n = 0, 1, 2, \ldots$, $p, q \in \mathbb{N}$, $p \neq q$, zeige man

$$\int\limits_0^1 x J_n(px) J_n(qx)\mathrm{d}x = \frac{J_n(q)J_n'(p) - J_n(p)J_n'(q)}{q^2 - p^2} \,.$$

31.24. Man zeige:

a. Ist α_m die m-te positive Nullstelle von $J_0(x)$, so gilt:

$$\frac{1}{2} = \sum_{m=1}^{\infty} \frac{J_0(\alpha_m x)}{\alpha_m J_1(\alpha_m)}, \quad 0 < x < 1 \,.$$

b. Ist α_m die m-te positive Nullstelle von $J_1(x)$, so gilt

$$x = 2 \sum_{m=1}^{\infty} \frac{J_1(\alpha_m x)}{\alpha_m J_2(\alpha_m)}, \quad 0 < x < 1 \,.$$

32

LAPLACE-Transformation

In der Einleitung zu Kap. 29 wurde schon darauf hingewiesen, dass die harmonische Analyse nicht nur Linearkombinationen in Gestalt von unendlichen Reihen betrachtet, sondern auch „kontinuierliche Überlagerungen" in Form von Integralen. Hierbei handelt es sich um die sog. *Integraltransformationen*, die ein ebenso wichtiges Hilfsmittel für die Behandlung von Differentialgleichungen und anderen Funktionalgleichungen darstellen wie die FOURIERreihen. Allgemein gesprochen, ist eine Integraltransformation gegeben durch eine Funktion $K(x, p)$ von zwei Variablen, und die Transformation besteht darin, einer Funktion $f(x)$ die neue Funktion

$$g(p) := \int K(x, p) f(x) \mathrm{d}x$$

zuzuordnen. Man bezeichnet K als die *Kernfunktion* der betreffenden Integraltransformation, und man sollte sie als eine Schar $(\varphi_p)_p$, $\varphi_p(x) := K(x, p)$ von Ansatzfunktionen auffassen, die den kontinuierlichen Scharparameter p besitzt, so dass als Überlagerungen statt Summen oder unendlicher Reihen nur Integrale in Frage kommen. Bei den für die Praxis wichtigen Integraltransformationen wird die Kernfunktion K tatsächlich so gewählt, dass für jedes feste p eine besonders günstige Funktion $K(\cdot, p)$ entsteht, die als Ansatzfunktion brauchbar ist. Hierdurch ermöglicht es die Transformation, gegebene Differentialgleichungen o. Ä. in Gleichungen einfacheren Typs umzuwandeln und damit einer Lösung näherzubringen.

In diesem und dem folgenden Kapitel werden wir die beiden wichtigsten Integraltransformationen besprechen, nämlich die LAPLACEtransformation mit dem Kern

$$K(x, p) := \mathrm{e}^{-xp}$$

und die FOURIERtransformation mit dem Kern

$$K(x, p) := (2\pi)^{-1/2} \mathrm{e}^{-ixp} \ .$$

Wir werden an einfachen Beispielen demonstrieren, wie diese Transformationen zur Lösung von Differentialgleichungen genutzt werden können. Von den vielfältigen Anwendungsmöglichkeiten und der großen Durchschlagskraft dieser Werkzeuge können wir aber im Rahmen unserer Einführung keinen adäquaten Eindruck vermitteln und müssen dazu, wie auch für die Behandlung von anderen Integraltransformationen, auf die entsprechenden im Literaturverzeichnis aufgeführten Werke verweisen.

A. Definition und Eigenschaften der LAPLACE-Transformation

Wir beginnen mit folgender Funktionenklasse

Definition 32.1. *Eine Funktion* $f : [0, \infty[\longrightarrow \mathbb{K}$ *heißt von* exponentiellem Wachstum – *geschrieben* $f \in E = E(\alpha)$ –, *wenn es Konstanten* $c \geq 0$ *und* $\alpha \in \mathbb{R}$ *gibt, so dass*

$$|f(x)| \leq ce^{\alpha x}, \quad x \geq 0 .$$

Für solche Funktionen konvergiert das Integral

$$\int_0^\infty f(x)e^{-px}dx \quad \text{für} \quad p > \alpha$$

und kann beliebig oft nach p differenziert werden, wenn wir Satz 15.8b. oder Satz 28.19b. beachten. Daher können wir definieren:

Definition 32.2. *Für eine stückweise stetige Funktion* $f \in E(\alpha)$ *definiert man die* LAPLACE-*Transformierte* $\widetilde{f} \equiv \mathcal{L}[f(x)]$ *durch*

$$\widetilde{f}(p) := \int_0^\infty f(x)e^{-px}dx, \quad p > \alpha . \qquad (32.1)$$

Der so definierte lineare Operator $\mathcal{L} : E(\alpha) \longrightarrow C^\infty(]\alpha, \infty[)$ *wird als die* LAPLACE-Transformation *bezeichnet.*

Genau genommen, handelt es sich für verschiedene Werte von α zwar um verschiedene Abbildungen, aber diese Unterscheidung vernachlässigen wir in den Bezeichnungen.

Für jedes $\alpha \in \mathbb{R}$ ist die LAPLACE-Transformation für stetige Funktionen eine *injektive* Abbildung (vgl. Ergänzung 32.16), und daher kann man (32.1) auch in der äquivalenten Form

$$f(x) = \mathcal{L}^{-1}\left[\widetilde{f}(p)\right](x) \qquad (32.2)$$

anschreiben. Dass dies für *jedes* α der Fall ist, bedeutet insbesondere, dass eine stetige Funktion $f \in E$ schon durch die Werte ihrer LAPLACE-Transformierten auf einem *beliebigen* bis Unendlich reichenden Intervall eindeutig festgelegt ist. Eine stückweise stetige Funktion f ist durch ihre LAPLACE-Transformierte nur bis auf Abänderung auf einer Menge vom Maß Null gegeben, aber die Schreibweise (32.2) ist damit immer noch gerechtfertigt, sofern man die linke Seite als eine Funktion auffasst, die auf Nullmengen abgeändert werden darf, so wie es bei der Beschreibung der Elemente von L^1 oder L^2 in Abschn. 28E. näher erläutert worden ist.

Auf Grund der Eigenschaften des Integrals ist die LAPLACE-Transformation $\mathcal{L} : f \longmapsto \tilde{f}$, wie schon erwähnt, eine *lineare* Transformation, d. h. es gilt

$$\mathcal{L}\left[c_1 f_1(x) + c_2 f_2(x)\right](p) = c_1 \mathcal{L}\left[f_1(x)\right](p) + c_2 \mathcal{L}\left[f_2(x)\right](p) \, . \tag{32.3}$$

Dabei ist zu beachten, dass

$$f_1 \in E(\alpha_1), \quad f_2 \in E(\alpha_2) \quad \Longrightarrow \quad c_1 f_1 + c_2 f_2 \in E(\alpha)$$

mit $\alpha := \max(\alpha_1, \alpha_2)$. Als gemeinsamer Definitionsbereich der in (32.3) auftretenden LAPLACE-Transformierten ist daher das Intervall $]\alpha, \infty[$ zu betrachten.

Beispiele 32.3.

a. Sei $f(x) = 1$ für $x \geq 0$. Dann folgt

$$\mathcal{L}\left[1\right](p) = \int_0^\infty e^{-px} \mathrm{d}x = \frac{1}{p} \quad \text{für} \quad p > 0 \, ,$$

$$\mathcal{L}^{-1}\left[\frac{1}{p}\right](x) = 1 \, .$$

b. Für $\omega \in \mathbb{R}$ und $f(x) = e^{i\omega x}$ folgt

$$\mathcal{L}\left[e^{i\omega x}\right](p) = \int_0^\infty e^{(i\omega - p)x} \mathrm{d}x = \frac{1}{p - i\omega} \, ,$$

$$\mathcal{L}^{-1}\left[\frac{1}{p - i\omega}\right](x) = e^{i\omega x} \, .$$

c. Aus b. und (32.3) folgt

$$\mathcal{L}\left[\cos \omega x\right](p) = \frac{1}{2}\left(\mathcal{L}\left[e^{i\omega x}\right](p) + \mathcal{L}\left[e^{-i\omega x}\right](p)\right)$$
$$= \frac{1}{2}\left(\frac{1}{p - i\omega} + \frac{1}{p + i\omega}\right) = \frac{p}{p^2 + \omega^2} \, ,$$
$$\mathcal{L}^{-1}\left[\frac{p}{p^2 + \omega^2}\right](x) = \cos \omega x \, .$$

und ganz analog

$$\mathcal{L}\left[\sin\omega x\right](p) = \frac{\omega}{p^2 + \omega^2}\,,$$

$$\mathcal{L}^{-1}\left[\frac{\omega}{p^2 + \omega^2}\right](x) = \sin\omega x\,.$$

Mit Hilfe passender Rechenregeln kann man viele neue LAPLACE-Transformierte berechnen:

Satz 32.4.

a. Ist $f \in C^1$ und $f' \in E$, so gilt

$$\mathcal{L}\left[f'(x)\right](p) = p\widetilde{f}(p) - f(0)\,,$$

$$\mathcal{L}^{-1}\left[p\widetilde{f}(p) - f(0)\right](x) = f'(x)\,. \tag{32.4}$$

b. Ist $f \in C^m$ und ist $f^{(m)} \in E$, so gilt

$$\mathcal{L}\left[f^{(m)}(x)\right](p) = p^m\,\widetilde{f}(p) - \sum_{k=1}^{m} p^{m-k} f^{(k-1)}(0)\,.$$

Beweis. Es genügt a. zu beweisen, denn b. folgt durch Induktion aus a. Zunächst stellen wir fest, dass auch $f \in E$ ist. Aus $|f'(x)| \le Ce^{\alpha x}$ und

$$f(x) = f(0) + \int_0^x f'(y)\mathrm{d}y$$

folgt (im Falle $\alpha \ne 0$) nämlich

$$|f(x)| \le |f(0)| + C\frac{e^{\alpha x} - 1}{|\alpha|} \le \tilde{C}e^{\beta x}$$

mit $\beta := \max(\alpha, 0)$. Der Ausnahmefall $\alpha = 0$ kann als Übung behandelt werden.

Mit partieller Integration folgt für $p > 0$ nun

$$\mathcal{L}\left[f'(x)\right](p) = \int_0^\infty f'(x)e^{-px}\mathrm{d}x$$

$$= \left[f(x)e^{-px}\right]_{x=0}^{x=\infty} + p\int_0^\infty f(x)e^{-px}\mathrm{d}x$$

$$= -f(0) + p\widetilde{f}(p)\,. \qquad \square$$

Als Anwendung betrachten wir Beispiel 32.3c.

$$\mathcal{L}\left[\cos x\right](p) = \mathcal{L}\left[\frac{\mathrm{d}}{\mathrm{d}x}\sin x\right](p) = p\mathcal{L}\left[\sin x\right](p) = \frac{p}{p^2 + 1}\,.$$

Satz 32.5. *Für* $f \in E$ *gilt:*

a.

$$\frac{\mathrm{d}^m}{\mathrm{d}p^m}\mathcal{L}\left[f(x)\right](p) = (-1)^m \mathcal{L}\left[x^m f(x)\right](p) , \qquad (32.5)$$

b.

$$\mathcal{L}^{-1}\left[\tilde{f}^{(m)}(p)\right](x) = (-1)^m x^m f(x) . \qquad (32.6)$$

Beweis. b. ist die Umkehrformel von a., und es genügt, a. für $m = 1$ zu beweisen. Ist nun $f \in E(\alpha)$, so darf man – wie schon am Beginn dieses Abschnitts erwähnt – für $p > \alpha$ unter dem Integralzeichen differenzieren. Daher:

$$\frac{\mathrm{d}}{\mathrm{d}p}\tilde{f}(p) = \frac{\mathrm{d}}{\mathrm{d}p}\int_0^\infty f(x)\mathrm{e}^{-px}\mathrm{d}x = -\int_0^\infty x\mathrm{e}^{-px}f(x)\mathrm{d}x$$
$$= -\mathcal{L}\left[xf(x)\right](p) .$$

$\square$

Beispiel: Nach Beispiel 32.3 a. ist

$$\mathcal{L}\left[1\right](p) = \frac{1}{p} .$$

Mit $f(x) = 1$ folgt daher aus Satz 32.5

$$\mathcal{L}\left[x^m\right](p) = (-1)^m \frac{\mathrm{d}^m}{\mathrm{d}p^m}\mathcal{L}\left[1\right](p) = (-1)^m \frac{\mathrm{d}^m}{\mathrm{d}p^m}\frac{1}{p} = \frac{m!}{p^{m+1}} .$$

Satz 32.6. *Für* $f \in E(\alpha)$, $\max(0,\alpha) < p < \infty$ *gilt:*

a.

$$\mathcal{L}\left[\int_0^x f(t)\mathrm{d}t\right](p) = \frac{1}{p}\mathcal{L}\left[f(x)\right](p) ,$$

b.

$$\mathcal{L}^{-1}\left[\frac{1}{p}\tilde{f}(p)\right](x) = \int_0^x f(t)\mathrm{d}t .$$

Beweis. Auch hier ist b. wieder die Umkehrung von a. Um a. zu beweisen, sei

$$g(x) := \int_0^x f(t)\mathrm{d}t$$

die Stammfunktion von f mit $g(0) = 0$. Wie im Beweis von Satz 32.4 sieht man, dass auch $g \in E$ ist. Dann folgt für alle $p > \max(0,\alpha)$ mit dem Satz von

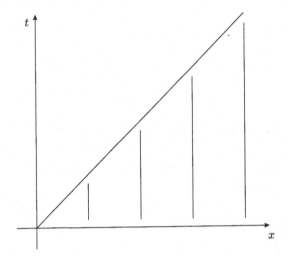

Abb. 32.1. Integrationsgebiet beim Beweis von Satz 32.6

FUBINI:

$$
\mathcal{L}\left[g(x)\right](p) = \int\limits_0^\infty g(x)\mathrm{e}^{-px}\,\mathrm{d}x
$$

$$
= \int\limits_0^\infty \mathrm{e}^{-px}\left\{\int\limits_0^x f(t)\mathrm{d}t\right\}\mathrm{d}x
$$

$$
= \int\limits_0^\infty \int\limits_0^x \mathrm{e}^{-px} f(t)\mathrm{d}t\mathrm{d}x
$$

$$
= \int\limits_0^\infty \left\{\int\limits_t^\infty \mathrm{e}^{-px}\mathrm{d}x\right\} f(t)\mathrm{d}t
$$

$$
= \int\limits_0^\infty -\frac{1}{p}\left[\mathrm{e}^{-px}\right]_{x=t}^{x=\infty} f(t)\mathrm{d}t
$$

$$
= \frac{1}{p}\int\limits_0^\infty \mathrm{e}^{-pt} f(t)\mathrm{d}t = \frac{\widetilde{f}(p)}{p}\;.
$$

$\square$

Satz 32.7. *Sei* $f \in E(\alpha)$ *und*

$$
\int\limits_0^\delta \frac{|f(x)|}{x}\mathrm{d}x < \infty
$$

für $\delta > 0$. Dann gilt

a. $\mathcal{L}\left[x^{-1}f(x)\right](p) = \int\limits_{p}^{\infty} \widetilde{f}(q)\mathrm{d}q \quad \text{für} \quad p > \max(0, \alpha)\,,$

b. $\mathcal{L}^{-1}\left[\int\limits_{p}^{\infty} \widetilde{f}(q)\mathrm{d}q\right](x) = \dfrac{f(x)}{x}\,.$

Beweis. Auch hier ist b. die Umkehrformel zu a. Beim Beweis von a. verwenden wir wieder den Satz 28.17 von FUBINI:

$$\mathcal{L}\left[x^{-1}f(x)\right](p) = \int\limits_{0}^{\infty} \frac{\mathrm{e}^{-px}}{x}f(x)\mathrm{d}x$$

$$= \int\limits_{0}^{\infty}\left\{\int\limits_{p}^{\infty} \mathrm{e}^{-qx}\mathrm{d}q\right\} f(x)\mathrm{d}x$$

$$= \int\limits_{p}^{\infty}\left\{\int\limits_{0}^{\infty} \mathrm{e}^{-qx}f(x)\mathrm{d}x\right\} \mathrm{d}q = \int\limits_{p}^{\infty} \widetilde{f}(q)\mathrm{d}q\,.$$

Dass der Satz von FUBINI tatsächlich anwendbar ist, erkennt man, indem man dieselbe Rechnung mit $|f|$ statt f durchführt und den Satz von TONELLI (Thm. 28.18) anwendet.   □

Satz 32.8. *Sei $f \in E$ und durch $f(x) = 0$ für $x < 0$ auf ganz $\mathbb{R}$ fortgesetzt. Dann gilt für festes $a \in \mathbb{R}$ und alle genügend großen p:*

a.

$$\mathcal{L}\left[\mathrm{e}^{ax}f(x)\right](p) = \widetilde{f}(p - a)\,,$$

$$\mathcal{L}^{-1}\left[\widetilde{f}(p - a)\right](x) = \mathrm{e}^{ax}f(x)\,,$$

b.

$$\mathcal{L}\left[f(x - a)\right](p) = \mathrm{e}^{-pa}\widetilde{f}(p)\,,$$

$$\mathcal{L}^{-1}\left[\mathrm{e}^{-pa}\widetilde{f}(p)\right](x) = f(x - a)\,.$$

Beweis. Es genügt, jeweils die erste Formel in a., b. zu beweisen.

a.

$$\mathcal{L}\left[\mathrm{e}^{ax}f(x)\right](p) = \int\limits_{0}^{\infty} \mathrm{e}^{ax}f(x)\mathrm{e}^{-px}\mathrm{d}x$$

$$= \int\limits_{0}^{\infty} f(x)\mathrm{e}^{-(p-a)x}\mathrm{d}x = \widetilde{f}(p - a)\,.$$

b.

$$\mathcal{L}\left[f(x-a)\right](p) = \int\limits_0^\infty f(x-y)\mathrm{e}^{-px}\mathrm{d}x$$

$$= \int\limits_a^\infty f(x)\mathrm{e}^{-p(y+a)}\mathrm{d}y = \int\limits_0^\infty f(y)\mathrm{e}^{-p(y+a)}\mathrm{d}y$$

$$= \mathrm{e}^{-pa}\int\limits_0^\infty f(y)\mathrm{e}^{-py}\mathrm{d}y = \mathrm{e}^{-pa}\widetilde{f}(p)\,.$$

$\square$

Schließlich führen wir noch das sog. *Faltungsprodukt* für stetige Funktionen auf $[0,\infty[$ ein:

Satz 32.9. *Es sei C_+ der Vektorraum aller stetigen Funktionen $f : [0,\infty[\longrightarrow \mathbb{C}$.*

a. Für $f,g \in C_+$ existiert das Faltungsprodukt

$$(f*g)(x) := \int\limits_0^x f(x-t)g(t)\mathrm{d}t\,,$$

und diese Funktion $f*g$ gehört wieder zu C_+.
b. Ist $f \in E$ und $g \in E$, so ist auch $f*g \in E$.
c. Es gilt
$$f*g = g*f\,,$$
$$(f*g)*h = f*(g*h)\,,$$
$$f*(g+h) = f*g + f*h$$
für alle $f,g,h \in C_+(\mathbb{R})$.

Beweis.

a. Nur die Stetigkeit von $h := f*g$ ist zu zeigen. Dazu betrachten wir eine Folge $x_n \to x$, wählen $b > 0$ so groß, dass $x_n, x \in [0,b]$, und schreiben

$$h(x_n) - h(x) = \int\limits_0^x [f(x_n - t) - f(x-t)]g(t)\mathrm{d}t + \int\limits_x^{x_n} f(x_n - t)g(t)\mathrm{d}t\,,$$

wobei wir f auf $]-\infty,0[$ gleich Null setzen. Da die stetigen Funktionen f,g auf dem kompakten Intervall $[0,b]$ beschränkt und gleichmäßig stetig sind, gehen hier für $n \to \infty$ beide Terme gegen Null.

b. Sei etwa $f \in E(\alpha)$, $g \in E(\beta)$, also mit geeigneten Konstanten C_1, C_2:

$$|f(x)| \le C_1\mathrm{e}^{\alpha x}\,, \quad |g(x)| \le C_2\mathrm{e}^{\beta x}\,.$$

Wir nehmen an, es ist $\beta > \alpha$ (ansonsten vertauscht man die Funktionen, und im Fall $\beta = \alpha$ erhöht man β ein wenig). Für $h := f * g$ ergibt sich dann:

$$|h(x)| \leq C_1 C_2 \int_0^x e^{\alpha(x-t)} e^{\beta t} \mathrm{d}t$$

$$= C_1 C_2 e^{\alpha x} \frac{e^{(\beta-\alpha)x} - 1}{\beta - \alpha} < \frac{C_1 C_2}{\beta - \alpha} e^{\beta x}$$

und somit $h \in E(\beta)$.

c. Der Nachweis der Rechenregeln ist eine leichte Übung. Für das Kommutativ- und Assoziativgesetz verwendet man einfache Substitutionen, beim Assoziativgesetz auch den Satz von FUBINI.

□

Satz 32.10 (*Faltungssatz*). *Für* $f, g \in E$ *gilt:*

$$\mathcal{L}\left[(f * g)(x)\right](p) = \widetilde{f}(p) \cdot \widetilde{g}(p) \, ,$$

$$\mathcal{L}^{-1}\left[\widetilde{f}(p) \cdot \widetilde{g}(p)\right](x) = (f * g)(x) \, .$$

Beweis. Auch hier genügt es wieder, die erste Formel zu beweisen.

$$\mathcal{L}\left[(f * g)(x)\right](p) = \int_0^\infty (f * g)(x) e^{-px} \mathrm{d}x$$

$$= \int_0^\infty \left\{ \int_0^x f(x-t) g(t) \mathrm{d}t \right\} e^{-px} \mathrm{d}x$$

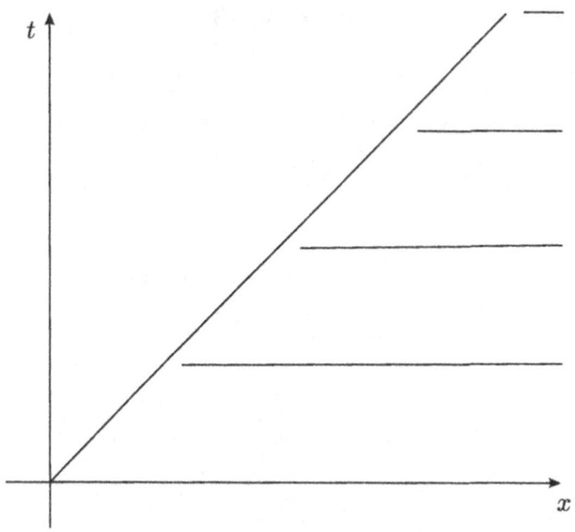

Abb. 32.2. Zum Beweis des Faltungssatzes

$$= \int\limits_0^\infty dt g(t) \int\limits_t^\infty dx e^{-px} f(x-t)$$

$$= \int\limits_0^\infty dt g(t) \int\limits_0^\infty du f(u) e^{-p(u+t)}$$

$$= \left(\int\limits_0^\infty g(t) e^{-pt} dt \right) \left(\int\limits_0^\infty f(u) e^{-pu} du \right)$$

$$= \widetilde{g}(p) \cdot \widetilde{f}(p)$$

B. Anwendung auf lineare Differentialgleichungen und Systeme

Die eigentliche Bedeutung der LAPLACE-Transformation $\mathcal{L}$ liegt in Satz 32.4, der ein Lösungsverfahren für lineare Differentialgleichungen und Systeme liefert.

I. Wir betrachten die Anfangswertaufgabe

$$ay'' + by' + cy = f(x) \,,$$
$$y(0) = y_0 \,, \quad y'(0) = y_1 \,. \tag{32.7}$$

Sei dazu

$$u(p) := \widetilde{y}(p) = \mathcal{L}\left[y(x) \right](p) \,, \quad g(p) := \widetilde{f}(p) \,.$$

Dann liefert die Anwendung von $\mathcal{L}$ auf die Differentialgleichung wegen (32.3), Satz 32.4 und den Anfangsbedingungen in (32.7)

$$\begin{aligned}
g(p) &= a\mathcal{L}\left[y''\right](p) + b\mathcal{L}\left[y'\right](p) + c\mathcal{L}\left[y\right](p) \\
&= a(p^2 u(p) - p y(0) - y'(0)) + b(p u(p) - y(0)) + c u(p) \\
&= (ap^2 + bp + c)u(p) - ay_1 - (ap + b)y_0 \,.
\end{aligned}$$

Auflösen nach $u(p)$ ergibt

$$u(p) = \frac{g(p) + ay_1 + (ap+b)y_0}{ap^2 + bp + c} \,,$$

Somit

Satz 32.11. *Die Anfangswertaufgabe (32.7) hat die eindeutige Lösung*

$$y(x) = \mathcal{L}^{-1}\left[\frac{\widetilde{f}(p) + ay_1 + (ap+b)y_0}{ap^2 + bp + c} \right](x) \,. \tag{32.8}$$

Die LAPLACE-Transformation verwandelt also eine lineare Differentialgleichung in eine algebraische Gleichung. Das einzige Problem ist dann das Auf-
finden der inversen Transformation in (32.8). Für die Rechenpraxis gibt es
umfangreiche Tabellen (z. B. [15]) bzw. Datenbanken von LAPLACE-Transformierten, in denen man nachschlagen bzw. suchen kann, und dies ist auch in
einschlägigen mathematischen Software-Paketen implementiert. Eine systematische Methode zur Bestimmung der inversen LAPLACE-Transformierten
wird in Ergänzungen 32.17 und 33.30 erläutert.

Beispiel:

$$y'' - 3y' + 2y = 4e^{2x}, \quad y(0) = -3, \quad y'(0) = 5 .$$

Es ist nach 32.3a. und 32.8a.

$$\tilde{f}(p) = \mathcal{L}\left[4e^{2x}\right](p) = \frac{4}{p-2}$$

und damit (Partialbruchzerlegung!)

$$\tilde{y}(p) = \frac{\frac{4}{p-2} + 5 - 3(p-3)}{p^2 - 3p + 2} = \frac{-3p^2 + 20p - 24}{(p-1)(p-2)^2}$$
$$= \frac{-7}{p-1} + \frac{4}{p-2} + \frac{4}{(p-2)^2} .$$

Die Rücktransformation ergibt mittels 32.3 a., 32.8 a., 32.5 a.

$$y(x) = -7e^x + 4e^{2x} + 4xe^{2x} .$$

II. Noch wichtiger ist die Anwendung auf lineare Differentialgleichungs-
Systeme

$$\dot{X} = AX + F(t), \quad X(0) = X^0, \quad A \in \mathbb{R}_{n \times n} \quad \text{konstant.} \tag{32.9}$$

Anwendung von $\mathcal{L}$ auf jede Differentialgleichung

$$\dot{x}_k = \sum_{i=1}^{n} a_{ki} x_i + f_k(t), \quad k = 1, \ldots, n$$

ergibt dann

$$p\tilde{x}_k(p) - x_k^0 = \sum_{i=1}^{n} a_{ki}\tilde{x}_i(p) + \tilde{f}_k(p), \quad k = 1, \ldots, n ,$$

d. h. es entsteht ein lineares Gleichungssystem für $\tilde{x}_k(p)$, nämlich

$$(A - pE)\tilde{X}(p) = -\tilde{F}(p) - X^0 ,$$

so dass sich als Lösung ergibt:

Satz 32.12. *Die Anfangswertaufgabe (32.9) hat die eindeutige Lösung*

$$X(t) = \mathcal{L}^{-1}\left[(A - pE)^{-1}(\widetilde{F}(p) + X^0)\right](t) . \tag{32.10}$$

Bei dieser Methode ist also eine inverse Matrix und die inverse LAPLACE-Transformation einer Vektorfunktion zu berechnen.

C. Anwendung auf partielle Differentialgleichungen

Bei Funktionen von mehreren Variablen kann man $\mathcal{L}$ wie bei den partiellen Ableitungen auf eine Variable anwenden und die übrigen Variablen als Parameter betrachten. Mit solchen partiellen LAPLACE-Transformationen kann man dann auch partielle Differentialgleichungen lösen. Dazu muss man Satz 32.5 auf den Fall mehrerer Variabler übertragen, was wir hier beispielhaft für zwei Variable tun wollen .

Satz 32.13. *Sei $u(x,t)$, $a \leq x \leq b$, $t \geq 0$ von exponentiellem Wachstum bezüglich t und sei*

$$\widetilde{u}(x,\tau) = \mathcal{L}\left[u(x,t)\right](t \longrightarrow \tau) := \int\limits_0^\infty e^{-\tau t} u(x,t) dt . \tag{32.11}$$

Unter geeigneten Voraussetzungen an das Wachstum der ersten und zweiten partiellen Ableitungen von u gilt dann

a.

$$\mathcal{L}\left[u_t(x,t)\right](\tau) = \tau \widetilde{u}(x,\tau) - u(x,0) ,$$
$$\mathcal{L}\left[u_{tt}(x,t)\right](\tau) = \tau^2 \widetilde{u}(x,\tau) - \tau u(x,0) - u_t(x,0) , \tag{32.12}$$

b.

$$\mathcal{L}\left[u_x(x,t)\right](\tau) = \widetilde{u}_x(x,\tau) ,$$
$$\mathcal{L}\left[u_{xx}(x,t)\right](\tau) = \widetilde{u}_{xx}(x,\tau) . \tag{32.13}$$

Die Formeln (32.12) in a. sind offenbar die direkte Übertragung von Satz 32.5 bei festem x. Entsprechendes gilt natürlich für mehr als 2 Variablen. Die Formeln (32.13) in b. folgen aus Satz 15.8 (oder 28.19) über die Differentiation eines uneigentlichen Integrals nach einem Parameter, dessen Voraussetzungen hier als erfüllt betrachtet werden, was durch die nicht näher spezifizierten Annahmen über das Wachstum der Ableitungen gesichert wird.

Beispiel 32.14. Wir betrachten eine Anfangs-Randwertaufgabe für die Wärmeleitungsgleichung: Gesucht ist $u(x,t)$, $0 \leq x \leq 1$, $t \geq 0$, so dass

$$u_t = u_{xx} , \quad 0 < x < 1 , \quad t > 0 , \tag{32.14}$$
$$u(0,t) = u(1,t) = 1 , \quad t \geq 0 , \tag{32.15}$$
$$u(x,0) = 1 + \sin \pi x , \quad 0 \leq x \leq 1 , \tag{32.16}$$

d. h. die Temperaturverteilung $u(x,t)$ in einem Draht der Länge 1, dessen Enden auf der konstanten Temperatur 1 gehalten werden und dessen Anfangstemperatur mit $f(x) = 1 + \sin \pi x$ vorgegeben ist. Setzen wir

$$\widetilde{u}(x,\tau) = \mathcal{L}\left[u(x,t)\right](t \longrightarrow \tau) \,,$$

so geht (32.14) nach Satz 32.13 über in die gewöhnliche Differentialgleichung

$$\widetilde{u}_{xx}(x,\tau) - \tau\widetilde{u}(x,\tau) = -1 - \sin \pi x \,, \tag{32.17}$$

und die Randbedingungen (32.15) ergeben mit 32.3 a.

$$\widetilde{u}(0,\tau) = \mathcal{L}\left[1\right](\tau) = \frac{1}{\tau} = \widetilde{u}(1,\tau) \,. \tag{32.18}$$

Für festes $\tau > 0$ ist (32.17), (32.18) eine Randwertaufgabe für eine gewöhnliche lineare Differentialgleichung 2. Ordnung mit konstanten Koeffizienten. Setzen wir nämlich

$$y(x) := \widetilde{u}(x,\tau) \,, \quad \tau > 0 \quad \text{fest},$$

so ist

$$y'' - \tau y = -1 - \sin \pi x \,, \quad y(0) = y(1) = \frac{1}{\tau} \,.$$

Die Lösung dieser Randwertaufgabe ist (Methode der unbestimmten Koeffizienten!)

$$y(x) \equiv \widetilde{u}(x,\tau) = \frac{1}{\tau} + \frac{\sin \pi x}{\pi^2 + \tau} \,. \tag{32.19}$$

Nach Beispiel 32.3 a. und Satz 32.8 gilt

$$\mathcal{L}^{-1}\left[\frac{1}{\tau}\right](t) = 1 \,, \quad \mathcal{L}^{-1}\left[\frac{1}{\tau + \pi^2}\right](t) = e^{-\pi^2 t} \,,$$

so dass wir aus (32.19) das Ergebnis

$$u(x,t) = \mathcal{L}^{-1}\left[\widetilde{u}(x,\tau)\right](\tau \longrightarrow t) = 1 + \sin \pi x\, e^{-\pi^2 t} \tag{32.20}$$

bekommen, was sich natürlich auch mit der Separationsmethode ergeben hätte. Das tut der Sache jedoch keinen Abbruch, da wir an den Beispielen hier die Methode der LAPLACE-Transformation nur illustrieren wollen.

Beispiel 32.15. Wir betrachten eine Anfangs-Randwertaufgabe für die Wellenlengleichung: Gesucht ist $u(x,t)$, $0 \le x \le 1$, $t \ge 0$, so dass

$$u_{xx} = u_{tt} \,, \quad 0 < x < 1 \,, \quad t > 0 \,, \tag{32.21}$$

$$u(0,t) = 0 \,, \quad u(1,t) = 0 \,, \quad t \ge 0 \,, \tag{32.22}$$

$$u(x,0) = \sin \pi x \,, \quad u_t(x,0) = -\sin \pi x \,, \quad 0 \le x \le 1 \,. \tag{32.23}$$

Dies ist also wieder ein Problem für die schwingende Saite. Mit

$$\widetilde{u}(x,\tau) = \mathcal{L}\left[u(x,t)\right](t \longrightarrow \tau)$$

folgt aus der Differentialgleichung (32.21)

$$\widetilde{u}_{xx}(x,\tau) - \tau^2\widetilde{u}(x,\tau) - \tau u(x,0) - u_t(x,0) = 0 \;,$$

also wegen (32.23)

$$\widetilde{u}_{xx}(x,\tau) - \tau^2\widetilde{u}(x,\tau) = -\tau\sin\pi x + \sin\pi x \;, \qquad (32.24)$$

und die Randbedingungen (32.22) ergeben

$$\widetilde{u}(0,\tau) = 0\;, \quad \widetilde{u}(1,\tau) = 0\;. \qquad (32.25)$$

Gleichungen (32.24), (32.25) stellen wieder für festes $\tau > 0$ eine Randwertaufgabe für eine gewöhnliche lineare Differentialgleichung 2. Ordnung dar. Ihre Lösung ist

$$\widetilde{u}(x,\tau) = \frac{\tau - 1}{\tau^2 + \pi^2}\sin\pi x\;. \qquad (32.26)$$

Nun ist nach Beispiel 32.3 b.

$$\mathcal{L}^{-1}\left[\frac{\tau}{\tau^2 + \pi^2}\right](t) = \cos\pi\tau\;, \quad \mathcal{L}^{-1}\left[\frac{-1}{\tau^2 + \pi^2}\right](t) = -\frac{1}{\pi}\sin\pi t\;,$$

und daher ergibt sich aus (32.26) die Lösung

$$u(x,t) = \mathcal{L}^{-1}\left[\widetilde{u}(x,\tau)\right](\tau \longrightarrow t) = \left(\cos\pi t - \frac{1}{\pi}\sin\pi t\right)\sin\pi x\;, \qquad (32.27)$$

was wir zugegebenermaßen auch mit der Separationsmethode bekommen hätten.

Ergänzungen zu §32

In vieler Hinsicht ist es angemessener, die LAPLACE-Transformierte $\widetilde{f}(p)$ als Funktion einer *komplexen* Variablen p anzusehen. Dies werden wir in Ergänzung 32.17 andiskutieren und im nächsten Kapitel noch etwas vertiefen. Trotzdem geben wir in Ergänzung 32.16 einen rein reellen Beweis für die Injektivität des Operators $\mathcal{L} : E(\alpha) \cap C([0,\infty[) \longrightarrow C^\infty(]\alpha,\infty[)$.

32.16 Die Injektivität der LAPLACE-Transformation. Wir wollen für *stetige* Funktionen $f \in E(\alpha)$ beweisen, dass eine derartige Funktion durch ihre LAPLACE-Transformierte eindeutig festgelegt ist. Da die Transformation linear ist, genügt es dazu, zu zeigen, dass nur die Null auf Null abgebildet wird.

Satz. Ist $f : [0,\infty[\to \mathbb{C}$ stetig mit höchstens exponentiellem Wachstum und verschwindet seine LAPLACE-Transformierte

$$\widetilde{f}(p) := \int\limits_0^\infty f(x)e^{-px}\mathrm{d}x$$

identisch, so ist $f \equiv 0$.

Beweis. Nach Voraussetzung gibt es $\alpha > 0$, $C > 0$ so, dass

$$|f(x)| \leq Ce^{\alpha x} \quad \forall x \geq 0 \,,$$

und $\tilde{f}(p)$ ist dann für $p > \alpha$ definiert. Wähle $\beta > \alpha$ fest und setze

$$g(x) := f(x)e^{-\beta x} \,.$$

Dann ist $|g(x)| \leq Ce^{(\alpha - \beta)x}$, also

$$\lim_{x \to \infty} g(x) = 0 \,. \tag{32.28}$$

Mittels der Substitution $x = -\ln t$ erhalten wir für $p \geq \beta$ nun

$$
\begin{aligned}
\tilde{f}(p) &= \int_0^\infty g(x)e^{-(p-\beta)x}\mathrm{d}x \\
&= \int_0^1 g(-\ln t)t^{p-\beta}\frac{\mathrm{d}t}{t} \\
&= \int_0^1 h(t)t^{p-\beta-1}\mathrm{d}t \,,
\end{aligned}
$$

wobei $h(t) := g(-\ln t)$ für $0 < t \leq 1$ und $h(0) := 0$ gesetzt wurde. Wegen (32.28) ist h dann stetig auf ganz $[0,1]$.

Nun verwenden wir die Voraussetzung $\tilde{f} \equiv 0$ an den Stellen $p = n + 1 + \beta$ für beliebiges $n \in \mathbb{N}_0$. Es ergibt sich

$$\int_0^1 h(t)t^n\mathrm{d}t = 0 \quad \forall n \in \mathbb{N}_0$$

und somit

$$\int_0^1 h(t)P(t)\mathrm{d}t = 0$$

für alle Polynome P. Aber nach dem WEIERSTRASSschen Approximationssatz 29.18 können wir die stetige Funktion $\bar{h}$ auf dem kompakten Intervall $[0,1]$ gleichmäßig durch Polynome approximieren. Daher folgt

$$\int_0^1 |h(t)|^2\mathrm{d}t = 0 \,,$$

also $h \equiv 0$. Daraus folgt $g \equiv 0$ und schließlich $f \equiv 0$, wie behauptet. $\square$

32.17 Die LAPLACETransformierte im Komplexen. HEAVISIDEsche Umkehrformel. Sei wieder $f \in E(\alpha)$. Die Definitionsgleichung (32.1) ist dann offenbar auch für *komplexe* Argumente p sinnvoll, sobald $\operatorname{Re} p > \alpha$, und nach Ergänzung 28.23 definiert sie in der Halbebene $\operatorname{Re} p > \alpha$ eine *holomorphe* Funktion $\tilde{f}(p)$, die ebenfalls als die LAPLACE-Transformierte bezeichnet wird. Häufig lässt sie sich auf viel größere Bereiche in der komplexen Ebene analytisch fortsetzen, und eine Durchmusterung der Beispiele aus diesem Kapitel zeigt eine ganze Reihe von Fällen auf, in denen sie eine meromorphe Funktion auf ganz $\mathbb{C}$ mit nur endlich vielen Singularitäten ist. Dies ist von grundsätzlicher Bedeutung, und insbesondere eröffnet es einen Weg, die inverse LAPLACE-Transformierte mittels *Residuenkalkül* explizit zu berechnen. Wie wir im nächsten Kapitel (Ergänzung 33.30) beweisen werden, gilt nämlich der

Satz (HEAVISIDEsche Umkehrformel). *Die LAPLACE-Transformierte g der stetigen Funktion $f \in E(\alpha)$ sei meromorph in ganz $\mathbb{C}$ und besitze nur endlich viele Singularitäten $a_1, \ldots, a_m$. Für geeignete Konstanten $\beta > \alpha$, $C \geq 0$ und $\delta > 0$ gelte die Abschätzung*

$$|g(p)| \leq C(1 + |p|)^{-1-\delta} \tag{32.29}$$

für alle p mit $\operatorname{Re} p \leq \beta$. Dann ist

$$f(x) = \sum_{j=1}^{m} \operatorname*{res}_{p=a_j} g(p) \mathrm{e}^{px} \tag{32.30}$$

für alle $x > 0$.

Aufgaben zu §32

32.1. Man zeige: Für $f \in E$ und $a > 0$ gilt:

$$\mathcal{L}[f(ax)](p) = a^{-1} \tilde{f}(p/a) ,$$

$$\mathcal{L}^{-1}[\tilde{f}(p/a)](x) = a f(ax) .$$

32.2. Für $a > 0$ und $\omega \in \mathbb{R}$ berechne man folgende LAPLACE-Transformierte:

a. $\mathcal{L}[\sin \omega x](p)$,

b. $\mathcal{L}[x \sin \omega x](p)$,

c. $\mathcal{L}[\mathrm{e}^{-ax} \sin \omega x](p)$,

d. $\mathcal{L}[x^{-1} \sin \omega x](p)$.

32.3. Mit Hilfe der LAPLACE-Transformation löse man die Anfangswertaufgabe

$$y''' - 3y'' + 3y' - y = x^2 e^x \,,$$
$$y(0) = 1 \,, \quad y'(0) = 0 \,, \quad y''(0) = -2 \,.$$

32.4. Für die Faltung

$$(f * g)(x) := \int\limits_0^x f(x - t)g(t)\mathrm{d}t$$

zeige man unter der Voraussetzung, dass alle Integrale existieren:

a. $f * g = g * f$,

b. $(f * g) * h = f * (g * h)$.

32.5. Mit Hilfe der LAPLACE-Transformation zeige man, dass die Integralgleichung

$$\int\limits_0^t y(u) \sin(t - u)\mathrm{d}u = y(t)$$

nur die triviale Lösung $y = 0$ hat.

32.6. Sei $f(t)$ stückweise stetig für $t \geq 0$ und T-periodisch, d. h.

$$f(t + T) = f(t) \quad \text{für } t \geq 0.$$

Man zeige

$$\mathcal{L}\left[f\right](p) = \frac{1}{1 - e^{-pT}} \int\limits_0^T e^{-pt} f(t)\mathrm{d}t \,.$$

32.7. Seien f und f' von exponentiellem Wachstum. Dabei sei f differenzierbar für $0 \leq x < a$ und $a < x < +\infty$ und f habe an der Stelle $x = a$ eine Sprungstelle

$$s(a) = f(a + 0) - f(a - 0) \neq 0 \,.$$

Man zeige

$$\mathcal{L}\left[f'(x)\right](p) = p\mathcal{L}\left[f(x)\right](p) - f(0) - s(a)e^{-pa} \,.$$

32.8.

a. Durch Anwendung der LAPLACE-Transformation auf die Differentialgleichung

$$xy'' + y' + xy = 0 \,, \quad y(0) = 1 \,, \quad y'(0) = 0$$

zeige man

$$\mathcal{L}\left[J_0(x)\right](p) = \frac{1}{\sqrt{1 + p^2}} \,.$$

b. Mit Hilfe von a. bestimme man

$$\mathcal{L}\left[J_1(x)\right](p) .$$

c. Mit Hilfe von a. zeige man

$$\int\limits_0^x J_0(t) J_0(x - t) \mathrm{d}t = \sin x .$$

33

FOURIER-Transformation

Die FOURIERtransformation ist die Integraltransformation mit der Kernfunktion

$$K(x,p) := (2\pi)^{-1/2} e^{-ixp} .$$

Wir behandeln sie hier – ganz ähnlich wie die LAPLACEtransformation – als ein Werkzeug zur Lösung von partiellen Differentialgleichungen, obwohl ihre Bedeutung in Wirklichkeit weit darüber hinausgeht. Vielleicht ihr größter Vorteil besteht darin, dass man sie leicht *invertieren* kann: Unter vernünftigen Voraussetzungen lässt sich eine Funktion f aus ihrer FOURIERtransformierten $\hat{f}$ zurückgewinnen, indem man die Integraltransformation mit dem Kern

$$\overline{K(p,x)} := (2\pi)^{-1/2} e^{ixp} .$$

auf $\hat{f}$ anwendet. Diese Tatsache ist als der FOURIER*sche Integralsatz* bekannt, und ihm ist der erste Abschnitt dieses Kapitels gewidmet. Im weiteren Verlauf gehen wir dann ähnlich vor wie in Kap. 32: Wir leiten einige einfache Rechenregeln her, rechnen diverse Beispiele durch und geben schließlich drei Anwendungen auf partielle Differentialgleichungen, mit denen der Einsatz der FOURIERtransformation in diesem Bereich illustriert wird.

Viele unserer Rechenregeln und Beispiele beziehen sich, genau genommen, nicht auf die FOURIERtransformation selbst, sondern auf die Transformationen mit den Kernfunktionen $\sin xp$ oder $\cos xp$. Diese hängen jedoch so eng mit der FOURIERtransformation zusammen, dass man sie nur als alternative Schreibweisen ansehen sollte, die in gewissen Situationen praktisch sind. Die grundsätzliche Bedeutung, die die FOURIERtransformation gerade auch für theoretische Fragen besitzt, ist ihnen jedenfalls nicht zu eigen.

A. Der FOURIERsche Integralsatz

In der Physik geht man bei der Behandlung der FOURIERtransformation oft
von der Beziehung

$$\int\limits_{-\infty}^{\infty} e^{ip(x-y)}dp = 2\pi\delta(x-y) \tag{33.1}$$

aus, wobei $\delta(t)$ die DIRACsche *Deltafunktion* bezeichnet. Von dieser wird gesagt, dass sie für $t \neq 0$ verschwinde, dass aber ihr Integral über $]-\infty, \infty[$
trotzdem Eins ergebe. Das ist natürlich absurd, denn eine Funktion, die fast
überall verschwindet, ergibt immer das Integral Null. Die approximierenden
Scharen (h_s), die in Def. 26.5 eingeführt wurden, erfüllen diese Forderungen
jedoch näherungsweise, und zwar in beliebig guter Näherung, wenn s nur groß
genug ist. Die Aussage von Satz 26.6 lässt sich also dahingehend interpretieren, dass für stetige beschränkte Funktionen f stets

$$\int\limits_{-\infty}^{\infty} \delta(x-y)f(y)dy = f(x) \tag{33.2}$$

ist, wie schon in der Bemerkung nach Satz 26.6 auseinandergesetzt wurde. In
dieser Beziehung steckt der eigentliche Sinn der Deltafunktion. Die in besag-
ter Bemerkung aufgestellte Behauptung, man könne mit der Deltafunktion
bei einiger Vorsicht durchaus fehlerfrei rechnen, lässt sich gut an Hand von
(33.1) illustrieren. Diese Gleichung ergibt nämlich, wenn wir noch die Integrationsreihenfolge bedenkenlos vertauschen:

$$\int \left(\int e^{i(x-y)p}f(y)dy \right) dp = \int \left(\int e^{i(x-y)p}f(y)dp \right) dy$$
$$= 2\pi \int \delta(x-y)f(y)dy = 2\pi f(x) \,,$$

und das Ergebnis dieser Rechnung ist tatsächlich richtig, wenn f glatt genug
ist und im Unendlichen schnell genug gegen Null geht. Es handelt sich um
den FOURIERschen *Integralsatz*, von dem wir im folgenden eine mathematisch
rigorose Version präsentieren werden.

Wir verwenden die Bezeichnungen $L^1(\mathbb{R})$ bzw. $L^2(\mathbb{R})$ in dem Sinn, wie es
in Abschn. 28E. erläutert wurde. Für eine messbare Funktion $f : \mathbb{R} \longrightarrow \mathbb{K}$, die
auf Nullmengen abgeändert werden darf, bedeutet $f \in L^1(\mathbb{R})$ bzw. $f \in L^2(\mathbb{R})$
also, dass

$$\int\limits_{-\infty}^{\infty} |f(x)|dx < \infty \quad \text{bzw.} \quad \int\limits_{-\infty}^{\infty} |f(x)|^2dx < \infty \,.$$

Ist f stetig, so werden wir sie nicht abändern, denn jede Abänderung auf einer
Nullmenge würde eine unstetige Funktion produzieren. Für stetige Funktio-

nen f bedeutet $f \in L^1(\mathbb{R})$ einfach, dass das uneigentliche Integral

$$\int_{-\infty}^{\infty} f(x)\mathrm{d}x$$

absolut konvergent ist.

Nach diesen Vorbereitungen beginnen wir mit einer Version des berühmten FOURIER*schen Integralsatzes*

Theorem 33.1 (FOURIERscher Integralsatz). *Sei* $f \in L^1(\mathbb{R})$ *stetig. Für jeden Punkt* $x \in \mathbb{R}$, *in dem* f *differenzierbar ist, gilt dann die* FOURIER*sche Umkehrformel*

$$f(x) = \lim_{\lambda \to \infty} \frac{1}{2\pi} \int_{-\lambda}^{\lambda} \left(\int_{-\infty}^{\infty} e^{\mathrm{i}p(x-y)} f(y) f \mathrm{d}y \right) \mathrm{d}p \ . \tag{33.3}$$

Ein weiteres wichtiges Resultat ist der folgende Satz, der eine Variante von Satz 29.6d. darstellt. Hier dient er gleichzeitig als Ausgangspunkt für den Beweis des FOURIERschen Integralsatzes.

Satz 33.2 (RIEMANN-LEBESGUE). *Sei* $I \subseteq \mathbb{R}$ *ein beliebiges Intervall. Für jede Funktion* $f \in L^1(I)$ *gilt:*

$$\lim_{\lambda \longrightarrow +\infty} \int_I f(x) \sin \lambda x \mathrm{d}x = 0 \ ,$$
$$\lim_{\lambda \longrightarrow +\infty} \int_I f(x) \cos \lambda x \mathrm{d}x = 0 \ . \tag{33.4}$$

Beweis. Wir behandeln nur das Integral mit dem Sinus. Für $\int_I f(x) \cos \lambda x \mathrm{d}x$ verläuft der Beweis völlig analog.

(i) Zunächst betrachten wir den Spezialfall, wo $I = [a, b]$ kompakt ist und $f \in C^1([a, b])$. Wir setzen

$$M_0 := \max_{a \leq x \leq b} |f(x)| \ , \quad M_1 := \max_{a \leq x \leq b} |f'(x)| \ .$$

Für jedes $\lambda > 0$ folgt dann mit Produktintegration:

$$\int_a^b f(x) \sin \lambda x \mathrm{d}x = \lambda^{-1} f(a) \cos \lambda a - \lambda^{-1} f(b) \cos \lambda b + \lambda^{-1} \int_a^b f'(x) \cos \lambda x \mathrm{d}x$$

und daher

$$\left| \int_a^b f(x) \sin \lambda x \mathrm{d}x \right| \leq \frac{1}{\lambda} \left[|f(a)| + |f(b)| + \int_a^b |f'(x)| \mathrm{d}x \right]$$
$$\leq \frac{1}{\lambda} \left(2M_0 + M_1(b-a) \right) \longrightarrow 0 \quad \text{für} \quad \lambda \to \infty \ .$$

(ii) Nun sei I ein beliebiges Intervall und $f \in L^1(I)$ *stetig*. Zu gegebenem $\varepsilon > 0$ wählen wir zunächst ein kompaktes Teilintervall $[a, b] \subseteq I$ mit

$$\int_{I \setminus [a,b]} |f(x)| dx < \varepsilon/3 ,$$

was wegen $f \in L^1(I)$ möglich ist. Dann benutzen wir den Weierstrassschen Approximationssatz (Thm. 29.18), der uns ein Polynom P liefert, für das

$$\max_{a \le x \le b} |f(x) - P(x)| < \frac{\varepsilon}{3(b-a)}$$

ist. Auf P statt f können wir aber das Ergebnis von Teil (i) anwenden. Daher gibt es $\lambda_0 > 0$ so, dass

$$\left| \int_a^b P(x) \sin \lambda x\, dx \right| < \varepsilon/3 \quad \text{für alle} \quad \lambda \ge \lambda_0 .$$

Wegen $|\sin \lambda x| \le 1$ folgt insgesamt für $\lambda \ge \lambda_0$:

$$\left| \int_I f(x) \sin \lambda x\, dx \right| \le \int_{I \setminus [a,b]} |f(x)| dx + \int_a^b |f(x) - P(x)| dx$$

$$+ \left| \int_a^b P(x) \sin \lambda x\, dx \right| < \frac{\varepsilon}{3} + (b-a) \cdot \frac{\varepsilon}{3(b-a)} + \frac{\varepsilon}{3} = \varepsilon .$$

Das ergibt die Behauptung für f.

(iii) Den Fall eines *beliebigen* $f \in L^1(I)$ kann man durch ein ähnliches Approximationsargument auf den Fall einer stetigen Funktion reduzieren. Dazu benötigt man jedoch etwas mehr Integrationstheorie, und wir verzichten darauf. $\qquad \square$

Als Konsequenz folgt:

Lemma 33.3. *Für jedes stetige* $f \in L^1(\mathbb{R})$ *und jedes* $x_0 \in \mathbb{R}$, *in dem* f *differenzierbar ist, gilt*

$$\lim_{\lambda \to +\infty} \frac{1}{\pi} \int_{-\infty}^{\infty} f(x_0 + u) \frac{\sin \lambda u}{u} du = f(x_0) . \tag{33.5}$$

Beweis. Wir wählen $\alpha > 0$ beliebig und zerlegen das Integral in der Form

$$\int_{-\infty}^{\infty} f(x_0 + u) \frac{\sin \lambda u}{u} du = \int_{\mathbb{R} \setminus [-\alpha, \alpha]} \cdots + \int_{-\alpha}^{\alpha} \cdots .$$

Das erste Integral verschwindet für $\lambda \longrightarrow \infty$, weil $f(x_0 + u)/u$ auf den beiden Intervallen, aus denen $\mathbb{R} \setminus [-\alpha, \alpha]$ besteht, die Voraussetzungen von Satz 33.2 erfüllt. Um das zweite Integral zu untersuchen, betrachten wir die Hilfsfunktion

$$g(u) := \begin{cases} \dfrac{1}{u}(f(x_0 + u) - f(x_0)), & u \neq 0, \\ f'(x_0), & u = 0. \end{cases}$$

Sie ist nach Voraussetzung stetig. Nach Satz 33.2 haben wir also

$$\lim_{\lambda \to \infty} \int_{-\alpha}^{\alpha} g(u) \sin \lambda u \, du = 0 . \tag{$*$}$$

Nun ergibt sich:

$$\int_{-\alpha}^{\alpha} f(x_0 + u) \frac{\sin \lambda u}{u} du$$

$$= f(x_0) \int_{-\alpha}^{\alpha} \frac{\sin \lambda u}{u} du + \int_{-\alpha}^{\alpha} \frac{f(x_0 + u) - f(x_0)}{u} \sin \lambda u \, du$$

$$= f(x_0) \int_{-\alpha}^{\alpha} \frac{\sin \lambda u}{u} du + \int_{-\alpha}^{\alpha} g(u) \sin \lambda u \, du .$$

Für $\lambda \to \infty$ verschwindet das zweite Integral nach $(*)$. Für das erste Integral folgt aber mit der Substitution $t = \lambda u$:

$$\int_{-\alpha}^{\alpha} \frac{\sin \lambda u}{u} du = \int_{-\lambda\alpha}^{\lambda\alpha} \frac{\sin t}{t} dt \to \int_{-\infty}^{\infty} \frac{\sin t}{t} dt = \pi ,$$

wie man (z. B. aus Ergänzung 15.17) weiß. Das liefert die Behauptung.   □

Beweis (des FOURIERschen Integralsatzes). Sei $x \in \mathbb{R}$ ein fester Punkt. Für $\lambda > 0$ ergibt der Satz von FUBINI:

$$g(\lambda) := \int_{-\lambda}^{\lambda} \left(\int_{-\infty}^{\infty} f(y) e^{ip(x-y)} dy \right) dp$$

$$= \int_{-\infty}^{\infty} f(y) \left(\int_{-\lambda}^{\lambda} e^{ip(x-y)} dp \right) dy$$

$$
= \int\limits_{-\infty}^{\infty} f(y) \left(\int\limits_{-\lambda}^{\lambda} \cos p(x-y)\mathrm{d}p + \mathrm{i} \underbrace{\int\limits_{-\lambda}^{\lambda} \sin p(x-y)\mathrm{d}p}_{=0} \right) \mathrm{d}y
$$

$$
= \int\limits_{-\infty}^{\infty} f(y) \left(2\frac{\sin(x-y)\lambda}{x-y} \right) \mathrm{d}y
$$

$$
= 2 \int\limits_{-\infty}^{\infty} f(x+u)\frac{\sin \lambda u}{u}\mathrm{d}u \; .
$$

Der Imaginärteil von $\int_{-\lambda}^{\lambda} \mathrm{e}^{\mathrm{i}(x-y)p}\mathrm{d}p$ verschwindet, weil der Sinus ungerade ist.

Angenommen, f ist im Punkt x differenzierbar. Mit Lemma 33.3 folgt dann

$$
\lim_{\lambda \to \infty} g(\lambda) = 2\pi f(x) \; ,
$$

also die Behauptung.   □

Dies legt folgende Definition nahe:

Definition 33.4. *Für jede Funktion $f \in L^1(\mathbb{R})$ ist die* FOURIER-*Transformierte definiert durch*

$$
\widehat{f}(p) \equiv \mathcal{F}\left[f(x)\right](p) := \frac{1}{\sqrt{2\pi}} \int\limits_{-\infty}^{\infty} f(x)\mathrm{e}^{-\mathrm{i}px}\mathrm{d}x \; , \quad p \in \mathbb{R} \; . \tag{33.6}
$$

Die lineare Zuordnung $\mathcal{F} : f \longmapsto \widehat{f}$ heißt FOURIER*transformation.*

Als erstes halten wir fest:

Satz 33.5. *Für jede Funktion $f \in L^1(\mathbb{R})$ ist die* FOURIER-*Transformierte $\widehat{f}$ eine stetige beschränkte Funktion auf $\mathbb{R}$, für die gilt:*

$$
|\widehat{f}(p)| \le (2\pi)^{-1/2} \int\limits_{-\infty}^{\infty} |f(x)|\mathrm{d}x \; , \quad p \in \mathbb{R} \tag{33.7}
$$

und

$$
\lim_{p \to \pm\infty} \widehat{f}(p) = 0 \; . \tag{33.8}
$$

Beweis. Wegen $|\mathrm{e}^{-\mathrm{i}px}| = 1$ ergibt sich die Stetigkeit aus Satz 28.19a., und (33.7) folgt direkt aus der Definition. Gleichung (33.8) ist gerade die Aussage von Satz 33.2.   □

Über die inverse Transformation gibt der FOURIERsche Integralsatz Auskunft, den wir jetzt neu formulieren:

Theorem 33.6 (FOURIERscher Integralsatz). *Sei $f \in L^1(\mathbb{R})$ überall differenzierbar, und sei $\widehat{f} = \mathcal{F}[f]$. Dann gilt*

$$f(x) = \mathcal{F}^{-1}\left[\widehat{f}(p)\right](x) = \lim_{\lambda \to \infty} \frac{1}{\sqrt{2\pi}} \int\limits_{-\lambda}^{\lambda} \widehat{f}(p)\mathrm{e}^{\mathrm{i}px}\mathrm{d}p\,, \qquad (33.9)$$

d. h. wenn auch $\widehat{f} \in L^1(\mathbb{R})$ ist, so gilt

$$\mathcal{F}^{-1}\left[\widehat{f}(p)\right](x) = \mathcal{F}\left[\widehat{f}(p)\right](-x)\,. \qquad (33.10)$$

Daher wird für $g \in L^1(\mathbb{R})$ die Funktion

$$\check{g}(x) := \frac{1}{\sqrt{2\pi}} \int\limits_{-\infty}^{\infty} g(p)\mathrm{e}^{\mathrm{i}px}\mathrm{d}p\,, \quad x \in \mathbb{R} \qquad (33.11)$$

als die *inverse* FOURIER-*Transformierte* von g bezeichnet, und man schreibt

$$\check{g} = \mathcal{F}^{-1}[g] \quad \text{oder} \quad \check{g}(x) = \mathcal{F}^{-1}[g(p)](x)\,.$$

Bemerkung: Formel (33.10) lautet ausführlich

$$f(x) = \frac{1}{\sqrt{2\pi}} \int\limits_{-\infty}^{\infty} \widehat{f}(p)\mathrm{e}^{\mathrm{i}px}\mathrm{d}p\,,$$

und sie zeigt, wie $f(x)$ durch Überlagerung der Ansatzfunktionen $\mathrm{e}^{\mathrm{i}px}$ entsteht, die in diesem Fall einfache Schwingungen bzw. Wellen der Frequenz bzw. Wellenzahl p darstellen, wenn x als eine zeitliche bzw. räumliche Variable interpretiert wird. Da die Frequenz in der Quantenmechanik proportional zur Energie und die Wellenzahl proportional zum Impuls ist, kann die Variable p in quantenmechanischem Kontext auch als Energie oder Impuls gedeutet werden.

Wir wollen nun noch zwei nützliche Varianten der FOURIERtransformation einführen. Sei im folgenden

$$\mathbb{R}_+ = \{x \in \mathbb{R} \mid x \geq 0\}\,,$$

und seien $L^1(\mathbb{R}_+)$, $L^2(\mathbb{R}_+)$, $C^r(\mathbb{R}_+)$ die entsprechenden Funktionenräume. Für eine Funktion $f \in L^1(\mathbb{R}_+)$ sei

$$f_+(x) = \begin{cases} f(x)\,, & x \geq 0 \\ f(-x)\,, & x < 0 \end{cases}\,, \quad f_-(x) = \begin{cases} f(x)\,, & x \geq 0 \\ -f(-x)\,, & x < 0 \end{cases}$$

die gerade bzw. ungerade Fortsetzung auf ganz $\mathbb{R}$. Für ihre FOURIERtransformierten folgt:

$$\widehat{f}_\pm(p) = (2\pi)^{-1/2} \int\limits_{-\infty}^{\infty} f_\pm(x)\mathrm{e}^{-\mathrm{i}px}\mathrm{d}x$$

$$= \pm(2\pi)^{-1/2} \int\limits_{-\infty}^{0} f(-x)\mathrm{e}^{-\mathrm{i}px}\mathrm{d}x + (2\pi)^{-1/2} \int\limits_{0}^{\infty} f(x)\mathrm{e}^{-\mathrm{i}px}\mathrm{d}x$$

$$= \pm(2\pi)^{-1/2} \int\limits_{0}^{\infty} f(x)\mathrm{e}^{\mathrm{i}px}\mathrm{d}x + (2\pi)^{-1/2} \int\limits_{0}^{\infty} f(x)\mathrm{e}^{-\mathrm{i}px}\mathrm{d}x$$

$$= 2(2\pi)^{-1/2} \int\limits_{0}^{\infty} f(x) \left\{ \begin{matrix} \cos px \\ -\mathrm{i}\sin px \end{matrix} \right\} \mathrm{d}x \ .$$

Dies nimmt man zum Anlass noch folgende Transformationen einzuführen.

Satz 33.7. *Für eine Funktion* $f \in L^1(\mathbb{R}_+)$ *definiert man die* FOURIER-Cosinus-Transformierte *(FCT)*

$$\widehat{f}_c(p) \equiv F_c\left[f(x)\right](p) := \left(\frac{2}{\pi}\right)^{1/2} \int\limits_{0}^{\infty} f(x)\cos px\, \mathrm{d}x \qquad (33.12)$$

und die FOURIER-Sinus-Transformierte *(FST)*

$$\widehat{f}_s(p) \equiv F_s\left[f(x)\right](p) := \left(\frac{2}{\pi}\right)^{1/2} \int\limits_{0}^{\infty} f(x)\sin px\, \mathrm{d}x \ . \qquad (33.13)$$

Für diese Transformationen gilt:

a.

$$F_c\left[f\right](p) = \mathcal{F}\left[f_+\right](p) \ ,$$
$$F_s\left[f\right](p) = \mathrm{i}\mathcal{F}\left[f_-\right](p) \ . \qquad (33.14)$$

b. $\widehat{f}_c(p)$ *ist eine gerade,* $\widehat{f}_s(p)$ *eine ungerade Funktion. Beide Transformationen sind (auf geeigneten Funktionenmengen) selbst-invers, d. h.*

$$F_c^{-1} = F_c \ , \quad F_s^{-1} = F_s \ . \qquad (33.15)$$

Teil b. der Behauptung haben wir hergeleitet. Die Behauptung in c. folgt aus b. mit dem FOURIERschen Integralsatz 33.6.

B. Rechenregeln

Wie bei der LAPLACE-Transformation leiten wir eine Reihe von Rechenregeln her, mit denen die FOURIER-Transformation und ihre Varianten für die Lösung von partiellen Differentialgleichungen eingesetzt werden können.

I. FOURIER-Transformation und Translation bzw. Dilatation

Satz 33.8. *Für $f \in L^1(\mathbb{R})$ und $a, b \in \mathbb{R}$ gilt:*

a.

$$\mathcal{F}\left[f(x - a)\right](p) = \mathrm{e}^{-\mathrm{i}pa}\widehat{f}(p) , \tag{33.16}$$

b.

$$\mathcal{F}\left[\mathrm{e}^{-\mathrm{i}bx}f(x)\right](p) = \widehat{f}(p - b) , \tag{33.17}$$

c.

$$\mathcal{F}[f(ax)](p) = \frac{1}{|a|}\widehat{f}\left(\frac{p}{a}\right) \quad \text{für } a \neq 0 . \tag{33.18}$$

Beweis. Mit $c = (2\pi)^{-1/2}$ folgt:

$$
\begin{aligned}
\mathcal{F}\left[f(x - a)\right](p) &= c \int_{-\infty}^{\infty} f(x - a)\mathrm{e}^{-\mathrm{i}px}\mathrm{d}x \\
&= c \int_{-\infty}^{\infty} f(y)\mathrm{e}^{-\mathrm{i}p(y+a)}\mathrm{d}y = \mathrm{e}^{-\mathrm{i}pa}\widehat{f}(p) , \\
\mathcal{F}\left[\mathrm{e}^{\mathrm{i}bx}f(x)\right](p) &= c \int_{-\infty}^{\infty} f(x)\mathrm{e}^{\mathrm{i}bx}\mathrm{e}^{-\mathrm{i}px}\mathrm{d}x \\
&= c \int_{-\infty}^{\infty} f(x)\mathrm{e}^{-\mathrm{i}(p-b)x}\mathrm{d}x = \widehat{f}(p - b) ,
\end{aligned}
$$

und für $a \neq 0$ schließlich

$$
\begin{aligned}
\mathcal{F}[f(ax)](p) &= c \int_{-\infty}^{\infty} f(ax)\mathrm{e}^{-\mathrm{i}px}\mathrm{d}x \\
&= c \int_{-\infty}^{\infty} f(y)\mathrm{e}^{-\mathrm{i}py/a}|a|^{-1}\mathrm{d}y = |a|^{-1}\widehat{f}(p/a) .
\end{aligned}
$$

$\square$

Aus den Sätzen 33.7b. und 33.8 folgen dann entsprechende Formeln für die FOURIER-Cosinus-Transformierte und FOURIER-Sinus-Transformierte:

Satz 33.9. *Für $f \in L^1(\mathbb{R}_+)$ und $\omega \in \mathbb{R}$ gilt:*

a. $$F_c\left[\cos\omega x \cdot f(x)\right](p) = \frac{1}{2}\left\{\widehat{f_c}(p + \omega) + \widehat{f_c}(p - \omega)\right\},$$

b. $$F_c\left[\sin\omega x \cdot f(x)\right](p) = \frac{1}{2}\left\{\widehat{f_s}(p + \omega) + \widehat{f_s}(p - \omega)\right\},$$

c. $F_s \left[\cos \omega x \cdot f(x)\right](p) = \frac{1}{2} \left\{ \widehat{f_c}(p - \omega) - \widehat{f_c}(p + \omega) \right\},$

d. $F_s \left[\sin \omega x \cdot f(x)\right](p) = \frac{1}{2} \left\{ \widehat{f_s}(p + \omega) - \widehat{f_s}(p - \omega) \right\}.$

Man kann diese Formeln auch direkt mit Hilfe der trigonometrischen Additionstheoreme herleiten.

II. Fourier-Transformation und Differentiation

Satz 33.10.

a. Ist $f \in C^n(\mathbb{R})$ und sind $f, f', \ldots, f^{(n)}$ alle in $L^1(\mathbb{R})$, so gilt:

$$\mathcal{F} \left[f^{(n)}(x) \right](p) = (\mathrm{i}p)^n \widehat{f}(p) .$$

b. Wenn

$$\int_{-\infty}^{\infty} (1 + |x|)^m |f(x)| \mathrm{d}x < \infty$$

ist, so ist $\widehat{f} \in C^m(\mathbb{R})$, und es gilt:

$$\frac{\mathrm{d}^m}{\mathrm{d}p^m} \widehat{f}(p) = (-\mathrm{i})^m \mathcal{F} \left[x^m f(x) \right](p) .$$

Beweis. Es genügt natürlich, die Behauptungen für die ersten Ableitungen zu beweisen.

a. Nach Voraussetzung ist das uneigentliche Integral $\int_0^\infty f'(t)\mathrm{d}t$ absolut konvergent. Daher existiert

$$y := \lim_{b \to \infty} f(b) = f(0) + \int_0^\infty f'(t)\mathrm{d}t .$$

Wäre $y \neq 0$, so könnte f nicht über $\mathbb{R}$ integrierbar sein. Analog erkennt man, dass auch $\lim_{a \to -\infty} f(a) = 0$ ist. Daher können wir rechnen (wieder mit $c := (2\pi)^{-1/2}$):

$$\mathcal{F}\left[f'\right](p) = c \int_{-\infty}^{\infty} f'(x)\mathrm{e}^{-\mathrm{i}px}\mathrm{d}x$$

$$= c \left[f(x)\mathrm{e}^{-\mathrm{i}px} \right]_{x=-\infty}^{x=+\infty} + c\mathrm{i}p \int_{-\infty}^{\infty} f(x)\mathrm{e}^{-\mathrm{i}px}\mathrm{d}x = \mathrm{i}p\widehat{f}(p) .$$

b.

$$\mathcal{F}\left[xf(x)\right](p) = c \int_{-\infty}^{\infty} f(x)xe^{-ipx}\mathrm{d}x$$

$$= \mathrm{i}c \int_{-\infty}^{\infty} f(x)\frac{\mathrm{d}}{\mathrm{d}p}(e^{-ipx})\mathrm{d}x = \mathrm{i}\frac{\mathrm{d}}{\mathrm{d}p}\widehat{f}(p)\,.$$

Zuletzt wurden Integration und Differentiation vertauscht, was auf Grund der Voraussetzung durch Satz 15.8b. oder Satz 28.19b. gerechtfertigt ist.

□

Einen entsprechenden Satz für die FOURIER-Cosinus-Transformierte und FOURIER-Sinus-Transformierte beweist man ebenfalls direkt mit partieller Integration.

Satz 33.11. *Sei* $f \in L^1(\mathbb{R}_+)$. *Wenn die in den folgenden Formeln auftretenden Ableitungen existieren und über* $\mathbb{R}_+$ *integrierbar sind, so gilt:*

a.

$$F_c\left[f'\right](p) = p\widehat{f}_s(p) - \left(\frac{2}{\pi}\right)^{1/2} f(0)\,,$$

$$F_s\left[f'\right](p) = -p\widehat{f}_c(p)\,,$$

b.

$$F_c\left[f''\right](p) = p^2\widehat{f}_c(p) - \left(\frac{2}{\pi}\right)^{1/2} f'(0)\,,$$

$$F_s\left[f''\right](p) = -p^2\widehat{f}_s(p) + \left(\frac{2}{\pi}\right)^{1/2} pf(0)\,.$$

Bemerkung: Satz 33.10 im Verein mit Satz 33.5 zeigt, dass die FOURIER-transformation im wesentlichen die Eigenschaften „f ist glatt" und „f fällt im Unendlichen schnell ab" miteinander vertauscht. Man darf das nicht zu wörtlich nehmen, aber es ist eine gute Faustregel.

III. FOURIER-Transformation und Faltung

Das Faltungsprodukt auf ganz $\mathbb{R}$ ist etwas anders definiert als in Satz 32.9.

Theorem 33.12.

a. Für Funktionen $f, g \in L^1(\mathbb{R})$ *existiert das* Faltungsprodukt

$$(f * g)(x) := \frac{1}{\sqrt{2\pi}} \int_{-\infty}^{\infty} f(x-y)g(y)\mathrm{d}y\,.$$

Die Funktion $h := f * g$ *ist f. ü. definiert und gehört wieder zu* $L^1(\mathbb{R})$.

b. *Für $f, g, h \in L^1(\mathbb{R})$ gilt*

$$f * g = g * f \,,$$
$$f * (g * h) = (f * g) * h \,,$$
$$f * (g + h) = f * g + f * h \,.$$

Der Beweis von Teil a. wird in Ergänzung 33.33 nachgetragen. Die Rechenregeln aus Teil b. lassen sich genauso nachrechnen wie im Falle von Satz 32.9.

Bemerkung: Wenn man integrierbare Funktionen, die auf $[0, \infty[$ definiert sind, durch Null auf ganz $\mathbb{R}$ fortsetzt, so liefern die Definitionen der Faltung aus Satz 32.9 und Thm. 33.12 offenbar dasselbe, abgesehen von dem Normierungsfaktor $(2\pi)^{-1/2}$. Dieser Faktor wird aber von vielen Autoren bei der Definition der Faltung gar nicht benutzt, ist allerdings im Zusammenhang mit der FOURIERtransformation besonders praktisch, um die Formeln übersichtlich zu halten.

Satz 33.13 (Faltungssatz).

a. *Für $f, g \in L^1(\mathbb{R})$ gilt:*

$$\mathcal{F}\left[(f * g)(x)\right](p) = \widehat{f}(p) \cdot \widehat{g}(p) \,.$$

b. *Sind f, g zweimal stetig differenzierbar mit $f, f', f'', g, g', g'' \in L^1(\mathbb{R})$, so gilt*

$$\mathcal{F}^{-1}\left[f(p)g(p)\right](x) = (\breve{f} * \breve{g})(x) \,,$$

wobei $\breve{f} := \mathcal{F}^{-1}[f]$, $\breve{g} := \mathcal{F}^{-1}[g]$ gesetzt wurde.

Beweis. Es genügt, a. zu beweisen, denn b. folgt daraus mit der Umkehrformel. (Die in b. gemachten Zusatzvoraussetzungen stellen sicher, dass die Umkehrformel anwendbar ist.) Mit $c = (2\pi)^{-1/2}$ ergibt sich:

$$\mathcal{F}\left[f * g\right](p) = c \int_{-\infty}^{\infty} (f * g)(x)\mathrm{e}^{-\mathrm{i}px}\mathrm{d}x$$

$$= c^2 \int_{-\infty}^{\infty} \mathrm{d}x\mathrm{e}^{-\mathrm{i}px} \int_{-\infty}^{\infty} \mathrm{d}y f(y)g(x-y)$$

$$= c \int_{-\infty}^{\infty} f(y)\left\{ c \int_{-\infty}^{\infty} g(x-y)\mathrm{e}^{\mathrm{i}px}\mathrm{d}x \right\} \mathrm{d}y$$

$$= c \int_{-\infty}^{\infty} f(y)\mathcal{F}\left[g(x-y)\right](x \to p)\mathrm{d}y$$

$$= c \int_{-\infty}^{\infty} f(y)\mathrm{e}^{-\mathrm{i}py}\mathrm{d}y \cdot \widehat{g}(p) = \widehat{f}(p) \cdot \widehat{g}(p) \,,$$

wobei wir den Verschiebungssatz 33.8a. benutzt haben. $\qquad\qquad \square$

Mit Hilfe der Umkehrformel und der trigonometrischen Additionstheoreme bekommt man die folgenden Formeln für die FCT und FST:

Satz 33.14. *Für Funktionen $f, g \in C^2(\mathbb{R}_+)$, die samt ihren ersten und zweiten Ableitungen über $\mathbb{R}_+$ integrierbar sind, gilt*

a.

$$F_c\left[f(x)g(x)\right](p)$$

$$= \frac{1}{\sqrt{2\pi}} \int_0^\infty \widehat{g}_c(q) \left\{ \widehat{f}_c(p+q) + \widehat{f}_c(|p-q|) \right\} dq$$

$$= \frac{1}{\sqrt{2\pi}} \int_0^\infty \widehat{f}_c(q) \left\{ \widehat{g}_c(p+q) + \widehat{g}_c(|p-q|) \right\} dq \,,$$

b.

$$F_s\left[f(x) \cdot g(x)\right](p)$$

$$= \frac{1}{\sqrt{2\pi}} \int_0^\infty \widehat{g}_s(q) \left\{ \widehat{f}_s(p+q) + \widehat{f}_s(|p-q|) \right\} dq$$

$$= \frac{1}{\sqrt{2\pi}} \int_0^\infty \widehat{f}_s(q) \left\{ \widehat{g}_s(p+q) + \widehat{g}_s(|p-q|) \right\} dq \,.$$

IV. FOURIERtransformation in L^2

Der folgende fundamentale Satz ist für die FOURIERtransformation das, was für FOURIERreihen die PARSEVALsche Gleichung ist.

Theorem 33.15 (Satz von PLANCHEREL). *Sind $f, g \in L^1(\mathbb{R}) \cap L^2(\mathbb{R})$, so sind auch $\widehat{f}, \widehat{g} \in L^2(\mathbb{R})$, und es gilt*

$$\langle f \mid g \rangle = \langle \widehat{f} \mid \widehat{g} \rangle \tag{33.19}$$

und insbesondere

$$\|f\|_2^2 = \int_{-\infty}^\infty |f(x)|^2 dx = \int_{-\infty}^\infty |\widehat{f}(p)|^2 dp = \|\widehat{f}\|_2^2 \,. \tag{33.20}$$

Die FOURIERtransformation ist also bzgl. der L^2-Norm eine isometrische Abbildung.

Beweisskizze. Zunächst nehmen wir an, dass $\widehat{f}$ und $\widehat{g}$ die Voraussetzungen von Satz 33.13b. erfüllen. Dann ist also

$$\mathcal{F}^{-1}[\widehat{f}(p)\widehat{g}(p)](x) = (f * g)(x)\,, \quad x \in \mathbb{R}\,,$$

also nach Einsetzen von $x = 0$ und Multiplizieren mit $\sqrt{2\pi}$:

$$\int\limits_{-\infty}^{\infty} \widehat{f}(p)\widehat{g}(p)\mathrm{d}p = \int\limits_{-\infty}^{\infty} f(-y)g(y)\mathrm{d}y .$$

Diese Gleichung gilt auch mit $\varphi(x) := \overline{f(-x)}$ statt f, denn φ erfüllt dieselben Voraussetzungen. Aber $\widehat{\varphi}(p) = \overline{\widehat{f}(p)}$, wie man mittels der Substitution $x \longmapsto -x$ sofort bestätigt. Setzt man dies in die letzte Gleichung ein, so ergibt sich

$$\int\limits_{-\infty}^{\infty} \overline{\widehat{f}(p)}\widehat{g}(p)\mathrm{d}p = \int\limits_{-\infty}^{\infty} \overline{f(y)}g(y)\mathrm{d}y ,$$

und das ist gerade (33.19). Für $f = g$ folgt auch (33.20).

Der allgemeine Fall ergibt sich aus diesem Spezialfall wieder durch Approximation, was wir jedoch nicht genau ausführen wollen.   □

Aus Satz 33.14 kann man analoge Folgerungen für die FST und die FCT ableiten:

Satz 33.16. *Für $f, g \in L^1(\mathbb{R}_+) \cap L^2(\mathbb{R}_+)$ gilt:*

a.

$$\int\limits_{0}^{\infty} f(x)g(x)\mathrm{d}x = \int\limits_{0}^{\infty} \widehat{f}_c(q)\widehat{g}_c(q)\mathrm{d}q = \int\limits_{0}^{\infty} \widehat{f}_s(q)\widehat{g}_s(q)\mathrm{d}q ,$$

b.

$$\int\limits_{0}^{\infty} |f(x)|^2\mathrm{d}x = \int\limits_{0}^{\infty} |\widehat{f}_c(q)|^2\mathrm{d}q = \int\limits_{0}^{\infty} |\widehat{f}_s(q)|^2\mathrm{d}q .$$

Bemerkung: Die verwirrende Vielfalt der detaillierten Voraussetzungen, unter denen die verschiedenen Rechenregeln hier bewiesen wurden, ist natürlich für ihre Anwendung ein Stolperstein, zumal die Nachprüfung, ob sie erfüllt sind, manchmal nicht ganz leicht ist. Der Physiker wird sich im Allgemeinen damit helfen, dass er auf die Nachprüfung der Voraussetzungen verzichtet und hofft, es werde sich im weiteren Verlauf an irgendwelchen auffälligen Unstimmigkeiten zeigen, wenn eine Regel fälschlich angewendet wurde. In Ergänzung 33.34 werden wir einen mathematisch rigorosen (und infolgedessen zuverlässigen) Weg aufzeigen, mit dem Problem der detaillierten Voraussetzungen fertig zu werden.

C. Einige Beispiele

Wir wollen nun einige FOURIER-Transformationen explizit berechnen. Die Auswahl dieser Beispiele ist teilweise von den Anwendungen diktiert, die im nächsten Abschnitt diskutiert werden.

I. $f(x) = \mathrm{e}^{-a|x|}$

Für die Funktion

$$f(x) = \mathrm{e}^{-ax}, \quad a > 0$$

betrachten wir die beiden Integrale

$$C = \int\limits_0^\infty \mathrm{e}^{-ax} \cos px\,\mathrm{d}x\,, \quad S = \int\limits_0^\infty \mathrm{e}^{-ax} \sin px\,\mathrm{d}x\,.$$

Partielle Integration ergibt

$$C = \left[-\frac{\mathrm{e}^{-ax}}{a} \cos px\right]_{x=0}^{x=\infty} - \frac{p}{a} \int\limits_0^\infty \mathrm{e}^{-ax} \sin px\,\mathrm{d}x\,,$$

$$S = \left[-\frac{\mathrm{e}^{-ax}}{a} \sin px\right]_{x=0}^{x=\infty} + \frac{p}{a} \int\limits_0^\infty \mathrm{e}^{-ax} \cos px\,\mathrm{d}x\,.$$

Also:

$$C = \frac{1}{a} - \frac{p}{a}S\,, \quad S = \frac{p}{a}C\,.$$

Dies ist ein lineares Gleichungssystem für C, S. Seine Lösung ergibt:

Satz 33.17. *Für $a > 0$ gilt*

a. $$F_c\left[\mathrm{e}^{-ax}\right](p) = \left(\frac{2}{\pi}\right)^{1/2} \frac{a}{a^2 + p^2}\,,$$

b. $$F_s\left[\mathrm{e}^{-ax}\right](p) = \left(\frac{2}{\pi}\right)^{1/2} \frac{p}{a^2 + p^2}\,,$$

c. $$\mathcal{F}\left[\mathrm{e}^{-a|x|}\right](p) = \left(\frac{2}{\pi}\right)^{1/2} \frac{a}{a^2 + p^2}\,,$$

d. $$F_c\left[\frac{a}{a^2 + x^2}\right](p) = \left(\frac{2}{\pi}\right)^{1/2} \mathrm{e}^{-ap}\,,$$

e. $$F_s\left[\frac{x}{a^2 + x^2}\right](p) = \left(\frac{2}{\pi}\right)^{1/2} \mathrm{e}^{-ap}\,.$$

Dabei folgt d. aus a., e. aus b., weil F_c, F_s selbst invers sind.

Bemerkung: Teil e. stimmt für $p = 0$ überhaupt nicht und für $p > 0$ nur im Sinne eines bedingt konvergenten uneigentlichen Integrals. Das liegt daran, dass wegen $\int_0^\infty \frac{p}{a^2+p^2}\,\mathrm{d}p = \infty$ die Voraussetzungen des FOURIERschen Integralsatzes nicht erfüllt sind. Trotzdem erhält man eine brauchbare Formel, weil allgemeinere Versionen des Satzes immer noch greifen. Solche und ähnliche Situationen diskutieren wir in 33.22.

II. $f(x) = xe^{-a|x|}$

Wir gehen aus von den beiden am Anfang hergeleiteten Gleichungen

$$\int\limits_0^\infty e^{-ax}\cos px\,dx = \frac{a}{a^2+p^2}\,,$$

$$\int\limits_0^\infty e^{-ax}\cos px\,dx = \frac{1}{a} - \frac{p}{a}\int\limits_0^\infty e^{-ax}\sin px\,dx\,.$$

Differenziert man beide Gleichungen bezüglich a, so ergibt sich

Satz 33.18. *Für $a > 0$ gilt mit $c = \left(\frac{2}{\pi}\right)^{1/2}$*

a. $\qquad F_c\left[xe^{-ax}\right](p) = c\cdot\dfrac{a^2-p^2}{(a^2+p^2)^2}\,,$

b. $\qquad F_s\left[xe^{-ax}\right](p) = c\cdot\dfrac{2ap}{(a^2+p^2)^2}\,,$

c. $\qquad \mathcal{F}\left[xe^{-a|x|}\right](p) = c\cdot\dfrac{2iap}{(a^2+p^2)^2}\,.$

III. $f(x) = e^{-ax^2}$

Dieses Beispiel ist etwas schwieriger und hat auch eher eine grundsätzliche Bedeutung als die übrigen. Wir gehen diesmal aus von

$$x^2 + ipx = \left(x + \frac{1}{2}ip\right)^2 + \frac{1}{4}p^2\,.$$

Damit folgt

$$\mathcal{F}[e^{-x^2}](p) = \frac{1}{\sqrt{2\pi}}\int\limits_{-\infty}^\infty e^{-x^2-ipx}\,dx$$

$$= \frac{1}{\sqrt{2\pi}}e^{-p^2/4}\int\limits_{-\infty}^\infty e^{-(x+\frac{1}{2}ip)^2}\,dx = \frac{1}{\sqrt 2}e^{-p^2/4}\,.$$

Um die letzte Umformung zu rechtfertigen, betrachten wir in der komplexen Ebene die Rechtecke der Form (vgl. Abb. 33.1)

$$R_r := \left\{x+iy \mid -r < x < r,\ 0 < y < \frac{p}{2}\right\}$$

für $r > 0$. (Hier ist $p \geq 0$ angenommen – im Falle $p < 0$ betrachtet man entsprechende Rechtecke unterhalb der reellen Achse.) Es sei γ die entgegen dem Uhrzeigersinn orientierte Randkurve von R_r. Nach dem CAUCHYschen Integralsatz ist dann $\oint_\gamma \mathrm{e}^{-z^2} \mathrm{d}z = 0$. Ausgeschrieben bedeutet das:

$$\int\limits_{-r}^{r} \mathrm{e}^{-x^2} \mathrm{d}x + \mathrm{i} \int\limits_{0}^{p/2} \mathrm{e}^{-(r+\mathrm{i}t)^2} \mathrm{d}t - \int\limits_{-r}^{r} \mathrm{e}^{-(x+\mathrm{i}p/2)^2} \mathrm{d}x$$

$$-\mathrm{i} \int\limits_{0}^{p/2} \mathrm{e}^{-(-r+\mathrm{i}t)^2} \mathrm{d}t = 0 \,.$$

Der zweite und der vierte Term können wie folgt abgeschätzt werden:

$$\left| \int\limits_{0}^{p/2} \mathrm{e}^{-(\pm r+\mathrm{i}t)^2} \mathrm{d}t \right| = \left| \int\limits_{0}^{p/2} \mathrm{e}^{-r^2} \mathrm{e}^{\mp 2\mathrm{i}rt} \mathrm{e}^{t^2} \mathrm{d}t \right|$$

$$\leq \mathrm{e}^{-r^2} \int\limits_{0}^{p/2} \mathrm{e}^{t^2} \mathrm{d}t \leq \frac{p\mathrm{e}^{p^2/4}}{2} \mathrm{e}^{-r^2} \longrightarrow 0 \quad (r \to +\infty) \,.$$

Im Limes $r \to \infty$ folgt also

$$\int\limits_{-\infty}^{\infty} \mathrm{e}^{-(x+\mathrm{i}p/2)^2} \mathrm{d}x = \int\limits_{-\infty}^{\infty} \mathrm{e}^{-x^2} \mathrm{d}x \,,$$

und dass das letzte Integral den Wert $\sqrt{\pi}$ hat, wissen wir aus Satz 15.14. Somit haben wir

$$\mathcal{F}[\mathrm{e}^{-x^2}](p) = \frac{1}{\sqrt{2}} \mathrm{e}^{-p^2/4} \,,$$

und mittels Satz 33.8c. und Satz 33.7a. ergibt sich daraus

Satz 33.19. *Für $a > 0$ gilt*

$$\mathcal{F}\left[\mathrm{e}^{-ax^2} \right] (p) = \frac{1}{\sqrt{2a}} \mathrm{e}^{-\frac{p^2}{4a}} \,. \tag{33.21}$$

Insbesondere

$$\mathcal{F}\left[\mathrm{e}^{-x^2/2} \right] (p) = \mathrm{e}^{-p^2/2} \,, \tag{33.22}$$

und schließlich

$$F_c\left[\mathrm{e}^{-ax^2} \right] (p) = \frac{1}{\sqrt{2a}} \mathrm{e}^{-\frac{p^2}{4a}} \,. \tag{33.23}$$

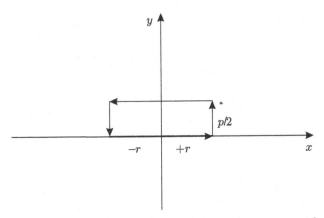

Abb. 33.1. Integrationsweg für die Berechnung von $\mathcal{F}[\mathrm{e}^{-x^2}]$

IV. $f(x) = x\mathrm{e}^{-ax^2}$

Differenzieren wir noch Gleichung (33.21) nach p und benutzen die Sätze 33.10b. und 33.7a., so bekommen wir

Satz 33.20. *Für $a > 0$ gilt*

$$F_s\left[x\mathrm{e}^{-ax^2}\right](p) = -\frac{p}{(4a)^{3/2}}\mathrm{e}^{-\frac{p^2}{4a}} \ .$$

V. HERMITE-Funktionen

In Abschn. 31C., Gl. (31.62) haben wir die HERMITE-Funktionen $h_n(x)$ eingeführt, die für die FOURIERtransformation die Rolle von *Eigenfunktionen* spielen, wie wir gleich sehen werden. Für Funktionen f, die genügend glatt sind und genügend schnell im Unendlichen abfallen, so dass beide Teile von Satz 33.10 angewendet werden können, ergibt sich nämlich

$$\mathcal{F}[xf(x) - f'(x)](p) = \mathrm{i}(\widehat{f'}(p) - p\widehat{f}(p)) \ ,$$

und mit Hilfe des in (31.66) eingeführten *Aufstiegsoperators* A^+ können wir dies schreiben als

$$\mathcal{F}[A^+f] = -\mathrm{i}A^+[\widehat{f}] \ . \tag{33.24}$$

Nach (33.22) ist $\widehat{h_0} = h_0$, und damit ergibt sich aus (33.24) und Satz 31.23

Satz 33.21. *Für die HERMITE-Funktionen h_n, $n \geq 0$ gilt*

$$\widehat{h_n}(p) = (-\mathrm{i})^n h_n(p) \ .$$

33.22 FOURIERtransformierte von nicht-integrierbaren Funktionen.
In vielen Fällen, bei denen das Integral

$$\widehat{f}(p) = (2\pi)^{-1/2} \int\limits_{-\infty}^{\infty} \mathrm{e}^{-\mathrm{i}px} f(x)\mathrm{d}x \tag{33.25}$$

nicht absolut konvergent ist, kann es doch als die FOURIERtransformierte von f angesprochen werden, und man wird beim naiven Rechnen mit solchen Transformierten nur selten zu fehlerhaften Ergebnissen gelangen. Hintergrund hierfür ist wieder die *Distributionstheorie*, die es gestattet, für eine wesentlich größere Klasse von mathematischen Objekten FOURIERtransformierte zu definieren und einschlägige Rechenregeln für sie zu beweisen (vgl. etwa [20, 22, 27] oder [63]). Solange wir auf Distributionstheorie verzichten, müssen wir allerdings das Integral (33.25) in jedem Einzelfall geeignet interpretieren, z. B. als bedingt konvergentes uneigentliches Integral oder als sog. CAUCHYschen *Hauptwert*

$$\lim_{\lambda\to\infty} \int\limits_{-\lambda}^{\lambda} \mathrm{e}^{-\mathrm{i}px} f(x)\mathrm{d}x \ . \tag{33.26}$$

Wir wollen einige Beispiele für solche Situationen anführen:

(i)   Die Funktion $g(p) := p/(a^2+p^2)$ aus Satz 33.17e. gehört nicht zu $L^1(\mathbb{R})$. Nach (33.14) ist ihre inverse FOURIERtransformierte die *ungerade* Fortsetzung von e^{-ax}, und diese macht bei $x = 0$ einen Sprung. Sie ist also nicht stetig, und die Formel

$$\int\limits_{0}^{\infty} \frac{p}{a^2 + p^2} \sin px\,\mathrm{d}p = \mathrm{e}^{-ax}$$

aus 33.17e. ist bei $x = 0$ offensichtlich auch falsch. Für $x > 0$ ist sie aber richtig, wenn das Integral als bedingt konvergentes uneigentliches Integral aufgefasst wird. Beweisen kann man das nach dem Muster des Beweises von Thm. 33.1.

(ii) Integrieren wir die Gleichung aus 33.17b. bezüglich $\eta = a$ von a bis $+\infty$, so ergibt sich

$$\int\limits_{a}^{\infty}\int\limits_{0}^{\infty} \mathrm{e}^{-\eta x} \sin px\,\mathrm{d}x\,\mathrm{d}\eta = \int\limits_{a}^{\infty} \frac{p}{\eta^2 + p^2}\,\mathrm{d}\eta = \mathrm{sign}\,p \cdot \mathrm{arccot}\frac{a}{|p|} \ .$$

Nun erlauben wir uns, die Integrationsreihenfolge zu vertauschen. Das ergibt:

$$\mathrm{sign}\,p \cdot \mathrm{arccot}\frac{a}{|p|} = \int\limits_{0}^{\infty}\left(\int\limits_{a}^{\infty} \mathrm{e}^{-\eta x}\,\mathrm{d}\eta\right) \sin px\,\mathrm{d}x = \int\limits_{0}^{\infty} \frac{\mathrm{e}^{-ax}}{x} \sin px\,\mathrm{d}x \ ,$$

also

$$F_s\left[x^{-1}\mathrm{e}^{-ax}\right](p) = \left(\frac{2}{\pi}\right)^{1/2}\operatorname{sign}p\cdot\operatorname{arccot}\left(\frac{a}{|p|}\right)\quad\text{für }a>0\ .\quad(33.27)$$

Dass $x^{-1}\mathrm{e}^{-ax}$ in der Nähe von $x=0$ nicht integrierbar ist, führt dazu, dass die Transformierte nicht im Unendlichen verschwindet (vgl. Satz 33.5).

Grenzübergang $a\to 0+$ ergibt dann auch noch

$$F_s\left[x^{-1}\right](p) = \left(\frac{\pi}{2}\right)^{1/2}\operatorname{sign}p\ .\quad(33.28)$$

Hier tritt zusätzlich eine Unstetigkeitsstelle bei $p=0$ auf, was dazu passt, dass x^{-1} weder bei $x=0$ noch in der Nähe von ∞ integrierbar ist.

Diese Formeln stimmen (im Sinne bedingt konvergenter uneigentlicher Integrale) für $p\neq 0$ – also immerhin fast überall! – und man kann sie entweder durch Einsatz von Distributionstheorie beweisen oder durch direkte elementare Umformungen und Grenzübergänge. Zum Beispiel ergibt sich (33.28) sofort aus der bekannten Beziehung

$$\int\limits_0^\infty \frac{\sin t}{t}\mathrm{d}t = \frac{\pi}{2}\ ,$$

indem man $t=px$ substituiert.

Man beachte aber, dass $F_c\left[x^{-1}\right](p)$ nicht existiert, d. h. dieser FCT kann auf keine Weise ein vernünftiger Sinn zugeschrieben werden.

(iii) Wir wollen noch einen Schritt weitergehen und der Beziehung (33.1) einen Sinn verleihen. Dazu betrachten wir die Funktionenschar

$$g_s(p) := \exp(-p^2/s)\ ,$$

die *regularisierend* wirkt in dem Sinn, dass zwar jedes einzelne g_s zu $L^1(\mathbb{R})$ gehört, aber

$$\lim_{s\to\infty} g_s(p) \equiv 1$$

ist. Mittels (33.21) findet man

$$\frac{1}{2\pi}\int \mathrm{e}^{\mathrm{i}p(x-y)}g_s(p)\mathrm{d}p = (2\pi)^{-1/2}\mathcal{F}^{-1}[g_s](x-y) = (2\pi)^{-1/2}\mathcal{F}[g_s](y-x)$$

$$= \frac{\sqrt{s}}{2\sqrt{\pi}}\exp\left(-s(x-y)^2/4\right) =: H_s(x-y)\ .$$

Bei den Überlegungen, die Satz 26.7 vorausgehen, haben wir aber gezeigt, dass diese Funktionenschar (h_s) die Deltafunktion approximiert. Für $s\to\infty$ erhalten wir somit – zumindest formal – die Gleichung (33.1).

D. Anwendung auf partielle Differentialgleichungen

Will man die bisher betrachteten eindimensionalen FOURIER-Transformationen auf partielle Differentialgleichungen anwenden, so muss man wie bei der LA-PLACE-Transformation wieder partielle Transformationen einführen. Betrachten wir etwa Funktionen

$$u(x,y) \quad \text{bzw.} \quad u(x,t) \,,$$

so legen wir durch Bezeichnungen der Art

$$x \longmapsto p, \quad y \longmapsto q, \quad t \longmapsto s$$

fest, auf welche Variable sich die Transformation bezieht. Welche das sein wird, hängt vom betrachteten Problem und insbesondere vom Laufbereich der zu transformierenden Variablen ab.

Definitionen 33.23.

a. Ist $u(x,y)$ definiert für alle $x \in \mathbb{R}$, so definiert man

$$\widehat{u}(p,y) = \frac{1}{\sqrt{2\pi}} \int\limits_{-\infty}^{\infty} u(x,y) \mathrm{e}^{-\mathrm{i}px} \mathrm{d}x \,.$$

Ist $u(x,y)$ definiert für alle $y \in \mathbb{R}$, so definiert man

$$\widehat{u}(x,q) = \frac{1}{\sqrt{2\pi}} \int\limits_{-\infty}^{\infty} u(x,y) \mathrm{e}^{-\mathrm{i}qy} \mathrm{d}y \,.$$

b. Ist $u(x,y)$ definiert für alle $x \geq 0$, so definiert man

$$\widehat{u}_c(p,y) = \left(\frac{2}{\pi}\right)^{1/2} \int\limits_{0}^{\infty} u(x,y) \cos px \mathrm{d}x \,,$$

$$\widehat{u}_s(p,y) = \left(\frac{2}{\pi}\right)^{1/2} \int\limits_{0}^{\infty} u(x,y) \sin px \mathrm{d}x \,.$$

c. Ist $u(x,y)$ definiert für alle $y \geq 0$, so definiert man

$$\widehat{u}_c(x,q) = \left(\frac{2}{\pi}\right)^{1/2} \int\limits_{0}^{\infty} u(x,y) \cos qy \mathrm{d}y \,,$$

$$\widehat{u}_s(x,q) = \left(\frac{2}{\pi}\right)^{1/2} \int\limits_{0}^{\infty} u(x,y) \sin qy \mathrm{d}y \,.$$

Wichtig für das Folgende ist die Übertragung der Sätze 33.10 und 33.11 auf solche partielle Transformationen. Die genauen Voraussetzungen an u, unter denen dies möglich ist, ergeben sich problemlos aus den entsprechenden Voraussetzungen in 33.10 und 33.11, und wir verzichten darauf, sie noch einmal zu spezifizieren.

Satz 33.24. *Unter passenden Voraussetzungen an $u(x,y)$ gilt:*

a.

$$\mathcal{F}\left[u_x(x,y)\right](p,y) = ip\widehat{u}(p,y)\,,$$

$$\mathcal{F}\left[u_y(x,y)\right](p,y) = \frac{\partial}{\partial y}\widehat{u}(p,y)\,,$$

$$F_c\left[u_x(x,y)\right](p,y) = p\widehat{u}_s(p,y) - \left(\frac{2}{\pi}\right)^{1/2} u(0,y)\,,$$

$$F_c\left[u_y(x,y)\right](p,y) = \frac{\partial}{\partial y}\widehat{u}_c(p,y)\,,$$

$$F_s\left[u_x(x,y)\right](p,y) = -\widehat{u}_c(p,y)\,,$$

$$F_s\left[u_y(x,y)\right](p,y) = \frac{\partial}{\partial y}\widehat{u}_s(p,y)\,,$$

b.

$$\mathcal{F}\left[u_{xx}(x,y)\right](p,y) = -p^2\widehat{u}(p,y)\,,$$

$$\mathcal{F}\left[u_{yy}(x,y)\right](p,y) = \frac{\partial}{\partial y^2}\widehat{u}(p,y)\,,$$

$$F_c\left[u_{xx}(x,y)\right](p,y) = -p^2\widehat{u}_c(p,y) - \left(\frac{2}{\pi}\right)^{1/2} u_x(0,y)\,,$$

$$F_c\left[u_{yy}(x,y)\right](p,y) = \frac{\partial}{\partial y^2}\widehat{u}_c(p,y)\,,$$

$$F_s\left[u_{xx}(x,y)\right](p,y) = -p^2\widehat{u}_s(p,y) + \left(\frac{2}{\pi}\right)^{1/2} pu(0,y)\,,$$

$$F_s\left[u_{yy}(x,y)\right](p,y) = \frac{\partial}{\partial y^2}\widehat{u}_s(p,y)\,.$$

Entsprechende Formeln gelten für die Transformation der zweiten Variablen bzw. für gemischte 2. Ableitungen.

I. Potentialgleichung in der Halbebene

Wir betrachten das folgende DIRICHLET-Problem:

Problem 33.25. Gesucht ist eine Lösung $u(x,y)$ der Potentialgleichung

$$\Delta u(x,y) \equiv u_{xx} + u_{yy} = 0 \quad \text{für} \quad y > 0\,, \quad x \in \mathbb{R}\,, \tag{33.29}$$

welche der Randbedingung

$$u(x,0) = f(x), \quad x \in \mathbb{R} \tag{33.30}$$

und der Abklingbedingung

$$\lim_{|(x,y)| \longrightarrow \infty} u(x,y) = 0 \tag{33.31}$$

genügt.

Wir wenden die FOURIERtransformation $\mathcal{F}$ auf die Variable $x \in \mathbb{R}$ an, betrachten also

$$\widehat{u}(p,y) := \mathcal{F}[u(x,y)](x \longrightarrow p).$$

Nach Satz 33.24b. geht die Potentialgleichung (33.29) dabei über in

$$\widehat{u}_{yy}(p,y) - p^2\widehat{u}(p,y) = 0, \tag{33.32}$$

die für festes $p \in \mathbb{R}$ eine gewöhnliche lineare Differentialgleichung 2. Ordnung darstellt. Die Bedingungen (33.30) und (33.31) gehen über in

$$\widehat{u}(p,0) = \widehat{f}(p), \quad \widehat{u}(p,y) \longrightarrow 0 \quad \text{für} \quad y \longrightarrow \infty. \tag{33.33}$$

Daraus bekommt man sofort als Lösung von (33.32) und (33.33)

$$\widehat{u}(p,y) = \widehat{f}(p)e^{-|p|y}, \quad y \geq 0, \quad p \in \mathbb{R}, \tag{33.34}$$

und damit die Lösung der Randwertaufgabe (33.29), (33.30), (33.31) in der Form

$$u(x,y) = \mathcal{F}^{-1}[\widehat{u}(p,y)](p \longmapsto x). \tag{33.35}$$

Um diese inverse FOURIERtransformation zu berechnen, wenden wir den Faltungssatz 33.13 an. Dazu setzen wir

$$g(x,y) := \mathcal{F}^{-1}\left[e^{-|p|y}\right](p \longmapsto x) = \left(\frac{2}{\pi}\right)^{1/2} \frac{y}{y^2 + x^2}, \tag{33.36}$$

wobei wir 33.17c. benutzt haben. Aus (33.35) folgt mit dem Faltungssatz

$$u(x,y) = \left(\mathcal{F}^{-1}\left[\widehat{f}(p)\right] * \mathcal{F}^{-1}\left[e^{-|p|y}\right]\right)(x,y)$$
$$= \frac{1}{\sqrt{2\pi}} \int_{-\infty}^{\infty} f(t)g(x-t,y)\mathrm{d}t$$

und daher mit (33.36)

Satz 33.26. *Sei $f(x)$ eine stetige beschränkte Funktion auf $\mathbb{R}$. Die eindeutig bestimmte Lösung des* DIRICHLET*problems (33.29)–(33.31) ist gegeben durch* *die* POISSONsche Integralformel für die Halbebene

$$u(x,y) = \frac{y}{\pi} \int\limits_{-\infty}^{\infty} \frac{f(t)}{(x-t)^2 + y^2} \mathrm{d}t \ . \tag{33.37}$$

Bemerkung: Wir haben hier ohne Rücksicht auf genaue Voraussetzungen ge-rechnet, weil es nur darum ging, die richtige Lösungsformel zu ermitteln. Unser Resultat ist also zunächst nur eine plausible Vermutung. Man kann diesen Satz jedoch ähnlich wie Satz 25.17. beweisen.

II. CAUCHYproblem für die 1-dimensionale Wärmeleitungsgleichung

Wir betrachten die folgende Anfangswertaufgabe für die eindimensionale Wärmeleitungsgleichung:

Problem 33.27. Gesucht ist eine Lösung $u(x,t)$ der Wärmeleitungsgleichung

$$u_t = c^2 u_{xx} \quad \text{für} \quad x \in \mathbb{R}, \quad t > 0 \ , \tag{33.38}$$

welche die Anfangsbedingung

$$u(x,0) = f(x) \quad \text{für} \quad x \in \mathbb{R} \tag{33.39}$$

erfüllt.

Wir wenden wieder die FOURIERtransformation $\mathcal{F}$ auf die Raumvariable x an:

$$\widehat{u}(p,t) = \mathcal{F}\left[u(x,t)\right] (x \longmapsto p) \ .$$

Nach Satz 33.24 gehen dann (33.38), (33.39) über in

$$\frac{\partial \widehat{u}}{\partial t} + c^2 p^2 \widehat{u} = 0, \quad t > 0, \quad p \in \mathbb{R} \quad \text{fest,} \tag{33.40}$$

$$\widehat{u}(p,0) = \widehat{f}(p), \quad p \in \mathbb{R} \quad \text{fest.} \tag{33.41}$$

Für festes $p \in \mathbb{R}$ ist dies eine Anfangswertaufgabe für eine lineare Differenti-algleichung 1. Ordnung in t mit der Lösung

$$\widehat{u}(p,t) = \widehat{f}(p)\mathrm{e}^{-c^2 p^2 t} \ . \tag{33.42}$$

Daher hat das CAUCHYproblem die Lösung

$$\begin{aligned}
u(x,t) &= \mathcal{F}^{-1}\left[\widehat{f}(p)\mathrm{e}^{-c^2 p^2 t}\right] (p \longmapsto x) \\
&= f(x) * g(x,t) \\
&= \frac{1}{\sqrt{2\pi}} \int\limits_{-\infty}^{\infty} f(z)g(x-z,t)\mathrm{d}z \ ,
\end{aligned} \tag{33.43}$$

wobei nach 33.19

$$g(x,t) = \mathcal{F}^{-1}\left[e^{-c^2 p^2 t}\right](p \longmapsto x) = \frac{1}{c\sqrt{2t}}e^{-x^2/(4c^2 t)} \tag{33.44}$$

ist. Setzen wir (33.44) in (33.43) ein, so folgt

Satz 33.28. *Die eindeutige Lösung des* CAUCHY*problems (33.38), (33.39) ist gegeben durch die* POISSON*sche Integralformel für die Wärmeleitungsgleichung*

$$u(x,t) = \frac{1}{\sqrt{4c^2\pi t}} \int\limits_{-\infty}^{\infty} f(z)\exp\left(-\frac{(x-z)^2}{4c^2 t}\right)\,\mathrm{d}z \tag{33.45}$$

Damit ist die in Kap. 26 versprochene systematische Herleitung der POISSONschen Integralformel für die Wärmeleitungsgleichung gelungen.

III. Wärmeleitungsgleichung auf einer Halbgeraden

Wir betrachten nun die Anfangs-Randwert-Aufgabe

$$u_t = c^2 u_{xx} \quad \text{für} \quad x > 0,\ t > 0\,, \tag{33.46}$$

$$u(x,0) = f(x)\,, \quad x \geq 0\,, \tag{33.47}$$

$$u_x(0,t) = 0\,, \quad t \geq 0\,. \tag{33.48}$$

D. h. wir suchen die Temperaturverteilung in einem halb-unendlichen Draht, dessen Temperatur bei $t = 0$ vorgegeben ist und dessen Ende isoliert ist, so dass dort der Temperaturgradient verschwindet. Wegen der Anfangsbedingung (33.47) und Satz 33.24 wenden wir die FCT F_c bezüglich der Variablen x an:

$$\widehat{u}(p,t) = F_c\left[u(x,t)\right](x \longmapsto p)\,.$$

Die Differentialgleichung (33.46) und die Bedingungen (33.47), (33.48) gehen dann über in

$$\widehat{u}_t(p,t) + c^2 p^2 \widehat{u}(p,t) = 0\,, \tag{33.49}$$

$$\widehat{u}(p,0) = \widehat{f}(p)\,, \tag{33.50}$$

wobei überall die Cosinus-Transformation zu nehmen ist. Gleichung (33.49) ist eine homogene lineare Differentialgleichung 1. Ordnung, die zusammen mit (33.50) die Lösung

$$\widehat{u}(p,t) = \widehat{f}(p)e^{-c^2 p^2 t} \tag{33.51}$$

ergibt. Die Lösung des CAUCHYproblems (33.46)–(33.48) ist dann gegeben durch (beachte $F_c^{-1} = F_c$):

$$u(x,t) = F_c\left[\widehat{f}(p)e^{-c^2 p^2 t}\right](p \longmapsto x)\,. \tag{33.52}$$

Setzen wir wieder zur Abkürzung

$$g(x,t) = F_c \left[e^{-c^2 p^2 t} \right] (p \longmapsto x) \,, \tag{33.53}$$

so folgt aus Satz 33.14 a.

$$u(x,t) = \frac{1}{\sqrt{2\pi}} \int\limits_{-\infty}^{\infty} f(y) \left\{ g(x+y,t) + g(|x-y|,t) \right\} \mathrm{d}y \,.$$

Nun ist nach (33.23):

$$\begin{aligned} g(x,t) &= F_c \left[e^{-c^2 p^2 t} \right] (p \longmapsto x) \\ &= \frac{1}{c\sqrt{t}} e^{-x^2/(4c^2 t)} \,. \end{aligned}$$

Setzen wir dies oben ein, wobei wir f mit g vertauschen können, so bekommen wir

$$u(x,t) = \frac{1}{c\sqrt{2\pi t}} \int\limits_{0}^{\infty} e^{-y^2/(4c^2 t)} (f(x+y) + f(|x-y|)) \mathrm{d}y$$

als Lösung der Anfangs-Randwertaufgabe (33.46)–(33.48).

Ergänzungen zu §33

Zunächst geben wir einen einfachen und durchsichtigen Beweis für eine etwas abgewandelte Version des FOURIERschen Integralsatzes, die sich aber gerade für den Ausbau der Theorie auf den Fall mehrerer unabhängiger Variabler als günstig erweist. Ferner tragen wir den in Ergänzung 32.17 versprochenen Beweis der HEAVISIDEschen Umkehrformel für die LAPLACE-Transformation nach. Der Rest der Ergänzungen bildet einen Ausblick auf die moderne Theorie der FOURIERtransformation in $\mathbb{R}^n$ und einige ihrer Anwendungen. Er ist notgedrungen recht summarisch, und viele Aspekte sind völlig ausgespart, wie etwa die Erweiterung auf temperierte Distributionen oder die Bezüge zur allgemeinen Spektraltheorie oder zur Darstellungstheorie von LIE-Gruppen. Es handelt sich in erster Linie wieder um eine Anregung zur weiteren eigenen Beschäftigung mit diesem, für die heutige mathematische Physik zentralen Thema. Die Bücher [20, 27, 49, 56] oder [63] z. B. geben Gelegenheit zu weiterer Vertiefung, und auf jeden Fall findet man dort Beweise für alles, was hier behauptet wird.

33.29 Zweite Version des FOURIERschen Integralsatzes. Viele der Rechenregeln, die wir für die FOURIERtransformation hergeleitet haben, wurden ohne Benutzung der Umkehrformel bewiesen, und wir können sie ausnutzen,

um einen relativ schnellen und eleganten Beweis des FOURIERschen Integralsatzes zu geben. Dabei arbeiten wir allerdings mit etwas anderen Voraussetzungen als in den Theoremen 33.1 und 33.6. Wir benötigen keine Differenzierbarkeit von f, sondern nur Stetigkeit und Beschränktheit, doch andererseits
setzen wir als bekannt voraus, dass $\widehat{f}$ integrierbar ist:

Theorem. *Sei $f \in L^1(\mathbb{R})$ stetig und beschränkt, und es sei $\widehat{f} \in L^1(\mathbb{R})$. Für
jedes $x \in \mathbb{R}$ gilt dann die FOURIERsche Umkehrformel*

$$f(x) = \frac{1}{\sqrt{2\pi}} \int\limits_{-\infty}^{\infty} e^{ipx}\widehat{f}(p)\mathrm{d}p \,. \tag{33.54}$$

Beweis. Sei $x \in \mathbb{R}$ fest. Wie in Beispiel (iii) aus 33.22 betrachten wir die Schar
von Hilfsfunktionen

$$g_s(p) := \exp(-p^2/s)$$

und setzen

$$J(s) := (2\pi)^{-1/2} \int e^{ipx}g_s(p)\widehat{f}(p)\mathrm{d}p\,, \quad s > 0\,.$$

(Integrale ohne Angabe von Grenzen werden immer über ganz $\mathbb{R}$ erstreckt!)
Nun ist $\lim_{s\to\infty} g_s(p) = 1$ für alle p, und nach Voraussetzung ist $\widehat{f}(p) \in L^1(\mathbb{R})$.
Der Satz über dominierte Konvergenz (Thm. 28.14) liefert daher

$$\lim_{s\to\infty} J(s) = (2\pi)^{-1/2} \int \widehat{f}(p)\mathrm{d}p\,. \tag{33.55}$$

Wegen $f \in L^1(\mathbb{R})$ und $g_s \in L^1(\mathbb{R})$ zeigt der Satz von TONELLI, dass die
Funktion

$$(y,p) \longmapsto e^{ip(x-y)}g_s(p)f(y)$$

zu $L^1(\mathbb{R}^2)$ gehört, und daher kann bei diesem Integranden die Integrationsreihenfolge vertauscht werden. Das ergibt

$$
\begin{aligned}
J(s) &= \frac{1}{2\pi} \int \left(\int e^{ip(x-y)}f(y)g_s(p)\mathrm{d}y \right) \mathrm{d}p \\
&= (2\pi)^{-1} \int f(y) \left(\int e^{ip(x-y)}g_s(p)\mathrm{d}p \right) \mathrm{d}y \\
&\overset{(33.21)}{=} \int f(y)h_s(x-y)\mathrm{d}y\,,
\end{aligned}
$$

wo (h_s) wieder die in Beispiel (iii) aus 33.22 betrachtete Funktionenschar ist,
von der wir wissen, dass sie die Deltafunktion approximiert. Satz 26.6 liefert
also

$$\lim_{s\to\infty} J(s) = f(x)\,,$$

und zusammen mit (33.55) ergibt das die Behauptung.   □

Bemerkung: Verwendet man Varianten von Satz 26.4b., so erhält man mit diesem Beweis entsprechende Varianten des FOURIERschen Integralsatzes. Setzt man z. B. nur voraus, dass f beschränkt und integrierbar ist sowie $\widehat{f} \in L^1$, so stimmt (33.54) immer noch in jedem *Stetigkeitspunkt* von f.

33.30 Beweis der HEAVISIDEschen Umkehrformel. Aus dem FOURIER-schen Integralsatz ergibt sich leicht der folgende Satz, der dann den Ausgangspunkt für den Beweis der HEAVISIDEschen Umkehrformel (32.30) bildet:

Satz. *Sei g die komplexe* LAPLACE*transformierte der stetigen Funktion $f \in E(\alpha)$. Für ein $\beta > \alpha$ sei*

$$\int\limits_{-\infty}^{\infty} |g(\beta + \mathrm{i}t)|\mathrm{d}t < \infty .\tag{33.56}$$

Dann gilt

$$f(x) = \frac{1}{2\pi} \int\limits_{-\infty}^{\infty} \mathrm{e}^{(\beta+\mathrm{i}t)x} g(\beta + \mathrm{i}t)\mathrm{d}t\tag{33.57}$$

für alle $x > 0$.

Beweis. Nach Definition der LAPLACEtransformierten ist

$$g(\beta + \mathrm{i}t) = \int\limits_{0}^{\infty} f(y)\mathrm{e}^{-\beta y}\mathrm{e}^{-\mathrm{i}ty}\mathrm{d}y = \sqrt{\frac{\pi}{2}}\,\widehat{h_\beta}(t) ,$$

wobei h_β die Fortsetzung der Funktion $f(y)\mathrm{e}^{-\beta y}$ auf ganz $\mathbb{R}$ bezeichnet, für die $h_\beta \equiv 0$ auf $]-\infty, 0[$ ist. Wegen $f \in E(\alpha)$ und $\beta > \alpha$ ist h_β stückweise stetig und *integrierbar*, und nach Voraussetzung (33.56) ist auch $\widehat{h_\beta}$ integrierbar. Der FOURIERsche Integralsatz in der Version von 33.29 ergibt also

$$f(x)\mathrm{e}^{-\beta x} = h_\beta(x) = (2\pi)^{-1/2} \int\limits_{-\infty}^{\infty} \mathrm{e}^{\mathrm{i}tx}\widehat{h_\beta}(t)\mathrm{d}t = \frac{1}{\pi} \int\limits_{-\infty}^{\infty} \mathrm{e}^{\mathrm{i}tx} g(\beta + \mathrm{i}t)\mathrm{d}t ,$$

also (33.57). □

Nun nehmen wir an, die in 32.17 genannten Voraussetzungen für die HEAVISIDEsche Umkehrformel seien erfüllt. Dann gilt (33.57), denn (33.56) ist durch (32.29) gesichert. Für $R > 0$ bilden wir nun den Halbkreis

$$\Gamma_1 : \quad z(t) = \beta + R\mathrm{e}^{\mathrm{i}t} , \quad \frac{\pi}{2} \le t \le \frac{3\pi}{2}$$

und die Strecke

$$\Gamma_2 : \quad z(t) := \beta + \mathrm{i}t , \quad -R \le t \le R .$$

Ist R groß genug, so liegen die Singularitäten $a_1, \ldots, a_m$ von g alle im Inneren der geschlossenen JORDANkurve $\Gamma_1 + \Gamma_2$, und dann ergibt der Residuensatz

$$\oint_{\Gamma_1} g(p)e^{px}\mathrm{d}p + \oint_{\Gamma_2} g(p)e^{px}\mathrm{d}p = 2\pi\mathrm{i} \sum_{j=1}^{m} \operatorname*{res}_{p=a_j} g(p)e^{px} \ .$$

Für $R \to \infty$ verschwindet das Kurvenintegral längs Γ_1 auf Grund von (32.29), und das Kurvenintegral längs Γ_2 geht über in

$$\mathrm{i} \int\limits_{-\infty}^{\infty} g(\beta + \mathrm{i}t)e^{(\beta+\mathrm{i}t)x}\mathrm{d}t \ .$$

Somit folgt (32.30) aus (33.57).

33.31 Die FOURIERtransformation für $L^1(\mathbb{R}^n)$. Wenn man bei einer Funktion $f(x_1, \ldots, x_n)$ von mehreren Variablen die FOURIERtransformation nacheinander für jede Variable durchführt, so entsteht insgesamt die Funktion

$$g(p_1, \ldots, p_n) = (2\pi)^{-n/2} \int \cdots \int e^{-\mathrm{i}p_1 x_1} \cdots e^{-\mathrm{i}p_n x_n} f(x_1, \ldots, x_n)\mathrm{d}x_1 \cdots \mathrm{d}x_n \ .$$

Nun ist aber

$$\prod_{k=1}^{n} e^{-\mathrm{i}p_k x_k} = \exp\left(-\mathrm{i}\sum_{k=1}^{n} p_k x_k\right) = e^{-\mathrm{i}p \cdot x} \ ,$$

wobei $p \cdot x$ das euklidische Skalarprodukt bezeichnet. Ist $f \in L^1(\mathbb{R}^n)$, so kann man das iterierte Integral auch als ein einziges LEBESGUE-Integral über das n-dimensionale LEBESGUEsche Maß auffassen, und daher definiert man

$$\widehat{f}(p) := (2\pi)^{-n/2} \int\limits_{\mathbb{R}^n} f(x)e^{-\mathrm{i}p \cdot x}\mathrm{d}^n x \qquad (33.58)$$

als die FOURIER*transformierte*, und wir schreiben für sie auch wieder $\mathcal{F}[f]$ oder $\mathcal{F}[f(x)](p)$. Ihre grundlegenden Eigenschaften unterscheiden sich kaum von denen im Fall einer Variablen. Insbesondere gilt:

Theorem 1. (RIEMANN-LEBESGUE-LEMMA) *Für jedes $f \in L^1(\mathbb{R}^n)$ ist $\widehat{f}$ stetig und beschränkt, und es gilt*

$$\|\widehat{f}\|_\infty \equiv \sup_{p \in \mathbb{R}^n} |\widehat{f}(p)| \le (2\pi)^{-n/2}\|f\|_1 \ , \qquad (33.59)$$

$$\lim_{|p| \to \infty} \widehat{f}(p) = 0 \ . \qquad (33.60)$$

Theorem 2. (FOURIERscher Integralsatz) *Ist $f \in L^1(\mathbb{R}^n)$ und $\widehat{f} \in L^1(\mathbb{R}^n)$, so ist*

$$f(x) = (2\pi)^{-n/2} \int_{\mathbb{R}^n} \widehat{f}(p) e^{ip \cdot x} d^n p \quad \text{f. ü.} \tag{33.61}$$

Die Rechenregeln aus Abschn. B. lassen sich – mit fast unveränderten Beweisen – auf den Fall mehrerer Variabler übertragen. Zum Beispiel erhalten wir als Verallgemeinerung von Satz 33.8c.:

Satz. *Ist A eine reguläre $n \times n$-Matrix und $f \in L^1(\mathbb{R}^n)$, so ist*

$$\mathcal{F}[f(Ax)](p) = |\det A|^{-1} \widehat{f}((A^{-1})^T p) . \tag{33.62}$$

Der Beweis beruht auf der Transformationsformel 28.11 und kann leicht als Übung geführt werden. Speziell für *orthogonale* Matrizen $A = (A^{-1})^T$ finden wir

$$\mathcal{F}[f(Ax)](p) = \widehat{f}(Ap) ,$$

und daher ist die FOURIERtransformierte einer *radialsymmetrischen* Funktion wieder radialsymmetrisch. Hierdurch wird die Berechnung der FOURIER-transformierten für radialsymmetrische Funktionen stark vereinfacht.

Beispiel: Es sei $B = B_1(0)$ die Einheitskugel in $\mathbb{R}^n$ und χ_B ihre charakteristische Funktion. Die FOURIERtransformierte $g := \widehat{\chi_B}$ ist dann radialsymmetrisch, also von der Form $g(p) = G(|p|)$, und daher genügt es, sie für $p = \rho e_n$, $\rho \geq 0$ zu berechnen. Es ist

$$G(\rho) = g(\rho e_n) = (2\pi)^{-n/2} \int_B e^{-i\rho x_n} d^n x .$$

Wir schreiben $x = (y, z)$ mit $z = x_n$, $y = (x_1, \ldots, x_{n-1})$ und beachten, dass das $(n-1)$-dimensionale Volumen der Kugel $|y|^2 \leq 1 - z^2$ den Wert

$$\frac{\omega_{n-1}}{n-1}(1-z^2)^{(n-1)/2}$$

hat. Damit ergibt sich

$$G(\rho) = (2\pi)^{-n/2} \int_{-1}^{1} \left(\int_{|y|^2 \leq 1-z^2} (\cos \rho z + i \sin \rho z) d^{n-1} y \right) dz$$

$$= \frac{\omega_{n-1}}{(2\pi)^{n/2}(n-1)} \int_{-1}^{1} (1-z^2)^{(n-1)/2} \cos \rho z \, dz$$

$$= \frac{\omega_{n-1}}{(2\pi)^{n/2}(n-1)} \int_{0}^{\pi} \sin^n \theta \cos(\rho \cos \theta) d\theta ,$$

was sich im übrigen durch BESSELfunktionen ausdrücken lässt. Mit Hilfe geeigneter Integraldarstellungen der Zylinderfunktionen J_ν kann man nämlich folgern:

$$g(p) = |p|^{-n/2} J_{n/2}(|p|) \,. \tag{33.63}$$

Die mit der Differentiation verbundenen Regeln lassen sich ebenso leicht übertragen und ergeben

$$\mathcal{F}\left[\frac{\partial}{\partial x_k} f(x)\right](p) = \mathrm{i} p_k \widehat{f}(p) \,, \quad \frac{\partial}{\partial p_k} \widehat{f}(p) = \mathcal{F}\left[(-\mathrm{i} x_k) f(x)\right] \tag{33.64}$$

für $k = 1, \ldots, n$, sofern geeignete Voraussetzungen erfüllt sind. Die FOURIERtransformation vertauscht also gewissermaßen Differentiation nach einer Variablen x_k und Multiplikation mit der „konjugierten Variablen" p_k (bis auf den Faktor i), und gerade von diesem Effekt rührt letzten Endes die große Bedeutung der FOURIERtransformation für partielle Differentialgleichungen her.

33.32 Ausblick: FOURIERtransformation und lineare Differentialoperatoren. Nach (33.64) haben wir auf geeigneten Funktionenklassen die Operatorgleichung

$$\frac{\partial}{\partial x_k} = \mathcal{F}^{-1} \circ M_k \circ \mathcal{F} \,, \tag{33.65}$$

wobei M_k den Operator bezeichnet, der eine Funktion $g(p)$ mit $\mathrm{i} p_k$ multipliziert. Man kann (33.65) natürlich mehrfach anwenden und von den resultierenden Gleichungen auch Linearkombinationen bilden, d. h. für jeden Differentialoperator mit konstanten Koeffizienten

$$L := \sum_{|\alpha| \le m} c_\alpha D^\alpha$$

bekommt man

$$L[f] = \sum_{|\alpha| \le m} c_\alpha \mathcal{F}^{-1}\left[(\mathrm{i} p)^\alpha \widehat{f}(p)\right] = (\mathcal{F}^{-1} \circ M_L \circ \mathcal{F})[f] \,,$$

wobei der Operator M_L eine Funktion $g(p)$ mit

$$\sum_{|\alpha| \le m} c_\alpha (\mathrm{i} p)^\alpha$$

multipliziert. In der Terminologie von Ergänzung 25.19 heißt das:

$$M_L[g](p) = \sigma_L(\mathrm{i} p) g(p) \,,$$

wo σ_L das *Symbol* des Differentialoperators L ist. Aus dem Bestehen einer inhomogenen Gleichung

$$L[u] = f$$

folgt also durch Anwenden des Operators $\mathcal{F}$

$$\sigma_L(\mathrm{i}p)\widehat{u}(p) = \widehat{f}(p)\,, \quad p \in \mathbb{R}^n\,,$$

und man gewinnt – zumindest rein formal – daraus eine Lösung durch

$$u = \mathcal{F}^{-1}\left[\frac{\widehat{f}(p)}{\sigma_L(\mathrm{i}p)}\right].$$

Meist wird dieses Vorgehen daran scheitern, dass der Nenner Nullstellen hat oder sich doch der Null so schnell nähert, dass $\widehat{f}(p)/\sigma_L(\mathrm{i}p)$ die Voraussetzungen für die Anwendung der inversen Fouriertransformation nicht mehr erfüllt. Geeignete Abwandlungen dieses einfachen Gedankens führen aber (vor allem im Rahmen der Distributionstheorie) manchmal durchaus zu expliziten Lösungen, und auf jeden Fall bilden sie die Grundlage für theoretische Untersuchungen über die Eigenschaften der Lösungen. Diese Betrachtungsweise konnte in den letzten Jahrzehnten durch den Kalkül der *Pseudodifferentialoperatoren* und der Fourier*schen Integraloperatoren* auch auf Differentialgleichungen mit *variablen* Koeffizienten ausgedehnt werden und bildet heute in Analysis und mathematischer Physik ein zentrales Thema der Forschung.

33.33 Faltung in $\mathbb{R}^n$. Für Funktionen $f, g \in L^1(\mathbb{R}^n)$ ist die Faltung völlig analog zum Fall einer Variablen definiert durch

$$(f * g)(x) := \frac{1}{(2\pi)^{n/2}} \int f(x-y)g(y)\mathrm{d}^n y\,, \quad x \in \mathbb{R}^n \quad \text{f. ü.} \tag{33.66}$$

Diese Funktion gehört wieder zu $L^1(\mathbb{R}^n)$, und es gelten die in Thm. 33.12b. aufgeführten Rechenregeln. Wie dort angekündigt, wollen wir beweisen, dass $h := f * g$ fast überall definiert sowie über ganz $\mathbb{R}^n$ integrierbar ist.

Zu diesem Zweck betrachten wir das iterierte Integral

$$\int \mathrm{d}^n y \int \mathrm{d}^n x |f(x-y)g(y)| = \int \mathrm{d}^n y |g(y)| \underbrace{\int |f(x-y)|\mathrm{d}^n x}_{=\|f\|_1}$$

$$= \|f\|_1 \int |g(y)|\mathrm{d}^n y = \|f\|_1 \cdot \|g\|_1 < \infty\,,$$

wobei $\|\cdot\|_1$ die durch (28.23) definierte Norm auf $L^1(\mathbb{R}^n)$ ist. Nach den Sätzen von Tonelli und Fubini existiert also auch das iterierte Integral in der umgekehrten Reihenfolge und hat denselben Wert. Das bedeutet, für $H(x) := \int |f(x-y)g(y)|\mathrm{d}^n y$ ist $\int H(x)\mathrm{d}^n x \leq \|f\|_1\|g\|_1 < \infty$ und insbesondere $H(x) < \infty$ f. ü. An jedem Punkt x mit $H(x) < \infty$ existiert dann aber die rechte Seite von (33.66). Damit ist $h := f * g$ fast überall definiert, und wir haben

$$(2\pi)^{n/2} \int |h(x)|\mathrm{d}^n x \leq \int H(x)\mathrm{d}^n x \leq \|f\|_1\|g\|_1\,,$$

insbesondere $h \in L^1(\mathbb{R}^n)$, wie behauptet. Wir haben sogar die etwas genauere Information erhalten, dass

$$\|f * g\|_1 \leq (2\pi)^{-n/2} \|f\|_1 \|g\|_1 \qquad (33.67)$$

gilt.

Es gilt nun auch die entsprechende Verallgemeinerung von Satz 33.13:

Faltungssatz. *Für* $f, g \in L^1(\mathbb{R}^n)$ *gilt*

a. $\mathcal{F}[f * g] = \widehat{f}\widehat{g}$ *und*

b. $\mathcal{F}^{-1}[\widehat{f}\widehat{g}] = f * g$, *wenn* $\widehat{f}\widehat{g} \in L^1(\mathbb{R}^n)$ *ist.*

Faltungsprodukte in weiteren Funktionenklassen

Es ist eine völlig unnötige Einschränkung, die Faltung nur zwischen L^1-Funktionen zu betrachten, und tatsächlich spielt das Faltungsprodukt von den verschiedensten Funktionen, Maßen und Distributionen überall in Analysis, Stochastik und mathematischer Physik eine große Rolle. Wir treffen daher die folgende allgemeinere Definition:

Definition. Zwei messbare Funktionen f, g auf $\mathbb{R}^n$ werden als *faltbar* bezeichnet, wenn

$$H(x) := \int |f(x - y)g(y)| \mathrm{d}^n y < \infty \quad \text{f. ü.}$$

Das Faltungsprodukt $f * g$ ist dann die f. ü. definierte Funktion

$$h(x) := \int f(x - y)g(y)\mathrm{d}^n y = \int f(y)g(x - y)\mathrm{d}^n y \,.$$

(Wir lassen den Vorfaktor $(2\pi)^{-n/2}$ hier weg, weil er eigentlich nur im Zusammenhang mit der FOURIERtransformation praktisch ist.)

Beispiele: (i) Wir haben oben gezeigt, dass zwei Funktionen aus $L^1 = L^1(\mathbb{R}^n)$ stets faltbar sind. Dabei gilt $\|f * g\|_1 \leq \|f\|_1 \|g\|_1$.

(ii) Sind $f, g \in L^2 = L^2(\mathbb{R}^n)$, so haben wir für *jedes* $x \in \mathbb{R}^n$ nach der SCHWARZschen Ungleichung

$$\int |f(x - y)| \cdot |g(y)| \mathrm{d}^n y \leq \left(\int |f(x - y)|^2 \mathrm{d}^n y \right)^{1/2} \left(\int |g(y)|^2 \mathrm{d}^n y \right)^{1/2}$$

$$= \|f\|_2 \|g\|_2 \,,$$

also sind sie faltbar, und $f * g$ ist sogar überall definiert und *beschränkt* mit $\|f * g\|_\infty \leq \|f\|_2 \|g\|_2$. Man kann zeigen, dass $f * g$ in diesem Fall sogar stetig ist und im Unendlichen verschwindet. Dasselbe Ergebnis erhält man, wenn $f \in L^p = L^p(\mathbb{R}^n)$ und $g \in L^q = L^q(\mathbb{R}^n)$ ist mit $p^{-1} + q^{-1} = 1$ (vgl. Ergänzung 28.30). Statt der SCHWARZschen Ungleichung verwendet man dann die HÖLDERsche Ungleichung (28.54), und es ergibt sich $\|f * g\|_\infty \leq \|f\|_p \|g\|_q$.

(iii) Ist $f \in L^1$ und g beschränkt auf $\mathbb{R}^n$, so sind f, g faltbar, und $f * g$ ist beschränkt mit $\|f * g\|_\infty \leq \|f\|_1 \|g\|_\infty$, was sich durch eine triviale Abschätzung ergibt. Da das Faltungsintegral jedoch gegen Abänderungen auf Nullmengen unempfindlich ist, reicht es aus, dass f nur *wesentlich beschränkt* ist, d. h. dass es $M < \infty$ gibt mit

$$|g(y)| \leq M \quad \text{f. ü.}$$

Die untere Grenze aller derartigen Zahlen M wird als das *wesentliche Supremum* von $|g|$ bezeichnet und $\|g\|_\infty$ geschrieben. Der Vektorraum $\mathcal{L}^\infty = \mathcal{L}^\infty(\mathbb{R}^n)$ der wesentlich beschränkten messbaren Funktionen auf $\mathbb{R}^n$ erlaubt nun wieder die Definition eines neuen Vektorraums $L^\infty = L^\infty(\mathbb{R}^n)$ durch Bildung von Äquivalenzklassen, bei denen Funktionen nicht unterschieden werden, wenn sie f. ü. übereinstimmen. Auf diesem Vektorraum ist $\| \cdot \|_\infty$ nun eine Norm, und L^∞ ist sogar ein BANACHraum. (Die Vollständigkeit ist wesentlich einfacher zu beweisen als bei den L^p-Räumen!) Wir haben also ein Faltungsprodukt zwischen den Elementen von L^1 und denen von L^∞, und dabei gilt

$$\|f * g\|_\infty \leq \|f\|_1 \|g\|_\infty .$$

(iv) Nun sei $1 < p < \infty$. Durch etwas trickreichen Einsatz der HÖLDERschen Ungleichung zusammen mit den Sätzen von FUBINI und TONELLI kann man zeigen, dass auch $f \in L^1$ und $g \in L^p$ faltbar sind und dass dabei gilt:

$$\|f * g\|_p \leq \|f\|_1 \|g\|_p .$$

33.34 Schnell fallende glatte Funktionen. In der modernen Analysis hat es sich bewährt, delikate Umformungen wie die Vertauschung von Grenzprozessen zunächst nur für Funktionen zu machen, für die sie offensichtlich gestattet sind, und dann das Endergebnis durch Approximation auf möglichst große Klassen von Funktionen auszudehnen. Im Zusammenhang mit der FOURIERtransformation ist der von L. SCHWARTZ eingeführte Vektorraum $\mathcal{S}_n$ der *schnell fallenden glatten* Funktionen ein hervorragender Rahmen, innerhalb dessen alle einschlägigen Umformungen bedenkenlos durchgeführt werden können.

Definition. $\mathcal{S}_n$ ist die Menge der $f \in C^\infty(\mathbb{R}^n)$, bei denen für jedes Polynom P und jeden Multiindex α die Funktion

$$P(x)D^\alpha f(x)$$

auf $\mathbb{R}^n$ beschränkt bleibt. Die Elemente von $\mathcal{S}_n$ werden als *schnell fallende Funktionen* bezeichnet.

Wir sammeln einige einfache Beobachtungen über die Funktionen aus $\mathcal{S}_n$:

(i) Für jedes $f \in \mathcal{S}_n$ sind f und alle seine partiellen Ableitungen $D^\alpha f$ über ganz $\mathbb{R}^n$ integrierbar. Zum Beweis wählen wir eine ganze Zahl $m > n/2$ und nutzen aus, dass nach Definition von $\mathcal{S}_n$

$$\sup_{x \in \mathbb{R}^n} (x_1^2 + \cdots + x_n^2)^m |D^\alpha f(x)| =: M < \infty$$

ist. Es ist also $|D^\alpha f(x)| \lesssim M|x|^{-2m}$ für alle $x \neq 0$, und nach Satz 15.13 folgt hieraus

$$\int_{\mathbb{R}^n} |D^\alpha f(x)| \mathrm{d}^n x < \infty .$$

(ii) Ist $f \in \mathcal{S}_n$ und $Q(x)$ ein beliebiges Polynom in n Variablen, so ist auch $g := Qf \in \mathcal{S}_n$. Denn da die partiellen Ableitungen eines Polynoms wieder Polynome sind, zeigt die LEIBNIZ-Regel (9.61) aus Ergänzung 9.33, dass

$$D^\alpha g(x) = \sum_{\beta + \gamma = \alpha} Q_\beta(x) D^\gamma f(x)$$

ist mit Polynomen Q_β. Somit bleibt für jedes Polynom $P(x)$ auch $P(x)D^\beta g(x)$ beschränkt.

(iii) Aus (i) und (ii) folgt sofort: Für $f \in \mathcal{S}_n$ ist

$$\int (1 + |x|)^m |f(x)| \mathrm{d}^n x < \infty .$$

(Dass $(1 + |x|)^m$ nicht immer ein Polynom ist, macht nichts, denn $|x| \leq \max(1, |x|) \leq 1 + |x|^2$, also $(1 + |x|)^m \leq (2 + |x|^2)^m$, und das ist ein Polynom!) Also sind die Voraussetzungen von Satz 33.10 (bzw. dessen mehrdimensionaler Variante) für beliebig hohe Ableitungen erfüllt, und daher ist $\widehat{f} \in C^\infty(\mathbb{R}^n)$, und die Formeln (33.64) können beliebig oft angewandt werden, d. h. es gilt:

$$\mathcal{F}[D^\alpha f(x)](p) = \mathrm{i}^{|\alpha|} p^\alpha \widehat{f}(p), \quad D^\beta \widehat{f}(p) = \mathcal{F}\left[(-\mathrm{i})^{|\beta|} x^\beta f(x)\right] \qquad (33.68)$$

für beliebige Multiindizes α, β. Nach dem RIEMANN-LEBESGUE-Lemma sind alle hier auftretenden FOURIERtransformierten *beschränkt, und dies zeigt:*

$$f \in \mathcal{S}_n \quad \Longrightarrow \quad \widehat{f} \in S_n .$$

Damit sind auch die Voraussetzungen des FOURIERschen Integralsatzes für alle $f \in \mathcal{S}_n$ erfüllt, und folglich gilt (33.61), und zwar nicht nur fast überall, sondern wirklich an jedem Punkt $x \in \mathbb{R}^n$. Setzen wir also

$$\mathcal{F}^{-1}[g](x) := (2\pi)^{-n/2} \int_{\mathbb{R}^n} g(p) \mathrm{e}^{\mathrm{i}p \cdot x} \mathrm{d}^n p , \qquad (33.69)$$

so ist hierdurch ein linearer Operator $\mathcal{F}^{-1} : \mathcal{S}_n \longrightarrow \mathcal{S}_n$ definiert, der exakt die inverse Abbildung zu $\mathcal{F} : \mathcal{S}_n \longrightarrow \mathcal{S}_n$ ist. Die FOURIERtransformation ist also ein *Isomorphismus* des Vektorraums $\mathcal{S}_n$ auf sich selbst, und sein inverser Isomorphismus $\mathcal{F}^{-1}$ ist durch (33.69) explizit gegeben.

(iv) Wieder nach der LEIBNIZ-Regel ist klar: $f, g \in \mathcal{S}_n \implies fg \in \mathcal{S}_n$. Damit ist auch der *Faltungssatz* aus 33.33 innerhalb von $\mathcal{S}_n$ unumschränkt anwendbar, und aus seinem Teil b. folgt insbesondere

$$f, g \in \mathcal{S}_n \implies f * g \in \mathcal{S}_n .$$

Nun kann man in der Mathematik aber ein Problem nicht einfach wegdefinieren. Wenn z. B. die definierende Bedingung nur von der Konstanten Null erfüllt würde, so würden all diese klugen Überlegungen rein gar nichts nützen. Aber die Funktionen der Form

$$P(x)\mathrm{e}^{-a|x|^2} ,$$

wo $a > 0$ und P ein beliebiges Polynom in n Variablen ist, sind offenbar auf ganz $\mathbb{R}^n$ beschränkt, und da ihre partiellen Ableitungen dieselbe Form haben, zeigt dies, dass sie zu $\mathcal{S}_n$ gehören. Im Falle $n = 1$ umfasst dies u. A. die in (31.62) definierten HERMITE-Funktionen h_n, deren FOURIERtransformierte wir in Satz 33.21 bestimmt haben. Auch alle C^∞-Funktionen, die außerhalb einer kompakten Menge verschwinden, gehören trivialerweise zu $\mathcal{S}_n$, und man kann beweisen, dass jedes $f \in L^p(\mathbb{R}^n)$ sich im Sinne der entsprechenden Norm $\|\cdot\|_p$ beliebig genau durch solche Funktionen approximieren lässt $(1 \le p < \infty)$. Schließlich ist jede stetige Funktion auf $\mathbb{R}^n$, die im Unendlichen verschwindet, der gleichmäßige Limes einer Folge von Funktionen aus $\mathcal{S}_n$. Die Funktionenklasse $\mathcal{S}_n$ ist also definitiv für unsere Zwecke groß genug.

33.35 Die FOURIER-PLANCHEREL-Transformation in $L^2(\mathbb{R}^n)$. Ein gutes Beispiel für die in der vorigen Ergänzung propagierte Approximationsmethode ist der *Satz von* PLANCHEREL. Unser Beweis von (33.19) und (33.20) ist nämlich für $f, g \in \mathcal{S}_n$ völlig korrekt und bedarf keines weiteren Approximationsarguments. (Man beachte hier, dass $f \in \mathcal{S}_n \implies |f|^2 \in \mathcal{S}_n \implies |f|^2 \in L^1 \implies f \in L^2$.) Der Operator $\mathcal{F}$ hat daher eine eindeutige stetige Fortsetzung auf ganz $L^2 = L^2(\mathbb{R}^n)$, und diese wird mit Hilfe einer Approximationsprozedur konstruiert, die in der Funktionalanalysis sehr häufig vorkommt und im Beweis des folgenden Theorems beschrieben wird.

Theorem (Satz von PLANCHEREL). *Es gibt genau einen linearen Operator* $\tilde{\mathcal{F}} : L^2(\mathbb{R}^n) \longrightarrow L^2(\mathbb{R}^n)$ *mit den folgenden Eigenschaften:*
(i) *Für alle* $f, g \in L^2(\mathbb{R}^n)$ *ist*

$$\langle \tilde{\mathcal{F}}[f] \mid \tilde{\mathcal{F}}[g] \rangle = \langle f \mid g \rangle \tag{33.70}$$

und insbesondere
$$\|\tilde{\mathcal{F}}[f]\|_2 = \|f\|_2 , \tag{33.71}$$

(ii) *Ist* $f \in L^2 \cap L^1$, *so ist* $\tilde{\mathcal{F}}[f] = \mathcal{F}[f]$.
Dieser Operator ist bijektiv, und seine Umkehrabbildung stimmt auf $L^1 \cap L^2$ *mit der inversen* FOURIER*transformation überein. Er wird als die* FOURIER-PLANCHEREL-*Transformation bezeichnet.*

Beweis. Ist ein beliebiges $f \in L^2$ gegeben, so schreiben wir es als Limes $f = \lim_{k \to \infty} f_k$ einer Folge von Funktionen $f_k \in \mathcal{S}_n$ in Bezug auf die L^2-Norm (was möglich ist, wie wir am Schluss der vorigen Ergänzung berichtet haben). Nach (33.20) ist $\|\widehat{f_j} - \widehat{f_k}\|_2 = \|\mathcal{F}[f_j - f_k]\|_2 = \|f_j - f_k\|_2$, also ist $(\widehat{f_k})$ in $L^2(\mathbb{R}^n)$ eine CAUCHYfolge. Nach dem Satz von RIESZ-FISCHER (Thm. 28.21) hat diese CAUCHYfolge einen Limes $g =: \tilde{\mathcal{F}}[f]$. Dieser Limes hängt nicht davon ab, welche approximierende Folge man gewählt hat, denn wenn (φ_k) eine weitere Folge in $\mathcal{S}_n$ ist, für die $\|f - \varphi_k\|_2 \to 0$ geht, so ist nach (33.20)

$$\|\widehat{f_k} - \widehat{\varphi_k}\|_2 = \|f_k - \varphi_k\|_2 \longrightarrow 0$$

und daher $\lim_{k \to \infty} \widehat{\varphi_k} = \lim_{k \to \infty} \widehat{f_k} = g$. Auf diese Weise ist ein linearer Operator

$$\tilde{\mathcal{F}} : L^2(\mathbb{R}^n) \longrightarrow L^2(\mathbb{R}^n)$$

definiert. Der Grenzprozess, mit dem $\tilde{\mathcal{F}}$ konstruiert wurde, zeigt sofort, dass (33.19) und (33.20) sich auf beliebige $f, g \in L^2$ übertragen, d. h. dass (33.70), (33.71) gelten. Ferner ist im Falle $f \in L^1 \cap L^2$ die FOURIER-PLANCHEREL-Transformierte nichts anderes als die FOURIERtransformierte, denn in diesem Fall kann man die approximierende Folge (f_k) so wählen, dass gleichzeitig

$$\lim_{k \to \infty} \|f - f_k\|_1 = 0 \quad \text{und} \quad \lim_{k \to \infty} \|f - f_k\|_2 = 0$$

ist, und dann konvergieren die $\widehat{f_k}$ nach (33.59) gleichmäßig gegen $h := \widehat{f}$, und nach Konstruktion konvergieren sie im quadratischen Mittel gegen $g := \tilde{\mathcal{F}}[f]$. Für jedes $R > 0$ haben wir daher

$$\int_{B_R(0)} |h - \widehat{f_k}|^2 \mathrm{d}^n p \to 0 \quad \text{und} \quad \int_{B_R(0)} |g - \widehat{f_k}|^2 \mathrm{d}^n p \to 0$$

für $k \to \infty$, also $\int_{B_R(0)} |h - g|^2 \mathrm{d}^n p = 0$, und somit stimmen $g(p)$ und $h(p)$ für $|p| \leq R$ überein. Da R beliebig groß gewählt werden kann, ist Behauptung (ii) damit gezeigt.

Die Eindeutigkeit ist klar nach (ii) und (33.71). Macht man ausgehend von $\mathcal{F}^{-1} : \mathcal{S}_n \to \mathcal{S}_n$ dieselbe Konstruktion, so ergibt sich ein Operator $\mathcal{G} : L^2 \to L^2$, für den gilt:

$$\mathcal{G}\Big[\tilde{\mathcal{F}}[f]\Big] = f, \quad \tilde{\mathcal{F}}\Big[\mathcal{G}[g]\Big] = g$$

für alle $f, g \in L^2$. Damit folgt, dass $\tilde{\mathcal{F}}$ bijektiv ist, und zwar mit $\tilde{\mathcal{F}}^{-1} = \mathcal{G}$. $\square$

Bemerkungen: (i) Die Definition der FOURIER-PLANCHEREL-Transformation mag auf den ersten Blick etwas undurchsichtig und wenig explizit erscheinen, doch kann man in vielen Fällen konkrete approximierende Folgen angeben und erhält dann auch so etwas wie einen geschlossenen Ausdruck für $\tilde{\mathcal{F}}[f]$. Bezeichnen wir etwa mit χ_R die charakteristische Funktion der Kugel $B_R(0)$, so sehen wir, dass $\chi_R f \in L^1 \cap L^2$ ist, denn nach der Schwarzschen (oder der Hölderschen) Ungleichung ist

$$\int_{B_R(0)} |f(x)| \mathrm{d}^n x \le \sqrt{\mu_n(B_R(0))} \left(\int_{B_R(0)} |f(x)|^2 \mathrm{d}^n x \right)^{1/2} ,$$

und folglich ist

$$\tilde{\mathcal{F}}[f] = \lim_{R \to \infty} \mathcal{F}[\chi_R f] ,$$

wobei der Limes im Sinne der L^2-Norm zu verstehen ist. Man schreibt dies manchmal in der Form

$$\tilde{\mathcal{F}}[f](p) = (2\pi)^{n/2} \operatorname*{l.i.m.}_{R \to \infty} \int_{|x| \le R} f(x) \mathrm{e}^{-\mathrm{i} p \cdot x} \mathrm{d}^n x . \tag{33.72}$$

Die ungewöhnliche Schreibweise für den Limes soll dabei andeuten, dass dies nicht punktweise zu verstehen ist, sondern als eine Konvergenz im quadratischen Mittel, durch die die linke Seite nur bis auf Abänderungen auf Nullmengen festgelegt ist.

(ii) Wir haben in Satz 31.24b. festgehalten, dass die durch (31.70) gegebenen normierten Hermitefunktionen $\varphi_0, \varphi_1, \ldots$ ein vollständiges Orthonormalsystem in $L^2(\mathbb{R})$ bilden. Hieraus folgt, dass die Produkte

$$\varphi_\alpha(x_1, \ldots, x_n) := \prod_{k=1}^n \varphi_{\alpha_k}(x_k)$$

ein vollständiges Orthonormalsystem für $L^2(\mathbb{R}^n)$ bilden, wenn $\alpha = (\alpha_1, \ldots, \alpha_n)$ alle Multiindizes durchläuft. Diese Funktionen – und damit auch ihre endlichem Linearkombinationen – liegen aber alle in $\mathcal{S}_n$. Für eine Funktion $f \in L^2$ kann man also die Partialsummen ihrer Fourier-Hermite-Entwicklung als approximierende Folgen wählen, um die Fourier-Plancherel-Transformierte zu berechnen. Mit Satz 33.21 sehen wir sofort, dass

$$\tilde{\mathcal{F}}[\varphi_\alpha] = (-\mathrm{i})^{|\alpha|} \varphi_\alpha .$$

Aber $(-\mathrm{i})^{|\alpha|}$ nimmt nur die vier Werte $\pm 1, \pm \mathrm{i}$ an. Es zeigt sich also, dass man jede Funktion $f \in L^2$ eindeutig in vier zueinander orthogonale Funktionen g_0, g_1, g_2, g_3 zerlegen kann, für die gilt:

$$\tilde{\mathcal{F}}[g_j] = (-\mathrm{i})^j g_j , \quad j = 0, 1, 2, 3 .$$

Diese Bemerkung ist allerdings eher von theoretischem Interesse, da es i. A. nicht leicht ist, die Zerlegung explizit zu bestimmen.

Aufgaben zu §33

33.1. a. Man berechne die FOURIERtransformierte von

$$f(x) = \begin{cases} 1, & \text{für } |x| \le a, \\ 0, & \text{für } |x| > a \end{cases}$$

und zeichne den Graphen von $\widehat{f}(p)$ für $a = 3$.

b. Man verwende a., um

$$\int\limits_{-\infty}^{\infty} \frac{\sin \beta a \cos \beta x}{\beta}\,\mathrm{d}\beta$$

zu berechnen.

c. Mit b. bestimme man

$$\int\limits_{0}^{\infty} \frac{\sin \alpha}{\alpha}\,\mathrm{d}\alpha \ .$$

33.2. Für die Funktion f aus Aufg. 33.1a. bestimme man $g := f * f$ sowie die FOURIERtransformierte $\widehat{g}$. Durch Anwendung des FOURIERschen Integralsatzes folgere man

$$\int\limits_{-\infty}^{\infty} \left(\frac{\sin x}{x}\right)^2 \mathrm{d}x = \pi \ .$$

Nach demselben Verfahren berechne man auch

$$\int\limits_{-\infty}^{\infty} \left(\frac{\sin x}{x}\right)^3 \mathrm{d}x \quad \text{und} \quad \int\limits_{-\infty}^{\infty} \left(\frac{\sin x}{x}\right)^4 \mathrm{d}x \ .$$

33.3. Man berechne die FOURIERtransformierte von

a. $g(x) = \begin{cases} e^{-x}, & x \ge 0, \\ 0, & x < 0 . \end{cases}$

b. $h(x) = \begin{cases} x^2, & 0 \le x \le 1 , \\ 0, & \text{sonst.} \end{cases}$

Wie ergeben sich hieraus Integraldarstellungen der Funktionen g, h?

33.4. Sei für jedes $a > 0$ und jedes $x_0, p_0 \in \mathbb{R}$ die Funktion f_{a,x_0,p_0} gegeben durch

$$f_{a,x_0,p_0}(x) = \frac{1}{(a^2\pi)^{\frac{1}{4}}} e^{ip_0 x} \exp(-\frac{(x - x_0)^2}{2a^2}) \ .$$

a. Man berechne die FOURIERtransformierte $\widehat{f}_{a,x_0,p_0}$ von f_{a,x_0,p_0}.

b. Man berechne

$$\int\limits_{-\infty}^{\infty} dx |f_{a,x_0,p_0}|^2(x), \quad \int\limits_{-\infty}^{\infty} dp |\widehat{f}_{a,x_0,p_0}|^2(p) .$$

c. Man berechne

$$\bar{x} := \int\limits_{-\infty}^{\infty} dx\, x |f_{a,x_0,p_0}|^2(x), \quad \bar{p} := \int\limits_{-\infty}^{\infty} dp\, p |\widehat{f}_{a,x_0,p_0}|^2(p) .$$

d. Definiere $\Delta_{a,x_0,p_0}, \widehat{\Delta}_{a,x_0,p_0} > 0$ durch

$$\Delta^2_{a,x_0,p_0} = \int\limits_{-\infty}^{\infty} dx (x - \bar{x})^2 |f_{a,x_0,p_0}|^2(x) ,$$

$$\widehat{\Delta}^2_{a,x_0,p_0} = \int\limits_{-\infty}^{\infty} dp (p - \bar{p})^2 |\widehat{f}_{a,x_0,p_0}|^2(p) .$$

Man zeige, dass für jedes a, x_0, p_0 die HEISENBERGsche *Unschärferelation* gilt, d. h. dass $\Delta_{a,x_0,p_0} \widehat{\Delta}_{a,x_0,p_0} \geq \frac{1}{2}$.

33.5. Für eine integrierbare Funktion $f : [0, \infty[\longrightarrow \mathbb{R}$ und $w \in \mathbb{R}$ zeige man:

a. $F_c [\cos wx f(x)] (p) = \dfrac{1}{2} \left\{ \widehat{f}_c(p + w) - \widehat{f}_c(p - w) \right\}$,

b. $F_c [\sin wx f(x)] (p) = \dfrac{1}{2} \left\{ \widehat{f}_s(p + w) + \widehat{f}_s(p - w) \right\}$,

c. $F_s [\cos wx f(x)] (p) = \dfrac{1}{2} \left\{ \widehat{f}_s(p - w) + \widehat{f}_s(p + w) \right\}$,

d. $F_s [\sin wx f(x)] (p) = \dfrac{1}{2} \left\{ \widehat{f}_c(p - w) - \widehat{f}_c(p + w) \right\}$.

33.6. Sei $f \in C^2([0, \infty[)$ und seien f, f', f'' integrierbar auf $[0, \infty[$ mit $\lim\limits_{x \longrightarrow +\infty} f(x) = 0 = \lim\limits_{x \longrightarrow \infty} f'(x)$. Man zeige:

a. $F_c [f'] (p) = p\widehat{f}_s(p) - \left(\dfrac{2}{\pi}\right)^{1/2} f(0)$,

b. $F_s [f'] (p) = -p\widehat{f}_c(p)$,

c. $F_c [f''] (p) = -p^2\widehat{f}_c(p) - \left(\dfrac{2}{\pi}\right)^{1/2} f'(0)$,

d. $F_s [f''] (p) = -p^2\widehat{f}_s(p) + \left(\dfrac{2}{\pi}\right)^{1/2} pf(0)$.

33.7. Für $f, g \in L^1([0, \infty[) \cap L^2([0, \infty[)$ zeige man:

a.

$$F_c\left[f(x) \cdot g(x)\right](p)$$

$$= (2\pi)^{-1/2} \int_0^\infty \widehat{g}_c(q) \left\{ \widehat{f}_c(p+q) + \widehat{f}_c(p-q) \right\} \mathrm{d}q$$

$$= (2\pi)^{-1/2} \int_0^\infty \widehat{f}_c(q) \left\{ \widehat{g}_c(p+q) + \widehat{g}_c(p-q) \right\} \mathrm{d}q$$

$$= (2\pi)^{-1/2} \int_0^\infty \widehat{f}_s(q) \left\{ \widehat{g}_s(|p+q|) + \widehat{g}_s(|p-q|) \right\} \mathrm{d}q$$

$$= (2\pi)^{-1/2} \int_0^\infty \widehat{g}_s(q) \left\{ \widehat{f}_s(|p+q|) + \widehat{f}_s(|p-q|) \right\} \mathrm{d}q \,.$$

b.

$$\int_0^\infty f(x)g(x)\mathrm{d}x = \int_0^\infty \widehat{f}_c(p)\widehat{g}_c(p)\mathrm{d}p = \int_0^\infty \widehat{f}_s(p)\widehat{g}_s(p)\mathrm{d}p \,.$$

33.8. Mit Hilfe der Sinus-Transformation löse man die Integralgleichung

$$\int_0^\infty f(x) \sin \alpha x \mathrm{d}x = \begin{cases} 1 - \alpha & \text{für} \quad 0 \leq \alpha \leq 1 \\ 0 & \text{für} \quad \alpha > 1 \,. \end{cases}$$

33.9. Zu gegebenen Funktionen $f, g \in L^1(\mathbb{R}) \cap L^2(\mathbb{R})$ bestimme man die Lösung der Integralgleichung

$$y(x) = g(x) + \int_{-\infty}^\infty y(t)f(x-t)\mathrm{d}t$$

mit Hilfe der FOURIERtransformation.

33.10. Mit der Methode von Aufg. 33.9 löse man die Integralgleichung

$$\int_{-\infty}^\infty \frac{y(t)}{(x-t)^2 + a^2}\mathrm{d}t = \frac{1}{x^2 + b^2} \quad \text{für} \quad 0 < a < b \,.$$

33.11. a. Sei f eine schnell abfallende Funktion, d. h. es gebe Konstanten $N_{d,p} < \infty$, $p, d \in \mathbb{N}_0$, so, dass für alle $x \in \mathbb{R}$

$$(1 + |x|^d)|\frac{\mathrm{d}^p}{\mathrm{d}x^p}f(x)| \leq N_{p,d} \,.$$

Man zeige, dass

$$\sum_{k\in\mathbb{Z}} f(2\pi k) = \frac{1}{\sqrt{2\pi}} \sum_{n\in\mathbb{Z}} \widehat{f}(n)$$

(POISSON*sche Formel*), wobei $\widehat{f}$ die FOURIERtransformierte von f ist. *Hinweis:* Man betrachte die FOURIERreihe der 2π-periodischen Funktion $g(x) = \sum_{k\in\mathbb{Z}} f(x + 2\pi k)$.

b. Man berechne mit Hilfe der POISSONschen Formel die Reihe

$$\sum_{n\in\mathbb{Z}} \frac{1}{1 + n^2} .$$

Literaturverzeichnis

1. M. Abramowitz, I. Stegun (Hrsg.), *Handbook Of Mathematical Functions With Formulas, Graphs And Mathematical Tables* (U. S. Government Printing Office, Washington, D. C., 1964)
2. V. I. Arnold, *Lectures on Partial Differential Equations* (Springer, Berlin, 2004)
3. P. Berg, J. McGregor, *Elementary Partial Differential Equations* (Holden-Day, New York, 1966)
4. G. F. Carrier, C. E. Pearson, *Ordinary Differential Equations* (Blaisdell, Waltham, 1968)
5. C. R. Chester, *Techniques in Partial Differential Equations* (McGraw Hill, New York, 1971)
6. R. Churchill, *Fourier Series and Boundary Value Problems* (McGraw Hill, New York, 1963)
7. E. A. Coddington, N. Levinson, *Theory of Ordinary Differential Equations* (McGraw Hill, New York, 1955)
8. R. Courant, D. Hilbert, *Methods Of Mathematical Physics I, II* (Interscience, London, 1966)
9. R. Dautray, J. L. Lions, *Mathematical Analysis And Numerical Methods For Science And Technology I–VI* (Springer, Berlin, 2000)
10. B. Davies, *Integral Transforms and Their Applications* (Springer, New York, 1978)
11. H. Davis, *Fourier Series and Orthogonal Polynomials* (Allyn and Bacon, Boston, 1963)
12. R. Dennemeyer, *Introduction to Partial Differential Equations and Boundary Value Problems* (McGraw Hill, New York, 1968)
13. G. Doetsch, *Einführung in Theorie und Anwendung der Laplace-Transformation*, 3. Aufl. (Birkhäuser, Basel, 1976)
14. G. Doetsch, *Anleitung zum praktischen Gebrauch der Laplace-Transformation*, 5. Aufl. (Oldenbourg, München, 1985)
15. A. Erdélyi, W. Magnus, F. Oberhettinger, F. G. Tricomi, *Tables Of Integral Transforms*, 2 Bde. (McGraw-Hill, New York, 1954)
16. G. Evans, J. Blackledge, P. Yardley, *Analytic Methods For Partial Differential Equations* (Springer, London, 2000)
17. L. C. Evans, *Partial Differential Equations* (Amer. Math. Soc., Providence, Rhode Island, 2002)

18. S. L. Farlow, *Partial Differential Equations for Scientists and Engineers* (Wiley, New York, 1982)

19. S. Flügge, *Mathematische Methoden der Physik I* (Springer-Verlag, Berlin, 1979)

20. G. B. Folland, *Introduction To Partial Differential Equations*, 2. Aufl. (Princeton University Press, Princeton, N. J., 1995)

21. D. Gilbarg, N. Trudinger, *Elliptic Partial Differential Equations Of Second Order*, 2. Aufl. (Springer-Verlag, Berlin, 1998)

22. K.-H. Goldhorn, H.-P. Heinz, *Moderne mathematische Methoden der Physik*, (Springer-Verlag, in Vorbereitung)

23. N. M. Günter, *Die Potentialtheorie und ihre Anwendung auf Grundaufgaben der mathematischen Physik* (Teubner, Leipzig, 1957)

24. A. Gray, B. G. Mathews, *A Treatise on Bessel Functions and Their Applications* (Cambridge Univ. Press, 1952)

25. E. W. Hobson, *The Theory of Spherical and Ellipsoidal Harmonics* (Chelsea, New York, 1955)

26. H. Hochstadt, *The Functions Of Mathematical Physics* (Wiley, New York, 1971)

27. N. Jacob, *Lineare partielle Differentialgleichungen* (Akademie-Verlag, Berlin, 1995)

28. K. Jänich, *Analysis für Physiker und Ingenieure: Funktionentheorie, Differentialgleichungen, spezielle Funktionen; ein Lehrbuch für das zweite Studienjahr*, 3. Aufl. (Springer, Berlin, 1995)

29. F. John, *Partial Differential Equations* (Springer, New York, 1971)

30. J. Jost, *Partielle Differentialgleichungen* (Springer-Verlag, Berlin, 1998)

31. J. Kevorkian, *Partial Differential Equations (Analytic Solution Techniques)* (Chapman-Hall, London, 1996)

32. D. H. Kreider, R. G. Kuller, D. R. Ostberg und F. W. Perkins, *An Introduction To Linear Analysis* (Addison-Wesley, Reading, Mass., 1966)

33. N.N. Lebedew, *Spezielle Funktionen der mathematischen Physik* (BI, Mannheim, 1973)

34. M. Leinert, *Integration und Maß* (Vieweg, Braunschweig, 1995)

35. R. Leis, *Vorlesungen über partielle Differentialgleichungen 2. Ordnung* (BI, Mannheim, 1967)

36. J. Lense, *Reihenentwicklungen in der mathematischen Physik*, 3. Aufl. (de Gruyter, Berlin, 1953)

37. J. Lense, *Kugelfunktionen* (Teubner, Leipzig, 1954)

38. Y. L. Luke, *The Special Functions and Their Approximations* (Academic Press, New York, 1961)

39. T. M. MacRobert, *Spherical Harmonics, An Elementary Treatise on Harmonic Functions* (Cambridge Univ. Press, 1947)

40. H. Meschkowski, *Reihenentwicklungen in der mathematischen Physik* (BI, Mannheim, 1965)

41. W. Miller, *Symmetry And Separation Of Variables* (Addison-Wesley, London, 1977)

42. T. Myint-U, *Partial Differential Equations of Mathematical Physics* (Elsevier, New York, 1976)

43. M. A. Najmark, *Lineare Differentialoperatoren*, 2. Aufl. (Akademie-Verlag, Berlin, 1963)

44. A. Papoulis, *The Fourier Integral and Its Applications* (McGraw Hill, New York, 1963)

45. D. L. Powers, *Boundary Value Problems* (Academic Press, New York, 1978)
46. F. D. Rainville, *Special Functions* (Macmillan, New York, 1960)
47. F. E. Relton, *Applied Bessel Functions* (Blackie, London, 1946)
48. M. Renardy, R. C. Rogers, *An Introduction To Partial Differential Equations* (Springer-Verlag, New York, 1993)
49. W. Rudin, *Reelle und komplexe Analysis* (Oldenbourg, München, 1999)
50. G. Sansone, *Orthogonal Functions* (Wiley, New York, 1959)
51. L. Schwartz, *Methoden der mathematischen Physik I* (BI, Mannheim, 1965)
52. I. N. Sneddon, *Spezielle Funktionen der mathematischen Physik und Chemie* (BI, Mannheim, 1965)
53. I. N. Sneddon, *The Use of Integral Transforms* (McGraw Hill, New York, 1972)
54. I. N. Sneddon, *Elements of Partial Differential Equations* (McGraw Hill, New York, 1951)
55. I. N. Sneddon, *Fourier Transformations* (Academic Press, New York, 1951)
56. E. M. Stein, G. Weiss, *Introduction To Fourier Analysis On Euclidean Spaces* (Princeton University Press, Princeton, N. J., 1971)
57. W. A. Strauss, *Partielle Differentialgleichungen – Eine Einführung* (Vieweg, Braunschweig, 1995)
58. G. Szegö, *Orthogonal Polynomials*, 4. Aufl. (Amer. Math. Soc., Providence, RI, 1975)
59. M. E. Taylor, *Partial Differential Equations*, 3 Bde. (Springer-Verlag, New York, 1996)
60. E. C. Titchmarsh, *Eigenfunction Expansions Associated With Second-Order Differential Equations I, II* (Clarendon Press, Oxford, 1946)
61. E. C. Titchmarsh, *An Introduction to the Theory of Fourier Integrals*, 2. Aufl. (Clarendon Press, Oxford, 1967)
62. G. P. Tolstov, *Fourier Series* (Dover, New York, 1976)
63. H. Triebel, *Höhere Analysis* (VEB Deutscher Verlag der Wissenschaften, Berlin, 1972)
64. A. N. Tychonow, A. A. Samarski, *Differentialgleichungen der mathematischen Physik* (Deutscher Verlag d. Wiss., Berlin, 1959)
65. W. Walter, *Gewöhnliche Differentialgleichungen – Eine Einführung*, 7. Aufl. (Springer-Verlag, Berlin, 2000)
66. G. N. Watson, *A Treatise on Bessel Functions* (Cambridge Univ. Press, 1958)
67. H. Weinberger, *A First Course in Partial Differential Equations* (Blaisdell, New York, 1965)
68. W. S. Wladimirow, *Gleichungen der mathematischen Physik* (Deutscher Verlag d. Wiss., Berlin, 1972)
69. H. W. Wyld, *Mathematical Methods For Physics* (Benjamin-Cummings, Reading, 1966)

Sachverzeichnis

Printed in the United States
By Bookmasters